Software & Math

用计算机软件学数学系列教材

实用运筹学

——运用Excel 2010建模和求解

（第二版）

叶 向 编著

中国人民大学出版社
·北京·

内容简介

本书介绍了线性规划及其灵敏度分析、运输问题和指派问题、网络最优化问题、整数规划、动态规划、非线性规划、目标规划等运筹学主要分支的基本思想、理论、方法、应用和计算机求解。书中用较多的例子介绍了运筹学在经济管理等领域中的应用。本次修订将进一步突出本书面向经济管理类专业学生的特点，对内容进行更加适当的筛选，同时对例子和习题进行大幅更新，每章的最后都增加了案例。

本书的特点是：(1) 用实际的例子来阐述运筹学的概念、原理和方法，体现了为应用而学习运筹学并在应用中学会运筹学的思想。(2) 全面引入电子表格方法。电子表格教学法是近年来美国各大学全面推广的一种运筹学（管理科学）教学法。它在 Excel 中将所需解决的问题进行描述，并使用 Excel 的命令和功能进行决策和优化。本书的重点不是数学公式的推导与计算，而是注重于如何对问题进行描述与建模，并运用计算机求解，使得运筹学（管理科学）的理论方法简明直观、容易理解与应用。本书介绍的方法是经济管理类专业的学生和研究人员研究实际问题的有效工具。

本书可作为经济管理类专业本科生的教材，也可用于研究生的教学，以及其他专业的本科、研究生教材或教学参考书，对于希望了解、认识和应用运筹学的各类人员都有一定的参考价值。

第二版前言

进入 21 世纪，我国高等院校对运筹学课程教学的需求不断扩大，计算机、信息、经济、工商管理、公共管理、金融工程，还有 MBA、MPA，等等，都对运筹学教学有不同的需求。本书的编著者是计算机出身，后来在中国人民大学的人文社会科学氛围中，逐渐吸纳了经济管理方面的知识。本人深深感到运筹学与经济管理学科领域关系之密切。例如，运筹学中的线性规划及其灵敏度分析、运输问题和指派问题、网络最优化问题、整数规划、动态规划、非线性规划、目标规划等，在经济管理中都有着直接的应用。

自从周以真教授比较系统地提出计算思维概念以来，计算思维便受到国内外计算机专家和学者的普遍关注。现在，许多高校都在积极开展计算思维的教学研究，重新审视与梳理计算机技术在各学科中的应用，培养学生的计算思维能力。

本教材第一版出版后受到了广泛的关注。许多教师、学生和其他读者在支持鼓励的同时，对本教材提出了许多宝贵的意见和建议。我们对这些意见和建议进行了认真的分析，提出了改进的思路，在出版社的大力支持下，经过努力完成了本教材的修订任务。在此修订版发行之际，我们对关爱、支持我们的各界人士表示衷心的感谢。

这次是对本教材进行的第一次修订，整体上基本保留了原书的结构。本次修订的原则和宗旨仍坚持紧密联系经济管理类本科生知识结构的需求实际，介绍运筹学的基本思想、理论、方法、应用和计算机求解。在内容安排上尽量体现新颖、实用，力求跟上时代的步伐。为此，我们本次修订对内容进行更加适当的筛选，同时对例子和习题进行大幅更新，每章的最后都增加了案例。除此之外，还做了下面一些工作：

第 1 章线性规划，增加了“建立规划模型的流程”一节；为了更加有利于教学，我们以附录形式给出了如何在 Excel 2010 中加载“规划求解”工具。

第 2 章线性规划的灵敏度分析，将“影子价格”一节改为“灵敏度分析的应用举例”，其中增加了线性规划的对偶问题和对偶规划的经济意义，并以附录形式给出了“影子价格理论简介”。

第 3 章线性规划的建模与应用，为了更好地适应不同读者的需求，我们删去了“线性规划模型的应用”一节。

第 4 章运输问题和指派问题，以附录形式介绍了“转运运输问题”和如何在 Excel 2010 中设置“条件格式”。

第 5 章网络最优化问题，将原来在“最大流问题”一节中的“最小费用最大流问题”分离出来，增加了“最小费用最大流问题”一节。

第 6 章整数规划，将原来的“0—1 整数规划”一节，分成“显性 0—1 变量的整数规划”和“隐性 0—1 变量的整数规划”两节。

调整最后三章的顺序，将原来的第 9 章动态规划调到前面（第 7 章动态规划），原来第 7 章非线性规划和第 8 章目标规划顺延为第 8 章非线性规划和第 9 章目标规划。

第 8 章非线性规划，为了介绍 Excel 2010“规划求解”工具新增的基于遗传算法的求解方法，也为了更加有利于教学和学生的学习理解，我们补充和改写了相应的内容。

本书的写作基础是安装于 Windows 7 操作系统上的中文版 Excel 2010。为了能顺利学习本书介绍的例子，建议读者在中文版 Excel 2010 的环境下学习。

为了使广大读者更好地掌握教材的有关内容，加深理解并增强处理实际问题的能力，我们将本教材所有例子的 Excel 电子表格模型放在中国人民大学出版社的网站（www.crup.com.cn/jingji）上，读者可以登录该网站免费下载；为支持教师的教学，本书的作者还把她多年教学中积累的教学课件奉献给老师们，需要的老师，请与本书作者（yexiang@ruc.edu.cn）或本书的策划编辑（lilina_35@126.com）联系。

为方便教师教学和学生自学，我们还出版了本教材的同步配套辅导书《实用运筹学（第二版）——上机实验指导及习题解答》。

这里要特别感谢策划本教材第一版的潘旭燕老师，她非常热心，一直鼓励我将有自己特色的运筹学教学方法写出来，也告诉我很多写好书的方法。在本教材出版后，她积极推荐本教材给各高校的有关老师；看到许多教师、学生和其他读者这么支持本教材，建议我修订本教材。

在本教材的修订过程中参考了大量的国内外有关文献书籍，它们对本书的成文起了重要作用。在此对一切给予支持和帮助的家人、朋友、同事、有关人员以及参考文献的作者一并表示衷心的感谢。

信息学院经济信息管理系的许伟副教授认真审阅了本书稿，在此表示衷心的感谢。

同时，也要感谢中国人民大学出版社的编辑，他们对本书写作的支持以及对书稿的认真编辑和颇有效率的工作，使得本书能尽快与读者见面。

鉴于编著者的水平和经验有限，教材第二版中仍难免有不当或失误之处，恳请各位专家和广大读者给予指正并提出宝贵意见，同时欢迎同行进行交流。编著者联系邮箱是：yexiang@ruc.edu.cn。

最后，再次感谢多年来阅读和使用本教材的老师、同学和朋友，感谢他们对本书修改提出的宝贵意见和建议。

叶向

于中国人民大学信息学院

2013 年 3 月

第一版前言

运筹学是一门基础性的应用学科，主要研究系统最优化的问题，通过建立实际问题的数学模型并求解，为决策者进行决策提供科学依据。运筹学的英文名称是 Operations Research（美）或 Operational Research（英），缩写为 OR，直译是运作研究或作战研究，运筹学是 OR 的意译，取自成语“运筹于帷幄之中，决胜于千里之外”，具有运用筹划，出谋献策，以策略取胜等内涵。目前国外的管理科学（Management Science，MS）与运筹学的内容基本相同。

运筹学在自然科学、社会科学、工程技术生产实践、经济建设及现代化管理中有着重要的意义。随着科学技术和社会经济建设的不断发展进步，运筹学得到迅速的发展和广泛的应用。作为运筹学的重要组成部分——线性规划、灵敏度分析、运输问题和指派问题、网络最优化问题、整数规划、非线性规划、目标规划、动态规划等内容成为管理、经济类本科生所应掌握的必要知识和学习其他相应课程的重要基础。本书根据管理、经济类本科生知识结构的需要，系统地介绍了上述内容的基本理论及应用方法。内容尽力体现新颖、实用，力求跟上时代步伐。

在管理、经济类本科专业，运筹学课程的地位越来越重要。然而，在我国运筹学的教学过程中，教师往往比较侧重基本原理和算法的讲授，过于强调数学公式及其推导，较少使用计算机，与现代化管理不相适应。

近年来，美国高校运筹学（管理科学）教学的思想、内容、方法和手段有了根本的转变，主要表现在美国各大学已普遍采用“电子表格”这一全新的教学方法，运筹学（管理科学）已日益成为管理、经济类学生最重要和最受欢迎的课程之一。

在教学中使用电子表格软件已经成为运筹学和管理科学教学的一个明显的新潮流。无论是学生还是经理人都已经广泛地应用电子表格软件，这为我们进行相应的教学提供了一个舒适而愉快的环境。

自从 2003 年以来，作者一直在对中国人民大学信息学院的信息管理与信息系统 2000 级至 2004 级本科专业的运筹学的教学进行改革。其间，作者选用了国外的最新教材《数据、模型与决策——运用电子表格建模与案例研究》（翻译版），该书详细介绍了各种运筹学模型及其在 Excel 软件中的实现方法，与其他教材的不同之处在于，该书不要求学生拥有深厚的数学功底，而是运用功能强大的 Excel 软件来完成模型的建立、求解最优化方案。作者利用这本国外教材（从开始的第 1 版到现在的第 2 版），从 2003 年起到现在，在中国人民大学信息学院讲授了 5 次，教学效果不错，得到了学生们的普遍好评。

但国外教材的例子取自国外，在教学过程中，学生也在问是否可有中国的案例，所以本人在教学过程中，也非常注意参考国内运筹学教材，试图用 Excel 方法去求解问题，并介绍给学生，这样积累了不少素材，从而为编写本书打下了很好的基础。应该说，本书是“教学相长”的结果。

本书部分例题参考了美国高校普遍选用的运筹学和管理科学参考书；还有部分例题选自我国已经出版的书籍，但本书运用电子表格新方法对这些例题重新进行了求解，以便读者通过比较更易于了解电子表格方法的原理和功能。

本书的编写由多人协作完成，特别要感谢我的研究生们，他们曾是我运筹学课程的学生。参与本书编写的研究生有：翁清明、李坤、袁少暐、王舒、陈斐斐、王锐、王祺伟、朱琳、李梦莎等。信息学院数学系的魏二玲副教授认真审阅了本书稿，在此表示衷心的感谢。

本书是中国人民大学第三批本科教学改革项目“运筹学课程的全面改革与建设（教材、课件、实验等）”的成果之一，受到中国人民大学教务处的资助。

这里要特别感谢负责本书出版的中国人民大学出版社的策划编辑潘旭燕老师，她非常热心，工作认真负责，一直鼓励我将最新的运筹学（管理科学）教学方法写出来，也告诉我很多怎么写好书的方法。此外，还要感谢中国人民大学信息学院的陈禹教授、方美琪教授、蒋洪迅老师以及有关同志，他们在本书的策划、编写过程中给予了大力的支持和帮助。我们在编写过程中还参考了大量的国内外有关文献书籍，它们对本书的成文起了重要作用。在此对一切给予我们支持和帮助的朋友、同事、同学、有关人员以及参考文献书籍的作者一并表示衷心感谢。

由于编者水平有限，书中错误和不当之处在所难免，恳请广大读者给予指正，欢迎相互交流讨论并提出建议。编著者电子邮箱为：yexiang@ruc. edu. cn。

叶向

2007 年 5 月

目　录

第 *1* 章

线性规划

本章内容要点

- 线性规划的基本概念和数学模型
- 线性规划的电子表格建模
- 线性规划的多解分析
- 建立规划模型的流程

线性规划（linear programming，LP）是运筹学（operations research，OR）中研究较早、理论和算法比较成熟的一个重要分支，主要研究在一定的线性约束条件下，使得某个线性指标最优的问题。

自 1947 年美国的丹齐格（G. B. Dantzig）提出求解线性规划的单纯形法（LP simplex method）① 后，线性规划的理论体系和计算方法日趋系统和完善。随着计算机的发展，线性规划已经广泛应用于工农业生产、交通运输、军事等各领域，例如生产计划、投资分析、人力资源规划、选址问题、库存管理和营销决策等。因此，线性规划也是运筹学中应用最广的分支之一。

1.1 线性规划的基本概念和数学模型

在实践中，根据实际问题的要求，常常可以建立线性规划的数学模型。

1.1.1 线性规划问题的提出

为了说明线性规划问题的特点，可先看一个例子。

例 1.1 生产计划问题。某工厂要生产两种新产品：门和窗。经测算，每生产一扇门需要在车间 1 加工 1 小时、在车间 3 加工 3 小时；每生产一扇窗需要在车间 2 和车间 3 各

① 单纯形法一直是求解线性规划最有效的方法之一。有关单纯形法的基本算法请参见其他运筹学书籍。

加工 2 小时。而车间 1、车间 2、车间 3 每周可用于生产这两种新产品的时间分别是 4 小时、12 小时、18 小时。已知每扇门的利润为 300 元，每扇窗的利润为 500 元。而且根据经市场调查得到的这两种新产品的市场需求状况可以确定，按当前的定价可确保所有新产品均能销售出去。问该工厂应如何安排这两种新产品的生产计划，才能使总利润最大（以获得最大的市场利润）？

在该问题中，目标是两种新产品的总利润最大化（以实现市场利润的最大化为目标），所要决策的（变量）是两种新产品（门和窗）的每周产量，而新产品的每周产量要受到三个车间每周可用于生产新产品的时间的限制。因此，该问题可以用“目标函数”、“决策变量”和“约束条件”三个因素加以描述。

实际上，所有的线性规划问题都包含这三个因素：

(1) 决策变量是问题中有待确定的未知因素。例如决定企业经营目标的各产品的产量等。

(2) 目标函数是指对问题所追求目标的数学描述。例如总利润最大、总成本最小等。

(3) 约束条件是指实现问题目标的限制因素。例如原材料供应量、生产能力、市场需求等，它们限制了目标值所能实现的程度。

下面建立例 1.1 的线性规划（数学）模型。

解：

例 1.1 可用表 1—1 表示。

表 1—1　　门和窗两种新产品的有关数据

	每个产品所需工时		每周可用工时（小时）
	门	窗	
车间 1	1	0	4
车间 2	0	2	12
车间 3	3	2	18
单位利润（元）	300	500	

(1) 决策变量。

本问题的决策变量是两种新产品（门和窗）的每周产量。可设：

x_1 表示门的每周产量（扇）；x_2 表示窗的每周产量（扇）。

(2) 目标函数。

本问题的目标是两种新产品的总利润最大。由于门和窗的单位利润分别为 300 元和 500 元，而其每周产量分别为 x_1 和 x_2，所以每周总利润 z 可表示为：$z=300x_1+500x_2$（元）。

(3) 约束条件。

本问题的约束条件共有四个。

第一个约束条件是车间 1 每周可用工时限制。由于只有门需要在车间 1 加工，而且生产一扇门需要在车间 1 加工 1 小时，所以生产 x_1 扇门所用的工时为 x_1。由题意，车间 1 每周可用工时为 4。由此可得第一个约束条件：

$$x_1\leqslant 4$$

第二个约束条件是车间2每周可用工时限制。由于只有窗需要在车间2加工，而且生产一扇窗需要在车间2加工2小时，所以生产 x_2 扇窗所用的工时为 $2x_2$。由题意，车间2每周可用工时为12。由此可得第二个约束条件：

$$2x_2 \leqslant 12$$

第三个约束条件是车间3每周可用工时限制。生产一扇门需要在车间3加工3小时，而生产一扇窗则需要在车间3加工2小时，所以生产 x_1 扇门和 x_2 扇窗所用的工时为 $3x_1+2x_2$。由题意，车间3每周可用工时为18。由此可得第三个约束条件：

$$3x_1+2x_2 \leqslant 18$$

第四个约束条件是决策变量的非负约束。非负约束经常会被遗漏。由于产量不可能为负值。所以第四个约束条件为：

$$x_1 \geqslant 0, x_2 \geqslant 0$$

由上述分析，可建立例1.1的线性规划（数学）模型：

$$\max z=300x_1+500x_2$$

$$\text{s. t.}\begin{cases}x_1 \leqslant 4\\ 2x_2 \leqslant 12\\ 3x_1+2x_2 \leqslant 18\\ x_1, x_2 \geqslant 0\end{cases}$$

这是一个典型的总利润最大化的生产计划问题。其中，"max"是英文单词"maximize"的缩写，含义为"最大化"；"s. t."是"subject to"的缩写，意思是"受约束于……"。因此，上述模型的含义是：在给定的条件限制（约束）下，求目标函数 z 达到最大时 x_1，x_2 的取值。

本章讨论的问题均为线性规划问题。所谓"线性"规划，是指如果目标函数是关于决策变量的线性函数，而且约束条件也都是关于决策变量的线性等式或线性不等式，则相应的规划问题就称为线性规划问题。

例1.2 营养配餐问题。某饲料公司希望用玉米、红薯两种原料配制一种混合饲料，各种原料包含的营养成分和采购成本都不相同，公司管理层希望能够确定混合饲料中两种原料的数量，使得饲料能够以最低的成本达到一定的营养要求。研究者根据这一目标收集到的有关数据如表1—2所示。

表1—2　　玉米、红薯的营养成分和采购成本

营养成分	每公斤玉米	每公斤红薯	营养要求
碳水化合物	8	4	20
蛋白质	3	6	18
维他命	1	5	16
采购成本（元）	1.8	1.6	

解：

（1）决策变量。

本问题要决策（确定）的是混合饲料中两种原料的数量（原料采购量）。可设：

x_1 为玉米采购量（公斤）；x_2 为红薯采购量（公斤）。

（2）目标函数。

本问题的目标是混合饲料的总成本最低。即：

$$\min z=1.8x_1+1.6x_2 (\text{元})$$

（3）约束条件。

①满足营养要求：

碳水化合物的营养要求：$8x_1+4x_2\geqslant 20$

蛋白质的营养要求：$3x_1+6x_2\geqslant 18$

维他命的营养要求：$x_1+5x_2\geqslant 16$

②非负约束：$x_1\geqslant 0$，$x_2\geqslant 0$

于是，得到例 1.2 的线性规划模型：

$$\min z=1.8x_1+1.6x_2$$
$$\text{s.t.}\begin{cases}8x_1+4x_2\geqslant 20\\3x_1+6x_2\geqslant 18\\x_1+5x_2\geqslant 16\\x_1,x_2\geqslant 0\end{cases}$$

这是一个典型的成本最小化问题。其中，“min”是英文单词“minimize”的缩写，含义为“最小化”。因此，上述模型的含义是：在给定的条件限制（约束）下，求目标函数 z 达到最小时 x_1，x_2 的取值。

例 1.3 物流网络配送问题。某物流公司需将三个工厂（工厂 1、工厂 2、工厂 3）生产的一种新产品运送到 A、B 两个仓库，工厂 1 和工厂 2 的产品可以通过铁路运送到仓库 A，数量不限；工厂 3 的产品可以通过铁路运送到仓库 B，同样，数量不限。由于铁路运输成本较高，公司同时考虑用卡车来运送，但每个工厂要用卡车先将产品运到配送中心（每个工厂用卡车最多运送 60 单位），再从配送中心用卡车运到各个仓库（每个仓库最多收到用卡车送来的货物 90 单位）。公司管理层希望以最小的成本来运送所需的货物。

为了建立该问题的数学模型，首先必须了解这一网络配送问题。该问题涉及三个工厂、两个仓库和一个配送中心，以及各条线路上产品的运输量。由于产量和需求量已经给定，决策的重点是每一条线路的运输量。首先需要收集每条线路上的单位运输成本和各工厂产品的产量以及各仓库分配量（需求量）等数据，如表 1—3 所示。

表 1—3　物流网络配送问题的单位运输成本等有关数据

	配送中心	仓库 A	仓库 B	产量
工厂 1	3.0	7.5	—	100
工厂 2	3.5	8.2	—	80
工厂 3	3.4	—	9.2	70
配送中心	—	2.3	2.3	
需求量	—	120	130	

为了能更清楚地说明这个问题，用一个网络图来表示该网络配送问题（见图1—1）。图中的节点1、2、3表示三个工厂，节点T表示配送中心，节点A和B表示两个仓库；每一条弧（带箭头的线路）表示一条可能的运输线路，并给出了相应的单位运输成本，同时也给出了运输量有限制的线路的最大运输能力。

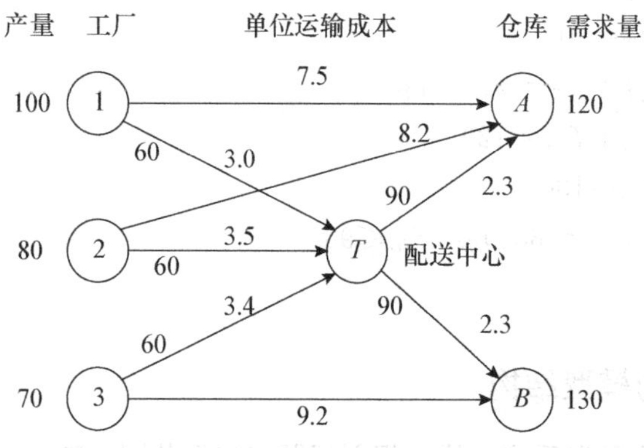

图1—1　例1.3的配送网络图

要决策的是各条线路的最优运输量，引入变量f_{ij}表示由节点i经过线路运送到节点j的产品数量。问题的目标是总运输成本最小化，总运输成本可表示为：$z=7.5f_{1A}+3.0f_{1T}+8.2f_{2A}+3.5f_{2T}+2.3f_{TA}+3.4f_{3T}+2.3f_{TB}+9.2f_{3B}$。

相应的约束条件包括对网络中的每个节点的确定需求约束（平衡）。因为三个工厂的总产量为100+80+70=250，而两个仓库的分配量（需求量）为120+130=250，供需平衡。

对于生产（供应）节点1、2、3来说，由某一节点运出的产品数量应等于其产量，即：

$$f_{1A}+f_{1T}=100 \quad (\text{工厂 }1)$$
$$f_{2A}+f_{2T}=80 \quad (\text{工厂 }2)$$
$$f_{3B}+f_{3T}=70 \quad (\text{工厂 }3)$$

对于配送中心（节点T），运入的产品数量等于运出的产品数量，即：

$$f_{1T}+f_{2T}+f_{3T}=f_{TA}+f_{TB}$$

对于仓库A（节点A）和仓库B（节点B），运入的产品数量等于其分配量（需求量），即：

$$f_{1A}+f_{2A}+f_{TA}=120 \quad (\text{仓库 }A)$$
$$f_{TA}+f_{3B}=130 \quad (\text{仓库 }B)$$

此外，对配送网络中有运输能力限制的线路的约束是：该线路上运输的产品数量不超过该线路的运输能力，即：

$$f_{1T},f_{2T},f_{3T}\leqslant 60,f_{TA},f_{TB}\leqslant 90$$

并且，所有$f_{ij}\geqslant 0$（非负约束）。

因此，该物流网络配送问题的线性规划模型为：

$$\min z=7.5f_{1A}+3.0f_{1T}+8.2f_{2A}+3.5f_{2T}+2.3f_{TA}+3.4f_{3T}+2.3f_{TB}+9.2f_{3B}$$

$$\text{s. t.}\begin{cases}f_{1A}+f_{1T}=100\\ f_{2A}+f_{2T}=80\\ f_{3B}+f_{3T}=70\\ f_{1T}+f_{2T}+f_{3T}=f_{TA}+f_{TB}\\ f_{1A}+f_{2A}+f_{TA}=120\\ f_{TB}+f_{3B}=130\\ f_{1T},f_{2T},f_{3T}\leqslant 60,f_{TA},f_{TB}\leqslant 90\\ f_{ij}\geqslant 0\end{cases}$$

1.1.2 线性规划的模型结构

从以上三个例子中可以看出，线性规划问题有如下共同的特征：

(1) 每个问题都有一组决策变量（x_1，x_2，…，x_n），这组决策变量的值代表一个具体方案。

(2) 有一个衡量决策方案优劣的函数，它是决策变量的线性函数，称为目标函数。根据问题不同，要求目标函数实现最大化或最小化。

(3) 存在一些约束条件，这些约束条件包括：

①函数约束，可以用一组决策变量的线性函数大于等于（“⩾”）、小于等于（“⩽”）或等于（“＝”）一个给定常数（称为右端项或右端值）来表示；

②决策变量的非负约束。

因此，线性规划的一般形式为：

对于一组决策变量 x_1，x_2，…，x_n，取

$$\max(\text{或 }\min)z=c_1x_1+c_2x_2+\cdots+c_nx_n \tag{1—1}$$

$$\text{s. t.}\begin{cases}a_{11}x_1+a_{12}x_2+\cdots+a_{1n}x_n\leqslant(=,\geqslant)b_1\\ a_{21}x_1+a_{22}x_2+\cdots+a_{2n}x_n\leqslant(=,\geqslant)b_2\\ \vdots \qquad\qquad\qquad\qquad\qquad\qquad (1—2)\\ a_{m1}x_1+a_{m2}x_2+\cdots+a_{mn}x_n\leqslant(=,\geqslant)b_m\\ x_1,x_2,\cdots,x_n\geqslant 0 \qquad\qquad\qquad (1—3)\end{cases}$$

其中，式（1—1）称为目标函数，它只有两种形式：max（最大化）或 min（最小化）；式（1—2）称为函数约束，它们表示问题所受到的各种约束，一般有三种形式①：“⩽”（小于等于）、“⩾”（大于等于）（这两种情况又称不等式约束）或“＝”（等于）（又称等式约束）；式（1—3）称为非负约束，很多情况下决策变量都隐含了这个假设，它们在表述问题时常常不一定明确指出，建模时应注意这个情况。在实际应用中，有些决策变量允许取任何实数，如温度变量、资金变量等，这时不能人为地强行限制其非负。

① 注意：应避免“＜（小于）”和“＞（大于）”形式的约束。

在线性规划模型中，也直接称 z 为“目标函数”；称 $x_j(j=1, 2, \cdots, n)$ 为“决策变量”；称 $c_j(j=1, 2, \cdots, n)$ 为“目标函数系数”、“价值系数”或“费用系数”；称 $b_i(i=1, 2, \cdots, m)$ 为“函数约束右端常数”或简称“右端值”，也称“资源常数”；称 $a_{ij}(i=1, 2, \cdots, m; j=1, 2, \cdots, n)$ 为“约束系数”、“技术系数”或“工艺系数”。这里，c_j，b_i，a_{ij} 均为常数（称为模型参数）。

线性规划的数学模型可以表示为下列简洁的形式：

$$\max(\min)z = \sum_{j=1}^{n} c_j x_j$$

$$\text{s. t.}\begin{cases}\sum\limits_{j=1}^{n} a_{ij}x_j \leqslant (=, \geqslant) b_i \quad (i=1,2,\cdots,m)\\ x_j \geqslant 0 \quad (j=1,2,\cdots,n)\end{cases}$$

在结束这一小节之前，有必要说一下线性规划问题隐含的假设，这就是比例性、可加性、可分性和确定性假设。

(1) 比例性假设：每个决策变量的变化所引起的目标函数的改变量及约束条件左端的改变量与该变量的改变量成正比。

(2) 可加性假设：每个决策变量对目标函数和约束条件的贡献是独立于其他变量的。总贡献是每个决策变量单独贡献之和。

(3) 可分性假设：每个决策变量都允许取分数值。换言之，决策变量允许为非整数值。

(4) 确定性假设：每个参数（c_j，a_{ij}，b_i）都是已知的。在线性规划问题中不涉及随机因素。

在现实生活中，完全满足这些条件的问题是很有限的。但若问题近似满足这些条件，仍然可使用线性规划进行求解和分析。否则，可考虑使用其他方法，如：非线性规划、整数规划、参数规划或随机性分析方法等。

1.2 线性规划的图解法

简单的线性规划问题可用图解法（graphical solution）求解。图解法虽然实际应用意义不大，但简单直观，有助于初学者了解线性规划问题的几何意义及求解基本原理。

1.2.1 可行域与最优解

在例 1.1 中所要寻求的解是每周门和窗的产量组合。实际上，给出门和窗的任意一组产量组合，就可以得到该问题的一个解，因此可以得到无穷多个解，但是其中只有满足所有约束条件的解才符合题意。满足所有约束条件的解称为该线性规划问题的可行解，全体可行解组成的集合称为该线性规划问题的可行域。其中，使得目标函数达到最优的可行解称为最优解（optimal solution）。在例 1.1 中，如果可以找到一组能够满足所有约束条件的产量组合，则这个产量组合就是一个可行解；如果这个可行的产量组合能够使总利润最大，则这个产量组合便是所求的最优解（最优解决方案）。

1.2.2 线性规划的图解法

对于只有两个变量的线性规划问题，可以在二维直角坐标平面上作图表示线性规划问题的有关概念，并求解。

用图解法求解两个变量线性规划问题的步骤如下：

第一步：分别取决策变量 x_1，x_2 为坐标向量建立直角坐标系。

第二步：在坐标图上做出代表各约束条件的直线，确定满足所有约束条件的可行域。

第三步：做出任意一条等利润直线（令利润函数值等于任意一个特定值）。

第四步：朝着使目标函数最优化的方向，平行移动该等利润直线，直到再继续移动就会离开可行域为止。这时，该等利润直线在可行域内的那些点，即为最优解。

现用图解法求解例 1.1。

例 1.1 有四个约束条件：

$$\text{s.t.}\begin{cases} x_1 \leqslant 4 \\ 2x_2 \leqslant 12 \\ 3x_1 + 2x_2 \leqslant 18 \\ x_1, x_2 \geqslant 0 \end{cases}$$

图 1—2 给出了满足上述四个约束条件的区域。图 1—2 中，横坐标为 x_1（门的每周产量），纵坐标为 x_2（窗的每周产量）。约束不等式 $x_1 \geqslant 0$ 表示以 x_2 轴（直线 $x_1=0$）为界的右半平面；约束不等式 $x_2 \geqslant 0$ 表示以 x_1 轴（直线 $x_2=0$）为界的上半平面；约束不等式 $x_1 \leqslant 4$ 表示坐标平面上以直线 $x_1=4$ 为界的左半平面；约束不等式 $2x_2 \leqslant 12$ 表示坐标平面上以直线 $2x_2=12$ 为界的下半平面；约束不等式 $3x_1+2x_2 \leqslant 18$ 表示坐标平面上以直线 $3x_1+2x_2=18$ 为界的左下半平面。因此，例 1.1 的可行域，即满足所有四个约束条件的解的集合为上述五个半平面的交集，也就是位于第一象限的凸多边形 $OABCD$（包括边界）。

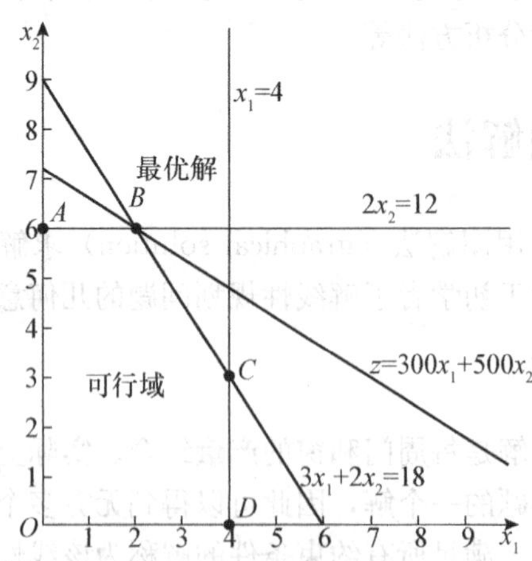

图 1—2 用图解法求解例 1.1

例 1.1 的目标是利润最大化，所以应在可行域内选择使利润达到最大值的解。不难发现，所有等利润直线都相互平行（这是因为它们具有相同的斜率），而且，离原点 O 越远的等利润直线，它所代表的利润越高。因此，最优解应该是在可行域内离原点 O 最远的那条等利润直线上的点。

既在可行域内，又离原点 O 最远的等利润直线上的点是 B 点，因此 B 点就是例 1.1 的最优解，如图 1—2 所示。而 B 点是约束条件直线 $2x_2=12$（车间 2 约束）和约束条件直线 $3x_1+2x_2=18$（车间 3 约束）的交点，即同时满足下述方程的点：

$$\begin{cases}2x_2=12\\3x_1+2x_2=18\end{cases}$$

解上述二元一次方程组，可得最优解为：$x_1^*=2$、$x_2^*=6$。相应的最优目标值为：$z^*=300x_1^*+500x_2^*=3\ 600$（元）。如果图画得很准确，就可以通过直接观察图中 B 点的坐标，得到相同的结果。

1.3 使用 Excel 2010“规划求解”工具求解线性规划问题

在上节中，介绍了如何用“图解法”求解线性规划问题，但图解法仅适用于只有两个决策变量的线性规划问题。而在实际问题中，经常会遇到有成百上千个决策变量的线性规划问题，很显然只能由计算机来完成求解。现在有许多线性规划软件包①，比如电子表格和其他软件中的线性规划模块。大多数软件使用单纯形法来求解线性规划问题。

作为 Microsoft Office 的主要成员之一，Excel 几乎普及到每一台个人电脑中，成为计算机商业软件中的翘楚。Excel 作为一个电子表格的专业软件，“规划求解”等加载项功能将其扩展成为一个优化求解的强大工具。

本书将介绍使用 Excel 2010 中的“规划求解”工具求解一般的线性规划问题和非线性规划问题。Excel 2010 中的“规划求解”工具是一个全新版本，它改进了用户界面，优化了非线性模型求解算法，新增了基于遗传算法的求解算法。

Excel 拥有大量的用户群，其“规划求解”工具功能强大，可以轻松实现对有多个决策变量的线性规划问题的求解，省去了用线性规划专业软件求解时对操作者的专业要求并克服了笔算的缺点，其操作方法简单、方便、快捷，大大提高了计算的效率和准确性。

随着社会经济的发展，各行业所涉及的规划问题——大到国家资源配置、国防建设、交通规划，小到项目管理、企业管理、个人理财等——越来越复杂，涉及变量越来越多，模型规模越来越大，计算机已经成为运筹学不可或缺的“助手”。借助计算机的帮助，现代管理运筹学已经成为广大管理者和决策者的基础工具之一。若想在实用和发展上具备规划求解和决策建模的综合能力，不仅需要掌握扎实的理论知识，更要努力培养利用计算机解决规划问题的实际操作技能。

1.3.1 在 Excel 电子表格中建立线性规划模型

图 1—3 显示了把表 1—1 中的数据输入到电子表格的例 1.1（E 和 F 两列是为输入公式和符号预留的）。把输入数据的单元格称为数据单元格。

① 优化求解工作中经常使用的软件有：MATLAB、LINDO、LINGO、GAMS 和 QSB 等。

请参见“例 1.1（没有给单元格命名）.xlsx”。

	A	B	C	D	E	F	G
1	**例1.1**						
2							
3			门	窗			
4		单位利润	300	500			
5							
6			每个产品所需工时				可用工时
7		车间 1	1	0			4
8		车间 2	0	2			12
9		车间 3	3	2			18

图 1—3　把表 1—1 输入到数据单元格后的例 1.1 的初始电子表格模型

为了将数据单元格与表格中的其他单元格区分开来，将它们的填充颜色（背景）设置成“主题颜色”中的“水绿色，强调文字颜色 5，淡色 60%”，如图 1—4 所示。

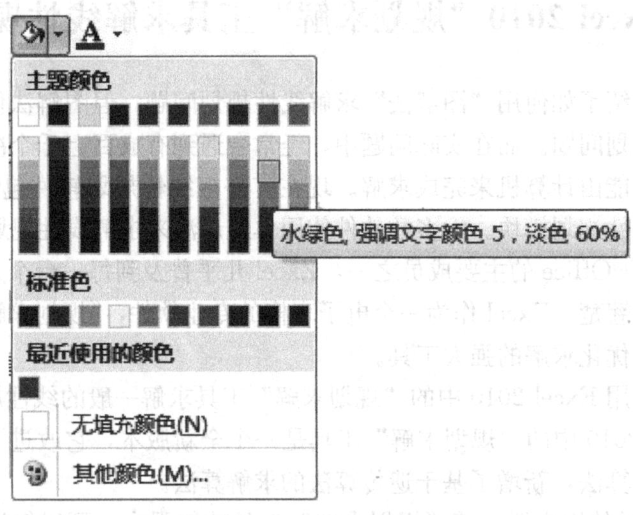

图 1—4　“填充颜色”中的“主题颜色”和“标准色”

在用 Excel 电子表格建立数学模型（这里是一个线性规划模型）的过程中，有三个问题需要得到回答：

(1) 要做出的决策是什么？(决策变量)

(2) 在做出这些决策时，有哪些约束条件？(约束条件)

(3) 这些决策的目标是什么？(目标函数)

对于例 1.1 而言，这三个问题的答案是：

(1) 要做出的决策是两种新产品的每周产量；

(2) 对决策的约束条件是两种新产品在相应车间里每周实际使用工时不能超过每个车间的可用工时；

(3) 这些决策的目标是使这两种新产品的总利润最大化。

图 1—5 显示上面这些答案是如何编入 Excel 电子表格的。基于第一个回答，把两种新产品的每周产量（决策变量 x_1 和 x_2）分别放在 C12 和 D12（两个）单元格中，正好在两种新产品所在列的数据单元格下面。刚开始还不知道每周产量值会是多少，在图 1—5

中都设置为0（实际上，任何一个正的试验解都可以，运行“规划求解”命令后，这些数值会被最优解所替代）。含有需要做出决策的单元格称为可变单元格。为了突出可变单元格，将它们的填充颜色（背景）设置成“标准色”中的“黄色”（参见图1—4），并标有边框。

	A	B	C	D	E	F	G
1	**例1.1**						
2							
3			门	窗			
4		单位利润	300	500			
5							
6			每个产品所需工时		实际使用		可用工时
7		车间 1	1	0	0	<=	4
8		车间 2	0	2	0	<=	12
9		车间 3	3	2	0	<=	18
10							
11			门	窗			总利润
12		每周产量	0	0			0

图1—5　例1.1完整的电子表格模型

基于第二个回答，把两种新产品在相应车间里每周实际使用的工时总数（三个约束条件左边公式的值）分别放在E7、E8和E9（三个）单元格中，正好在对应数据单元格的右边。

其中，第一个约束条件左边是车间1的实际使用工时数$1x_1+0x_2$（为了复制公式方便才这么写），因此，当门和窗的每周产量（x_1 和 x_2）进入C12和D12单元格时，C7：D9（六个单元格）区域中的数据就用来计算每周实际使用的工时总数。所以在E7单元格中输入公式：

=C7 * C12+D7 * D12

得到第一个约束条件左边公式的值。

同理，在E8和E9两个单元格中分别输入公式：

=C8 * C12+D8 * D12

=C9 * C12+D9 * D12

分别得到第二个和第三个约束条件左边公式的值。

事实上，可以修改表示第一个约束条件左边的公式（在E7单元格中）为：

=C7 * $C$12+D7 * $D$12

其中，$C$12、$D$12分别表示C12、D12单元格的绝对引用（可在键盘上按F4键在相对引用、绝对引用和混合引用之间进行切换）。

然后利用Excel复制公式功能，将上述公式（E7单元格中的公式）复制到E8和E9两个单元格中（可双击E7单元格的填充柄实现），即可得到第二个和第三个约束条件左边的公式。

由于E7：E9这三个单元格依赖于可变单元格（C12和D12）的输出结果，于是它们被称为输出单元格。

技巧： Excel有一个SUMPRODUCT函数，能对相等行数和相等列数的两个（或多个）单元格区域中的对应单元格分别相乘后再求和。

这样，在 E7 单元格中输入的公式可以用下面的公式来替代：

=SUMPRODUCT(C7：D7，$C$12：$D$12)

尽管在这样短的公式中应用该函数的优势并不十分明显，但作为一种捷径，在输入更长的公式时，它就显得尤其方便。实际上，SUMPRODUCT 函数在线性规划的电子表格模型中的应用十分广泛。

接着，在 F7、F8 和 F9 三个单元格中输入小于等于符号“<=”，表示它们左边的总值不允许超过 G 列中所对应的数值。电子表格仍然允许输入违反“<=”符号的试验解。但是如果 G 列中的数值没有变化，那么这些“<=”符号作为一种提示，拒绝接受这些试验解。

最后，第三个问题的答案是两种新产品的总利润，放在 G12 单元格中，它的公式为：$300x_1+500x_2$，因为 C4 和 D4 单元格给出了生产一扇门和一扇窗的利润，因此在 G12 单元格中输入公式：

=C4＊C12+D4＊D12

与 E 列中的公式相似，它也是一些单元格乘积之和。因此，上式等价于：

=SUMPRODUCT(C4：D4,C12：D12)

总利润所在的 G12 单元格是一个特殊的输出单元格，它是在对每周产量做出决策时使目标值尽可能大的特殊单元格。所以单元格 G12 被称为目标单元格。将目标单元格的填充颜色（背景）设置成“主题颜色”中的“橙色，强调文字颜色 6，淡色 60%”（参见图 1—4），并标有粗边框。

这就完成了为例 1.1 建立电子表格模型的任务。利用这个模型，分析每周产量的任何一个试验解，就变得很容易了。每次在 C12 和 D12 单元格中分别输入门和窗的每周产量，Excel 就可立即计算出相应的值。

为例 1.1 在 Excel 电子表格中建立线性规划模型的程序同样适合许多其他问题。下面是对这一程序步骤的小结：

(1) 收集问题的数据（如表 1—1 所示）；

(2) 在 Excel 电子表格中输入数据（数据单元格）；

(3) 确定决策变量单元格（可变单元格）；

(4) 输入约束条件左边（或/和右边）的公式（输出单元格）；

(5) 输入目标函数公式（目标单元格）；

(6) 使用 SUMPRODUCT 函数（或/和 SUM 函数等）简化输出单元格（包括目标单元格）的公式。

1.3.2 使用 Excel 2010“规划求解”工具求解线性规划问题

用 Excel 2010 中的“规划求解”工具求解例 1.1 的步骤如下：

第一步：在“数据”选项卡的“分析”组中①，单击“规划求解”，打开“规划求解

① 如果“规划求解”命令或“分析”组不可用，则需要手工加载“规划求解”工具，具体请参见本章附录。

参数”对话框，如图 1—6 所示。该对话框用来输入所要求解的规划问题的目标函数、决策变量和约束条件。

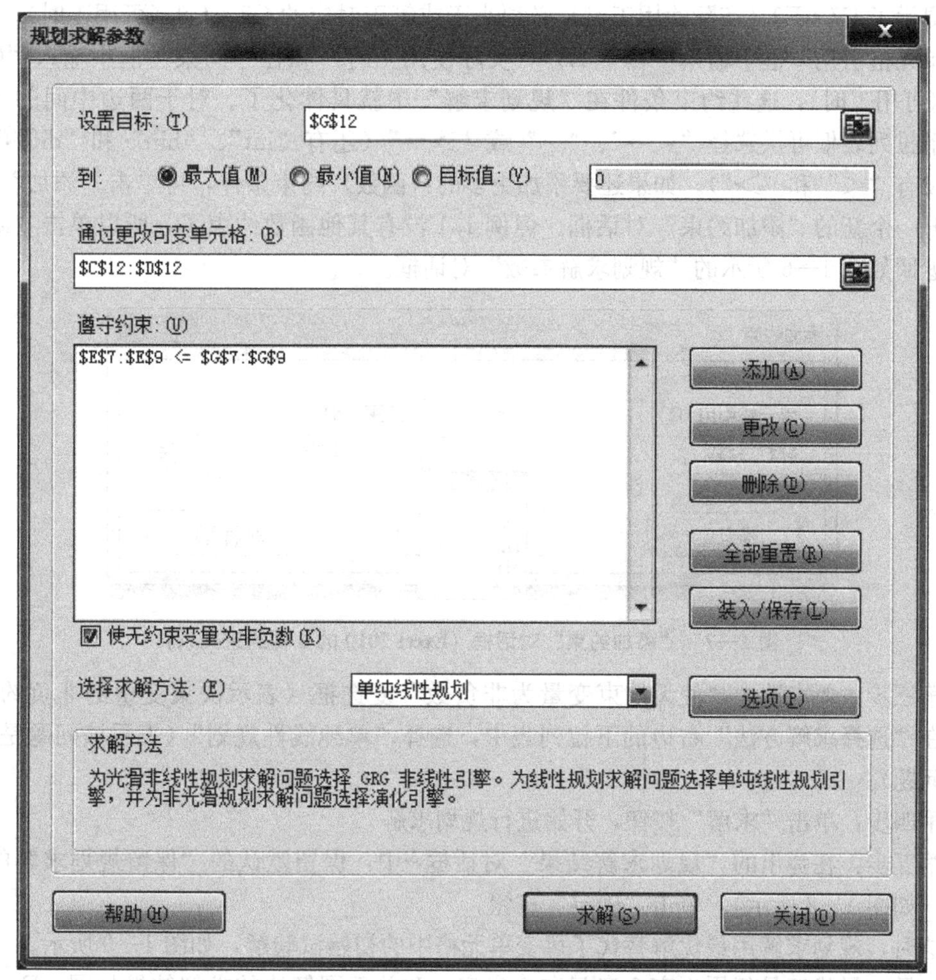

图 1—6 “规划求解参数”对话框（求解方法为“单纯线性规划”）

第二步：在对话框中输入参数所在的单元格或区域。

(1) 在“设置目标”框中，输入目标函数所在的单元格“G12”(可直接用鼠标在工作表中单击 G12 单元格)，并单击（选取）“最大值”，表示希望目标单元格①的值尽可能大。

(2) 在“通过更改可变单元格”框中，输入决策变量所在的单元格区域“C12：D12”(可直接在工作表中拖动鼠标选取 C12：D12 区域)②。

① 目标单元格：即要优化的最终结果所在单元格。在该单元格中必须按照数据关系建立与可变单元格关联的公式；目标值有最大值、最小值和确定的值三种。

② 可变单元格：即所需求解的一个或多个未知数，被目标单元格公式所引用。可变单元格必须直接或间接与目标单元格相关。最多可以指定 200 个可变单元格。温馨提示：用英文（半角）逗号“,”分隔不相邻的可变单元格（或区域），在用鼠标选取时，可按 Ctrl 键实现。

（3）在“遵守约束”框中①，通过单击“添加”按钮，在打开的“添加约束”对话框中添加约束条件，如图 1—7 所示。在图 1—5 中，F7、F8 和 F9 三个单元格中的“<=”符号提示了 E7：E9（实际使用工时）必须小于或等于对应的 G7：G9（可用工时）。通过在“单元格引用”框中输入“E7：E9”（实际使用工时）和在“约束”框中输入“G7：G9”（可用工时），这些约束条件在“规划求解”中就具体化了。对于两边中间的符号，有个下拉列表框可供选择“<=”、“=”或“>=”（还有“int”、“bin”和“dif”②。注意：没有“<”和“>”）。如果还要添加更多的（函数）约束条件，可单击“添加”按钮以打开一个新的“添加约束”对话框。但例 1.1 没有其他函数约束了，所以单击“确定”按钮返回如图 1—6 所示的“规划求解参数”对话框。

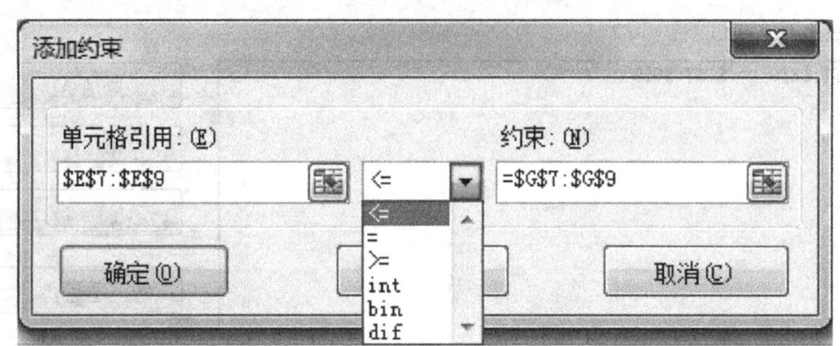

图 1—7 “添加约束”对话框（Excel 2010 的 6 种约束关系）

第三步：单击选中“使无约束变量为非负数”复选框（表示决策变量的非负约束）。然后在“选择求解方法”右边的下拉列表中，选择“单纯线性规划”（表示该问题是线性规划问题）。

第四步：单击“求解”按钮，开始进行规划求解。

第五步：在弹出的“规划求解结果”对话框③中，保留默认的“保留规划求解的解”选项（如图 1—8 所示），单击“确定”按钮。

这时，规划求解用最优解替代了可变单元格中的初始试验解，如图 1—9 所示。

可见，最优解是每周生产 2 扇门和 6 扇窗，和前面图解法的求解结果相同。Excel 电子表格还在目标单元格中显示了对应的最优目标值是 3 600（总利润），也在输出单元格 E7：E9 区域中显示了对应的实际使用工时分别是 2、12 和 18。

也就是说，该工厂在最大限度利用现有资源的前提下，可以获得最大的市场利润是 3 600元，每周生产 2 扇门和 6 扇窗，三种资源的使用情况分别是：车间 1 使用了 2 小时，

---

① 如何更改或删除约束条件：在“规划求解参数”对话框的“遵守约束”中，1）单击要更改或删除的约束条件；2）单击“更改”并进行更改，或单击“删除”。

② 如果单击“int”，则“约束”框中会显示“整数”（表示对决策变量的“整数”要求，取整）；如果单击“bin”，则“约束”框中会显示“二进制”（表示对决策变量的“0－1”要求，只能是 1 或 0）；如果单击“dif”，则“约束”框中会显示“AllDifferent”（这是 Excel 2010 版新增的约束关系，表示对决策变量“互不相同”的要求，不得重复）。需要注意的是：int、bin 和 dif 这三种关系只能作为变量（可变）单元格的约束条件。

③ 温馨提示：1）当模型没有可行解或目标值不收敛时，“规划求解结果”对话框中的内容将不同，具体请参见 1.4 节。2）图 1—8 表示“规划求解”命令找到一组满足所有约束条件的最优解。如果选择“保留规划求解的解”，表示本次规划求解的解将保留在当前电子表格中，单击“确定”，接受求解结果，并将求解结果保留在可变单元格中。如果选择“还原初值”，并单击“确定”，可在可变单元格中恢复初始值。

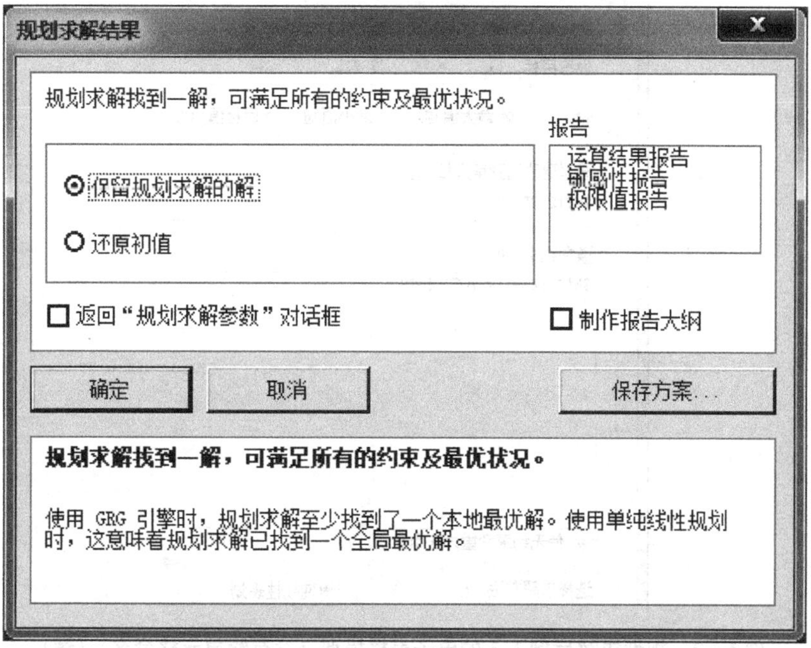

规划求解结果

规划求解找到一解，可满足所有的约束及最优状况。

⊙ 保留规划求解的解

○ 还原初值

报告

运算结果报告
敏感性报告
极限值报告

☐ 返回“规划求解参数”对话框

☐ 制作报告大纲

确定　取消　保存方案...

规划求解找到一解，可满足所有的约束及最优状况。

使用 GRG 引擎时，规划求解至少找到了一个本地最优解。使用单纯线性规划时，这意味着规划求解已找到一个全局最优解。

图 1—8　“规划求解结果”对话框（求解方法为“单纯线性规划”，有最优解）

	A	B	C	D	E	F	G
1	**例1.1**						
2							
3			门	窗			
4		单位利润	300	500			
5							
6			每个产品所需工时		实际使用		可用工时
7		车间 1	1	0	2	<=	4
8		车间 2	0	2	12	<=	12
9		车间 3	3	2	18	<=	18
10							
11			门	窗			总利润
12		每周产量	2	6			3600

	E
6	实际使用
7	=SUMPRODUCT(C7:D7,$C$12:$D$12)
8	=SUMPRODUCT(C8:D8,$C$12:$D$12)
9	=SUMPRODUCT(C9:D9,$C$12:$D$12)

	G
11	总利润
12	=SUMPRODUCT(C4:D4,C12:D12)

图 1—9　规划求解后例 1.1 的电子表格模型（没有给单元格命名）

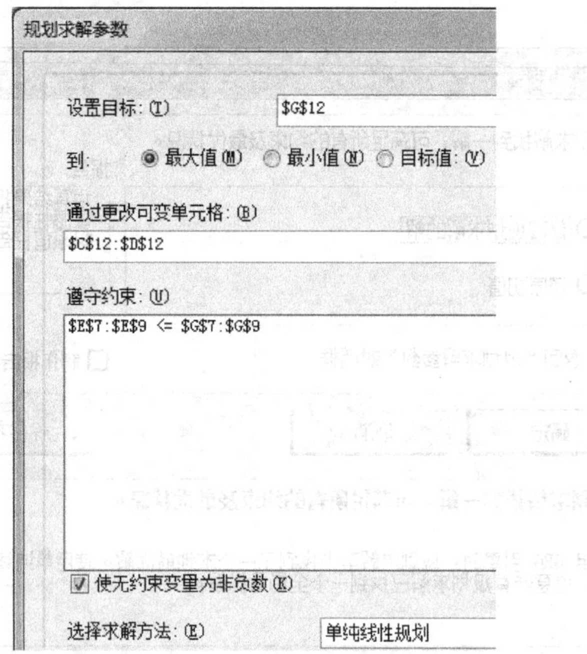

图 1—9 规划求解后例 1.1 的电子表格模型（没有给单元格命名）（续）

剩余 2 小时（4－2＝2）；车间 2 使用了 12 小时，已消耗尽；车间 3 使用了 18 小时，也已消耗尽。

1.3.3 使用名称

在使用 Excel 的“规划求解”命令求解规划问题时，使用名称[①]能使规划问题的电子表格模型更容易理解。主要表现在以下两个方面：

（1）在公式中使用名称，使人们更容易理解公式的含义；

（2）在“规划求解参数”对话框中使用名称，使人们更容易理解规划模型的含义。

因此，一般会为与公式和规划模型有关的四类单元格命名。

例如，在例 1.1 的电子表格模型中，分别为下列单元格命名：

（1）数据单元格：单位利润（C4∶D4）、可用工时（G7∶G9）；

（2）可变单元格：每周产量（C12∶D12）；

（3）输出单元格：实际使用（E7∶E9）；

（4）目标单元格：总利润（G12）。

给已经用 Excel 建模并求解的例 1.1（如图 1—9 所示）的单元格（或区域）命名的步骤如下：

第一步：给单元格或区域命名，可使用“以选定区域创建名称”的方法。

（1）选择要命名的区域（包括名称）。例如：要将数据单元格 C4∶D4 区域命名为“单位利润”（名称位于最左列），则选定 B4∶D4 区域。

---

① 名称：表示单元格、单元格区域、公式或常量值的单词或字符串。名称更易于理解，例如，“单位利润”可以表示难以理解的“C4∶D4”区域，“可用工时”可以表示难以理解的“G7∶G9”区域，等等。

（2）在“公式”选项卡的“定义的名称”组中，单击“根据所选内容创建”，打开“以选定区域创建名称”对话框，如图 1—10 所示。

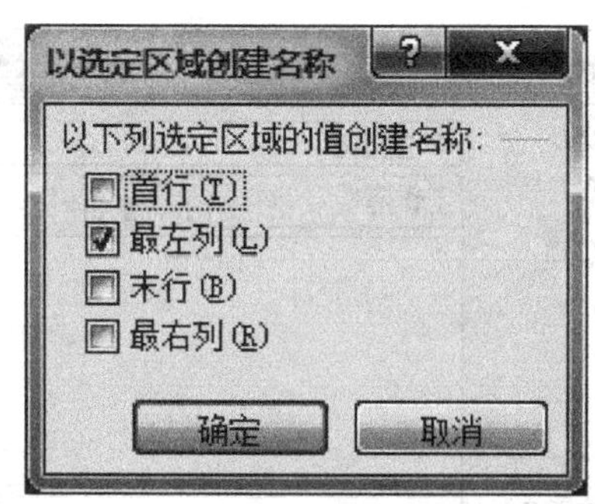

图 1—10　“以选定区域创建名称”对话框

（3）通过选中“首行”、“最左列”、“末行”或“最右列”复选框来指定名称的位置。Excel 会根据名称所在位置自动（智能）地选中相应位置，例如：“单位利润”在选中区域的最左列，因此 Excel 自动选中“最左列”。

（4）单击“确定”按钮，返回电子表格。

（5）重复步骤（1）～（4），可以给其他单元格（或区域）命名。

第二步：查看、更改或删除已定义的名称。

（1）在“公式”选项卡的“定义的名称”组中，单击“名称管理器”，打开“名称管理器”对话框，如图 1—11 所示。

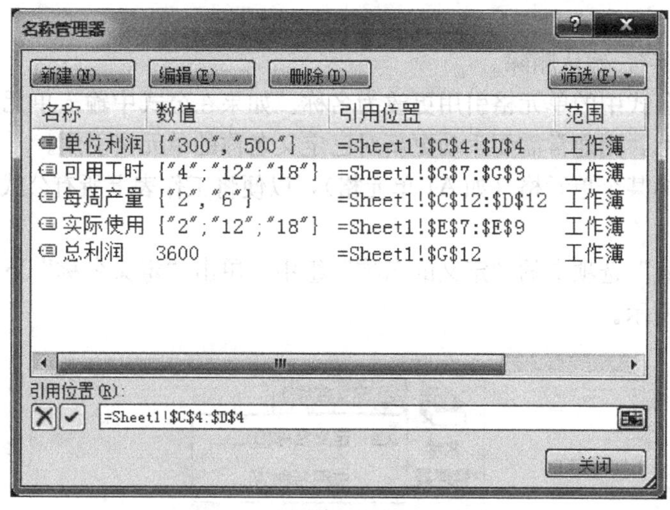

图 1—11　“名称管理器”对话框

（2）在“名称管理器”对话框中，可以查看、更改或删除已定义的名称，还可以“新建”名称。

温馨提示： 默认情况下，名称使用绝对引用。

（3）如果需要，可以更改或删除已定义的名称。

a. 更改名称。

①在“名称管理器”对话框中，单击要更改的名称（如“单位利润”），然后单击“编辑”（也可以双击名称），打开“编辑名称”对话框，如图1—12所示。

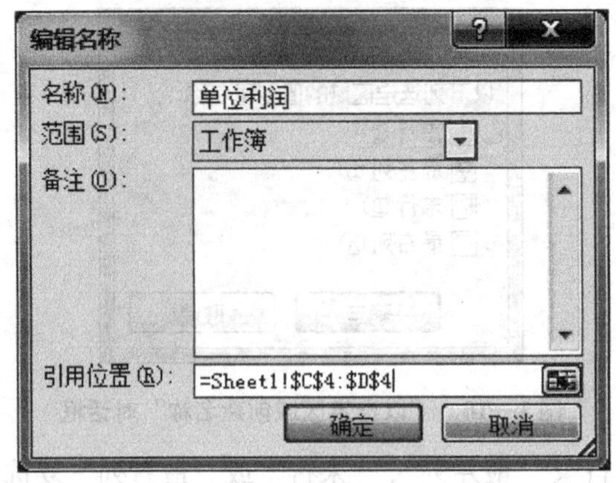

图1—12 “编辑名称”对话框

②在“名称”框中，键入新名称，在“引用位置”框中更改引用（更改名称所表示的单元格、单元格区域、公式或常量）。

若要取消不需要或意外的更改，单击“取消”，或者按Esc键。

若要保存更改，单击“确定”，或者按Enter键。

b. 删除名称。

①在“名称管理器”对话框中，单击要删除的名称，然后单击“删除”（也可以按Del键）。

②单击“确定”，确认删除。

第三步：将公式中的单元格引用更改为名称。如果在公式中输入单元格引用后再定义单元格引用的名称，则通常需要手动更新对已定义名称的单元格引用。

（1）单击选中某个单元格（如A1单元格），以便将工作表上所有公式中的引用更改为名称。

（2）在“公式”选项卡的“定义的名称”组中，单击“定义名称”下拉按钮，展开列表，如图1—13所示。

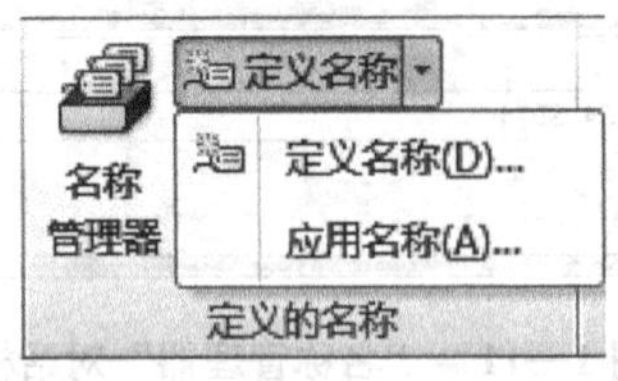

图1—13 单击“定义名称”下拉按钮，展开列表

（3）单击“应用名称”，打开“应用名称”对话框。

（4）在“应用名称”框中，单击一个或多个名称（最好选中所有的名称），如图1—14所示。

（5）单击“确定”按钮，返回电子表格。

图1—14 “应用名称”对话框(选中所有的名称)

温馨提示：如果在输入公式之前，已经为单元格(或区域)命名，这一步(第三步)就可以省略。因此一般的顺序是：先为公式中要用的数据单元格和可变单元格命名，然后输入输出单元格和目标单元格的公式；最后再为规划求解要用的输出单元格和目标单元格命名。

第四步：将单元格(或区域)名称粘贴到电子表格中。

(1) 在电子表格模型右边的两个连续空单元格(如I5单元格和J5单元格)中分别输入文字“名称”和“单元格”，然后单击选中“名称”下面的I6单元格。

(2) 在“公式”选项卡的“定义的名称”组中，单击“用于公式”，展开定义的名称列表，如图1—15所示。

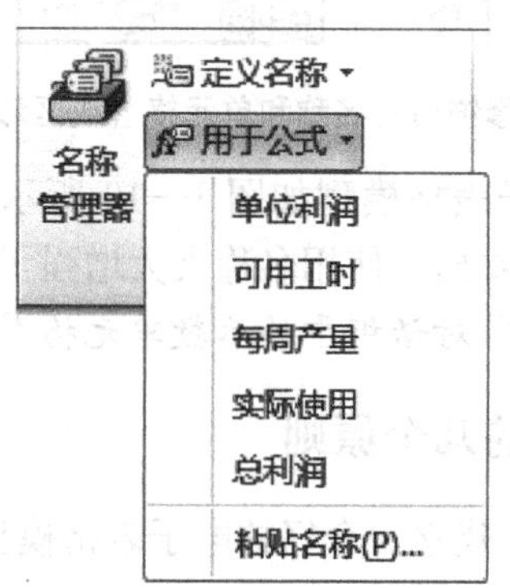

图1—15 单击“用于公式”，展开定义的名称列表

(3) 单击“粘贴名称”，打开“粘贴名称”对话框，如图1—16所示。

(4) 单击“粘贴列表”，结果如图1—17所示。

(5) 对图1—17的粘贴列表结果，利用Excel的“替换”功能中的“全部替换”去掉“=Sheet1!”和“$”(用手工去掉也行)，再对整个区域(I5：J10)进行修饰，将填充颜色(背景)设置成“主题颜色”中的“白色，背景1，深色15%”(见图1—4)，并标有粗边框，结果如图1—18所示。

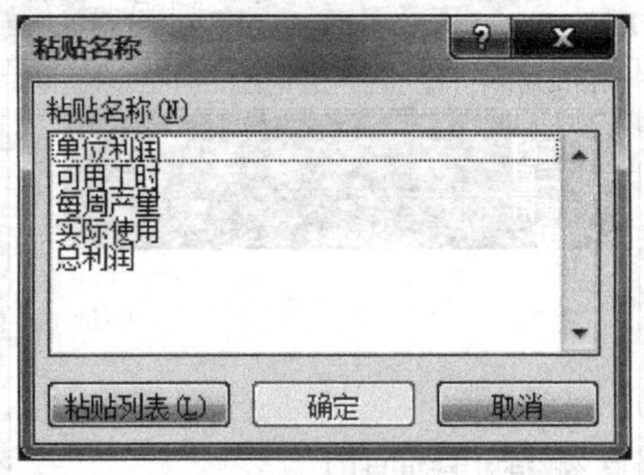

图 1—16 “粘贴名称”对话框

	H	I	J
4			
5		名称	单元格
6		单位利润	=Sheet1!$C$4:$D$4
7		可用工时	=Sheet1!$G$7:$G$9
8		每周产量	=Sheet1!$C$12:$D$12
9		实际使用	=Sheet1!$E$7:$E$9
10		总利润	=Sheet1!$G$12

图 1—17 单击“粘贴列表”后的结果

	H	I	J
4			
5		名称	单元格
6		单位利润	C4:D4
7		可用工时	G7:G9
8		每周产量	C12:D12
9		实际使用	E7:E9
10		总利润	G12

图 1—18 修饰后的名称和单元格（或区域）引用位置

使用名称后的例 1.1 的电子表格模型如图 1—19 所示，参见“例 1.1.xlsx”。与没有使用名称的图 1—9 比较，可以看出，使用名称大大增强了公式和规划模型的可读性。

温馨提示：“规划求解参数”对话框中的参数单元格引用会自动更改为名称。

1.3.4 建好电子表格模型的几个原则

电子表格建模是一门艺术，建立一个好的电子表格模型应遵循以下几个原则：

(1) 首先输入数据；

(2) 清楚地标识数据；

(3) 每个数据输入到唯一的单元格中；

(4) 将数据与公式分离；

(5) 保持简单化（使用 SUMPRODUCT 函数、SUM 函数、中间结果等）；

(6) 使用名称；

(7) 使用相对引用和绝对引用，以便简化公式的复制；

(8) 使用边框、背景色（填充颜色）来区分不同的单元格类型（四类单元格）；

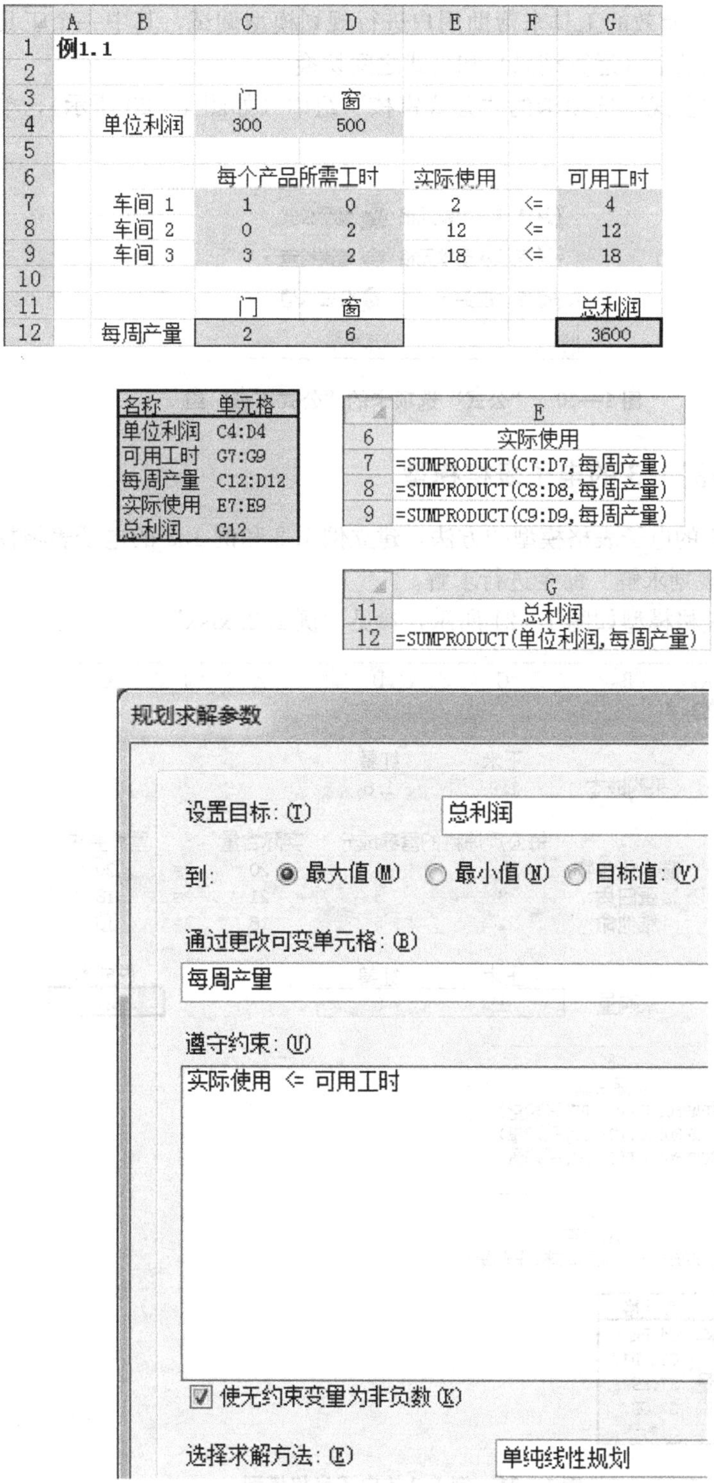

	A	B	C	D	E	F	G
1	例1.1						
2							
3			门	窗			
4		单位利润	300	500			
5							
6			每个产品所需工时		实际使用		可用工时
7		车间 1	1	0	2	<=	4
8		车间 2	0	2	12	<=	12
9		车间 3	3	2	18	<=	18
10							
11			门	窗			总利润
12		每周产量	2	6			3600

名称	单元格
单位利润	C4:D4
可用工时	G7:G9
每周产量	C12:D12
实际使用	E7:E9
总利润	G12

	E
6	实际使用
7	=SUMPRODUCT(C7:D7,每周产量)
8	=SUMPRODUCT(C8:D8,每周产量)
9	=SUMPRODUCT(C9:D9,每周产量)

	G
11	总利润
12	=SUMPRODUCT(单位利润,每周产量)

规划求解参数

设置目标：(T) 总利润

到：◉ 最大值(M) ○ 最小值(N) ○ 目标值：(V)

通过更改可变单元格：(B)

每周产量

遵守约束：(U)

实际使用 <= 可用工时

☑ 使无约束变量为非负数(K)

选择求解方法：(E) 单纯线性规划

图 1—19 规划求解后例 1.1 的电子表格模型（使用名称）

（9）在电子表格中显示整个模型（包括符号和数据）。

Excel 提供了许多有效的工具来帮助用户进行规划模型调试，其中一个工具是将电子表格的输出单元格在数值（运算结果）和公式之间切换。

具体操作是在“公式”选项卡的“公式审核”组中（如图 1—20 所示），单击“显示公式”。

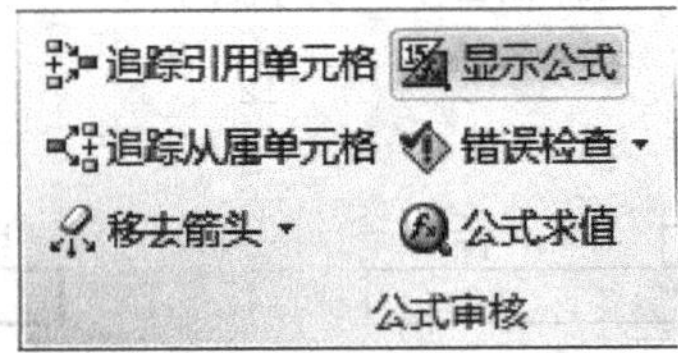

图 1—20 “公式”选项卡的“公式审核”组

1.3.5 例 1.2 和例 1.3 的电子表格模型

采用建立例 1.1 的电子表格模型的方法，建立例 1.2 和例 1.3 的电子表格模型，并利用 Excel 2010 的“规划求解”命令进行求解。

例 1.2 的电子表格模型如图 1—21 所示，参见“例 1.2.xlsx”。

	A	B	C	D	E	F	G
1	例1.2						
2							
3			玉米	红薯			
4		采购成本	1.8	1.6			
5							
6			每公斤原料的营养成分		实际含量		营养要求
7		碳水化合物	8	4	20	>=	20
8		蛋白质	3	6	21	>=	18
9		维他命	1	5	16	>=	16
10							
11			玉米	红薯			总成本
12		采购量	1	3			6.6

	E
6	实际含量
7	=SUMPRODUCT(C7:D7,采购量)
8	=SUMPRODUCT(C8:D8,采购量)
9	=SUMPRODUCT(C9:D9,采购量)

	G
11	总成本
12	=SUMPRODUCT(采购成本,采购量)

名称	单元格
采购成本	C4:D4
采购量	C12:D12
实际含量	E7:E9
营养要求	G7:G9
总成本	G12

图 1—21 例 1.2 的电子表格模型

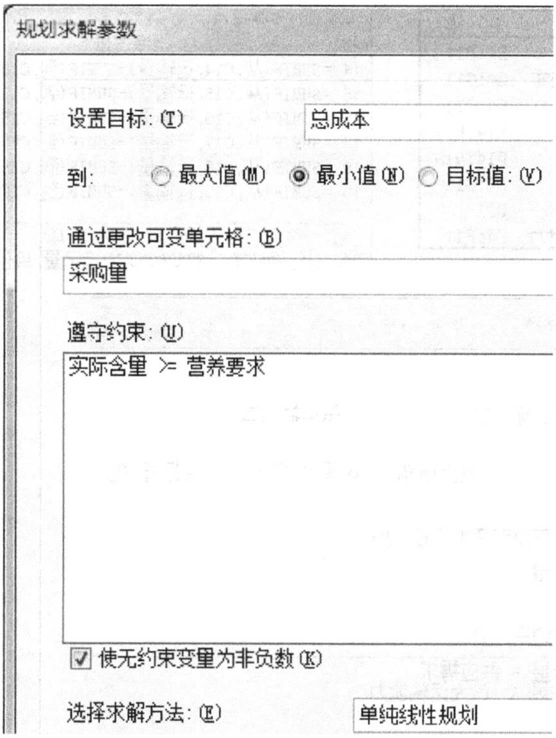

规划求解参数

设置目标：(T)　总成本

到：　○ 最大值(M)　◉ 最小值(N)　○ 目标值：(V)

通过更改可变单元格：(B)

采购量

遵守约束：(U)

实际含量 >= 营养要求

☑ 使无约束变量为非负数(K)

选择求解方法：(E)　单纯线性规划

图 1—21　例 1.2 的电子表格模型（续）

Excel 求解结果（最优采购方案）为：采购 1 公斤玉米和 3 公斤红薯来配制混合饲料，此时饲料能达到营养要求（“碳水化合物”和“维他命”刚好达到营养要求，而“蛋白质”超过营养要求），且总采购成本最低，为 6.6 元。

例 1.3 是一个网络配送问题，其电子表格模型如图 1—22 所示，参见“例 1.3. xlsx”。

	A	B	C	D	E	F	G
1	例1.3						
2							
3		从	到	运输量		最大运输能力	单位运输成本
4		节点1（工厂1）	节点A（仓库A）	40	<=	999	7.5
5		节点1（工厂1）	节点T（配送中心）	60	<=	60	3.0
6		节点2（工厂2）	节点A（仓库A）	20	<=	999	8.2
7		节点2（工厂2）	节点T（配送中心）	60	<=	60	3.5
8		节点T（配送中心）	节点A（仓库A）	60	<=	90	2.3
9		节点3（工厂3）	节点T（配送中心）	30	<=	60	3.4
10		节点T（配送中心）	节点B（仓库B）	90	<=	90	2.3
11		节点3（工厂3）	节点B（仓库B）	40	<=	999	9.2
12							
13			节点	净流量		供应/需求	
14			节点1（工厂1）	100	=	100	
15			节点2（工厂2）	80	=	80	
16			节点3（工厂3）	70	=	70	
17			节点T（配送中心）	0	=	0	
18			节点A（仓库A）	-120	=	-120	
19			节点B（仓库B）	-130	=	-130	
20							
21			总运输成本	1669			

图 1—22　例 1.3 的电子表格模型

名称	单元格
从	B4:B11
单位运输成本	G4:G11
到	C4:C11
供应需求	F14:F19
净流量	D14:D19
运输量	D4:D11
总运输成本	D21
最大运输能力	F4:F11

	D
13	净流量
14	=SUMIF(从,C14,运输量)-SUMIF(到,C14,运输量)
15	=SUMIF(从,C15,运输量)-SUMIF(到,C15,运输量)
16	=SUMIF(从,C16,运输量)-SUMIF(到,C16,运输量)
17	=SUMIF(从,C17,运输量)-SUMIF(到,C17,运输量)
18	=SUMIF(从,C18,运输量)-SUMIF(到,C18,运输量)
19	=SUMIF(从,C19,运输量)-SUMIF(到,C19,运输量)

	C	D
21	总运输成本	=SUMPRODUCT(运输量,单位运输成本)

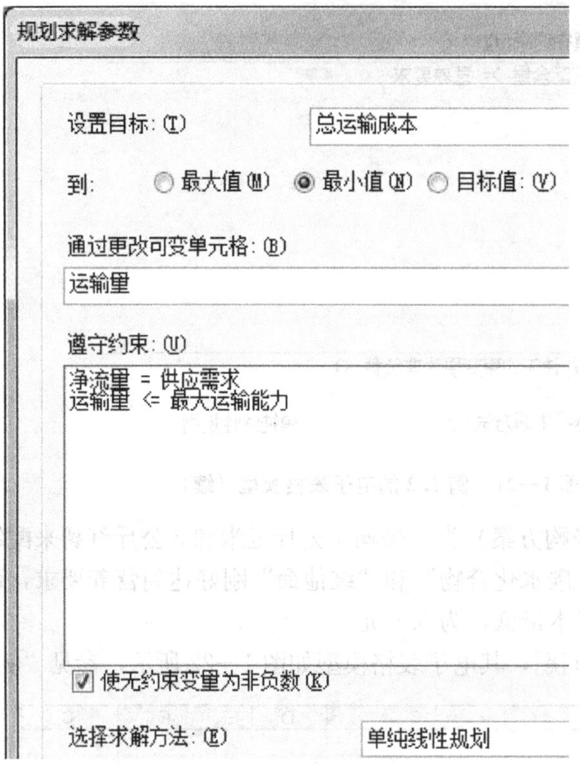

图 1—22　例 1.3 的电子表格模型（续）

更多的网络最优化问题及其求解技巧参见第 5 章。

Excel 求解结果如图 1—22 中的 D4∶D11 区域所示，此时的总运输成本最小，为1 669 单位。

需要说明的是，例 1.3 的电子表格模型使用了两个窍门：

（1）工厂 1 和工厂 2 的产品可以通过铁路运送到仓库 A，以及工厂 3 的产品可以通过铁路运送到仓库 B，但数量都不限（铁路没有最大运输能力的限制）。为了在添加约束条件时方便些，将“节点 1（工厂 1）→节点 A（仓库 A）”、“节点 2（工厂 2）→节点 A（仓库 A）”和“节点 3（工厂 3）→节点 B（仓库 B）”三条线路的最大运输能力设为相对极大值“999”（参见 F4、F6 和 F11 三个单元格）。

（2）用两个 SUMIF 函数的差来计算每个节点的净流量，这样做的原因是快捷方便且不容易犯错，具体参见第 5 章。

1.4　线性规划问题求解的几种可能结果

在前面所讨论的三个例题中，都得到了最优解，并且例 1.1 得到的最优解还是唯一的（见图 1—2）。但是，并非所有的线性规划问题都有最优解。下面讨论线性规划问题可能出现的几种解的情况。

1.4.1　唯一解

线性规划问题具有唯一解是指该规划问题有且仅有一个既在可行域内、又使目标值达到最优的解。例 1.1 就是一个具有唯一解的规划问题，其数学模型为：

$$\max z=300x_1+500x_2$$

$$\text{s. t.}\begin{cases}x_1\leqslant 4\\2x_2\leqslant 12\\3x_1+2x_2\leqslant 18\\x_1,x_2\geqslant 0\end{cases}$$

该线性规划模型可用图解法求出最优解，如图 1—2 所示。从图 1—2 中可以看出，既在可行域 $OABCD$ 内（包括边界），又使目标值最大的点只有一个，那就是 B 点。所以 B 点的坐标（2，6）是该线性规划问题的唯一最优解。

利用 Excel 2010 的“规划求解”命令求解时，有唯一解的“规划求解结果”对话框如图 1—8 所示。

1.4.2　无穷多解

线性规划问题具有无穷多解是指该线性规划问题有无穷多个既在可行域内又能使目标值达到最优的解。

在例 1.1 中，假设门的单位利润从 300 元增加至 750 元，这时该问题的解将发生变化。用图解法可求出该问题的最优解，如图 1—23 所示。

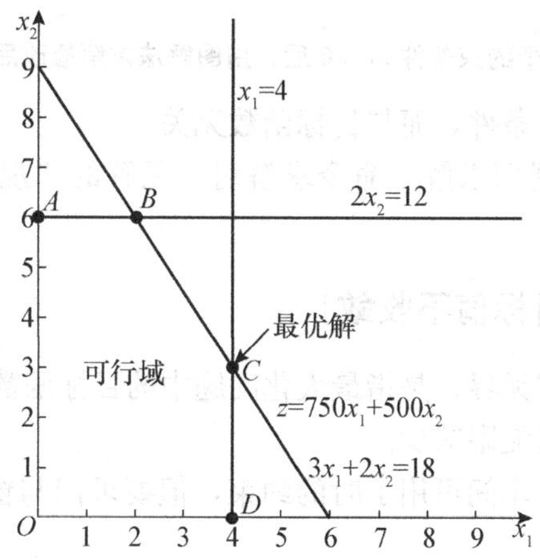

图 1—23　修改门的单位利润后，用图解法求解修改后的例 1.1

由图 1—23 可见，等利润直线族中的直线 $750x_1+500x_2=4\ 500$ 与可行域中的边 BC ($3x_1+2x_2=18$) 重合，这时，线段 BC 上的所有点均为最优解。因此，该线性规划问题有无穷多个最优解。

利用 Excel 2010 的“规划求解”命令求解时，由于可变单元格只能保留一组最优解（这也是利用 Excel 软件求解的缺点，不能给出所有最优解，但最优值是唯一的），所以有无穷多解的“规划求解结果”对话框也如图 1—8 所示。采用单纯形法的 Excel“规划求解”命令的求解结果为 $x_1^*=4$、$x_2^*=3$，如图 1—23 所示的 C 点的坐标（4，3），此时的最优目标值为：$z^*=750x_1^*+500x_2^*=4\ 500$（元）。

1.4.3 无解

当线性规划问题中的约束条件不能同时满足时，无可行域的情况将会出现，这时不存在可行解，即该线性规划问题无解。

在例 1.1 中，若要求门的每周产量不得少于 6，则需再加上一个约束条件 $x_1\geqslant 6$。

由图 1—24 可见，约束条件要求问题的解既在直线 $x_1=4$ 的左半平面（$x_1\leqslant 4$），又在直线 $x_1=6$ 的右半平面（$x_1\geqslant 6$），显然是不可能同时满足，可见这时无可行域。因此，该线性规划问题无解。

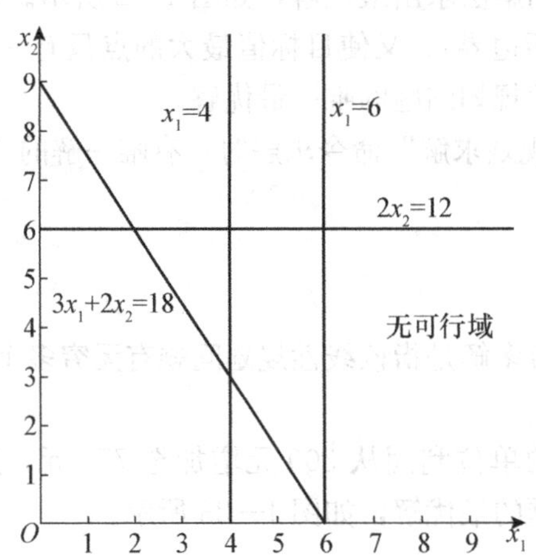

图 1—24 增加一个约束条件 $x_1\geqslant 6$ 后，用图解法求解修改后的例 1.1（无解）

有无可行域取决于约束条件，而与目标函数无关。

利用 Excel 2010 的“规划求解”命令求解时，无解的“规划求解结果”对话框如图 1—25 所示。

1.4.4 可行域无界（目标值不收敛）

线性规划问题的可行域无界，是指最大化问题中的目标函数值可以无限增大，或最小化问题中的目标函数值可以无限减少。

在例 1.1 中，如果没有车间可用工时的约束，但要求门与窗的总产量不得少于 4，则模型变为：

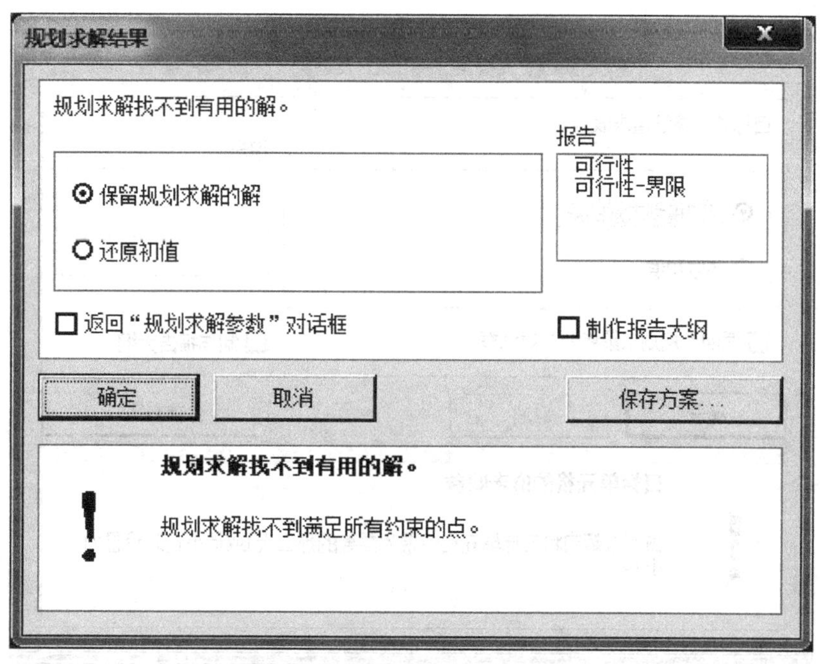

图1—25 "规划求解结果"对话框（无解）

$$\max z = 300x_1 + 500x_2$$

$$\text{s.t.}\begin{cases} x_1 + x_2 \geqslant 4 \\ x_1, x_2 \geqslant 0 \end{cases}$$

可用图1—26表示。

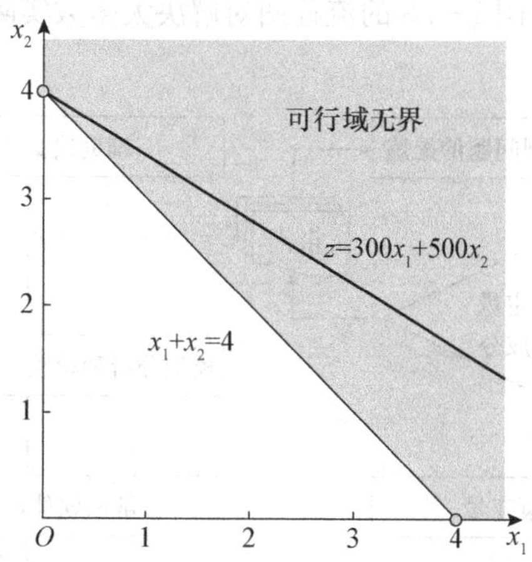

图1—26 只有两个约束条件，用图解法求解修改后的例1.1（可行域无界）

由图1—26可见，该问题的可行域位于直线 $x_1+x_2=4$ 右上平面（$x_1+x_2\geqslant4$）。在该可行域内，目标函数值（本问题中的利润）可以无限增大，因此该线性规划问题的可行域无界。

利用Excel 2010的"规划求解"命令求解时，可行域无界的"规划求解结果"对话框如图1—27所示。

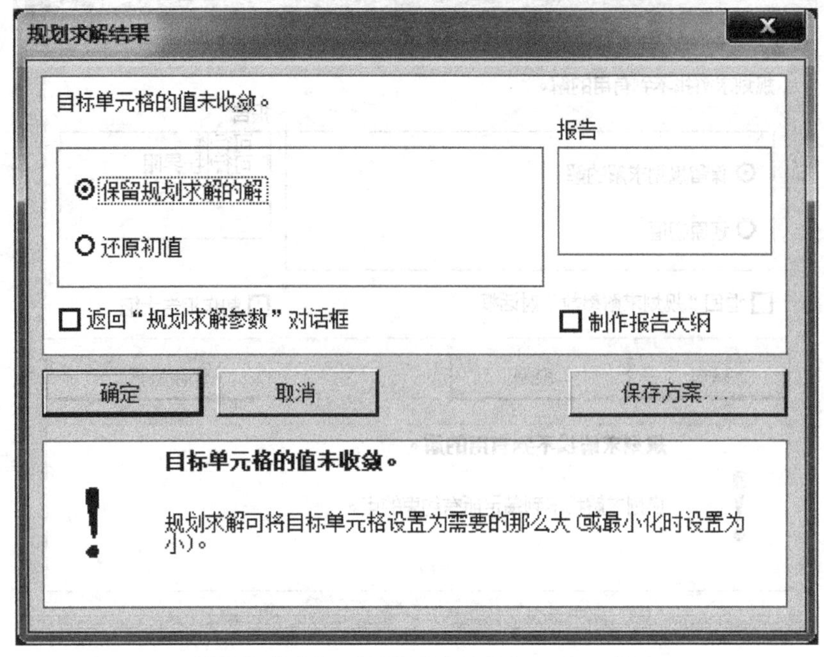

图 1—27 “规划求解结果”对话框（可行域无界，目标值不收敛）

1.5 建立规划模型的流程

建立规划模型的工作既是一门科学，又是一门艺术。不存在一个唯一的标准流程用于建立模型。在通常情况下，图 1—28 的流程图对解决大多数实际问题的计算机建模工作具有指导层面上的意义。

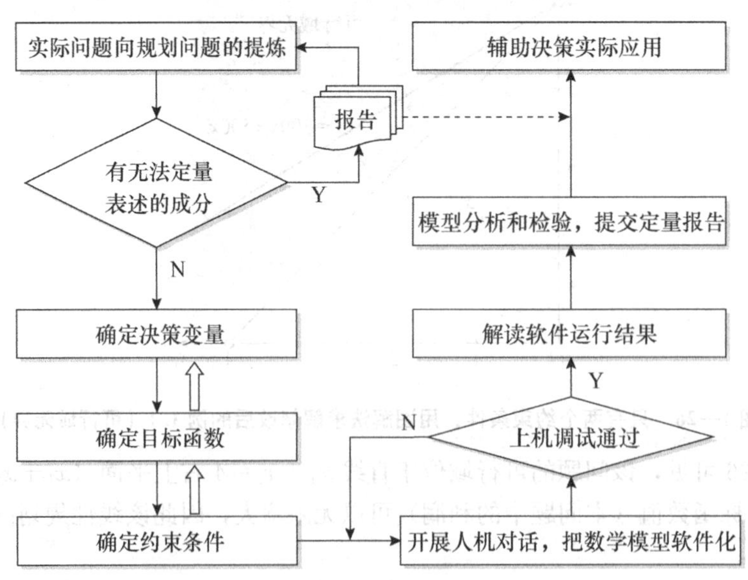

图 1—28 解决规划求解问题的技术思路

在遇到实际规划问题时，首先要对问题进行预先的结构化处理。对于问题中确实无法结构化的部分，要尽量采取各种已知的手段进行处理，保证规划问题信息最大限度的保留。对于实在无法结构化的部分，也不应采取回避的态度，而是建议专门形成一个辅助的补充报告，在经过计算机建立模型并运算完成后，最后补充到运行结果中。大量实际经验告诉我们，任何一次建模过程中均会或多或少地遇到无法量化的内容（甚至某些变量也无法量化），而往往恰是这些信息对于决策者的最终决策行为会起到至关重要的作用，因此图1—28中的非结构化信息的“报告”不能省略。

在过滤了非结构化信息以后的工作中，建议读者参考这样的研究顺序：首先确定决策变量，其次是目标函数，最后是约束条件。千变万化的实际问题，势必会影响这个常规的思路顺序。因此，建议建模者在分析确定“变量”、“目标”和“约束”这三个规划问题的重要元素时，统筹考虑，合理开展“回过头”思考（见图1—28中的反馈箭头），为随后的工作打下良好的基础。

习题

1.1 某工厂利用甲、乙、丙三种原料，生产 A、B、C、D 四种产品。每月可供应该厂原料甲600吨、乙500吨、丙300吨。生产1吨不同产品所消耗的原料数量及可获得的利润如表1—4所示。问：工厂每月应如何安排生产计划，才能使总利润最大？

表1—4 三种原料生产四种产品的有关数据

	产品 A	产品 B	产品 C	产品 D	每月原料供应量（吨）
原料甲	1	1	2	2	600
原料乙	0	1	1	3	500
原料丙	1	2	1	0	300
单位利润（元）	200	250	300	400	

1.2 某公司受客户委托，准备用120万元投资 A 和 B 两种基金。基金 A 每份50元、基金 B 每份100元。据估计，基金 A 的预期收益率（投资回报率）为10%、预期亏损率（投资风险率）为8%；基金 B 的预期收益率为4%、预期亏损率为3%。客户有两个要求：(a) 投资收益（预期收益额）不少于6万元；(b) 基金 B 的投资额不少于30万元。问：

(1) 为了使投资亏损（预期亏损额）最小，该公司应该分别投资多少份基金 A 和基金 B？这时的投资收益（预期收益额）是多少？

(2) 为了使投资收益（预期收益额）最大，应该如何投资？这时的投资亏损（预期亏损额）是多少？

1.3 某生产基地每天需从 A、B 两仓库中提取原料用于生产，需提取的原料有：甲不少于240件，乙不少于80公斤，丙不少于120吨。已知每辆货车从仓库 A 每天能运回甲4件、乙2公斤、丙6吨，运费为每车200元；从仓库 B 每天能运回甲7件、乙2公斤、丙2吨，运费为每车160元。为满足生产需要，基地每天应发往 A、B 两仓库各多少辆货车，才能使得总运费最少？

案例 1.1 家用轿车装配

某大型汽车制造公司的一家装配工厂装配两种家用轿车：中型轿车和豪华轿车。中型轿车是一种四门轿车，省油性能出色，购买这种轿车对于生活不是十分富裕的中产家庭来说是一个明智的选择。每辆中型轿车可为公司带来中等水平的利润 3 600 元。豪华轿车是一种双门轿车，它定位于较高层次的中产家庭。每辆豪华轿车能够为公司带来 5 400 元的可观利润。

装配厂经理目前正在为下个月制订生产计划。具体地说，就是他要确定中型和豪华轿车各需要装配生产多少，才能使工厂的获利最大。已知工厂每月有 48 000 工时的生产能力，装配一辆中型轿车需要 6 工时，装配一辆豪华轿车需要 10.5 工时。经理知道下个月他只能从车门供应厂得到 20 000 扇车门。中型轿车和豪华轿车都使用相同的车门。

另外根据公司最近对各种车型的月需求预测，豪华轿车的产量限制在 3 500 辆以内。在装配厂生产能力范围内，中型轿车的产量没有限制。

(1) 建立该问题的线性规划模型并求解，确定中型和豪华轿车应当各装配多少。

在最终决策之前，经理计划独立考虑以下各个问题（各个问题互不干扰，相互独立），除非问题本身表明需要一起考虑。

(2) 营销部得知他们可以花费 50 万元做一个广告，使得下个月对豪华轿车的需求增加 20%。这个广告是否应当做？

(3) 经理知道通过让工人加班工作，可以增加下个月工厂的生产能力，加班工作可以使工厂的工时能力增长 25%。装配厂在新的工时能力的情况下，中型和豪华轿车应当各装配多少？

(4) 经理知道没有额外的成本，加班工作是不可能实现的。除了正常工作时间外，他愿意为加班工作支付的最大费用是多少？

(5) 经理考虑了同时做广告和加班工作。做广告使得对豪华轿车的需求增加 20%，加班工作使得工厂工时能力增长 25%。装配厂在同时做广告和加班工作的情况下，中型和豪华轿车应当各装配多少？

(6) 在知道了广告费用为 50 万元以及最大限度地使用加班工作的成本为 160 万元的情况下，问题 (5) 的决策是否仍然优于问题 (1) 的决策？

(7) 公司发现实际上分销商还在大幅度降低中型轿车的售价，以削减库存。由于公司与分销商签订了利润分配协议，每辆中型轿车的利润将不再是 3 600 元，而是 2 800 元。在这种利润下降的情况下，中型和豪华轿车应当各装配多少？

(8) 通过在装配线末端对中型轿车的随机测试，公司发现了质量问题。测试人员发现超过 60%的中型轿车四扇车门中的两扇不能完全密封。由于通过随机测试得到的缺陷率如此之高，经理决定在装配线的末端对每辆中型轿车进行测试。由于增加了测试环节，装配一辆中型轿车的时间从原来的 6 工时上升到了 7.5 工时。在中型轿车新的装配时间的情况下，中型和豪华轿车应当各装配多少？

(9) 公司董事会希望占据更大的豪华轿车市场份额，因此要求装配厂满足所有对豪华轿车的需求。董事会要求装配厂经理确定与问题 (1) 相比，装配厂的利润将下降多少？

然后董事会要求在利润降低不超过 200 万元的情况下满足全部对豪华轿车的需求。

(10) 经理现在通过综合考虑问题 (6)、(7)、(8) 提出的新情况，做出最终决策。对于是否做广告、是否加班工作、中型轿车的生产数量、豪华轿车的生产数量的决策是什么?

本章附录 在 Excel 2010 中加载“规划求解”工具

由于在默认情况下，Excel 2010 并不加载“规划求解”工具。因此，要学习和应用本书的内容，需要手工加载“规划求解”工具（加载宏）。

具体操作步骤如下：

第一步：单击“文件”选项卡，在弹出的列表中单击“选项”命令，这时将出现“Excel 选项”对话框。

第二步：在“Excel 选项”对话框中单击“加载项”，在右侧“管理”下拉列表中选择“Excel 加载项”，然后单击“转到”按钮，打开“加载宏”对话框，如图 1—29 所示。

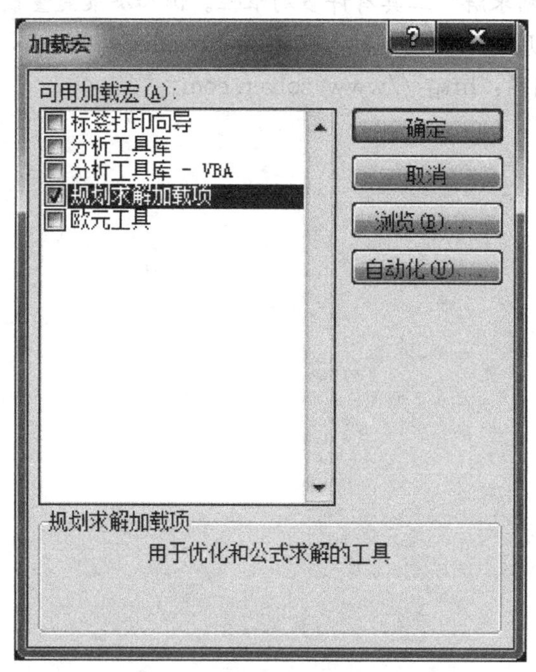

图 1—29 Excel 2010“加载宏”对话框

第三步：在“加载宏”对话框中勾选“规划求解加载项”，单击“确定”按钮。

这样，Excel 工作窗口的“数据”选项卡的“分析”组中将出现“规划求解”命令。此后每次启动 Excel 2010 时，“规划求解加载项”都会自动加载，加载过程需要占用一定的系统响应时间。如果不再需要使用“规划求解”，可以采用类似的方法卸载“规划求解加载项”。

温馨提示：

(1) Excel 2010 的“规划求解”加载项是一个全新版本，它改进了用户界面，优化了非线性模型求解算法，新增了基于遗传算法的求解算法。

（2）Excel 2010 的“规划求解”提供了以下 3 种求解方法（如图 1—30 所示）：

①非线性 GRG（generalized reduced gradient，又称广义简约梯度法，通用简约梯度法）：用于求解平滑非线性规划问题（参见第 8 章）。

②单纯线性规划（LP simplex）：用于求解线性规划问题（本书用得最多的求解方法）。

③演化（又称进化，基于遗传算法）：用于求解非平滑规划问题（参见第 8 章的例 8.2）。

图 1—30 Excel 2010“规划求解参数”对话框中的“选择求解方法”

（3）Excel 的“规划求解”工具有许多局限性。例如决策变量最多为 200 个。

（4）Excel 中所采用的“规划求解”工具由 Frontline Systems 公司开发并提供算法，有关的详细信息参见网站：http://www.solver.com。

第2章 线性规划的灵敏度分析

本章内容要点

- 线性规划的灵敏度分析
- 使用 Excel 进行灵敏度分析
- 影子价格及其应用

灵敏度分析（sensitivity analysis）能够为管理层决策提供非常有用的信息，能够帮助管理者做出正确决策。本章将在第 1 章的基础上，进一步讨论线性规划的灵敏度分析、敏感性报告及其应用、影子价格及其应用等。

2.1 线性规划的灵敏度分析

本节将介绍线性规划灵敏度分析的研究内容，并针对例 1.1，给出需要进行灵敏度分析的具体内容，其中将会涉及 7 个小问题。

2.1.1 灵敏度分析的研究内容

在第 1 章的讨论中，假定线性规划模型中的各个系数 c_j、a_{ij}、b_i 是确定的常数，并根据这些数据，求得最优解。

$$\max(\text{或 }\min)z=\sum_{j=1}^{n}c_jx_j$$

$$\text{s.t.}\begin{cases}\sum_{j=1}^{n}a_{ij}x_j\leqslant(=,\geqslant)b_i & (i=1,2,\cdots,m)\\ x_j\geqslant 0 & (j=1,2,\cdots,n)\end{cases}$$

但事实上，现实情况是复杂多变的，有些系数有时很难确定。这就要求管理者在取得最初模型的最优解之后，要再对这些估计量进行进一步的分析，以决定是否需要调整决策。

同时，周围环境的变化也会使系数发生变化，这些系数的变化很可能会影响已求得的最优解。因此，开明的管理者为了让管理决策能够更好地适应现实环境，还要继续研究最优解对数据变化的反应程度，以适应各种偶然的变化。这就是灵敏度分析所要研究的内容的一部分。灵敏度分析研究的另一类问题是探讨在原线性规划模型的基础上增加一个变量或者一个约束条件对最优解的影响。

也就是说，灵敏度分析通常可以解决参数变化对模型的影响，见表 2—1。

表 2—1　　各种因素变化对规划模型的影响（利润最大化问题）

<table>
<tr><th>企业遇到的实际问题</th><th>现状</th><th>运筹学模型中系数</th><th>系数波动的表现</th></tr>
<tr><td rowspan="2">某单一产品价格上升</td><td>没有生产</td><td rowspan="4">目标函数中的某个系数 c_j</td><td>可能会转入生产</td></tr>
<tr><td>正在生产</td><td>继续生产该产品</td></tr>
<tr><td rowspan="2">某单一产品价格下降</td><td>正在生产</td><td>可能会停止生产</td></tr>
<tr><td>没有生产</td><td>继续停产该产品</td></tr>
<tr><td rowspan="2">某单一约束限制放宽</td><td>有剩余</td><td rowspan="4">某个约束的右端值 b_i</td><td>不影响规划</td></tr>
<tr><td>无剩余</td><td>最优值改善</td></tr>
<tr><td rowspan="2">某单一约束限制紧缩</td><td>有剩余</td><td>可能会影响规划</td></tr>
<tr><td>无剩余</td><td>最优值恶化</td></tr>
<tr><td rowspan="2">增加新产品</td><td rowspan="2">尚未生产</td><td rowspan="2">a_{ij} 中增加一列、c_j 中增加一个系数</td><td>开始生产该产品</td></tr>
<tr><td>停留在规划阶段</td></tr>
<tr><td rowspan="2">增加新约束</td><td rowspan="2">当前生产格局</td><td rowspan="2">a_{ij} 中增加一行</td><td>影响规划</td></tr>
<tr><td>不影响规划</td></tr>
<tr><td>停产某产品</td><td>正在生产</td><td>删除相关的系数</td><td rowspan="2">需要重新规划</td></tr>
<tr><td rowspan="2">减少某约束</td><td>发挥作用</td><td rowspan="2">完全删除约束行</td></tr>
<tr><td>不起作用</td><td>不影响规划</td></tr>
</table>

2.1.2　对例 1.1 进行灵敏度分析

首先，回顾一下第 1 章中的例 1.1。

例 1.1　生产计划问题。某工厂要生产两种新产品：门和窗。经测算，每生产一扇门需要在车间 1 加工 1 小时、在车间 3 加工 3 小时；每生产一扇窗需要在车间 2 和车间 3 各加工 2 小时。而车间 1、车间 2、车间 3 每周可用于生产这两种新产品的时间分别是 4 小时、12 小时、18 小时。已知每扇门的利润为 300 元，每扇窗的利润为 500 元。而且根据经市场调查得到的这两种新产品的市场需求状况可以确定，按当前的定价可确保所有新产品均能销售出去。问该工厂应如何安排这两种新产品的生产计划，才能使总利润最大（以获得最大的市场利润）？

例 1.1 的线性规划模型为：

$$\max z=300x_1+500x_2$$

$$\text{s.t.}\begin{cases}x_1\leqslant 4 & (\text{车间 1})\\ 2x_2\leqslant 12 & (\text{车间 2})\\ 3x_1+2x_2\leqslant 18 & (\text{车间 3})\\ x_1,x_2\geqslant 0 & (\text{非负})\end{cases}$$

利用 Excel“规划求解”命令求得的最优解为：$x_1^*=2$、$x_2^*=6$。此时总利润达到最大，即最优目标值为：$z^*=3\,600$（元）。

现在，要作如下考虑（每个问题相互独立）：

问题 1：如果门的单位利润由原来的 300 元增加到 500 元，最优解是否会改变？对总利润又会产生怎样的影响？

问题 2：如果门和窗的单位利润都发生变化，最优解会不会发生改变？对总利润又会产生怎样的影响？

问题 3：如果车间 2 的可用工时增加 1 小时，总利润是否会发生变化？如何改变？最优解是否会发生变化？

问题 4：如果同时改变多个车间的可用工时，总利润是否会发生变化？如何改变？最优解是否会发生变化？

问题 5：如果车间 2 更新生产工艺，生产一扇窗由原来的 2 小时下降为 1.5 小时，最优解是否会发生改变？总利润是否会发生变化？

问题 6：工厂考虑增加一种新产品，总利润是否会发生变化？

问题 7：如果工厂新增用电限制，是否会改变原来的最优方案？

后面的讨论将分别回答以上 7 个问题。

2.2　单个目标函数系数变化的灵敏度分析

下面讨论在假定只有一个系数 c_j 发生变化，模型中的其他系数保持不变的情况下，单个目标函数系数变化对最优解的影响。结合上一节提出的例 1.1 的问题 1，如果当初对门的单位利润估计不准确，如把它改成 500 元，是否会影响求得的最优解呢？

2.2.1　使用电子表格进行互动分析

可以借助电子表格互动地展开灵敏度分析。当模型参数发生改变时，只要修改电子表格模型中相应的参数，再重新运行 Excel“规划求解”命令，就可以看出改变参数对最优解和最优值的影响。

假如原先对门的单位利润估计低了，现在增加到 500 元，最优解会不会发生变化呢？

如图 2—1 所示（参见“例 1.1 的灵敏度分析.xlsx”的“Sheet1”工作表），修改电子表格模型中相应的参数（将 C4 单元格中的 300 改为 500），然后重新运行“规划求解”命令。求解结果为：最优解没有发生改变，仍然是（2，6）。由于门的单位利润增加了 500－300＝200（元），因此总利润增加了 200×2＝400（元）。

这种互动分析方法虽然能达到灵敏度分析的目的，但需要逐个进行尝试，效率略显低下，有没有更高效的方法呢？幸运的是，使用 Excel“规划求解”命令，可以直接得到

	A	B	C	D	E	F	G
1	例1.1						
2							
3			门	窗			
4		单位利润	500	500			
5							
6			每个产品所需工时		实际使用		可用工时
7		车间 1	1	0	2	<=	4
8		车间 2	0	2	12	<=	12
9		车间 3	3	2	18	<=	18
10							
11			门	窗			总利润
12		每周产量	2	6			4000

图 2—1　门的单位利润增加到 500 元时，最优解不变

“敏感性报告”，利用该报告可以很方便地进行灵敏度分析。

2.2.2　运用“敏感性报告”寻找单个目标函数系数的允许变化范围

使用 Excel 2010“规划求解”命令得到“敏感性报告”的步骤如下：

第一步：在“数据”选项卡的“分析”组中，单击“规划求解”。

第二步：如第 1 章所述，在“规划求解参数”对话框中输入相应的参数（目标单元格、可变单元格、约束条件）。

第三步：单击选中“使无约束变量为非负数”复选框。然后在“选择求解方法”右边的下拉列表中，选择“单纯线性规划”（表示该问题是线性规划问题）。

第四步：单击“求解”按钮进行规划求解。

第五步：在弹出的如图 2—2 所示的“规划求解结果”对话框中，在右边的“报告”列表框中选择“敏感性报告”选项，单击“确定”按钮。这时，生成一个名为“敏感性报告”的新工作表。

温馨提示：含有整数约束条件的模型（参见第 6 章的整数规划）不能生成“敏感性报告”。

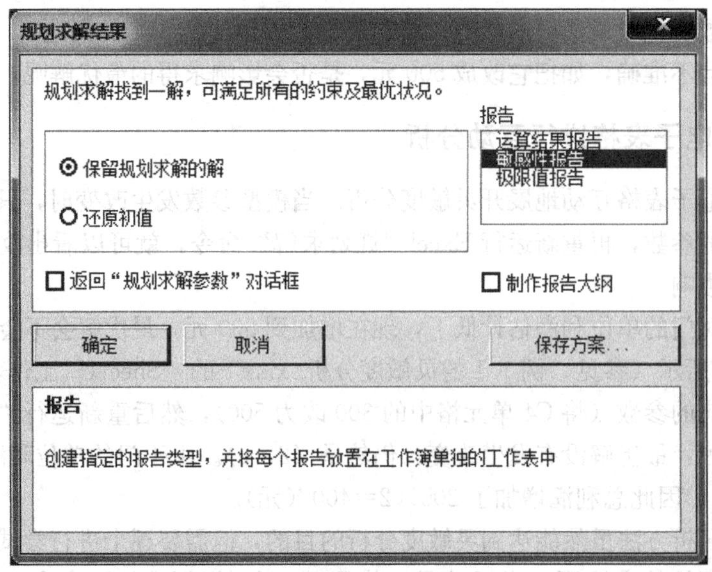

图 2—2　“规划求解结果”对话框（有最优解，选中“敏感性报告”选项）

可见，获得“敏感性报告”的前四个步骤就是使用 Excel“规划求解”命令求解线性规划问题的步骤，只需在最后的“规划求解结果”对话框中，选择“敏感性报告”选项，即可获得该报告。

例 1.1 的“敏感性报告”如图 2—3 所示，可参见“例 1.1 的灵敏度分析. xlsx”中的“敏感性报告 1”工作表。

	A	B	C	D	E	F	G	H
5								
6	可变单元格							
7				终	递减	目标式	允许的	允许的
8		单元格	名称	值	成本	系数	增量	减量
9		\$C\$12	每周产量 门	2	0	300	450	300
10		\$D\$12	每周产量 窗	6	0	500	1E+30	300
11								
12	约束							
13				终	阴影	约束	允许的	允许的
14		单元格	名称	值	价格	限制值	增量	减量
15		\$E\$7	车间 1 实际使用	2	0	4	1E+30	2
16		\$E\$8	车间 2 实际使用	12	150	12	6	6
17		\$E\$9	车间 3 实际使用	18	100	18	6	6

图 2—3 例 1.1 的“敏感性报告”

“敏感性报告”由两部分组成：

(1) 位于报告上半部分的“可变单元格”(B7：H10 区域)，反映了目标函数系数变化对最优解产生的影响；

(2) 位于报告下半部分的“约束”(B13：H17 区域)，反映了约束右端值变化对目标函数值（最优值）产生的影响。

先来分析“敏感性报告”中目标函数系数变化对最优解产生的影响。在“可变单元格”的 B7：H10 区域中，前三列是关于线性规划问题的决策变量。其中：

(1)“单元格”是指决策变量所在的单元格；

(2)“名称”是这些决策变量的名称；

(3)“终值”是决策变量的终值，即通过“规划求解”后得到的最优解。

在例 1.1 中，有两个决策变量，即门和窗的每周产量，它们分别在 C12 单元格和 D12 单元格，其最优解分别为 2 和 6。

第四列是“递减成本”，它的绝对值表示目标函数中决策变量的系数必须改进多少，才能得到该决策变量的正数解。这里的“改进”，在最大化问题中是指增加，在最小化问题中则是指减少。在例 1.1 中，两个决策变量均已得到正数解，所以它们的递减成本均为零。

第五列是“目标式系数”，是指目标函数中的系数，它在题目中是已知的（常数）。在例 1.1 中，目标函数中两个决策变量的系数分别是门的单位利润 300 元和窗的单位利润 500 元。

第六列与第七列分别是“允许的增量”和“允许的减量”，它们表示目标函数中的系数在允许的增量与减量范围内变化时，原问题的最优解不变。

由此，可以从“敏感性报告”中得到如下信息：

c_1 的现值： 300

c_1 允许的增量： 450 此时，$c_1 \leqslant 300+450=750$

c_1 允许的减量： 300 此时，$c_1 \geqslant 300-300=0$

故 c_1 允许的变化范围为：$0 \leqslant c_1 \leqslant 750$，即 [0，750]。

因此，当门的单位利润从 300 元增加到 500 元时，还是在 c_1 允许的变化范围内，最优解不会发生变化，仍然是（2，6）。

同理，可以得出例 1.1 的另一个目标函数系数 c_2 的允许变化范围。

c_2 的现值： 500

c_2 允许的增量： 1E+30（无限制） 此时，c_2 无上限

c_2 允许的减量： 300 此时，$c_2 \geqslant 500-300=200$

故 c_2 允许的变化范围为：$c_2 \geqslant 200$，即 $[200, +\infty)$。

需要注意的是：这里给出的单个目标函数系数的“允许变化范围”，是指其他条件不变，仅当该目标函数系数变化时的允许变化范围。

2.2.3 运用“图解法”寻找单个目标函数系数的允许变化范围

如图 2—4 所示，其中横轴 x_1 表示门的每周产量，纵轴 x_2 表示窗的每周产量，当门的单位利润 $c_1=300$、窗的单位利润 $c_2=500$ 时，等利润直线 $z=300x_1+500x_2$ 与可行域相交于点（2，6），这一点是最优解。

如果门的单位利润 c_1 估计不准确，则该等利润直线的斜率将发生变化。

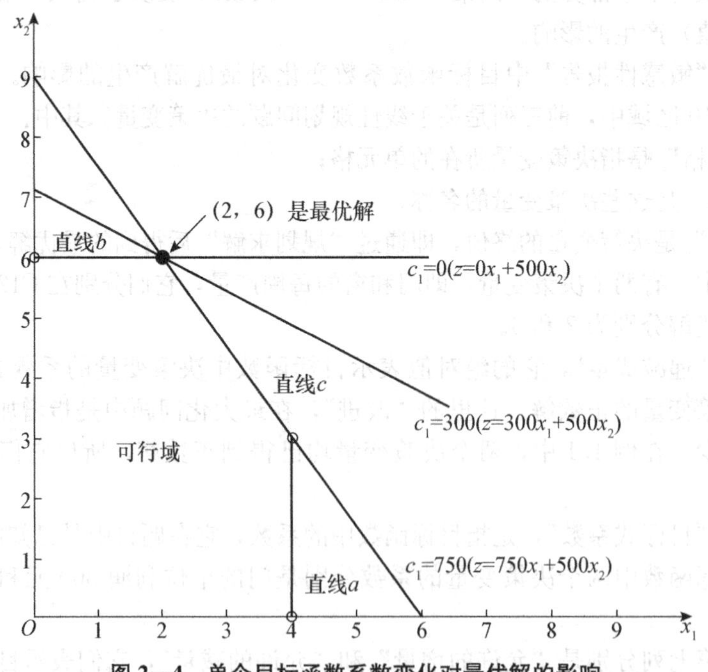

图 2—4 单个目标函数系数变化对最优解的影响

当 $c_1=0$ 时，表示目标函数线的等利润直线是经过点（2，6）的直线 b。由于该直线从（0，6）到（2，6）都与可行域相交，因此该线上在（0，6）和（2，6）之间的所有点都是最优解。

当 $c_1=750$ 时，表示目标函数线的等利润直线是经过点（2，6）的直线 c，由于该直线从（2，6）到（4，3）都与可行域相交，因此该线上在（2，6）和（4，3）之间的所有点都是最优解。

如果 $c_1>750$，等利润直线斜率的绝对值会更大，只剩下（4，3）是最优解。

如果 $c_1<0$，等利润直线的斜率大于 0，只剩下（0，6）是最优解。

由此可以看出，$0\leqslant c_1\leqslant 750$ 时，最优解（2，6）保持不变。

2.3 多个目标函数系数同时变化的灵敏度分析

对于现实问题的线性规划模型，很可能同时有几个目标函数系数估计不准确，这就是前面提出的问题 2。

2.3.1 使用电子表格进行互动分析

同样，这类问题最方便快捷的解决办法是在电子表格模型中作相应的改动，再重新运行“规划求解”命令。

假如，原先门的单位利润（300 元）估计低了，现在升为 450 元；同时，以前窗的单位利润（500 元）估计高了，现在降为 400 元。这样的变化，是否会导致最优解发生变化呢?

如图 2—5 所示（参见“例 1.1 的灵敏度分析. xlsx”的“Sheet1”工作表），修改电子表格模型中相应的参数（将 C4 单元格中的数值改为 450，再将 D4 单元格中的数值改为 400)，然后重新运行“规划求解”命令。

	A	B	C	D	E	F	G
1	例1.1						
2							
3			门	窗			
4		单位利润	450	400			
5							
6			每个产品所需工时		实际使用		可用工时
7		车间 1	1	0	2	<=	4
8		车间 2	0	2	12	<=	12
9		车间 3	3	2	18	<=	18
10							
11			门	窗			总利润
12		每周产量	2	6			3300

图 2—5 门的单位利润升为 450 元、窗的单位利润降为 400 元时，最优解不变

从求解结果中可以看出，最优解并没有发生变化，总利润由于门和窗的单位利润的改变相应地改变了：

$$(450-300)\times 2+(400-500)\times 6=-300$$

2.3.2 运用“敏感性报告”进行分析

当多个目标函数系数同时变化时，仍然可以使用“敏感性报告”提供的信息进行分析，只是需要使用一个新的分析方法——百分之百法则。

目标函数系数同时变化的百分之百法则的具体含义是：如果目标函数系数同时变化，计算出每一系数变化量占该系数允许变化量（允许的增量或允许的减量）的百分比，然后将各个系数变化的百分比相加。如果所得的变化的百分比总和不超过 100%，则最优解不会改变；如果超过了 100%，则不能确定最优解是否改变（可能改变，也可能不变），可通过重新运行“规划求解”命令来判断。

百分之百法则的作用如下：

(1) 可用于确定在保持最优解不变的条件下，目标函数系数的变化范围；

(2) 百分之百法则通过将允许的增加量或减少量在各个系数之间进行分摊，从而可以直接显示出每个系数允许的变化值；

(3) 线性规划求解后，如果将来条件变化，致使目标函数中一部分或所有系数都发生变化，那么百分之百法则可以直接表明最初最优解是否保持不变。

利用百分之百法则再分析例 1.1 的问题 2：如果门的单位利润 c_1 从原来的 300 上升到 450，同时窗的单位利润 c_2 从原来的 500 下降到 400，运用百分之百法则，分析最优解是否会发生变化。

$$c_1: 300 \rightarrow 450(\uparrow)，\text{占允许增加量的百分比}=\frac{450-300}{450}\times 100\% \doteq 33.33\%；$$

$$c_2: 500 \rightarrow 400(\downarrow)，\text{占允许减少量的百分比}=\frac{500-400}{300}\times 100\% \doteq 33.33\%；$$

变化的百分比总和为 66.66%。

由于变化的百分比总和不超过 100%，从而可以确定最初的最优解（2，6）保持不变。

如果发生更大的改变，c_1 从原来的 300 上升到 600，同时 c_2 从原来的 500 下降到 300。计算如下：

$$c_1: 300 \rightarrow 600(\uparrow)，\text{占允许增加量的百分比}=\frac{600-300}{450}\times 100\% = 66.67\%；$$

$$c_2: 500 \rightarrow 300(\downarrow)，\text{占允许减少量的百分比}=\frac{500-300}{300}\times 100\% = 66.67\%；$$

变化的百分比总和为 133.34%。

由于变化的百分比总和超过了 100%，那么百分之百法则就不能保证最优解（2，6）仍为最优解。通过重新运行“规划求解”命令，可以看到，最优解已经变成了（4，3）。

由于 100%是 66.67%和 133.34%的中点，当 c_1 和 c_2 的变化量在以上两种情况的中点的时候，变化的百分比总和为 100%，即 $c_1=525$ 是 450 和 600 的中点，$c_2=350$ 是 400 和 300 的中点，对应的百分之百法则的计算如下：

$$c_1: 300 \rightarrow 525(\uparrow)，\text{占允许增加量的百分比}=\frac{525-300}{450}\times 100\% = 50\%；$$

$$c_2: 500 \rightarrow 350(\downarrow)，\text{占允许减少量的百分比}=\frac{500-350}{300}\times 100\% = 50\%；$$

变化的百分比总和为 100%。

变化的百分比总和刚好等于 100%，由于没有超过 100%，那么最优解还是（2，6），保持不变。

通过图2—6可以看出，当$c_1=525$、$c_2=350$时，刚好处在百分之百法则所允许的临界点上，目标函数直线上（2，6）和（4，3）之间的所有点都是最优解。但如果c_1和c_2更大地偏离初值，变化的百分比总和超过了100%，目标函数直线将向右旋转，（4，3）成为最优解。

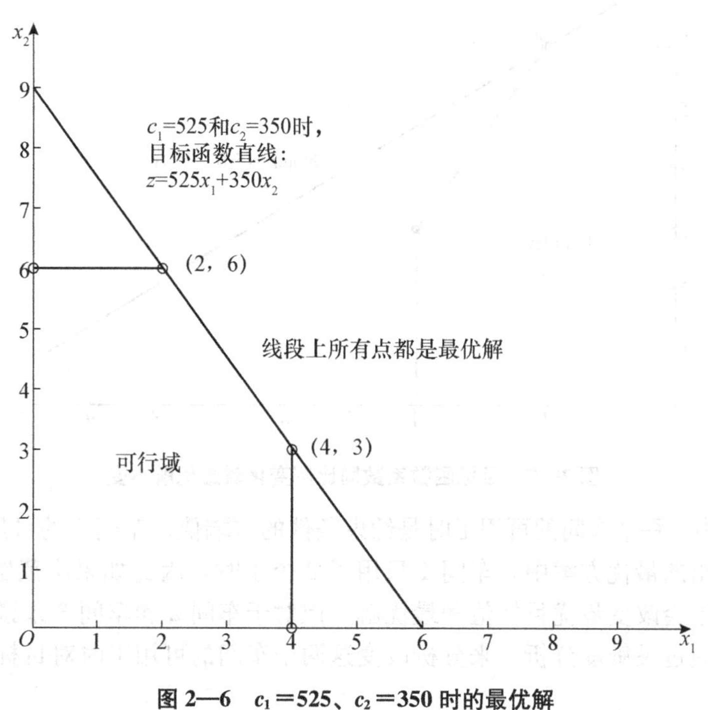

图2—6　$c_1=525$、$c_2=350$时的最优解

但是变化的百分比总和超过了100%，并不表示最优解一定会改变。例如，门和窗的单位利润都减半。计算如下：

$$c_1: 300\to150(\downarrow)，占允许减少量的百分比=\frac{300-150}{300}\times100\%=50\%;$$

$$c_2: 500\to250(\downarrow)，占允许减少量的百分比=\frac{500-250}{300}\times100\%\doteq83.33\%;$$

变化的百分比总和为133.33%。

变化的百分比总和超过了100%，但从图2—7中可以看出，最优解还是（2，6），没有发生改变。这是由于这两个单位利润同比例变化，等利润直线的斜率不变，因此最优解就保持不变。

2.4　单个约束右端值变化的灵敏度分析

约束条件右端值发生变化的原因和目标函数系数变化的原因一样：在建模时不可能得到完全准确的信息，只能作粗略的估计。因此需要分析：当只有一个约束右端值b_i改变，其他约束右端值均保持不变时，该情况对目标值的影响。

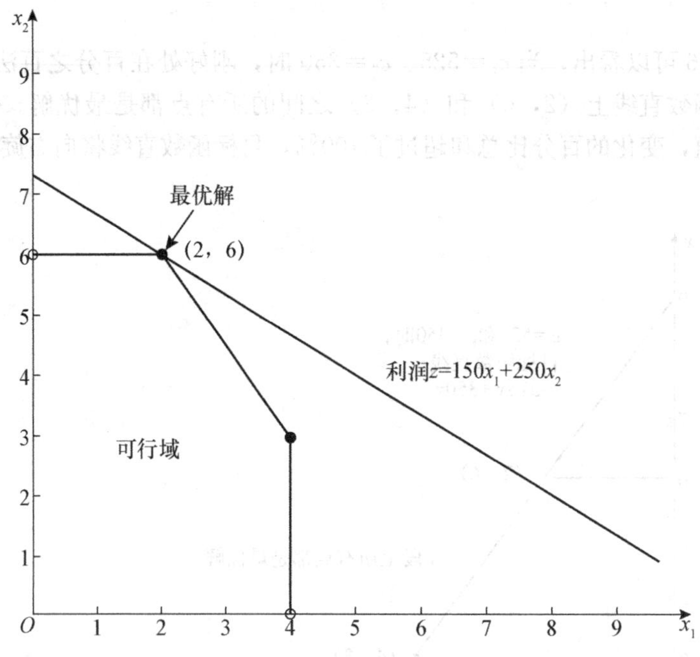

图 2—7　目标函数系数同比例变化时最优解不变

在例 1.1 中，每个车间的可用工时是约束条件的右端值。车间 1 的可用工时是 4，但在规划求解得出的最优方案中，车间 1 只用了 2 个小时，因此如果小范围地改变车间 1 的可用工时，不会改变最优目标值和最优解。但对于车间 2 和车间 3 来说，情况就有所不同了，需要通过灵敏度分析，来分析改变这两个车间的可用工时对目标值及最优解的影响。

下面对例 1.1 的问题 3 进行分析。

2.4.1　使用电子表格进行互动分析

假如管理者把车间 2 的可用工时从 12 小时增加到 13 小时，如图 2—8 所示（参见“例 1.1 的灵敏度分析. xlsx”的“Sheet1”工作表），修改电子表格模型中相应的参数（将 G8 单元格中的数值改为 13），然后重新运行“规划求解”命令。

	A	B	C	D	E	F	G
1	例1.1						
2							
3			门	窗			
4		单位利润	300	500			
5							
6			每个产品所需工时		实际使用		可用工时
7		车间 1	1	0	1.667	<=	4
8		车间 2	0	2	13	<=	13
9		车间 3	3	2	18	<=	18
10							
11			门	窗			总利润
12		每周产量	1.667	6.5			3750

图 2—8　车间 2 的可用工时从 12 增加到 13，总利润增加了 150 元

此时总利润为 3 750 元，增加了 3 750－3 600＝150（元）。由于总利润增加了，而目标函数系数不变，因此最优解一定会发生改变。从图 2—8 中的 C12：D12 区域可以看出，最优解由原来的（2，6）变为（1.667，6.5）。

在电子表格模型中，把车间 2 的可用工时继续上调，总利润将会继续增长，直到车间 2 可用工时增加到 18（见图 2—9），此时再增加工时不会带来利润的增长（这是因为车间 3 的 18 个可用工时，每周只能生产 9 扇窗，所以车间 2 相应地最多只会使用 18 小时，见图 2—10）。因此，当其他车间的可用工时不发生改变时，18 是车间 2 可用工时的最大值。

	A	B	C	D	E	F	G
1	例1.1						
2							
3			门	窗			
4		单位利润	300	500			
5							
6			每个产品所需工时		实际使用		可用工时
7		车间 1	1	0	0	<=	4
8		车间 2	0	2	18	<=	18
9		车间 3	3	2	18	<=	18
10							
11			门	窗			总利润
12		每周产量	0	9			4500

图 2—9　车间 2 的可用工时增加到 18，总利润为 4 500 元

	A	B	C	D	E	F	G
1	例1.1						
2							
3			门	窗			
4		单位利润	300	500			
5							
6			每个产品所需工时		实际使用		可用工时
7		车间 1	1	0	0	<=	4
8		车间 2	0	2	18	<=	20
9		车间 3	3	2	18	<=	18
10							
11			门	窗			总利润
12		每周产量	0	9			4500

图 2—10　车间 2 的可用工时从 18 增加到 20，总利润不发生改变

2.4.2 从"敏感性报告"中获得关键信息

约束右端值往往体现了管理层的决策，因此，在建模并求解后，管理者想要知道改变这些决策是否会提高最终收益。影子价格[①]（shadow price）分析就是为管理者提供这方面的信息的。

在给定线性规划模型的最优解和目标函数值（最优值）的条件下，影子价格就是约束右端值每增加（或减少）1 个单位，目标函数值（最优值）增加（或减少）的数量。

"敏感性报告"提供了每个约束的影子价格，如图 2—11 所示（参见"例 1.1 的灵敏度分析.xlsx"中的"敏感性报告 1"工作表）。

① 更多有关"影子价格"的内容，参见本章附录"影子价格理论简介"。

	A	B	C	D	E	F	G	H
11								
12	约束							
13				终	阴影	约束	允许的	允许的
14		单元格	名称	值	价格	限制值	增量	减量
15		$E$7	车间 1 实际使用	2	0	4	1E+30	2
16		$E$8	车间 2 实际使用	12	150	12	6	6
17		$E$9	车间 3 实际使用	18	100	18	6	6

图 2—11 例 1.1 的“敏感性报告”中的约束

“敏感性报告”下半部分的“约束”（B13：H17 区域），反映了约束条件右端值变化对目标函数值（最优值）产生的影响。

前三列是关于约束条件左边的信息。其中：

(1)“单元格”是指约束条件左边（公式）所在的单元格；

(2)“名称”是这些约束条件左边的名称；

(3)“终值”是约束条件左边的终值。

在例 1.1 中，有三个约束条件，它们的左边分别是车间 1、车间 2 和车间 3 工时的实际使用量，它们分别在 E7、E8 和 E9 单元格，终值分别是 2、12、18。

第四列是“阴影价格”，即影子价格，它显示了约束右端值每增加（或减少）1 个单位，目标函数值（最优值）的相应增加量（或减少量）。

第五列是“约束限制值”，指约束条件右端值，通常是题目中给出的已知条件（常数）。在例 1.1 中，三个约束条件右端值分别表示车间 1、车间 2 和车间 3 的可用工时，它们分别是 4、12、18。

第六列与第七列是“允许的增量”和“允许的减量”，它们表示约束条件右端值在允许的增量与减量范围内变化时，影子价格不变。在例 1.1 中，第一个约束条件右端值是 4，允许的增量是 1E+30（无穷大），允许的减量是 2，因此，该约束条件右端值在 $[4-2, +\infty)$ 范围内变化时，车间 1 的影子价格不变。

需要注意的是：这里给出的某约束条件右端值的“允许变化范围”，是指其他条件不变，只有该约束条件右端值变化时的允许范围。

从敏感性报告中可知：

(1) 第一个约束条件（车间 1 的工时约束）的影子价格为 0，因为该车间实际使用工时（2 小时）低于可用工时（4 小时），所以，再增加车间 1 可用工时，总利润不变。

(2) 第二个约束条件（车间 2 的工时约束）的影子价格是 150，说明在允许的范围 $[6, 18]$（即 $[12-6, 12+6]$）内，再增加（或减少）1 小时的可用工时，总利润将增加（或减少）150（元）。

(3) 同理，第三个约束条件（车间 3 的工时约束）的影子价格为 100，这说明在允许的范围 $[12, 24]$（即 $[18-6, 18+6]$）内，再增加（或减少）1 小时的可用工时，总利润将增加（或减少）100（元）。

由于车间 2 和车间 3 把可用工时都用来生产新产品，因此，若增加它们的可用工时，必然会增加利润，这是显而易见的。

2.4.3 运用“图解法”进行分析

图 2—12 显示了例 1.1 的约束条件中车间 2（$2x_2 \leqslant 12$）的右端值发生变化时，可行域的变化。直线 b 表示的是车间 2 的约束条件，它的方程式是 $2x_2=12$。当车间 2 的可用工时增加（或减少）时，直线 b 会上升（或下降）。随着直线 b 的移动，可行域会由于直线 b 和直线 c 交点的改变而发生改变，但只要直线 b 没有移动过多（$6 \leqslant 2x_2 \leqslant 18$），最优解始终保持在直线 b 与直线 c 的交点上。在这个范围内，车间 2 的约束右端值每增加（或减少）1 个单位，交点的移动就使利润增长（或减少）1 个影子价格的数量（150 元）。当车间 2 的可用工时大于 18 时，无法再从直线 b 和直线 c 的交点上找到最优解了，因为此时两直线的交点使得门的每周产量为负，这违背了该模型的非负约束。同样，当车间 2 的可用工时下降到小于 6 时，直线 b 和直线 c 的交点也不能再保持最优，因为它们的交点违背了车间 1 的约束（$x_1 \leqslant 4$），该约束在图 2—12 中表现为直线 a。

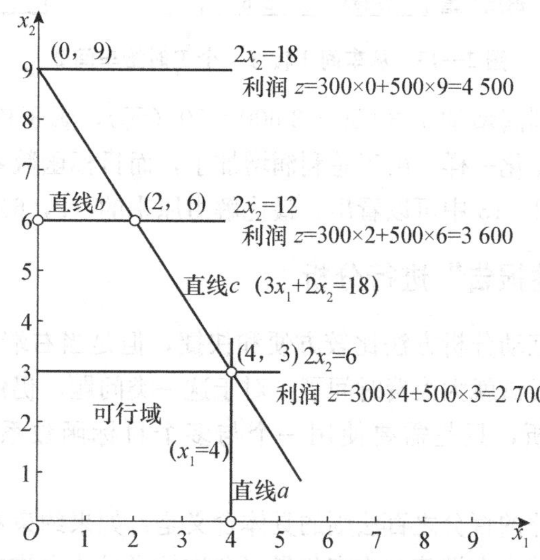

图 2—12 单个约束右端值变化对可行域和最优值（总利润）的影响

2.5 多个约束右端值同时变化的灵敏度分析

实际上，模型中各个约束右端值一般都是相关的，管理者往往需要考虑这些约束条件同时变化的情况。下面对例 1.1 的问题 4 进行分析。

2.5.1 使用电子表格进行互动分析

下面分析将 1 小时的工时从车间 3 移到车间 2，对总利润所产生的影响。

根据影子价格，可知总利润变化量如下：

车间 2：12→13(↑)，总利润变化量＝车间 2 约束的影子价格＝150 元

车间 3：18→17(↓)，总利润变化量＝－车间 3 约束的影子价格＝－100 元

因此，总利润增加了 150－100＝50（元）。

但是，不能确定两个约束右端值同时变化时，原先的影子价格是否依然有效。

如图 2—13 所示（参见“例 1.1 的灵敏度分析. xlsx”的“Sheet1”工作表），修改电子表格模型中相应的参数（将 G8 单元格中的数值改为 13，将 G9 单元格中的数值改为 17），然后重新运行“规划求解”命令。

	A	B	C	D	E	F	G
1	例1.1						
2							
3			门	窗			
4		单位利润	300	500			
5							
6			每个产品所需工时		实际使用		可用工时
7		车间 1	1	0	1.333	<=	4
8		车间 2	0	2	13	<=	13
9		车间 3	3	2	17	<=	17
10							
11			门	窗			总利润
12		每周产量	1.333	6.5			3650

图 2—13 从车间 3 转移 1 个工时给车间 2

求解结果显示，总利润增加了 3 650－3 600＝50（元），影子价格在此方案中是有效的。与单个约束右端值变化一样，由于总利润增加了，而目标函数系数不变，所以最优解一定会发生改变，从图 2—13 中可以看出，最优解由原来的（2，6）变为（1.333，6.5）。

2.5.2 运用“敏感性报告”进行分析

虽然用电子表格的互动分析方法比较方便和快捷，但是当右端值发生一系列变化时，用电子表格逐个地进行尝试就太浪费时间了。对于这一类问题，仍然可以使用“敏感性报告”提供的信息进行分析，只是需要使用一个与多个目标函数系数同时变化的分析方法——百分之百法则。

约束右端值同时变化的百分之百法则的具体含义是：如果约束右端值同时变化，计算每一右端值变化量占该约束右端值允许变化量（允许的增量或允许的减量）的百分比，然后将各个约束右端值变化的百分比相加。如果所得的变化的百分比总和不超过 100%，那么影子价格依然有效；如果超过了 100%，那就无法确定影子价格是否依然有效（可能有效，也可能无效），可通过重新运行“规划求解”命令来判断。

利用该百分之百法则再分析例 1.1 的问题 4，现在将车间 3 的 1 个工时转移给车间 2，计算如下：

$$\text{车间 2：}12\rightarrow13(\uparrow)\text{，占允许增加量的百分比}=\frac{13-12}{6}\times100\%\doteq16.67\%$$

$$\text{车间 3：}18\rightarrow17(\downarrow)\text{，占允许减少量的百分比}=\frac{18-17}{6}\times100\%\doteq16.67\%$$

变化的百分比总和为 33.33%。

由于变化的百分比总和不超过 100%，那么用影子价格来预测这些变化的影响是有效的。

上面求得的变化的百分比总和为 33.33%，这表明即使原先的变化扩大 3 倍，也不会使影子价格失效。为了检验这一点，使变化扩大3倍，重新计算：

$$车间2：12\rightarrow15(\uparrow)，占允许增加量的百分比=\frac{15-12}{6}\times100\%=50\%$$

$$车间3：18\rightarrow15(\downarrow)，占允许减少量的百分比=\frac{18-15}{6}\times100\%=50\%$$

变化的百分比总和为100%。

变化的百分比总和刚好等于100%（不超过100%），所以影子价格仍然有效。但这一变化幅度是最大的，一旦大于这一幅度，就不能保证影子价格有效了。

在影子价格的有效范围内，总利润的变化量可以直接通过影子价格来计算。比如将车间3的3个工时转移给车间2，总利润的变化量为：

$$(15-12)\times150-(18-15)\times100=150(元)$$

2.6 约束条件系数变化的灵敏度分析

约束条件中的技术（工艺）系数 a_{ij}，往往涉及车间生产能力、产品消耗资源数等比较确定的数据，因此，一般情况下，它比前面提到的目标函数系数和约束右端值更具有确定性，但约束条件的系数也有可能发生变化。

下面就来讨论只有一个 a_{ij} 变化而模型中的其他系数不变的情况会对最优解产生什么影响。解决这一类问题，需要修改模型中相应的参数并重新运行“规划求解”命令。

例如，对于例1.1的问题5，车间2更新生产工艺，生产一扇窗由原来的2小时下降为1.5小时，此时最优解是否会发生变化？图2—14显示了该问题的规划求解结果（D8单元格中的数值由原来的2变为1.5）。

	A	B	C	D	E	F	G
1	例1.1						
2							
3			门	窗			
4		单位利润	300	500			
5							
6			每个产品所需工时		实际使用		可用工时
7		车间 1	1	0	0.667	<=	4
8		车间 2	0	1.5	12	<=	12
9		车间 3	3	2	18	<=	18
10							
11			门	窗			总利润
12		每周产量	0.667	8			4200

图2—14 车间2生产一扇窗由原来的2小时下降为1.5小时

规划求解后，最优解发生了改变，变为（0.667，8），总利润也由原来的3 600元增加到4 200元。可见，车间2更新生产工艺后，为工厂增加了利润。

2.7 增加一个新变量

对例1.1的问题6进行分析。

例 2.1 在例 1.1 中，如果工厂考虑增加一种新产品：防盗门，假设其每周产量为 x_3，单位利润为 400 元。生产一扇防盗门会占用车间 1、车间 2、车间 3 各 2、1、1 小时。此时，新的线性规划模型为：

$$\max z=300x_1+500x_2+400x_3$$

$$\text{s.t.}\begin{cases}x_1+2x_3\leqslant 4 & (\text{车间 }1)\\ 2x_2+x_3\leqslant 12 & (\text{车间 }2)\\ 3x_1+2x_2+x_3\leqslant 18 & (\text{车间 }3)\\ x_1,x_2,x_3\geqslant 0 & (\text{非负})\end{cases}$$

例 2.1 的电子表格模型如图 2—15 所示，参见“例 2.1.xlsx”。

	A	B	C	D	E	F	G	H
1	**例2.1**							
2								
3			门	窗	防盗门			
4		单位利润	300	500	400			
5								
6				每个产品所需工时		实际使用		可用工时
7		车间 1	1	0	2	4	<=	4
8		车间 2	0	2	1	12	<=	12
9		车间 3	3	2	1	18	<=	18
10								
11			门	窗	防盗门			总利润
12		每周产量	2	5.5	1			3750

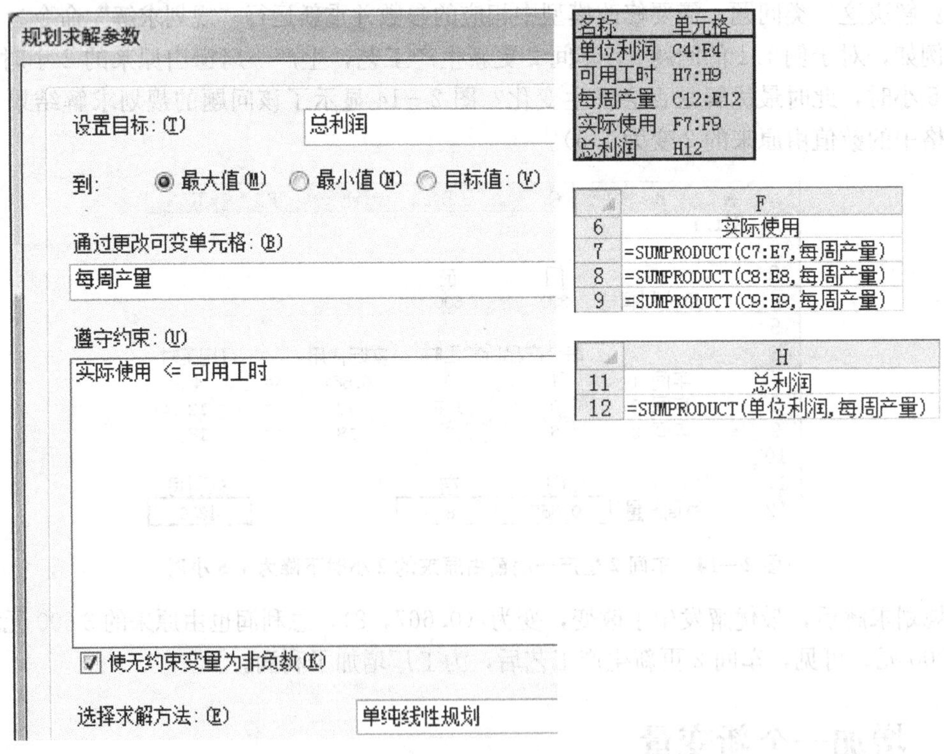

图 2—15 例 2.1 的电子表格模型（增加防盗门）

例 2.1 的求解结果：最优解为每周生产 2 扇门、5.5 扇窗和 1 扇防盗门，可获利 3 750 元。可见新产品为工厂增加了利润。

2.8 增加一个约束条件

对例 1.1 的问题 7 进行分析。

如果模型中需要增加一个约束条件，比如增加电力供应限制时，最优解是否会发生变化?

例 2.2 在例 1.1 中，假定生产一扇门和窗需要消耗电力分别为 20kw 和 10kw，工厂可供电量最多为 90kw，此时应该在原有的模型中加入新的约束条件：

$$20x_1+10x_2\leqslant 90$$

则新模型一共有五个约束条件，它们是：

$$\text{s. t.}\begin{cases} x_1\leqslant 4 & (\text{车间 1})\\ 2x_2\leqslant 12 & (\text{车间 2})\\ 3x_1+2x_2\leqslant 18 & (\text{车间 3})\\ 20x_1+10x_2\leqslant 90 & (\text{电力})\\ x_1,x_2\geqslant 0 & (\text{非负}) \end{cases}$$

例 2.2 的电子表格模型如图 2—16 所示，参见“例 2.2. xlsx”。

	A	B	C	D	E	F	G
1	例2.2						
2							
3			门	窗			
4		单位利润	300	500			
5							
6			每个产品所需资源		实际使用		可用资源
7		车间 1	1	0	1.5	<=	4
8		车间 2	0	2	12	<=	12
9		车间 3	3	2	16.5	<=	18
10		电力	20	10	90	<=	90
11							
12			门	窗			总利润
13		每周产量	1.5	6			3450

名称	单元格
单位利润	C4:D4
可用资源	G7:G10
每周产量	C13:D13
实际使用	E7:E10
总利润	G13

	E
6	实际使用
7	=SUMPRODUCT(C7:D7,每周产量)
8	=SUMPRODUCT(C8:D8,每周产量)
9	=SUMPRODUCT(C9:D9,每周产量)
10	=SUMPRODUCT(C10:D10,每周产量)

	G
12	总利润
13	=SUMPRODUCT(单位利润,每周产量)

图 2—16 例 2.2 的电子表格模型（增加电力限制对最优解的影响）

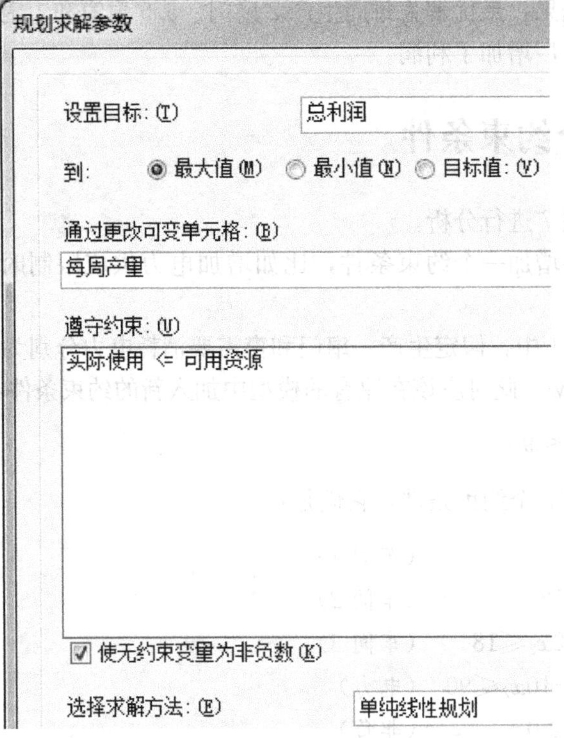

图 2—16　例 2.2 的电子表格模型（增加电力限制对最优解的影响）（续）

可见电力约束的确限制了门的每周产量（而窗的每周产量不变），最优解变成（1.5，6），总利润也相应地下降为 3 450 元。

2.9　灵敏度分析的应用举例

2.9.1　力浦公司的市场利润最大化问题

例 2.3　力浦公司是一家生产外墙涂料的建材公司，目前生产甲、乙两种规格的产品，这两种产品在市场上的单位利润分别是 4 万元和 5 万元。甲、乙两种产品均需要同时消耗 A、B、C 三种化工材料，生产 1 单位的产品甲需要消耗三种材料的情况是：1 单位的材料 A、2 单位的材料 B 和 1 单位的材料 C；而生产 1 单位的产品乙则需要 1 单位的材料 A、1 单位的材料 B 和 3 单位的材料 C。当前市场上的甲、乙两种产品供不应求，但是在每个生产周期（假设一年）内，公司的 A、B、C 三种原材料资源的储备量分别是 45 单位、80 单位和 90 单位，年终剩余的资源必须无偿调回，而且近期也没有筹集到额外资源的渠道。面对这种局面，力浦公司应如何安排生产计划，以获得最大的市场利润？

该公司在运营了一年后，管理层为第二年的运营进行了以下的预想（假设以下问题均单独出现）：

问题 1：由于建材市场受到其他竞争者的影响，公司市场营销部门预测当年的产品甲的价格会产生变化：产品甲的单位利润将会在 3.8 万元～5.2 万元之间波动。公司该如何应对这种情况，提前对生产格局做好调整预案？

问题 2：由于供应链上游的化工原料价格不断上涨，给力浦公司带来资源购置上的压力。公司采购部门预测现有 45 单位限额的材料 A 将会出现 3 单位的资源缺口，但是也不排除通过其他渠道筹措来 1 单位材料 A 的可能。对于材料 A 的资源上限的增加或减少，力浦公司应如何进行新的规划？

问题 3：经过规划分析已经知道，材料 B 在最优生产格局中出现了 12.5 单位的剩余，那么应如何重新制订限额，做好节约工作？

问题 4：最坏的可能是公司停止生产，把各种原材料清仓变卖。但是应如何在原材料市场上对 A、B 和 C 三种资源进行报价，以使得公司在直接出售原材料的清算业务中损失最小？

问题 5：如果企业打算通过增加原材料投入扩大生产规模，面对资源市场上的 A、B 和 C 三种材料的市价，力浦公司应如何做出经济合理的决策？

2.9.2 力浦公司的线性规划模型和电子表格模型

力浦公司的市场利润最大化问题是一个典型的总利润最大化的生产计划问题，可用表 2—2 表示。

表 2—2 **力浦公司的生产数据**

	产品甲	产品乙	储备量
资源 A	1	1	45
资源 B	2	1	80
资源 C	1	3	90
单位利润（万元）	4	5	

力浦公司的市场利润最大化问题的线性规划数学模型 M1 如下：

（1）决策变量。

设产品甲的产量为 x_1，产品乙的产量为 x_2。

（2）目标函数。

力浦公司的市场利润最大，即：$\max z=4x_1+5x_2$。

（3）约束条件。

$$\begin{cases} x_1+x_2\leqslant 45 & （资源 A） \\ 2x_1+x_2\leqslant 80 & （资源 B） \\ x_1+3x_2\leqslant 90 & （资源 C） \\ x_1,x_2\geqslant 0 & （非负） \end{cases}$$

于是，得到例 2.3 的线性规划模型：

$$\max z=4x_1+5x_2$$

$$\text{s. t.}\begin{cases} x_1+x_2\leqslant 45 \\ 2x_1+x_2\leqslant 80 \\ x_1+3x_2\leqslant 90 \\ x_1,x_2\geqslant 0 \end{cases}$$

例 2.3 的电子表格模型如图 2—17 所示，参见“例 2.3. xlsx”。

	A	B	C	D	E	F	G
1	例2.3						
2							
3			产品甲	产品乙			
4		单位利润	4	5			
5							
6			单位产品所需资源		实际使用		储备量
7		资源A	1	1	45	<=	45
8		资源B	2	1	67.5	<=	80
9		资源C	1	3	90	<=	90
10							
11			产品甲	产品乙			总利润
12		产量	22.5	22.5			202.5

	E
6	实际使用
7	=SUMPRODUCT(C7:D7,产量)
8	=SUMPRODUCT(C8:D8,产量)
9	=SUMPRODUCT(C9:D9,产量)

名称	单元格
产量	C12:D12
储备量	G7:G9
单位利润	C4:D4
实际使用	E7:E9
总利润	G12

	G
11	总利润
12	=SUMPRODUCT(单位利润,产量)

规划求解参数

设置目标：(T) 总利润

到：◉ 最大值(M) ○ 最小值(N) ○ 目标值：(V)

通过更改可变单元格：(B)

产量

遵守约束：(U)

实际使用 <= 储备量

☑ 使无约束变量为非负数(K)

选择求解方法：(E) 单纯线性规划

图 2—17 例 2.3 的电子表格模型

从图 2—17 中可知，力浦公司在最大限度利用现有资源的前提下，可以获得最大的市场利润是 202.5 万元，甲、乙两种产品均要生产 22.5 单位，三种资源（材料）的使用情况分别是：资源 A 使用了 45 单位，已消耗尽；资源 B 使用了 67.5 单位，剩余 12.5 单位

(80－67.5－12.5)；资源 C 使用了 90 单位，已消耗尽。

2.9.3　力浦公司的灵敏度分析（问题 1、问题 2 和问题 3）

进一步的结果可通过如下步骤获得。在如图 2—2 所示的“规划求解结果”对话框中，可单击选择右边的“报告”列表框中的“敏感性报告”选项，生成的“敏感性报告”如图 2—18 所示，参见“例 2.3.xlsx”。

	A	B	C	D	E	F	G	H
5								
6	可变单元格							
7				终	递减	目标式	允许的	允许的
8		单元格	名称	值	成本	系数	增量	减量
9		$C$12	产量 产品甲	22.5	0	4	1	2.333
10		$D$12	产量 产品乙	22.5	0	5	7	1
11								
12	约束							
13				终	阴影	约束	允许的	允许的
14		单元格	名称	值	价格	限制值	增量	减量
15		$E$7	资源 A 实际使用	45	3.5	45	5	15
16		$E$8	资源 B 实际使用	67.5	0	80	1E+30	12.5
17		$E$9	资源 C 实际使用	90	0.5	90	45	25

图 2—18　例 2.3 的敏感性报告（产品甲的单位利润为 4）

从这个报告中可以解读出很多重要的信息。基本能回答例 2.3（力浦公司的市场利润最大化）的问题 1～问题 5。①

1. 产品甲的单位利润变化对最优解和最优值的影响（问题 1）

从“规划求解”的“敏感性报告”（见图 2—18 中的 B9：H9 区域）中可知，产品甲的单位利润允许的变化范围是：最多增加 1 单位（允许的增量）和最多减少 2.333 单位（允许的减量），即 [4－2.333，4＋1]＝[1.667，5]。

根据问题 1 所给的变化范围 [3.8，5.2]，显然当产品甲的单位利润在 [3.8，5] 范围内变化时，不会影响最优解（22.5，22.5）。但是最优值（总利润）显然随着产品甲的单位利润的增加，逐渐从 198 万元增加到 225 万元。

当产品甲的单位利润在（5，5.2] 范围内变化时，则需要在电子表格模型中（见图 2—17 和“例 2.3.xlsx”），修改产品甲的单位利润（将 C4 单元格的数值改为 5.2），然后重新运行“规划求解”命令，并生成新的“敏感性报告”（如图 2—19 所示）。新模型的求解结果是：最优解为（35，10），产品甲的单位利润允许的变化范围是：最多增加 4.8 单位（允许的增量）和最多减少 0.2 单位（允许的减量），即 [5.2－0.2，5.2＋4.8]＝[5，10]。因此，当产品甲的单位利润在（5，5.2] 范围内变化时，最优解变为（35，10），最优值（总利润）同样随着产品甲的单位利润的增加，逐渐从 225 万元增加到 232 万元。

据此，针对产品甲的单位利润将会在 3.8 万元～5.2 万元之间波动的预测，力浦公司应制订两套预案：当单位利润在 3.8 万元～5.0 万元之间时，甲、乙两种产品的产量均为 22.5 单位；而单位利润在 5.0 万元～5.2 万元之间时，甲、乙两种产品分别生产 35 单位

① 温馨提示：本小节（2.9.3）先回答问题 1～问题 3，2.9.4 小节和 2.9.5 小节再回答问题 4 和问题 5。

	A	B	C	D	E	F	G	H
5								
6	可变单元格							
7				终	递减	目标式	允许的	允许的
8		单元格	名称	值	成本	系数	增量	减量
9		$C$12	产量 产品甲	35	0	5.2	4.8	0.2
10		$D$12	产量 产品乙	10	0	5	0.2	2.4

图 2—19　例 2.3 的敏感性报告（产品甲的单位利润为 5.2）

和 10 单位。可以看出，当产品甲的单位利润逐渐增加时，力浦公司一定会理性地将资源配置向产品甲倾斜。这个变化显然也是符合逻辑的。

2. 当资源 *A* 的限额（储备量）在 42～46 单位变化时对规划（最优值和最优解）的影响（问题 2）

从“规划求解”的“敏感性报告”（见图 2—18 中的 B15：H15 区域）中可知，资源 *A* 的限额（储备量）允许的变化范围是：最多增加 5 单位（允许的增量）和最多减少 15 单位（允许的减量），即［45－15，45＋5］＝［30，50］。也就是说，当资源 *A* 的限额（储备量）在［30，50］范围内变化时，影子价格有效。

据此，如果资源 *A* 的限额（储备量）从 45 减少到 42（出现 3 单位的缺口），则可以方便地计算出最优值（总利润）为 202.5－3×3.5＝192（万元）。重新规划求解后①，可知新的最优解是（18，24）。同理，如果资源 *A* 的限额（储备量）从 45 增加到 46，则最优值（总利润）为 202.5＋1×3.5＝206（万元），重新规划求解后②，可知新的最优解是（24，22）。

3. 对资源 *B* 的限额（储备量）的考察（问题 3）

资源 *B* 是力浦公司寻求市场收益活动中的一个有趣的“约束”。实质上，该“约束”在当前的最优规划的生产格局下，并没有真正起到“约束”的作用。正如实际的规划结果所表明的，资源 *B* 在取得最优值后，尚有 12.5 单位的剩余。

从“规划求解”的“敏感性报告”（见图 2—18 中的 B16：H16 区域）中可知，资源 *B* 的限额（储备量）允许的变化范围是：资源 *B* 的最小合理储备量是 67.5 单位，即可以在原有 80 单位的限额上最多增加10^{30}（Excel 用科学记数法 1E＋30 这一极大的正数值表示无穷大）单位（允许的增量）和最多减少 12.5 单位（允许的减量）。在这个范围内，影子价格为 0。

2.9.4　影子价格与线性规划的对偶问题（问题 4 和问题 5）③

只要定量地回答出当前资源 *A*、*B* 和 *C* 的“真正价值”，力浦公司面临的问题 4 和问题 5 便迎刃而解。而从生产模型上，已经计算出了最优解（22.5，22.5）和最优值（总利

---

① 需要先在如图 2—17 所示的电子表格模型中（可参见“例 2.3.xlsx”），修改资源 *A* 的可用资源（将 G7 单元格的数值改为 42）。

② 同样需要先在如图 2—17 所示的电子表格模型中（可参见“例 2.3.xlsx”），修改资源 *A* 的可用资源（将 G7 单元格的数值改为 46）。

③ 参见王桂强编著：《运筹学上机指南与案例导航：用 Excel 工具》，84～86 页，上海，格致出版社、上海人民出版社，2010，有改动。

润）202.5 万元，但是并没有直观地给出资源的真正价值。“价值”是在交换过程中体现出来的，对偶问题的感性认识便是源自“交换”。

精明的力浦公司决策层除了竭力规划出最优的生产方案外，绝对不会放弃直接出售资源而获取利润这条捷径。现在设想另有一个 A、B、C 资源的需求商，即将接洽到作为生产商的力浦公司进行一系列的“交易”：这位需求商打算直接购买这些资源。由于 A、B、C 资源留在力浦公司内部，将会带来或多或少的超额利润，因此可以理解：单纯用成本价格购买，力浦公司一般并不乐意出让这些资源。所以，这名需求商应当在成本价格的基础上，分别再给 A、B、C 资源增加 y_1、y_2 和 y_3 的加成价格。此处的加成价格显然是指扣除成本以后的超额利润（＝出售价格－成本），可以理解为“加成定价策略”中价格加成部分。y 过高，需求商不会购买；y 过低，力浦公司不愿出售。显然，一定存在一组特定的 y 值，可以撮合两个企业的交易。后面会讲到，此时的 y_1、y_2 和 y_3 便是资源 A、B、C 各自的影子价格。

试想存在一单交易，力浦公司恰以 1 单位 A、2 单位 B 以及 1 单位 C 的比例“集成出售”了三种资源，那么这单交易的总加成价格（简称为“总加价”）P_1 为：

$$P_1 = y_1 + 2y_2 + y_3$$

力浦公司会想到，以这个比例出售的资源恰恰可以生产给本企业带来 4 万元利润的产品甲。显然，如果 $P_1 < 4$，那么这单交易对力浦公司来说是不合算的。与其如此出售资源，还不如将这些资源留在企业内部生产，以期获取至少 4 万元的利润。因此，需求商如果想购买到这个组合的资源，则报价 y_1、y_2 和 y_3 必须满足约束条件：

$$y_1 + 2y_2 + y_3 \geqslant 4$$

同样的道理，在以产品乙的单位利润为参考时，y_1、y_2 和 y_3 还需满足：

$$y_1 + y_2 + 3y_3 \geqslant 5$$

当然，y_1、y_2 和 y_3 作为资源交易的加成价格，必须是有实际意义的非负值。

在满足上述出售条件下，需求商希望购买力浦公司当前所有资源的总加成价格最小化，即：

$$\min C = 45y_1 + 80y_2 + 90y_3$$

以上的分析过程，实际上就是将一个规划模型进行对偶转换的全过程。按照这个方法，可以得到在需求商的优化视角下的新模型 M2：

（1）决策变量。

设 y_1 为资源 A 的加成价格、y_2 为资源 B 的加成价格、y_3 为资源 C 的加成价格。

（2）目标函数。

需求商购买力浦公司当前所有资源的总加成价格最小，即：$\min C = 45y_1 + 80y_2 + 90y_3$。

（3）约束条件。

$$\begin{cases} y_1 + 2y_2 + y_3 \geqslant 4 & \text{（产品甲）} \\ y_1 + y_2 + 3y_3 \geqslant 5 & \text{（产品乙）} \\ y_1, y_2, y_3 \geqslant 0 & \text{（非负）} \end{cases}$$

Excel 有两种方法解决力浦公司的问题 4：

(1) 方法 1：建立 M1 的对偶问题 M2，利用“规划求解”命令求解 M2 的最优解。M1 的对偶问题 M2 的电子表格模型如图 2—20 所示（参见“例 2.3 的对偶问题.xlsx”），从中可以体会 M1 与 M2 之间的区别和联系。

	A	B	C	D	E	F	G	H
1	例2.3的对偶问题							
2								
3			资源A	资源B	资源C			
4		储备量	45	80	90			
5								
6				单位产品所需资源		实际加价		单位利润
7		产品甲	1	2	1	4	>=	4
8		产品乙	1	1	3	5	>=	5
9								
10			资源A	资源B	资源C			总加价
11		加成价格	3.5	0	0.5			202.5

名称	单元格
储备量	C4:E4
单位利润	H7:H8
加成价格	C11:E11
实际加价	F7:F8
总加价	H11

	F
6	实际加价
7	=SUMPRODUCT(C7:E7,加成价格)
8	=SUMPRODUCT(C8:E8,加成价格)

	H
10	总加价
11	=SUMPRODUCT(储备量,加成价格)

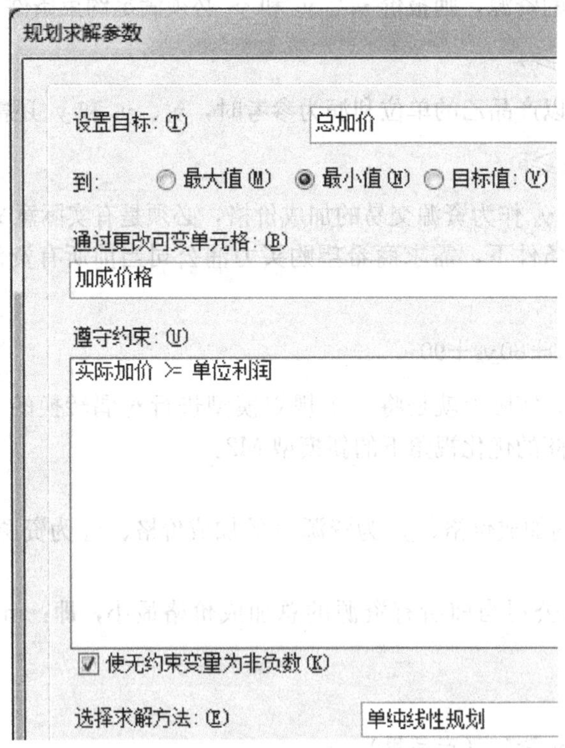

图 2—20 例 2.3 对偶问题的电子表格模型

(2) 方法 2：直接参考“规划求解”给出的 M1 的“敏感性报告”（见图 2 18 中的 B15：E17 区域），其中每个约束的“阴影价格”，便是该资源的影子价格。可以从规划结果的“敏感性报告”中确定，资源 A 的影子价格是 3.5 万元，资源 B 的影子价格是 0 万元，资源 C 的影子价格是 0.5 万元。

2.9.5 影子价格在力浦公司的应用（问题 4 和问题 5）①

以下结合力浦公司的生产运作，将关于影子价格的正确命题罗列如下：

(1) 所有问题中的影子价格均指以成本价格之外的“加成价格”形式存在的纯利润，即超额价值。

(2) 如果公司停止生产，把各种原材料清仓变卖，那么资源 A 和资源 C 的出售价格应当是各自的成本再分别加上 3.5 万元和 0.5 万元的超额利润，而资源 B 以成本价转让。

(3) 如果力浦公司和资源需求商双方均经过精打细算的规划分析，那么理论上，转让全部资源的纯收益不会超过也不会少于 202.5 万元。也就是说，力浦公司生产规划的最大收益等于资源需求商报价的最小值，谈判双方在 202.5 万元达成交易。超过这个值，力浦公司乐意卖，但资源需求商不会买；低于这个值，资源需求商乐意买，但力浦公司不会卖。注意：202.5 万元是成本以外的价值。

(4) 如果企业打算通过增加“少许”原材料投入扩大生产规模，那么面对资源市场上的 A、B 和 C 三种材料的市价，力浦公司以成本价格加上上述计算出来的影子价格为代价才是理性的决策。比如现在市场上材料 A 的市场价格是 13.4 万元，那么力浦公司在以 13.4+3.5=16.9 万元以内的交易价格购买“少量”材料 A 这种资源通常是经济的。

(5) 任何一个规划模型，即便是没有最优解，也都存在一个与之对应的对偶规划模型。因此力浦公司在任何情况下，都可以使用对偶理论计算出辅助决策的影子价格。

习题

2.1 某厂利用 A、B 两种原料生产甲、乙、丙三种产品，已知生产单位产品所需的原料、利润及有关数据如表 2—3 所示。

表 2—3 **两种原料生产三种产品的有关数据**

	产品甲	产品乙	产品丙	拥有量
原料 A	6	3	5	45
原料 B	3	4	5	30
单位利润	4	1	5	

请分别回答下列问题：

(1) 求使该厂获利最大的生产计划。

(2) 若产品乙、丙的单位利润不变，当产品甲的单位利润在什么范围内变化时，最优解不变？

① 参见王桂强编著：《运筹学上机指南与案例导航：用 Excel 工具》，86 页，上海，格致出版社、上海人民出版社，2010。

(3) 若原料 A 市场紧缺，除拥有量外一时无法购进，而原料 B 如数量不足可去市场购买，单价为 0.5，问该厂是否应该购买，且以购进多少为宜？

2.2 某工厂利用三种原材料（甲、乙和丙）生产三种产品（A、B 和 C），有关数据如表 2—4 所示。

表 2—4　　三种原材料生产三种产品的有关数据

	产品 A	产品 B	产品 C	每月可供量（公斤）
原材料甲	2	1	1	200
原材料乙	1	2	3	500
原材料丙	2	2	1	600
单位利润（千元）	4	1	3	

请分别回答下列问题：

(1) 怎样安排生产，才能使利润最大？

(2) 若增加 1 公斤原材料甲，总利润增加多少？

(3) 设原材料乙的市场价格为 1.2 千元/公斤，若要转卖原材料乙，工厂应该至少叫价多少？为什么？

(4) 产品的单位利润分别在什么范围内变化时，原生产计划不变？

(5) 由于市场变化，产品 B、C 的单位利润变为 2 千元、4 千元，这时应该如何调整生产计划？

2.3 已知某工厂计划生产三种产品，各产品需要在设备 A、B、C 上加工，有关数据如表 2—5 所示。

表 2—5　　生产三种产品的有关数据

	产品 1	产品 2	产品 3	每月设备有效台时
设备 A	8	2	10	300
设备 B	10	5	8	400
设备 C	2	13	10	420
单位利润（千元）	3	2	2.9	

请分别回答下列问题：

(1) 如何充分发挥设备能力，才能使生产盈利最大？

(2) 为了增加产量，可借用其他工厂的设备 B，若每月可借用 60 台时，租金为 1.8 万元，问借用设备 B 是否合算？

(3) 若另有两种新产品（产品 4 和产品 5），其中生产每件新产品 4 需用设备 A、B、C 各 12、5、10 台时，单位赢利 2.1 千元；生产每件新产品 5 需用设备 A、B、C 各 4、4、12 台时，单位赢利 1.87 千元。如果设备 A、B、C 台时不增加，分别回答这两种新产品的投产在经济上是否合算？

(4) 对产品工艺重新进行设计，改进构造。改进后生产每件产品 1，需用设备 A、B、C 各 9、12、4 台时，单位赢利 4.5 千元，问这对原生产计划有何影响？

2.4　某公司为其冰淇淋经营店提供三种口味的冰淇淋：巧克力、香草和香蕉。因为天气炎热，顾客对冰淇淋的需求大增，而公司库存的原料已经不够了。这些原料分别为：牛奶、糖和奶油。公司无法完成接收的订单，但是，为了在原料有限的条件下，使利润最大化，公司需要确定各种口味冰淇淋的最优组合。

巧克力、香草和香蕉三种口味的冰淇淋的销售利润分别为每加仑 100 元、90 元和 95 元。公司现有 200 加仑牛奶、150 加仑糖和 60 加仑奶油的存货。

这一问题的线性规划模型如下：

假设 x_1，x_2，x_3 分别为三种口味（巧克力、香草、香蕉）冰淇淋的产量（加仑）。

公司的总利润最大，即：

$$\max z=100x_1+90x_2+95x_3$$

约束条件为：

$$\text{s.t.}\begin{cases}0.45x_1+0.5x_2+0.4x_3\leqslant 200 & (\text{牛奶})\\0.5x_1+0.4x_2+0.4x_3\leqslant 150 & (\text{糖})\\0.1x_1+0.15x_2+0.2x_3\leqslant 60 & (\text{奶油})\\x_1,x_2,x_3\geqslant 0 & (\text{非负})\end{cases}$$

使用 Excel 的“规划求解”命令后的电子表格模型和敏感性报告如图 2—21 和图 2—22 所示。

	A	B	C	D	E	F	G	H
1	习题 2.4							
2								
3			巧克力	香草	香蕉			
4		单位利润	100	90	95			
5								
6			每加仑产品所需原料			实际使用		现有存货
7		牛奶	0.45	0.5	0.4	180	<=	200
8		糖	0.5	0.4	0.4	150	<=	150
9		奶油	0.1	0.15	0.2	60	<=	60
10								
11			巧克力	香草	香蕉			总利润
12		产量	0	300	75			34125

图 2—21　习题 2.4 的电子表格模型

	A	B	C	D	E	F	G	H
5								
6	可变单元格							
7				终	递减	目标式	允许的	允许的
8		单元格	名称	值	成本	系数	增量	减量
9		$C$12	产量 巧克力	0	-3.75	100	3.75	1E+30
10		$D$12	产量 香草	300	0	90	5	1.25
11		$E$12	产量 香蕉	75	0	95	2.143	5
12								
13	约束							
14				终	阴影	约束	允许的	允许的
15		单元格	名称	值	价格	限制值	增量	减量
16		$F$7	牛奶 实际使用	180	0	200	1E+30	20
17		$F$8	糖 实际使用	150	187.5	150	10	30
18		$F$9	奶油 实际使用	60	100	60	15	3.75

图 2—22　习题 2.4 的敏感性报告

不使用Excel重新规划求解，请尽可能详细地回答下列问题（注意：各个问题互不干扰，相互独立）。

（1）最优解和总利润各是多少？

（2）假设香蕉冰淇淋每加仑的利润变为100元，最优解是否改变？对总利润又会产生怎样的影响？

（3）假设香蕉冰淇淋每加仑的利润变为92元，最优解是否改变？对总利润又会产生怎样的影响？

（4）假设香草冰淇淋和香蕉冰淇淋每加仑的利润都变为92元，最优解是否改变？对总利润又会产生怎样的影响？

（5）公司发现有3加仑的库存奶油已经变质，只能扔掉，最优解是否改变？对总利润又会产生怎样的影响？

（6）假设公司有机会购得15加仑糖，总成本1 500元，公司是否应该购买这批糖？为什么？

案例2.1 奶制品加工生产

某奶制品加工厂用牛奶生产$A1$和$A2$两种奶制品。1桶牛奶可以在甲类设备上用1.2小时加工成3公斤$A1$，或者在乙类设备上用0.8小时加工成4公斤$A2$。根据市场需求，生产的$A1$和$A2$全部能售出，且每公斤$A1$获利24元，每公斤$A2$获利16元。现在加工厂每天能得到50桶牛奶的供应，每天正式工人总的劳动时间为48小时，并且甲类设备每天至多能加工100公斤$A1$，乙类设备的加工能力没有限制。试为该厂制订一个生产计划，使每天获利最大，并进一步讨论以下3个附加问题：

（1）若用35元可以买到1桶牛奶，是否应该作这项投资？若投资，每天最多购买多少桶牛奶？

（2）若可以聘用临时工人以增加劳动时间，付给临时工人的工资最多是每小时多少元？

（3）由于市场需求变化，每公斤$A1$的获利增加到30元，是否应该改变生产计划？

案例2.2 奶制品生产销售

案例2.1给出的$A1$和$A2$两种奶制品的生产条件、利润及工厂的“资源”限制全都不变。为增加工厂的获利，开发了奶制品的深加工技术：用0.2小时和3元加工费，可将1公斤$A1$加工成0.8公斤高级奶制品$B1$，也可将1公斤$A2$加工成0.75公斤高级奶制品$B2$，每公斤$B1$能获利44元，每公斤$B2$能获利32元。试为该厂制订一个生产销售计划，使每天的净利润最大，并讨论以下问题：

（1）若投资30元可以增加1桶牛奶的供应，投资30元可以增加1小时劳动时间，是否应该作这些投资？若每天投资150元，可赚回多少？

（2）每公斤高级奶制品$B1$、$B2$的获利经常有10%的波动，对制订的生产销售计划有无影响？若每公斤$B1$的获利下降10%，计划应该变化吗？

本章附录　影子价格理论简介①

1. 基本概念

影子价格（shadow price），又称阴影价格，是荷兰经济学家詹恩·丁伯根在 20 世纪 30 年代末首次提出，并在 1954 年赋予明确定义的。影子价格是利用线性规划原理计算出来的反映资源最优使用效果的“价格”。对于线性规划模型，每一个约束条件所对应的“广义上”的资源概念，均存在一个影子价格。可以利用微分定量描述资源的影子价格，即当作为约束资源增加一个微量而得到目标函数新的改进值时，目标函数改进值的增量与资源的增量的比值，就是目标函数对约束条件（即资源）的一阶偏导。用线性规划方法求解资源最优利用时，即在解决如何使有限资源的总产出最大的过程中，得出相应的极小值，其解就是对偶解，极小值作为对资源的经济评价，表现为影子价格。这种影子价格反映劳动产品、自然资源、劳动力的最优使用效果，所以又称为资源的边际产出或资源的机会成本，它表示资源在最优产品组合时所能具有的潜在价值。影子价格与运筹学的对偶理论紧密相联，如影随形。

影子价格是技术经济评价以及经济学研究领域的重要概念。除了上述定义以外，影子价格广泛应用于国民经济评价、效用与费用分析、投资项目评估以及进出口活动的经济评价。例如，把投资的影子价格理解为资本的边际生产率与社会贴现率的比值，用来评价一笔资金用于投资还是用于消费的利亏；把外汇的影子价格理解为使市场供求均衡价格与官方到岸价格的比率，用来评价用外汇购买商品的盈亏，使有限外汇进口值最大。因此，这种影子价格含有机会成本，即替代比较的意思，一般地，人们称之为广义的影子价格。

关于影子价格，国内外有着不同的论述。国内一些项目分析类书籍中，认为影子价格是资源和产品在完全自由竞争市场中的供求均衡价格。国外有学者认为，影子价格是没有市场价格的商品或服务的推算价格，它代表着生产或消费某种商品的机会成本。还有学者将影子价格定义为商品或生产要素的边际增量所引起的社会福利的增加值。总之，无论是以何种角度来定义的影子价格，概言之都是：某种“资源”约束的微量变化，能给系统的发展带来的量化“效果”。

2. 三种价格的区别与联系

经常与影子价格同时讨论的还有生产价格和市场价格。

生产价格由社会平均的实际成本和资金成本两部分组成。实际成本是为了补偿能源、原材料、折旧、维修、人工、运费和其他等各项消耗支出，不包括利息和税收支出；资金成本是新创造的剩余价值，包括税金、利息和利润。由于生产价格与成本息息相关，因此在大多数场合下，生产价格又被称为成本价格。

市场价格是某种产品在特定的市场中，由交易双方市场行为共同确定的产品价格。市场价格不但受产品成本的影响，还受到市场供需关系的影响。虽然市场价格受价值规律的制约，但是由于外部的影响，市场价格往往发生扭曲，围绕着成本价格上下波动。

---

①　参见王桂强编著：《运筹学上机指南与案例导航：用 Excel 工具》，82～84 页，上海，格致出版社、上海人民出版社，2010。

一般从价值理论上来说，生产价格和影子价格通常是合理价格，而市场价格有的比较合理，有的不合理。对于特定的产品，当市场价格大于生产价格时，生产该产品的企业可获得看得见、摸得着的超额利润，并最终可以通过财务数据体现出来；而当某种资源的影子价格大于市场价格时，使用该资源的企业也会在对该资源的配置中获得利益，但是这种利益通常无法用财务指标衡量，甚至是企业无法精确计算的。这也许是影子价格得名的一个原因之一。总之，不合理的价格会歪曲经济效果的大小，导致决策行为失误。比如由于某种能源的市场价格偏低，相应的节能新技术的推广应用必将受到人为的影响；同样，违反价值规律和生产价格要求的能源市价上涨，也属不合理的价格行为。

3. 影子价格的几点注意

以下是运筹学领域对影子价格的一些评论：

(1) 影子价格是一种机会成本。当某企业内部的某种资源的影子价格大于市场价格时，应当在市场上买进该资源。反之则卖出。

(2) 影子价格是一种边际价格，是通过微调得到的瞬时值，生产格局的调整通常都会对影子价格产生影响，而成本价格甚至市场价格则是一个相对稳定的值。在正常的市场环境中，某一个企业内部的调整基本上不会影响到整个市场价格。

(3) 某种资源的影子价格通常比较难确定，并且是针对某个行（企）业而言的；而该资源的市场价格在某个时期则是确定的，并且是针对整个市场而言的。

(4) 在特定生产格局下，会出现影子价格为0的情况；而市场价格和成本价格通常至少是个正值。

(5) 在系统条件确定的前提下，影子价格可以由单一的主体来确定或感知，而市场价格通常是由交易双方不同主体共同得到。换言之，影子价格是规划解，市场价格是均衡解，成本价格是代数解。

(6) 用于合理确定资源稀缺程度的指标是影子价格，而市场价格或者成本价格有时力所未及，甚至产生扭曲。开展优化资源配置工作，应当首先依据影子价格，其他二者作为辅助。

(7) 与其称之为影子价格，不如称之为影子超额价值。因为即便是同一种资源，在不同企业中，对各自规划系统的影响也是不一样的，因此应当以各自的“价值”单位衡量。而该资源在市场上通常标以统一的“货币”单位衡量的价格，很少出现“一货二价”的情况。

第3章

线性规划的建模与应用

本章内容要点

- 线性规划问题的四种主要类型
- 资源分配问题的建模与应用
- 成本收益平衡问题的建模与应用
- 网络配送问题的建模与应用
- 混合问题的建模与应用

线性规划问题种类繁多，形式各异。以前的教科书往往给出一系列不同的线性规划的应用例子，但这种方法的不足之处在于过分强调各种应用之间的差别而非共同的思路。而本章强调的是线性规划应用的共同思路，正是这些共同的特性将内容各异的线性规划问题联系在一起。

本章首先介绍三类线性规划问题：资源分配问题、成本收益平衡问题以及网络配送问题。对于每一类线性规划问题，最重要的共同特征是决策所基于的约束条件的性质，也就是线性规划模型中相应的函数约束的性质。具体地说，三类线性规划问题的函数约束分别为资源约束（≤）、收益约束（≥）和确定需求约束（=）。

许多线性规划问题仅包含一种函数约束，并归属于三类线性规划问题中的某一类。但实际上，更多的问题包含至少两种甚至三种函数约束，因而不能绝对地归于三类中的某一类。于是这类问题便归入第四类线性规划问题，称为混合问题。

3.1 资源分配问题

本节将介绍资源分配问题的基本概念，并举一个典型的资源分配问题的例子：财务规划。

3.1.1 资源分配问题的基本概念

资源分配问题是将有限的资源分配到各种活动（决策）中去的线性规划问题。这一类问题的共性是：在线性规划模型中，每一个函数约束均为资源约束，并且每一种资源都可以表现为如下形式：

使用的资源数量≤可用的资源数量

对于资源分配问题，有三种数据必须收集，分别是：

(1) 每种资源的可供量（可用的资源数量）；

(2) 每一种活动所需要的各种资源的数量，对于每一种资源与活动的组合，必须首先估计出单位活动所消耗的资源数量；

(3) 每一种活动对总的绩效测度（如总利润）的单位贡献（如单位利润）。

收集数据实际上需要很大的工作量。为了获得准确而及时的数据，需要进行一系列的数据挖掘与调研统计，这一步是至关重要的，因为参数估计得准确与否将直接影响线性规划模型是否有效。而在参数估计可能不准的情况下，灵敏度分析就显得尤为重要。这就是灵敏度分析之所以成为线性规划的一个重要组成部分的原因。

在例 1.1 中，工厂管理层所面临的问题是如何确定两种新产品的每周产量，以使总利润最大。同时，必须考虑工厂三个车间有限的可用工时，这是一个资源分配问题。

所考虑的活动分别如下：

活动 1：生产新产品门；

活动 2：生产新产品窗。

所要做的决策是决定活动水平，也就是门和窗的每周产量。

分配给这些活动的有限资源如下：

资源 1：车间 1 的可用工时；

资源 2：车间 2 的可用工时；

资源 3：车间 3 的可用工时。

在 1.1 节所建立的例 1.1 的线性规划模型的函数约束均为资源约束。表 1—1 给出了该问题所需的数据。读者在前面已经看到了表 1—1 的数据是如何转换成数学形式（见 1.1 节）和电子表格形式（见 1.3 节）的线性规划模型的参数的。

3.1.2 资源分配问题的应用举例

财务规划是资源分配问题中最重要的应用领域之一。这一领域中所分配的资源通常是财务资产，如现金、证券、应收账款、银行存款等。此处所举的例子包含的有限资源为在各个时点上可用于投资的资金。

例 3.1 某公司是商务房地产开发项目的主要投资商。目前，该公司有机会在以下三个建设项目中投资：

项目 1：建造高层办公楼；

项目 2：建造宾馆；

项目 3：建造购物中心。

三个项目都要求投资者在四个不同的时期投资：在当前预付定金，以及一年、两年、三年后分别追加投资。表 3—1 显示了四个时期三个项目所需的资金。投资者可以按一定的比例进行投资和获得相应比例的收益。

表 3—1　　四个时期三个项目所需资金（百万元）

	办公楼项目	宾馆项目	购物中心项目
现在	40	80	90
一年后	60	80	50
两年后	90	80	20
三年后	10	80	70
收益	500	780	600

公司目前有 2 500 万元资金可供投资，预计一年后，又可获得 2 000 万元，两年后获得另外的 2 000 万元，三年后还有 1 500 万元可供投资。那么，该公司要在每个项目中投资多少比例，才能使其投资组合所获得的总收益最大?

解：

本问题是一个资源分配问题。

（1）决策变量。

本问题要做的决策是公司在三个项目中各投资多少比例。设：

x_1 为公司在办公楼项目中的投资比例；

x_2 为公司在宾馆项目中的投资比例；

x_3 为公司在购物中心项目中的投资比例。

（2）目标函数。

本问题的目标是公司所获得的总收益最大，即：

$$\max z=500x_1+780x_2+600x_3$$

（3）约束条件。

本问题的约束条件是公司在各个时期可获得的资金限制（资源约束）。但需要注意的是：前一时期尚未使用的资金，可以在下一时期使用（为了简化问题，不考虑资金可获得的利息）。因此，每一时期的资金限制就表现为累计资金。表 3—2 显示了四个时期三个项目所需累计资金和公司累计可用资金。

表 3—2　　四个时期三个项目所需累计资金和公司累计可用资金（百万元）

	办公楼项目	宾馆项目	购物中心项目	可用资金
现在	40	80	90	25
一年后	100	160	140	45
两年后	190	240	160	65
三年后	200	320	230	80
收益	500	780	600	

对照表 3—2，本问题的约束条件为：

①现在的总投资额不超过可用资金 25（百万元）：

$$40x_1+80x_2+90x_3\leqslant 25$$

②一年后的总投资额不超过累计可用资金 45（百万元）：

$$100x_1+160x_2+140x_3\leqslant 45$$

③两年后的总投资额不超过累计可用资金 65（百万元）：

$$190x_1+240x_2+160x_3\leqslant 65$$

④三年后的总投资额不超过累计可用资金 80（百万元）：

$$200x_1+320x_2+230x_3\leqslant 80$$

⑤非负：

$$x_1,x_2,x_3\geqslant 0$$

于是，得到例 3.1 的线性规划模型：

$$\max z=500x_1+780x_2+600x_3$$

$$\text{s. t.}\begin{cases}40x_1+80x_2+90x_3\leqslant 25\\100x_1+160x_2+140x_3\leqslant 45\\190x_1+240x_2+160x_3\leqslant 65\\200x_1+320x_2+230x_3\leqslant 80\\x_1,x_2,x_3\geqslant 0\end{cases}$$

例 3.1 的电子表格模型如图 3—1 所示，参见“例 3.1.xlsx”。

	A	B	C	D	E	F	G	H
1	**例3.1**							
2								
3			办公楼	宾馆	购物中心			
4		单位收益	500	780	600			
5								
6			每个项目所需累计资金			实际使用		可用资金
7		现在	40	80	90	24.8	<=	25
8		一年后	100	160	140	45	<=	45
9		两年后	190	240	160	64.3	<=	65
10		三年后	200	320	230	80	<=	80
11								
12			办公楼	宾馆	购物中心			总收益
13		投资比例	17%	0%	20%			205

名称	单元格
单位收益	C4:E4
可用资金	H7:H10
实际使用	F7:F10
投资比例	C13:E13
总收益	H13

	F
6	实际使用
7	=SUMPRODUCT(C7:E7,投资比例)
8	=SUMPRODUCT(C8:E8,投资比例)
9	=SUMPRODUCT(C9:E9,投资比例)
10	=SUMPRODUCT(C10:E10,投资比例)

	H
12	总收益
13	=SUMPRODUCT(单位收益,投资比例)

图 3—1　例 3.1 的电子表格模型

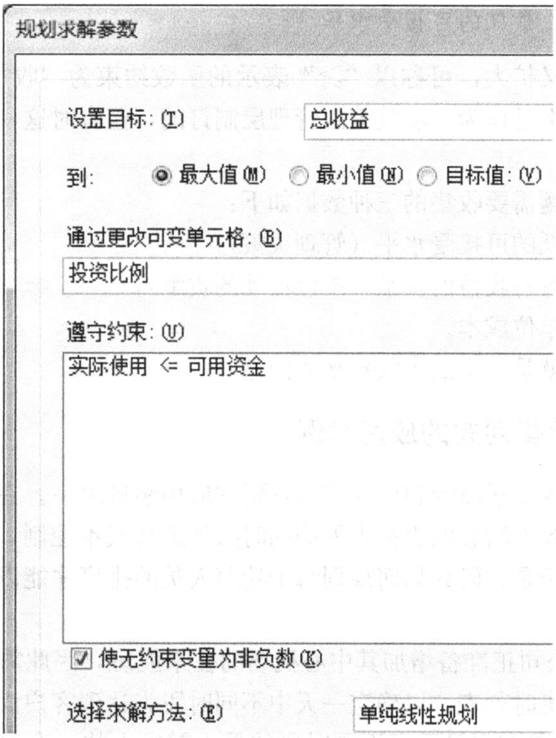

规划求解参数

设置目标：(T) 总收益

到：◉ 最大值(M) ○ 最小值(N) ○ 目标值：(V)

通过更改可变单元格：(B)

投资比例

遵守约束：(U)

实际使用 <= 可用资金

☑ 使无约束变量为非负数(K)

选择求解方法：(E) 单纯线性规划

图 3—1　例 3.1 的电子表格模型（续）

Excel 求解结果为：在办公楼项目中的投资比例为 17%、在购物中心项目中的投资比例为 20%（不投资宾馆项目），此时公司所获得的总收益最大，为 2.05 亿元（205 百万元）。

3.2　成本收益平衡问题

本节将介绍成本收益平衡问题的基本概念，并举一个典型的成本收益平衡问题的例子：排班问题。

3.2.1　成本收益平衡问题的基本概念

成本收益平衡问题与资源分配问题的形式完全不同，这种差异主要是由两种问题的管理目标不同造成的。

在资源分配问题中，各种资源是受限制的因素（包括财务资源），问题的目标是最有效地利用各种资源，使获利最大。

而对于成本收益平衡问题，管理层采取更为主动的姿态，他们指明哪些收益必须实现（不管如何使用资源），并且要以最低的成本实现所指明的收益。这样，通过指明每种收益的最低可接受水平，以及实现这些收益的最小成本，管理层期望获得成本和收益之间的适度平衡。因此，成本收益平衡问题代表了一类线性规划问题。在这类问题中，通过选择各种活动水平的组合，从而以最小的成本来实现最低的可接受的各种收益水平。

成本收益平衡问题的共性是：在线性规划模型中，所有的函数约束均为收益约束，并具有如下形式：

实现的水平≥最低的可接受水平

如果将收益的含义扩大，可称以“≥”表示的函数约束为“收益约束”。在多数情况下，最低的可接受水平是作为一项政策由管理层制订的，但有时这一数据也可能是由其他条件决定的。

成本收益平衡问题需要收集的三种数据如下：

(1) 每种收益最低的可接受水平（管理决策）；

(2) 每种活动对每种收益的贡献（单位活动的贡献）；

(3) 每种活动的单位成本。

第 1 章的例 1.2 就是一个成本收益平衡问题。

3.2.2 成本收益平衡问题的应用举例

排班问题是成本收益平衡问题研究的最重要的应用领域之一。在这一领域中，管理层意识到在向顾客提供令人满意的服务水平的同时必须进行成本控制，因此，必须寻找成本和收益之间的平衡。于是，研究如何规划每个轮班人员的排班才能以最小的成本提供令人满意的服务。

例 3.2 某航空公司正准备增加其中心机场的往来航班，因此需要雇用更多的服务人员。分析研究新的航班时刻表，以确定一天中不同时段为达到客户满意水平必须工作的服务人员数。表 3—3 的最右列显示了不同时段的最少需求人数，表中第一列给出了对应的时段。表中还显示了 5 种排班方式（连续工作 8 个小时），各种排班的时间安排如下：

排班 1：06:00～14:00，即早上 6 点上班，下午 2 点下班；

排班 2：08:00～16:00，即早上 8 点上班，下午 4 点下班；

排班 3：12:00～20:00，即中午 12 点上班，晚上 8 点下班；

排班 4：16:00～24:00，即下午 4 点上班，午夜 12 点下班；

排班 5：22:00～06:00，即晚上 10 点上班，第二天早上 6 点下班。

表 3—3 中打勾的部分表示不同排班在哪些时段在岗。因为不同排班开始上班的时间有差异，所以工资也有所不同。

表 3—3　　航空公司服务人员排班问题的有关数据

时段	排班 1	排班 2	排班 3	排班 4	排班 5	最少需求人数
06:00～08:00	√					48
08:00～10:00	√	√				79
10:00～12:00	√	√				65
12:00～14:00	√	√	√			87
14:00～16:00		√	√			64
16:00～18:00			√	√		73
18:00～20:00			√	√		82
20:00～22:00				√		43
22:00～24:00				√	√	52
00:00～06:00					√	15
每人每天工资（元）	170	160	175	180	195	

问题：确定不同排班的上班人数，以使航空公司雇用服务人员的总成本（工资）最少，同时，必须保证每个时段所要求的服务水平，即以最少的成本提供令人满意的服务。

解：

本问题是排班问题，是典型的成本收益平衡问题。

(1) 决策变量。

本问题要做的决策是确定不同排班的上班人数。设：

x_i 为排班 i 的上班人数 ($i=1,2,3,4,5$)

(2) 目标函数。

本问题的目标是航空公司服务人员每天的总成本（工资）最少，即：

$$\min z=170x_1+160x_2+175x_3+180x_4+195x_5$$

(3) 约束条件。

①每个时段的在岗人数必须不少于最低的可接受水平（最少需求人数），可对照表 3—3（有 10 个收益约束）：

$x_1 \geq 48$ (06:00～08:00)

$x_1+x_2 \geq 79$ (08:00～10:00)

$x_1+x_2 \geq 65$ (10:00～12:00)

$x_1+x_2+x_3 \geq 87$ (12:00～14:00)

$x_2+x_3 \geq 64$ (14:00～16:00)

$x_3+x_4 \geq 73$ (16:00～18:00)

$x_3+x_4 \geq 82$ (18:00～20:00)

$x_4 \geq 43$ (20:00～22:00)

$x_4+x_5 \geq 52$ (22:00～24:00)

$x_5 \geq 15$ (00:00～06:00)

②非负：$x_i \geq 0 (i=1,2,3,4,5)$

于是，得到例 3.2 的线性规划模型：

$$\min z=170x_1+160x_2+175x_3+180x_4+195x_5$$

$$\text{s.t.}\begin{cases} x_1 \geq 48 \\ x_1+x_2 \geq 79 \\ x_1+x_2 \geq 65 \\ x_1+x_2+x_3 \geq 87 \\ x_2+x_3 \geq 64 \\ x_3+x_4 \geq 73 \\ x_3+x_4 \geq 82 \\ x_4 \geq 43 \\ x_4+x_5 \geq 52 \\ x_5 \geq 15 \\ x_i \geq 0 \quad (i=1,2,3,4,5) \end{cases}$$

例 3.2 的电子表格模型如图 3—2 所示，参见“例 3.2. xlsx”。

	A	B	C	D	E	F	G	H	I	J
1	例3.2									
2										
3			排班1	排班2	排班3	排班4	排班5			
4		单位成本	170	160	175	180	195			
5										
6		时段	是否在岗（1表示在岗）					实际在岗人数		最少需求人数
7		06:00~08:00	1					48	>=	48
8		08:00~10:00	1	1				79	>=	79
9		10:00~12:00	1	1				79	>=	65
10		12:00~14:00	1	1	1			118	>=	87
11		14:00~16:00		1	1			70	>=	64
12		16:00~18:00			1	1		82	>=	73
13		18:00~20:00			1	1		82	>=	82
14		20:00~22:00				1		43	>=	43
15		22:00~24:00				1	1	58	>=	52
16		00:00~06:00					1	15	>=	15
17										
18			排班1	排班2	排班3	排班4	排班5	合计		总成本
19		上班人数	48	31	39	43	15	176		30610

	H
6	实际在岗人数
7	=SUMPRODUCT(C7:G7,上班人数)
8	=SUMPRODUCT(C8:G8,上班人数)
9	=SUMPRODUCT(C9:G9,上班人数)
10	=SUMPRODUCT(C10:G10,上班人数)
11	=SUMPRODUCT(C11:G11,上班人数)
12	=SUMPRODUCT(C12:G12,上班人数)
13	=SUMPRODUCT(C13:G13,上班人数)
14	=SUMPRODUCT(C14:G14,上班人数)
15	=SUMPRODUCT(C15:G15,上班人数)
16	=SUMPRODUCT(C16:G16,上班人数)

名称	单元格
单位成本	C4:G4
上班人数	C19:G19
实际在岗人数	H7:H16
总成本	J19
最少需求人数	J7:J16

	H
18	合计
19	=SUM(上班人数)

	J
18	总成本
19	=SUMPRODUCT(单位成本,上班人数)

规划求解参数

设置目标：(T) 总成本

到： ○最大值(M) ◉最小值(N) ○目标值：(V)

通过更改可变单元格：(B)

上班人数

遵守约束：(U)

实际在岗人数 >= 最少需求人数

☑ 使无约束变量为非负数(K)

选择求解方法：(E) 单纯线性规划

图 3—2 例 3.2 的电子表格模型

Excel 求解结果如表 3—4 所示，此时航空公司服务人员的总成本（工资）最少，为每天 30 610 元。

表 3—4　　例 3.2 排班问题的求解结果（不同排班的上班人数）

	排班 1	排班 2	排班 3	排班 4	排班 5	合计
上班人数	48	31	39	43	15	176

3.3　网络配送问题

本节将介绍网络配送问题的基本概念，并举一个典型的网络配送问题的例子：平衡运输问题。

3.3.1　网络配送问题的基本概念

本节将介绍第三类线性规划问题：网络配送问题。这类问题通过配送网络，以最小的成本完成货物的配送，所以称之为网络配送问题。网络配送问题将在第 4 章和第 5 章中重点介绍。第 1 章的例 1.3 就是一个网络配送问题，在此再举一个简单的例子，以便读者对线性规划问题的各种主要类型有一个较全面的认识。

在这个例子中，读者可以看到一类新的限制条件：确定需求约束。这类约束是网络配送问题的共性，与资源分配问题的资源约束、成本收益平衡问题的收益约束一样，确定需求约束在网络配送问题中是非常重要的。因此，与确定资源和收益一样，在网络配送问题中，必须确定需求并相应地确定需求的约束条件。

确定需求约束的形式如下：

提供的数量＝需求的数量

3.3.2　网络配送问题的应用举例

例 3.3　某公司网络配送问题。某公司在两个工厂生产某种产品。现在收到三个顾客下个月要购买这种产品的订单。这些产品将被单独运送，表 3—5 显示了工厂运送一个产品给顾客的成本。该表还给出了每个顾客的订货量和每个工厂的产量。现在公司的物流经理要确定每个工厂需运送多少个产品给每个顾客，才能使公司的总运输成本最少？

表 3—5　　两个工厂运送产品给三个顾客的有关数据

	单位运输成本（元/个）			产量（个）
	顾客 1	顾客 2	顾客 3	
工厂 1	700	900	800	12
工厂 2	800	900	700	15
订货量（个）	10	8	9	27（产销平衡）

解：

本问题是运输问题，是典型的网络配送问题。

两个工厂的总产量为 12+15=27（个）；三个顾客的总订货量为 10+8+9=27（个）。也就是说，总产量等于总订货量（总销量），故该问题是一个产销平衡的运输问题。

（1）决策变量。

本问题要做的决策是每个工厂运送多少个产品给每个顾客。设 x_{ij} 为工厂 i 运送给顾客 j 的产品数量（$i=1,2$；$j=1,2,3$）。将这些变量列于表 3—6 中。

表 3—6　　例 3.3 的决策变量表

	顾客 1	顾客 2	顾客 3	产量
工厂 1	x_{11}	x_{12}	x_{13}	12
工厂 2	x_{21}	x_{22}	x_{23}	15
订货量	10	8	9	27（产销平衡）

（2）目标函数。

本问题的目标是公司的总运输成本最低，即：

$$\min z=700x_{11}+900x_{12}+800x_{13}+800x_{21}+900x_{22}+700x_{23}$$

（3）约束条件。

根据表 3—6，可写出该产销平衡运输问题的约束条件。

①工厂运送出去的产品数量等于其产量：

工厂 1：$x_{11}+x_{12}+x_{13}=12$

工厂 2：$x_{21}+x_{22}+x_{23}=15$

②顾客收到的产品数量等于其订货量：

顾客 1：$x_{11}+x_{21}=10$

顾客 2：$x_{12}+x_{22}=8$

顾客 3：$x_{13}+x_{23}=9$

③非负：$x_{ij}\geqslant 0(i=1,2;\ j=1,2,3)$

于是，得到例 3.3 的线性规划模型：

$$\min z=700x_{11}+900x_{12}+800x_{13}+800x_{21}+900x_{22}+700x_{23}$$

$$\text{s.t.}\begin{cases}x_{11}+x_{12}+x_{13}=12\\x_{21}+x_{22}+x_{23}=15\\x_{11}+x_{21}=10\\x_{12}+x_{22}=8\\x_{13}+x_{23}=9\\x_{ij}\geqslant 0(i=1,2;j=1,2,3)\end{cases}$$

例 3.3 的电子表格模型如图 3—3 所示，参见“例 3.3.xlsx”。

	A	B	C	D	E	F	G	H
1	例3.3							
2								
3		单位运输成本	顾客1	顾客2	顾客3			
4		工厂1	700	900	800			
5		工厂2	800	900	700			
6								
7		运输量	顾客1	顾客2	顾客3	实际运出		产量
8		工厂1	10	2	0	12	=	12
9		工厂2	0	6	9	15	=	15
10		实际收到	10	8	9			
11			=	=	=			总运输成本
12		订货量	10	8	9			20500

名称	单元格
产量	H8:H9
单位运输成本	C4:E5
订货量	C12:E12
实际收到	C10:E10
实际运出	F8:F9
运输量	C8:E9
总运输成本	H12

	F
7	实际运出
8	=SUM(C8:E8)
9	=SUM(C9:E9)

	H
11	总运输成本
12	=SUMPRODUCT(单位运输成本,运输量)

	B	C	D	E
10	实际收到	=SUM(C8:C9)	=SUM(D8:D9)	=SUM(E8:E9)

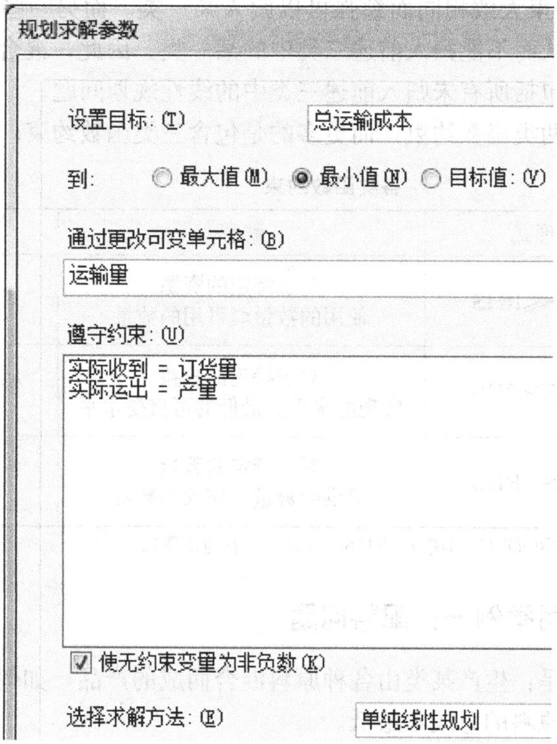

规划求解参数

设置目标:(T) 总运输成本

到: ○最大值(M) ◉最小值(N) ○目标值:(V)

通过更改可变单元格:(B)

运输量

遵守约束:(U)

实际收到 = 订货量

实际运出 = 产量

☑ 使无约束变量为非负数(K)

选择求解方法:(E) 单纯线性规划

图3—3 例3.3的电子表格模型

Excel 求解结果如表 3—7 所示，此时公司的总运输成本最低，为 20 500 元。

表 3—7　　例 3.3 的求解结果（工厂运送给顾客的产品数量）

	顾客 1	顾客 2	顾客 3	合计（产量）
工厂 1	10	2	0	12
工厂 2	0	6	9	15
合计（订货量）	10	8	9	27（产销平衡）

3.4　混合问题

本节将介绍混合问题的基本概念，并举几个典型的混合问题的例子：配料问题、营养配餐问题和市场调查问题。

3.4.1　混合问题的基本概念

前面讨论了线性规划问题的三种类型：资源分配问题、成本收益平衡问题和网络配送问题。如表 3—8 所总结的，每一类问题都是以一类约束条件为特色的。实际上，纯资源分配问题的共性是它所有的函数约束均为资源约束；纯成本收益平衡问题的共性是它所有的函数约束均为收益约束；网络配送问题中，主要的函数约束为确定需求约束。

但许多线性规划问题并不能直接归入三类中的某一类，一些问题因其主要的函数约束与表 3—8 中的相应函数约束大致相同而勉强可以归入某一类。而另一些问题却没有某一类占主导地位的函数约束从而不能归入前述三类中的某一类。因此，混合问题是第四类线性规划问题，这一类型将包括所有未归入前述三类中的线性规划问题。

一些混合问题仅包含两类函数约束，而更多的是包含三类函数约束。

表 3—8　　各类函数约束

类型	形式	解释	主要用于
资源约束	LHS≤RHS	对于特定的资源 使用的数量≤可用的数量	资源分配问题 混合问题
收益约束	LHS≥RHS	对于特定的收益 实现的水平≥最低的可接受水平	成本收益平衡问题 混合问题
确定需求约束	LHS=RHS	对于特定的数量 提供的数量=需求的数量	网络配送问题 混合问题

注：LHS=左式（一个 SUMPRODUCT 函数）；RHS=右式（一般为常数）。

3.4.2　混合问题的应用举例一：配料问题

配料问题的一般提法是：生产某类由各种原料混合而成的产品，如何在满足规定的质量标准的条件下，使所用原料的总成本最低。

配料问题是一类特殊的线性规划问题，其目标是为最终产品寻求最优的混合成分，以满足一定的规格要求。线性规划问题早期就是用于解决汽油的混合问题，即混合各种不同的石油成分以取得各种汽油的混合物。同类应用还有最终产品为钢铁、化肥、食品以及动物饲料等的混合。

例 3.4 某公司计划要用 A、B、C 三种原料混合调制出三种不同规格的产品甲、乙、丙，产品的规格要求和单价、原料供应量和单价等数据如表 3—9 所示。问该公司应如何安排生产，才能使总利润最大?

表 3—9 **例 3.4 配料问题的相关数据**

	原料 A	原料 B	原料 C	产品单价（元/千克）
产品甲	≥50%	≤35%	不限	90
产品乙	≥40%	≤45%	不限	85
产品丙	30%	50%	20%	65
原料供应量（千克）	200	150	100	
原料单价（元/千克）	60	35	30	

解：

本问题是一个配料问题。

（1）决策变量。

本问题的难点在于给出的数据是非确定的数值，而且各产品与原料的关系较为复杂。为了方便，设 x_{ij} 为原料 $i(i=A,B,C)$ 混合到产品 $j(j=1,2,3$，分别表示甲、乙、丙）的数量（千克），将这些变量列于表 3—10 中。

表 3—10 **例 3.4 配料问题的决策变量（配料量）**

	产品甲	产品乙	产品丙
原料 A	x_{A1}	x_{A2}	x_{A3}
原料 B	x_{B1}	x_{B2}	x_{B3}
原料 C	x_{C1}	x_{C2}	x_{C3}

此时，原料 A 的使用量为：$x_{A1}+x_{A2}+x_{A3}$（千克）；

原料 B 的使用量为：$x_{B1}+x_{B2}+x_{B3}$（千克）；

原料 C 的使用量为：$x_{C1}+x_{C2}+x_{C3}$（千克）；

产品甲的产量为：$x_{A1}+x_{B1}+x_{C1}$（千克）；

产品乙的产量为：$x_{A2}+x_{B2}+x_{C2}$（千克）；

产品丙的产量为：$x_{A3}+x_{B3}+x_{C3}$（千克）。

（2）目标函数。

本问题的目标是公司的总利润最大，而总利润=产品销售收入−原料成本。

①产品销售收入：产品甲的销售收入为 $90(x_{A1}+x_{B1}+x_{C1})$，产品乙的销售收入为 $85(x_{A2}+x_{B2}+x_{C2})$，产品丙的销售收入为 $65(x_{A3}+x_{B3}+x_{C3})$，三项相加；

②原料成本：原料 A 的成本为 $60(x_{A1}+x_{A2}+x_{A3})$，原料 B 的成本为 $35(x_{B1}+x_{B2}+x_{B3})$，原料 C 的成本为 $30(x_{C1}+x_{C2}+x_{C3})$，三项相加。

于是，得到例 3.4 的目标函数：

$$\max z=90(x_{A1}+x_{B1}+x_{C1})+85(x_{A2}+x_{B2}+x_{C2})+65(x_{A3}+x_{B3}+x_{C3})$$
$$-60(x_{A1}+x_{A2}+x_{A3})-35(x_{B1}+x_{B2}+x_{B3})-30(x_{C1}+x_{C2}+x_{C3})$$

(3) 约束条件。

本问题的约束条件有：原料供应量限制、规格要求和决策变量非负。

①三种原料供应量限制（三个资源约束）：

原料 A 的供应量限制：$x_{A1}+x_{A2}+x_{A3}\leqslant 200$

原料 B 的供应量限制：$x_{B1}+x_{B2}+x_{B3}\leqslant 150$

原料 C 的供应量限制：$x_{C1}+x_{C2}+x_{C3}\leqslant 100$

②产品的规格要求（两个收益约束、两个资源约束和三个确定需求约束）：

产品甲对原料 A 的要求：$x_{A1}\geqslant 50\%(x_{A1}+x_{B1}+x_{C1})$

产品甲对原料 B 的要求：$x_{B1}\leqslant 35\%(x_{A1}+x_{B1}+x_{C1})$

产品乙对原料 A 的要求：$x_{A2}\geqslant 40\%(x_{A2}+x_{B2}+x_{C2})$

产品乙对原料 B 的要求：$x_{B2}\leqslant 45\%(x_{A2}+x_{B2}+x_{C2})$

产品丙对原料 A 的要求：$x_{A3}=30\%(x_{A3}+x_{B3}+x_{C3})$

产品丙对原料 B 的要求：$x_{B3}=50\%(x_{A3}+x_{B3}+x_{C3})$

产品丙对原料 C 的要求：$x_{C3}=20\%(x_{A3}+x_{B3}+x_{C3})$

③非负：

$x_{ij}\geqslant 0\ (i=A,B,C;j=1,2,3)$

于是，得到例 3.4 的线性规划模型：

$$\max z=90(x_{A1}+x_{B1}+x_{C1})+85(x_{A2}+x_{B2}+x_{C2})+65(x_{A3}+x_{B3}+x_{C3})$$
$$-60(x_{A1}+x_{A2}+x_{A3})-35(x_{B1}+x_{B2}+x_{B3})-30(x_{C1}+x_{C2}+x_{C3})$$

$$\text{s. t.}\begin{cases}x_{A1}+x_{A2}+x_{A3}\leqslant 200\\x_{B1}+x_{B2}+x_{B3}\leqslant 150\\x_{C1}+x_{C2}+x_{C3}\leqslant 100\\x_{A1}\geqslant 50\%(x_{A1}+x_{B1}+x_{C1})\\x_{B1}\leqslant 35\%(x_{A1}+x_{B1}+x_{C1})\\x_{A2}\geqslant 40\%(x_{A2}+x_{B2}+x_{C2})\\x_{B2}\leqslant 45\%(x_{A2}+x_{B2}+x_{C2})\\x_{A3}=30\%(x_{A3}+x_{B3}+x_{C3})\\x_{B3}=50\%(x_{A3}+x_{B3}+x_{C3})\\x_{C3}=20\%(x_{A3}+x_{B3}+x_{C3})\\x_{ij}\geqslant 0\quad(i=A,B,C;j=1,2,3)\end{cases}$$

在例 3.4 中，有 9 个决策变量和 10 个函数约束条件（5 个资源约束、2 个收益约束和 3 个确定需求约束）。

例 3.4 的电子表格模型如图 3—4 所示，参见“例 3.4.xlsx”。

	A	B	C	D	E	F	G	H	I	J
1	例3.4									
2										
3			甲	乙	丙					
4		产品单价	90	85	65					
5										
6		配料量	甲	乙	丙	原料使用量		原料供应量		原料单价
7		原料 *A*	100	100	0	200	<=	200		60
8		原料 *B*	37.5	112.5	0	150	<=	150		35
9		原料 *C*	62.5	37.5	0	100	<=	100		30
10		产品产量	200	250	0					
11										
12						规格要求		混合比例		
13					甲，原料 *A*	100	>=	100	50%	甲
14		产品总收入	39250		甲，原料 *B*	37.5	<=	70	35%	甲
15		原料总成本	20250							
16		总利润	19000		乙，原料 *A*	100	>=	100	40%	乙
17					乙，原料 *B*	112.5	<=	112.5	45%	乙
18										
19					丙，原料 *A*	0	=	0	30%	丙
20					丙，原料 *B*	0	=	0	50%	丙
21					丙，原料 *C*	0	=	0	20%	丙

名称	单元格
丙的产量	E10
丙的规格要求	F19:F21
丙的混合比例	H19:H21
产品产量	C10:E10
产品单价	C4:E4
产品总收入	C14
甲的产量	C10
配料量	C7:E9
乙的产量	D10
原料单价	J7:J9
原料供应量	H7:H9
原料使用量	F7:F9
原料总成本	C15
总利润	C16

	F	G	H
12	规格要求		混合比例
13	=C7	>=	=I13*甲的产量
14	=C8	<=	=I14*甲的产量
15			
16	=D7	>=	=I16*乙的产量
17	=D8	<=	=I17*乙的产量
18			
19	=E7	=	=I19*丙的产量
20	=E8	=	=I20*丙的产量
21	=E9	=	=I21*丙的产量

	B	C	D	E
10	产品产量	=SUM(C7:C9)	=SUM(D7:D9)	=SUM(E7:E9)

	B	C
14	产品总收入	=SUMPRODUCT(产品单价,产品产量)
15	原料总成本	=SUMPRODUCT(原料单价,原料使用量)
16	总利润	=产品总收入-原料总成本

图 3—4 例 3.4 的电子表格模型

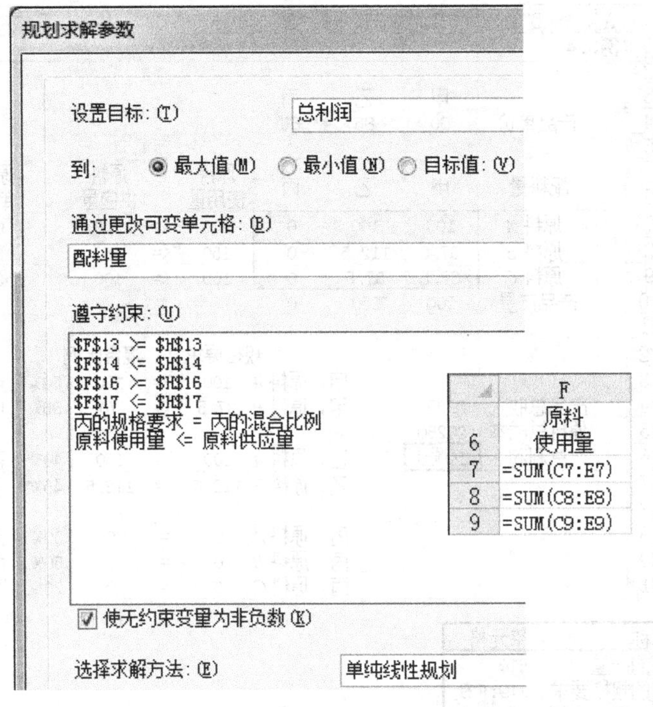

图 3—4 例 3.4 的电子表格模型（续）

Excel 求解结果如表 3—11 所示。也就是说，用 100 千克的原料 A、37.5 千克的原料 B 以及 62.5 千克的原料 C 混合生产 200 千克的产品甲，用 100 千克的原料 A、112.5 千克的原料 B 以及 37.5 千克的原料 C 混合生产 250 千克的产品乙，但不生产产品丙，此时该公司获得的总利润最大，为 1.9 万元（19 000 元）。

表 3—11 例 3.4 配料问题的求解结果（各原料混合到各产品中的数量）

	产品甲	产品乙	产品丙	合计（原料使用量）
原料 A	100	100	0	200
原料 B	37.5	112.5	0	150
原料 C	62.5	37.5	0	100
合计（产品产量）	200	250	0	

3.4.3 混合问题的应用举例二：营养配餐问题

为了保证人们的身体健康，营养学家认为每人每天对 m 种营养成分 B_1，B_2，…，B_m（如蛋白质、脂肪、维生素等）的需求量至少是 b_1，b_2，…，b_m。假设在市场上可以买到 n 种不同的食品 A_1，A_2，…，A_n，并且第 j 种食品的单价为 c_j（$j=1$，2，…，n），而第 j 种食品含有第 i 种营养成分的数量为 a_{ij}（$i=1$，2，…，m；$j=1$，2，…，n）。那么每天应购买各种食品各多少，才能既满足一个人对各种营养成分的需要，又使购买食品的总费用最低？

例 3.5 某幼儿园想确定如何搭配学龄前儿童的午餐。一方面想要降低成本，另一方面又要使午餐达到一定的营养标准。午餐提供的食物的营养成分和相应的成本如表 3—12 所示。

表 3—12　　午餐提供的食物的营养成分和成本

食物	总热量（卡路里）	脂肪热量（卡路里）	维生素 C（毫克）	蛋白质（克）	成本（元）
面包（1 片）	70	10	0	3	0.5
花生酱（1 匙）	100	75	0	4	0.4
草莓酱（1 匙）	50	0	3	0	0.7
饼干（1 块）	60	20	0	1	0.8
牛奶（1 杯）	150	70	2	8	1.5
果汁（1 杯）	100	0	120	1	3.5

儿童的营养要求：每个儿童摄取的总热量为 400～600 卡路里，其中来自脂肪的热量不超过 30%。每位儿童至少要摄取 60 毫克维生素 C 和 12 克蛋白质。此外，为了制作三明治，每位儿童需要两片面包，花生酱的量至少是草莓酱的 2 倍，以及至少 1 杯饮料（牛奶和/或果汁）。请合理搭配各种食物，从而在达到营养标准的前提下，使得总成本最小。

解：

本问题是一个营养配餐问题。

（1）决策变量。

设搭配儿童营养午餐时，需要面包 x_1 片、花生酱 x_2 匙、草莓酱 x_3 匙、饼干 x_4 块、牛奶 x_5 杯、果汁 x_6 杯。

（2）目标函数。

本问题的目标是每个学龄前儿童营养午餐的总成本最小，即：

$$\min z=0.5x_1+0.4x_2+0.7x_3+0.8x_4+1.5x_5+3.5x_6$$

（3）约束条件（2 个资源约束，5 个收益约束，1 个确定需求约束）。

①总热量为 400～600 卡路里：

$$400\leqslant 70x_1+100x_2+50x_3+60x_4+150x_5+100x_6\leqslant 600$$

②脂肪热量不超过总热量的 30%：

$$10x_1+75x_2+20x_4+70x_5\leqslant 30\%(70x_1+100x_2+50x_3+60x_4+150x_5+100x_6)$$

③至少要摄取 60 毫克维生素 C：$3x_3+2x_5+120x_6\geqslant 60$

④至少要摄取 12 克蛋白质：$3x_1+4x_2+x_4+8x_5+x_6\geqslant 12$

⑤需要两片面包：$x_1=2$

⑥花生酱的量至少是草莓酱的 2 倍：$x_2\geqslant 2x_3$

⑦至少 1 杯饮料（牛奶和/或果汁）：$x_5+x_6\geqslant 1$

⑧非负：$x_i \geqslant 0(i=1,2,\cdots,6)$

于是，得到例 3.5 的线性规划模型：

$$\min z = 0.5x_1 + 0.4x_2 + 0.7x_3 + 0.8x_4 + 1.5x_5 + 3.5x_6$$

$$\text{s. t.}\begin{cases} 400 \leqslant 70x_1 + 100x_2 + 50x_3 + 60x_4 + 150x_5 + 100x_6 \leqslant 600 \\ 10x_1 + 75x_2 + 20x_4 + 70x_5 \leqslant 30\%(70x_1 + 100x_2 + 50x_3 + 60x_4 + 150x_5 + 100x_6) \\ 3x_3 + 2x_5 + 120x_6 \geqslant 60 \\ 3x_1 + 4x_2 + x_4 + 8x_5 + x_6 \geqslant 12 \\ x_1 = 2 \\ x_2 \geqslant 2x_3 \\ x_5 + x_6 \geqslant 1 \\ x_i \geqslant 0 \quad (i=1,2,\cdots,6) \end{cases}$$

例 3.5 的电子表格模型如图 3—5 所示，参见“例 3.5.xlsx”。

需要说明的是，在电子表格模型中，为了 Excel 规划求解的方便，这里用“9999”（G19：G20 两个单元格）表示相对极大值。

	A	B	C	D	E	F	G	H
1	例3.5							
2								
3			面包	花生酱	草莓酱	饼干	牛奶	果汁
4		单位成本	0.5	0.4	0.7	0.8	1.5	3.5
5								
6					各种食物的营养成分			
7		总热量	70	100	50	60	150	100
8		维生素C	0	0	3	0	2	120
9		蛋白质	3	4	0	1	8	1
10		脂肪热量	10	75	0	20	70	0
11								
12			面包	花生酱	草莓酱	饼干	牛奶	果汁
13		食物用量	2	0.575	0.287	1.039	0.516	0.484
14			=					
15			2					
16								
17			最少需求量		实际含量		最多需求量	
18		总热量	400	<=	400	<=	600	
19		维生素C	60	<=	60	<=	9999	
20		蛋白质	12	<=	13.94892	<=	9999	
21		脂肪热量	0	<=	120	<=	120	
22					脂肪热量不超过30%		30%	
23								
24		花生酱	0.575	>=	0.575	2	草莓酱的倍数	
25		饮料	1	>=	1			
26								
27		总成本	4.73					

名称	单元格
单位成本	C4:H4
实际含量	E18:E21
食物用量	C13:H13
总成本	C27
最多需求量	G18:G21
最少需求量	C18:C21

	B	C	D	E
24	花生酱	=D13	>=	=F24*E13
25	饮料	=G13+H13	>=	1

	B	C
27	总成本	=SUMPRODUCT(单位成本,食物用量)

图 3—5 例 3.5 的电子表格模型

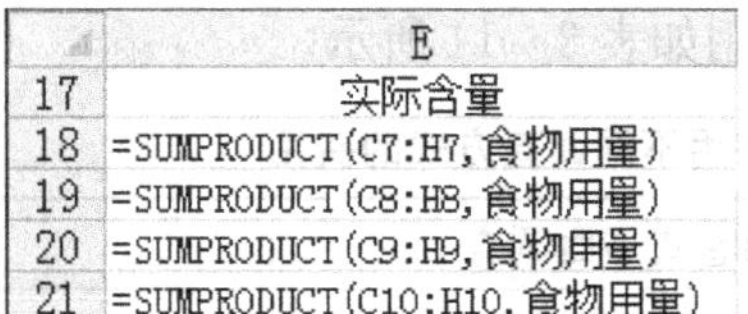

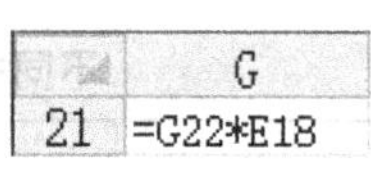

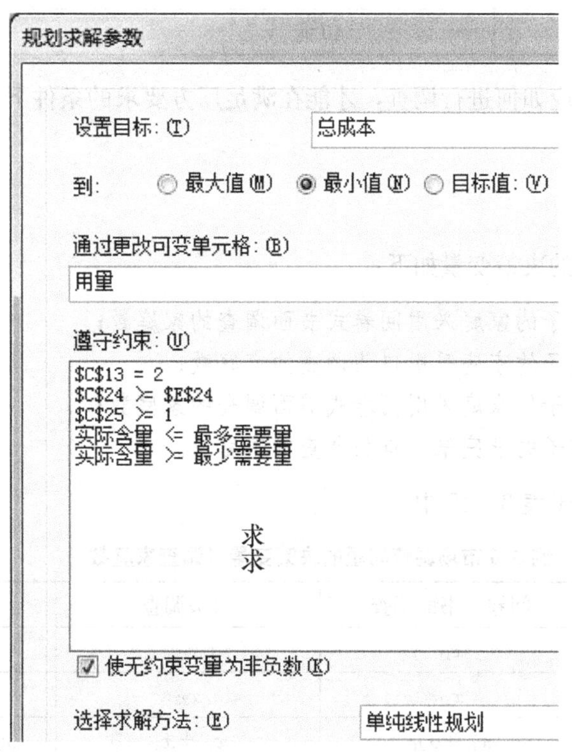

图 3—5 例 3.5 的电子表格模型（续）

Excel 的求解结果如表 3—13 所示，此时每个学龄前儿童营养午餐的总成本最小，为每份 4.73 元。

表 3—13　　搭配儿童营养午餐所需的食物用量

面包	花生酱	草莓酱	饼干	牛奶	果汁
2 片	0.575 匙	0.287 匙	1.039 块	0.516 杯	0.484 杯

3.4.4 混合问题的应用举例三：市场调查问题

例 3.6 某市场调查公司受某厂的委托，调查消费者对某种新产品的了解和反应情况。该厂对市场调查公司提出了以下要求：

(1) 共对 500 个家庭进行调查；

(2) 在受访家庭中，至少有 200 个有孩子的家庭，同时至少有 200 个无孩子的家庭；

(3) 至少对 300 个受访家庭采用问卷式书面调查，对其余家庭可采用口头调查；

(4) 在有孩子的受访家庭中，至少对 50%的家庭采用问卷式书面调查；

(5) 在无孩子的受访家庭中，至少对 60%的家庭采用问卷式书面调查。

对不同家庭采用不同调查方式的费用如表 3—14 所示。

表 3—14　　不同家庭采用不同调查方式的费用

	问卷式书面调查	口头调查
有孩子的家庭	50 元	30 元
无孩子的家庭	40 元	25 元

问：市场调查公司应如何进行调查，才能在满足厂方要求的条件下，使得总调查费用最少？

解：

（1）决策变量。

根据题意，本问题的决策变量如下：

x_{11}表示对有孩子的家庭采用问卷式书面调查的家庭数；

x_{12}表示对有孩子的家庭采用口头调查的家庭数；

x_{21}表示对无孩子的家庭采用问卷式书面调查的家庭数；

x_{22}表示对无孩子的家庭采用口头调查的家庭数。

将这些决策变量列于表 3—15 中。

表 3—15　　例 3.6 市场调查问题的决策变量（调查家庭数）

	问卷式书面调查	口头调查	合计
有孩子的家庭	x_{11}	x_{12}	$x_{11}+x_{12}$
无孩子的家庭	x_{21}	x_{22}	$x_{21}+x_{22}$
合计	$x_{11}+x_{21}$	$x_{12}+x_{22}$	$x_{11}+x_{12}+x_{21}+x_{22}$

（2）目标函数。

本问题的目标是市场调查公司的总调查费用最少，即：

$$\min z=50x_{11}+30x_{12}+40x_{21}+25x_{22}$$

（3）约束条件（1 个确定需求约束，5 个收益约束）。

①共对 500 个家庭进行调查：$x_{11}+x_{12}+x_{21}+x_{22}=500$

②至少有 200 个有孩子的家庭：$x_{11}+x_{12}\geqslant 200$

③至少有 200 个无孩子的家庭：$x_{21}+x_{22}\geqslant 200$

④至少对 300 个受访家庭采用问卷式书面调查：$x_{11}+x_{21}\geqslant 300$

⑤在有孩子的受访家庭中，至少对 50%的家庭采用问卷式书面调查：

$$x_{11}\geqslant 50\%(x_{11}+x_{12})$$

⑥在无孩子的受访家庭中，至少对 60%的家庭采用问卷式书面调查：

$$x_{21}\geqslant 60\%(x_{21}+x_{22})$$

⑦非负：$x_{ij}\geqslant 0(i,j=1,2)$

于是，得到例 3.6 的线性规划模型：

$$\min z=50x_{11}+30x_{12}+40x_{21}+25x_{22}$$

$$\text{s.t.}\begin{cases}x_{11}+x_{12}+x_{21}+x_{22}=500\\x_{11}+x_{12}\geqslant 200\\x_{21}+x_{22}\geqslant 200\\x_{11}+x_{21}\geqslant 300\\x_{11}\geqslant 50\%(x_{11}+x_{12})\\x_{21}\geqslant 60\%(x_{21}+x_{22})\\x_{ij}\geqslant 0\quad(i,j=1,2)\end{cases}$$

例 3.6 的电子表格模型如图 3—6 所示，参见“例 3.6. xlsx”。

	A	B	C	D	E	F	G	H
1	例3.6							
2								
3		单位调查费用	书面调查	口头调查				
4		有孩子的家庭	50	30				
5		无孩子的家庭	40	25				
6								
7		调查家庭数	书面调查	口头调查	实际调查家庭数		最少家庭数	
8		有孩子的家庭	100	100	200	>=	200	
9		无孩子的家庭	200	100	300	>=	200	
10								
11		实际调查家庭总数			要求调查家庭总数			
12			500	=	500			
13								
14		实际书面调查家庭数			要求书面调查家庭数			
15			300	>=	300			
16								
17					要求书面调查		家庭比例	
18			有孩子的家庭，书面调查		100	>=	100	50%
19			无孩子的家庭，书面调查		200	>=	180	60%
20								
21		总调查费用	18500					

名称	单元格
单位调查费用	C4:D5
家庭比例	G18:G19
实际书面调查家庭数	C15
实际调查家庭数	E8:E9
实际调查家庭总数	C12
调查家庭数	C8:D9
要求书面调查	E18:E19
要求书面调查家庭数	E15
要求调查家庭总数	E12
总调查费用	C21
最少家庭数	G8:G9

	C
11	实际调查家庭总数
12	=SUM(调查家庭数)
13	
14	实际书面调查家庭数
15	=SUM(C8:C9)

	E	F	G
17	要求书面调查		家庭比例
18	=C8	>=	=H18*E8
19	=C9	>=	=H19*E9

	B	C
21	总调查费用	=SUMPRODUCT(单位调查费用,调查家庭数)

图 3—6　例 3.6 的电子表格模型

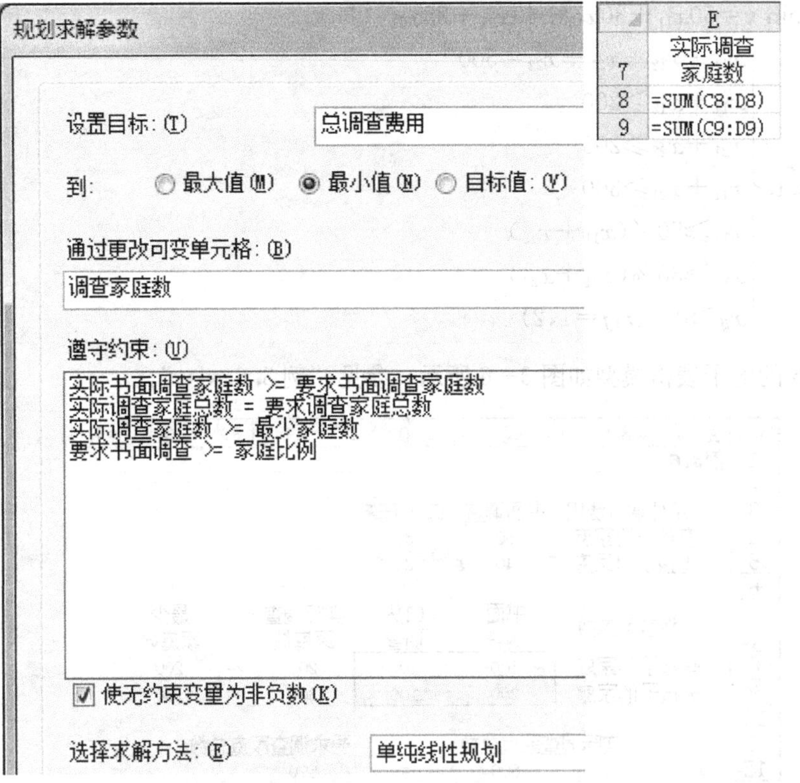

图 3—6 例 3.6 的电子表格模型（续）

Excel 求得的最优调查方案如表 3—16 所示。这时，满足厂方要求，且市场调查公司的总调查费用最少，为 1.85 万元（18 500 元）。

表 3—16　　例 3.6 的最优调查方案（调查家庭数）

	书面调查	口头调查	合计
有孩子的家庭	100	100	200
无孩子的家庭	200	100	300

习题

3.1 小王由于在校成绩优秀，学校决定奖励给他 10 000 元。除了将 4 000 元用于交税和请客之外，他决定将剩余的 6 000 元用于投资。现有两个朋友分别邀请他成为两家不同公司的合伙人。无论选择两家中的哪一家都会花去他明年暑假的一些时间并且要花费一些资金。在第一个朋友的公司中成为一个独资人要求投资 5 000 元并花费 400 小时，估计利润（不考虑时间价值）是 4 500 元。第二个朋友的公司相应的数据为 4 000 元和 500 小时，估计利润也是 4 500 元。然而，每一个朋友都允许他选择投资一定的比例，上面所有给出的独资人的数据（资金投资、时间投资和利润）都将乘以这个比例。

因为小王正在寻找一个有意义的暑假工作（最多600小时），于是他决定以能够带来最大估计利润的组合参与到一个或者两个朋友的公司中。请你帮助他解决这个问题，找出最佳组合。

3.2 某大学计算机中心的主任要为中心的人员进行排班。中心从08:00开到22:00。主任观测出中心在一天的不同时段的计算机使用量，并确定了如表3—17所示的各时段咨询员的最少需求人数。

表3—17　各时段咨询员的最少需求人数

时段	最少需求人数
08:00～12:00	6
12:00～16:00	8
16:00～20:00	12
20:00～22:00	6

需要聘用两类计算机咨询员：全职和兼职。全职咨询员将在以下的三种轮班方式中连续工作8小时或6小时：上午上班（08:00～16:00）、中午上班（12:00～20:00）以及下午上班（16:00～22:00）。全职咨询员的工资为每小时14元。兼职咨询员将在表中所示的各个时段上班（即四种轮班方式，每次连续工作4小时或2小时），工资为每小时12元。

一个额外的条件是，在各时段，每个在岗的兼职咨询员必须配备至少两个在岗的全职咨询员（即全职咨询员与兼职咨询员的比例至少为2∶1）。

主任希望能够确定每一轮班的全职与兼职咨询员的上班人数，从而能以最小的成本满足上述需求。

3.3 某食品厂产品配方决策问题。某食品厂生产两种芝麻核桃营养产品：芝麻核桃粉和低糖芝麻核桃粉，它们由芝麻、核桃、白糖三种原料以不同的比例混合而成。据市场调查，第四季度对芝麻核桃粉和低糖芝麻核桃粉的最少需求量分别为10吨和15吨，它们的价格分别为30元/千克和40元/千克，它们的原料成分、各种成分的比例、各种原料的成本和可提供量见表3—18。该厂应如何分配这三种原料，才能在符合产品规格要求和满足最少需求量的前提下，获得最大利润？

表3—18　某食品厂产品成分的有关数据

原料	芝麻	核桃	白糖
成本（元/千克）	45	25	4
可提供量（吨）	12	15	3
芝麻核桃粉成分	≥40%	≥30%	≤20%
低糖芝麻核桃粉成分	≥50%	≥40%	≤5%

3.4 绿色饲料公司生产雏鸡、蛋鸡、肉鸡三种饲料。这三种饲料是由A、B、C三种原料混合而成。产品的规格要求、日销量、售价如表3—19所示，原料价格如表3—20所示。

表 3—19　　三种饲料产品的有关数据

产品	规格要求	日销量（吨）	售价（千元/吨）
雏鸡饲料	原料 A 不少于 50% 原料 B 不超过 20%	5	9
蛋鸡饲料	原料 A 不少于 30% 原料 C 不超过 30%	18	7
肉鸡饲料	原料 C 不少于 50%	10	8

表 3—20　　三种原料的价格

原料	价格（千元/吨）
A	5.5
B	4
C	5

受资金和生产能力的限制，每天只能生产 30 吨，问如何安排生产计划才能使获利最大？

3.5　某公司饲养实验用的动物以供出售。已知这些动物的生长对饲料中的三种营养元素（称为营养元素 A、B 和 C）特别敏感。已知这些动物每天至少需要 700 克营养元素 A、30 克营养元素 B，而营养元素 C 每天的需求量刚好是 200 毫克，不够和过量都是有害的。现有五种饲料可供选用，各种饲料每千克所含的营养元素及单价如表 3—21 所示。

表 3—21　　各种饲料每千克所含的营养元素及单价

饲料	营养元素 A（克）	营养元素 B（克）	营养元素 C（毫克）	价格（元/千克）
1	3	1	0.5	4
2	2	0.5	1	14
3	1	0.2	0.2	8
4	6	2	2	18
5	18	0.5	0.8	10

为了避免过多地使用某种饲料，规定混合饲料中各种饲料的最大用量分别是 50、60、50、70、40 千克。要求确定满足动物生长的营养需求而且费用最低的饲料配方。

3.6　某咨询公司，受厂商的委托，对新上市的一种新产品进行消费者反应的调查。该公司采用了入户调查的方法，厂商以及该公司的市场调研专家对该调查提出下列几点要求：

(1) 至少调查 2 000 户居民；

(2) 晚上调查的户数和白天调查的户数相等；

(3) 至少调查 700 户有孩子的家庭；

(4) 至少调查 450 户无孩子的家庭。

每入户调查一个家庭，调查费用如表 3—22 所示。

表 3—22 不同家庭不同时间的调查费用

	白天调查	晚上调查
有孩子的家庭	25 元	30 元
无孩子的家庭	20 元	25 元

(1) 请用线性规划方法，确定白天和晚上各调查这两种家庭多少户，才能使总调查费用最少?

(2) 分别对在白天和晚上调查这两种家庭的费用进行灵敏度分析。

(3) 对调查的总户数、有孩子的家庭和无孩子的家庭的最少调查户数进行灵敏度分析。

案例 3.1 某医院护理部 24 小时护士排班计划优化研究

某医院决策层正在开会研究制订急诊病区的一昼夜护士值班安排计划。在会议上，护理部主任提交了一份该病区一昼夜 24 小时各时段护士的最少需求人数的报告，见表 3—23。

表 3—23 各时段护士的最少需求人数

序号	时段	最少需求人数
1	02:00～06:00	10
2	06:00～10:00	15
3	10:00～14:00	25
4	14:00～18:00	20
5	18:00～22:00	18
6	22:00～02:00	12

护士们分别在表中所示的各时段开始时上班（即 6 种轮班方式），并连续工作 8 小时。现在医院决策层面临的问题是：

(1) 在不考虑在编和工资的前提下，应如何合理安排岗位，才能满足值班的需要（应如何安排各个时段开始时上班的护士人数，才能使护士的总人数最少)?

(2) 在会议做出安排之前，护理部又提出一个问题：目前全院在编的正式护士只有 50 人，工资定额为 20 元/小时；如果所需护士总人数超过 50 人，那么必须以 25 元/小时的较高薪酬外聘合同护士。另外，对于轮班 6（22:00～06:00）的护士，医院提供夜间加餐补贴，在编护士每人每班 20 元，外聘护士每人每班 25 元。出现这种情况又该如何安排班次？医院最少支出的工资是多少?

(3) 护理部后来又提出，最好在深夜 2 点（02:00）的时候避免交班，这样又该如何安排班次？医院在这方面的成本变化是多少?

案例 3.2 回收中心的配料问题

某公司经营一个回收中心，专门从事四种固体废弃物（原料）的回收，并将回收物进行处理，混合成为可销售的三种产品。根据混合时各种原料的比例（规格要求），可将产品分成 A、B、C 三种不同等级，它们的混合成本和售价也不同，具体如表 3—24 所示。

表 3—24　回收中心产品的有关数据

产品等级	规格要求	混合成本（元/公斤）	售价（元/公斤）
A	原料 1：不超过总量的 30% 原料 2：不少于总量的 40% 原料 3：不超过总量的 50% 原料 4：总量的 20%	3	8.5
B	原料 1：不超过总量的 50% 原料 2：不少于总量的 10% 原料 4：总量的 10%	2.5	7
C	原料 1：不超过总量的 70%	2	5.5

回收中心可以从一些渠道定期收集到所需的固体废弃物（原料），表 3—25 给出了中心每周可以收集到的每种原料的数量以及处理成本。

表 3—25　回收中心固体废弃物的有关数据

原料	每周可获得的数量（公斤）	处理成本（元/公斤）	附加约束
1	3 000	3	1. 对于每种原料，每周必须至少收集并处理一半以上的数量； 2. 每周有 3 万元捐款，可用于处理这些原料。
2	2 000	6	
3	4 000	4	
4	1 000	5	

（1）该公司是一家专门从事环保业务的公司，公司的收益将全部用于环保事业，而公司每周可获得 3 万元的捐款，专门用于固体废弃物的处理。公司决定在表 3—24 和表 3—25 所列的约束之内，有效地将各种原料混合到各种等级的产品中去，以实现每周的总利润（销售收入减混合成本，不包括处理成本）最大。

（2）由于受到捐款额的限制，四种固体废弃物并没有全部收集并处理完。假设在四种原料（固体废弃物）每周可获得的数量限制下，在要求收集并处理一半以上的情况下，处理成本先由捐款支付（捐款要全部用完），不足时从产品销售利润中支付（产品销售利润的一部分作为处理成本）。在新的情况下，公司应收集并处理多少固体废弃物并混合成各种等级产品多少，才能使每周获得的总利润最大？

（3）作为一家专门从事环保事业的公司，公司有责任把每周可获得的四种固体废弃物全部收集并处理完，处理成本先由捐款支付（捐款要全部用完），不足时从产品销售利润中支付（产品销售利润的一部分作为处理成本）。在新的情况下，公司每周可获利多少？

第 4 章

运输问题和指派问题

本章内容要点

- 运输问题的基本概念
- 运输问题的各种变形
- 运输问题的建模与应用
- 指派问题的基本概念
- 指派问题的各种变形
- 指派问题的建模与应用

第 3 章介绍了线性规划对启发管理者处理问题的极大帮助。本章将继续介绍线性规划的应用，以此来进一步拓展视野。本章研究的重点是两个互相联系的特殊线性规划问题：运输问题和指派问题。这两个问题非常重要，它们都属于第 3 章介绍过的线性规划的第三种类型：网络配送问题。

4.1　运输问题的基本概念

运输问题（transportation problem）最初起源于在日常生活中人们把某些物品或人们自身从一些地方转移到另一些地方，要求所采用的运输路线或运输方案是最经济或成本最低的，这就成为了一个运筹学问题。随着经济的不断发展，现代物流业的蓬勃发展，如何充分利用时间、信息、仓储、配送和联运体系创造更多的价值，向运筹学提出了更高的挑战。这要求科学地组织货源、运输和配送，使得运输问题变得日益复杂，但是其基本思想仍然是实现现有资源的最优化配置。所以，运输问题并不仅仅限于物品的空间转移，凡是其数学模型符合“运输”问题特点的运筹学问题，都可以采用运输问题特有的方法加以解决。

运输问题涉及如何以最优的方式运输货物。在经济建设中，经常碰到大宗物资调运问题，即如煤、钢材、木材、粮食等物资，在全国有若干生产基地，根据已有的交通网络，制订最佳的调运方案，将这些物资运到各消费地点，从而使总运费最少。

一般的运输问题就是解决如何把某种产品从若干个产地调运到若干个销地，在每个产地的供应量和每个销地的需求量以及各地之间的运输单价已知的前提下，确定一个使得总运输成本最小的方案。

平衡运输问题的条件如下：

(1) 明确出发地（产地）、目的地（销地）、供应量（产量）、需求量（销量）和单位运输成本。

(2) 需求假设：每一个出发地（产地）都有一个固定的供应量，所有的供应量都必须配送到目的地（销地）。与之类似，每一个目的地（销地）都有一个固定的需求量，整个需求量都必须由出发地（产地）满足。即“总供应量＝总需求量”。

(3) 成本假设：从任何一个出发地（产地）到任何一个目的地（销地）的货物运输成本与所运送的货物数量成线性比例关系。因此，货物运输成本就等于单位运输成本乘以所运送的货物数量（目标函数是线性的）。

4.2 运输问题的数学模型和电子表格模型

运输问题是一类应用广泛的特殊线性规划问题，可以很容易地用代数形式建立运输问题的数学模型。

运输问题的一般提法是：假设 A_1，A_2，…，A_m 表示某物资（如煤、粮食、钢材、棉花等）的 m 个产地；B_1，B_2，…，B_n 表示物资的 n 个销地；$a_i(i=1, 2, \cdots, m)$ 表示产地 A_i 的产量（供应量）；$b_j(j=1, 2, \cdots, n)$ 表示销地 B_j 的销量（需求量）；$c_{ij}(i=1, 2, \cdots, m; j=1, 2, \cdots, n)$ 表示把物资从产地 A_i 运往销地 B_j 的单位运价，如表 4—1 所示。

表 4—1 运输问题数据表

产地 \ 销地	B_1	B_2	…	B_n	产量（供应量）
A_1	c_{11}	c_{12}	…	c_{1n}	a_1
A_2	c_{21}	c_{22}	…	c_{2n}	a_2
⋮	⋮	⋮	⋮	⋮	⋮
A_m	c_{m1}	c_{m2}	…	c_{mn}	a_m
销量（需求量）	b_1	b_2	…	b_n	

如果运输问题的总产量等于总销量，即有

$$\sum_{i=1}^{m} a_i = \sum_{j=1}^{n} b_j$$

则称该运输问题为产销平衡的运输问题；否则，称该运输问题为产销不平衡的运输问题。

4.2.1 产销平衡的运输问题

如果设从产地 A_i 运往销地 B_j 的物资数量为 $x_{ij}(i=1, 2, \cdots, m; j=1, 2, \cdots, n)$，

则产销平衡运输问题的数学模型为：

$$\min z = \sum_{i=1}^{m}\sum_{j=1}^{n} c_{ij}x_{ij} \qquad \text{（总运费最小）}$$

$$\text{s. t.}\begin{cases}\sum_{j=1}^{n} x_{ij} = a_i \quad (i=1,2,\cdots,m) & \text{（产量约束）}\\ \sum_{i=1}^{m} x_{ij} = b_j \quad (j=1,2,\cdots,n) & \text{（销量约束）}\\ x_{ij} \geqslant 0 \quad (i=1,2,\cdots,m;j=1,2,\cdots,n) \end{cases}$$

它包含 $m\times n$ 个变量和 $m+n$ 个确定需求（=）的函数约束。其中，m 个产量约束表示每个产地运往 n 个销地的物资总量等于该产地的产量（供应量），n 个销量约束表示从 m 个产地运往每个销地的物资总量等于该销地的需求量（销量）。

例 4.1 某公司有三个加工厂（A_1、A_2 和 A_3）生产某种产品，每日的产量分别为：7 吨、4 吨、9 吨；该公司把这些产品分别运往四个销售点（B_1、B_2、B_3 和 B_4），各销售点每日的销量分别为：3 吨、6 吨、5 吨、6 吨；从三个加工厂（产地）到四个销售点（销地）的单位产品运价如表 4—2 所示。问该公司应如何调运产品，才能在满足各销售点的需求量的前提下，使总运费最少？

表 4—2　　三个加工厂到四个销售点的单位产品运价（千元/吨）

	销售点 B_1	销售点 B_2	销售点 B_3	销售点 B_4
加工厂 A_1	3	11	3	10
加工厂 A_2	1	9	2	8
加工厂 A_3	7	4	10	5

解：

首先，三个加工厂 A_1、A_2、A_3 的总产量为 7+4+9=20（吨）；四个销售点 B_1、B_2、B_3、B_4 的总销量为 3+6+5+6=20（吨）。也就是说，总产量等于总销量，故该运输问题是一个产销平衡的运输问题。

（1）决策变量。

设 x_{ij} 为从加工厂 $A_i(i=1，2，3)$ 运往销售点 $B_j(j=1，2，3，4)$ 的运输量（吨），得到如表 4—3 所示的决策变量表。

表 4—3　　例 4.1 运输问题的决策变量表（运输量）

	销售点 B_1	销售点 B_2	销售点 B_3	销售点 B_4	产量
加工厂 A_1	x_{11}	x_{12}	x_{13}	x_{14}	7
加工厂 A_2	x_{21}	x_{22}	x_{23}	x_{24}	4
加工厂 A_3	x_{31}	x_{32}	x_{33}	x_{34}	9
销量	3	6	5	6	20（产销平衡）

（2）目标函数。

本问题的目标是使公司的总运费最少，即：

$$\min z = 3x_{11} + 11x_{12} + 3x_{13} + 10x_{14} + x_{21} + 9x_{22} + 2x_{23} + 8x_{24} + 7x_{31} + 4x_{32} + 10x_{33} + 5x_{34}$$

（3）约束条件。

根据表 4—3，可写出该产销平衡运输问题的约束条件。

①三个加工厂的产品都要全部运出去（产量约束）：

加工厂 A_1：$x_{11}+x_{12}+x_{13}+x_{14}=7$

加工厂 A_2：$x_{21}+x_{22}+x_{23}+x_{24}=4$

加工厂 A_3：$x_{31}+x_{32}+x_{33}+x_{34}=9$

②四个销售点的产品都要全部得到满足（销量约束）：

销售点 B_1：$x_{11}+x_{21}+x_{31}=3$

销售点 B_2：$x_{12}+x_{22}+x_{32}=6$

销售点 B_3：$x_{13}+x_{23}+x_{33}=5$

销售点 B_4：$x_{14}+x_{24}+x_{34}=6$

③非负：$x_{ij}\geqslant 0(i=1，2，3；j=1，2，3，4)$

于是，得到例 4.1 产销平衡运输问题的线性规划模型：

$$\min z = 3x_{11} + 11x_{12} + 3x_{13} + 10x_{14} + x_{21} + 9x_{22} + 2x_{23} + 8x_{24} + 7x_{31} + 4x_{32} + 10x_{33} + 5x_{34}$$

$$\text{s. t.}\begin{cases} x_{11}+x_{12}+x_{13}+x_{14}=7 \\ x_{21}+x_{22}+x_{23}+x_{24}=4 \\ x_{31}+x_{32}+x_{33}+x_{34}=9 \\ x_{11}+x_{21}+x_{31}=3 \\ x_{12}+x_{22}+x_{32}=6 \\ x_{13}+x_{23}+x_{33}=5 \\ x_{14}+x_{24}+x_{34}=6 \\ x_{ij}\geqslant 0 \quad (i=1,2,3;j=1,2,3,4) \end{cases}$$

运输问题是一种特殊的线性规划问题，一般采用“表上作业法”求解运输问题，但 Excel 的“规划求解”还是采用“单纯形法”来求解。

例 4.1 的电子表格模型如图 4—1 所示，参见“例 4.1.xlsx”。为了查看方便，在最优解（运输量）C9：F11 区域中，使用 Excel 的“条件格式”功能[①]，将“0”值单元格的字体颜色设置成“黄色”，与填充颜色（背景色）相同[②]。

---

① 设置（或清除）条件格式的操作请参见本章附录Ⅱ。

② 将单元格的字体和背景颜色设置为相同颜色以实现“浑然一体”的效果，这样可以起到隐藏单元格内容的作用。当单元格被选中时，编辑栏中仍然会显示单元格的真实数据。本章所有例题的最优解（运输方案或指派方案）有一个共同特点：“0”值较多，所以都使用了 Excel 的“条件格式”功能。

	A	B	C	D	E	F	G	H	I
1	例4.1								
2									
3		单位运价	B_1	B_2	B_3	B_4			
4		A_1	3	11	3	10			
5		A_2	1	9	2	8			
6		A_3	7	4	10	5			
7									
8		运输量	B_1	B_2	B_3	B_4	实际运出		产量
9		A_1	2		5		7	=	7
10		A_2	1			3	4	=	4
11		A_3		6		3	9	=	9
12		实际收到	3	6	5	6			
13			=	=	=	=			总运费
14		销量	3	6	5	6			85

	B	C	D	E	F
12	实际收到	=SUM(C9:C11)	=SUM(D9:D11)	=SUM(E9:E11)	=SUM(F9:F11)

名称	单元格
产量	I9:I11
单位运价	C4:F6
实际收到	C12:F12
实际运出	G9:G11
销量	C14:F14
运输量	C9:F11
总运费	I14

	G
8	实际运出
9	=SUM(C9:F9)
10	=SUM(C10:F10)
11	=SUM(C11:F11)

	I
13	总运费
14	=SUMPRODUCT(单位运价,运输量)

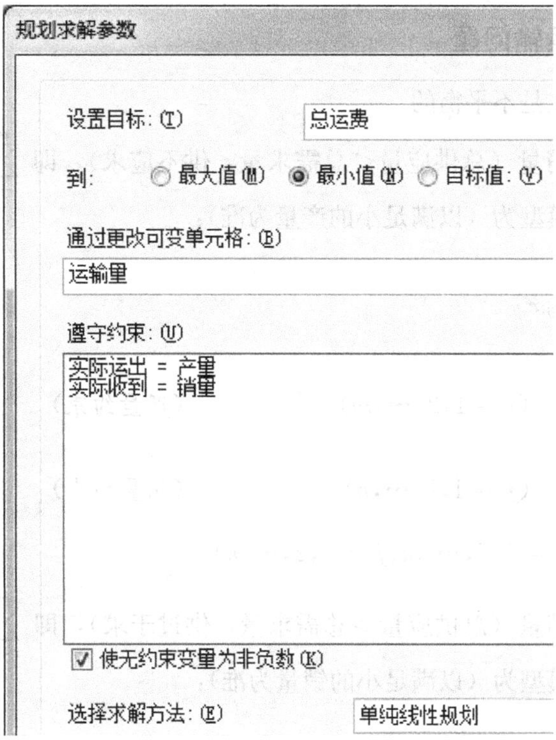

规划求解参数

设置目标：(T) 总运费

到：○ 最大值(M) ◉ 最小值(N) ○ 目标值：(V)

通过更改可变单元格：(B)

运输量

遵守约束：(U)

实际运出 = 产量

实际收到 = 销量

☑ 使无约束变量为非负数(K)

选择求解方法：(E) 单纯线性规划

图4—1 例4.1的电子表格模型

整理图 4—1 中的 B8：F11 区域，得到如图 4—2 所示的最优调运方案网络图，从中可以看出：从加工厂 A_1 运往销售点 B_1 和 B_3 各 2 吨和 5 吨、加工厂 A_2 运往销售点 B_1 和 B_4 各 1 吨和 3 吨、加工厂 A_3 运往销售点 B_2 和 B_4 各 6 吨和 3 吨，此时的总运费最少，为每天 8.5 万元（85 千元）。

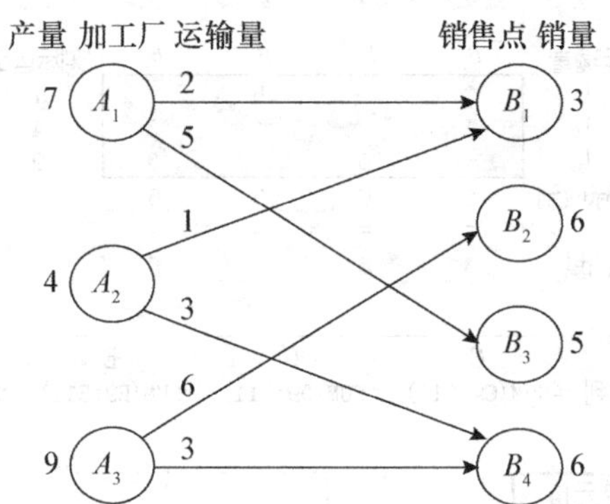

图 4—2 例 4.1 的最优调运方案网络图

需要注意的是，运输问题有这样一个性质（整数解性质），即只要它的供应量和需求量都是整数，任何有可行解的运输问题就必然有所有决策变量都是整数的最优解。因此，没有必要加上所有决策变量都是整数的约束条件。

由于运输量经常以卡车、集装箱等为单位，如果卡车不能装满，就很不经济了。整数解性质避免了运输量（运输方案）为小数的麻烦。

4.2.2 产销不平衡的运输问题

实际问题中，产销往往是不平衡的。

（1）当总产量小于总销量（总供应量<总需求量，供不应求），即 $\sum\limits_{i=1}^{m} a_i < \sum\limits_{j=1}^{n} b_j$ 时，销大于产运输问题的数学模型为（以满足小的产量为准）：

$$\min z = \sum_{i=1}^{m} \sum_{j=1}^{n} c_{ij} x_{ij}$$

$$\text{s.t.} \begin{cases} \sum\limits_{j=1}^{n} x_{ij} = a_i \quad (i = 1,2,\cdots,m) & \text{（产量约束）} \\ \sum\limits_{i=1}^{m} x_{ij} \leqslant b_j \quad (j = 1,2,\cdots,n) & \text{（销量约束）} \\ x_{ij} \geqslant 0 \quad (i = 1,2,\cdots,m; j = 1,2,\cdots,n) \end{cases}$$

（2）当总产量大于总销量（总供应量>总需求量，供过于求），即 $\sum\limits_{i=1}^{m} a_i > \sum\limits_{j=1}^{n} b_j$ 时，产大于销运输问题的数学模型为（以满足小的销量为准）：

$$\min z = \sum_{i=1}^{m} \sum_{j=1}^{n} c_{ij} x_{ij}$$

$$\text{s.t.}\begin{cases}\sum_{j=1}^{n}x_{ij}\leqslant a_i \quad (i=1,2,\cdots,m) & \text{(产量约束)}\\ \sum_{i=1}^{m}x_{ij}=b_j \quad (j=1,2,\cdots,n) & \text{(销量约束)}\\ x_{ij}\geqslant 0 \quad (i=1,2,\cdots,m;j=1,2,\cdots,n)\end{cases}$$

例 4.2 自来水输送问题。某市有甲、乙、丙、丁四个居民区，自来水由 A、B、C 三个水库供应。四个居民区每天必须得到保证的基本生活用水量分别为 30、70、10、10 千吨，但由于水源紧张，三个水库每天最多只能分别供应 50、60、50 千吨自来水。由于地理位置的差别，自来水公司从各水库向各居民区供水所需付出的引水管理费不同（见表 4—4，其中水库 C 与丁区之间没有输水管道），其他管理费用都是 450 元/千吨。根据公司规定，各居民区用户按照统一标准 900 元/千吨收费。此外，四个居民区都向公司申请了额外用水量，分别为每天 50、70、20、40 千吨。问：

（1）该公司应如何分配供水量，才能获利最多？

（2）为了增加供水量，自来水公司正在考虑进行水库改造，使三个水库每天的最大供水量都提高一倍，问那时供水方案应如何改变？公司利润可增加到多少？

表 4—4 **从水库向各居民区供水的引水管理费**（元/千吨）

	甲	乙	丙	丁
水库 A	160	130	220	170
水库 B	140	130	190	150
水库 C	190	200	230	—

解：

可以把“自来水输送问题”看作“运输问题”（用“运输问题”的方法求解“自来水输送问题”）。

1. 问题（1）的求解

分配供水量就是安排从三个水库向四个居民区供水的方案，目标是自来水公司获利最多。

从题目给出的数据看，A、B、C 三个水库的总供水量是 50＋60＋50＝160，少于四个居民区的基本生活用水量与额外用水量之和（30＋70＋10＋10）＋(50＋70＋20＋40)＝300（供不应求），因而总能全部卖出并获利①，于是自来水公司每天的总收入为 900×(50＋60＋50)＝144 000（元），与供水方案无关。同样，公司每天的其他管理费用为 450×(50＋60＋50)＝72 000（元），也与供水方案无关。所以，要使自来水公司的总利润最大，只需使引水管理费最小即可。另外，供水方案自然要受到三个水库的供应量和四个居民区的需求量的限制。

---

① 前提是：A、B、C 三个水库向甲、乙、丙、丁四个居民区供应每千吨水的利润都为正。每千吨水利润计算公式为：从收入 900 元中减去其他管理费 450 元，再减去表 4—4 中的引水管理费。而每千吨水利润最小值＝900－450－表 4—4 中引水管理费最大值（水库 C 向丙区供水）＝450－230＝220（元/千吨）。

（1）决策变量。

本问题要做的决策是 A、B、C 三个水库向甲、乙、丙、丁四个居民区供水的数量。设 x_{ij} 为水库 $i(i=A, B, C)$ 向居民区 $j(j=1, 2, 3, 4$，分别表示甲、乙、丙、丁）的日供水量。由于水库 C 与居民区丁之间没有输水管道，即 $x_{C4}=0$，因此可以只有 11 个变量。将这些决策变量列于表 4—5 中。

表 4—5　　例 4.2 的决策变量表（供水量）

	甲	乙	丙	丁	最大供水量
水库 A	x_{A1}	x_{A2}	x_{A3}	x_{A4}	50
水库 B	x_{B1}	x_{B2}	x_{B3}	x_{B4}	60
水库 C	x_{C1}	x_{C2}	x_{C3}	—	50
基本用水量	30	70	10	10	
额外用水量	50	70	20	40	
最大用水量	80	140	30	50	

（2）目标函数。

由上述分析，问题的目标可以从获利最多转化为引水管理费最少，于是有

$$\begin{aligned}\min z=&160x_{A1}+130x_{A2}+220x_{A3}+170x_{A4}\\&+140x_{B1}+130x_{B2}+190x_{B3}+150x_{B4}\\&+190x_{C1}+200x_{C2}+230x_{C3}\end{aligned}$$

（3）约束条件。

由于 A、B、C 三个水库的总供水量 50+60+50=160，超过四个居民区的基本生活用水量之和 30+70+10+10=120（供过于求），但又少于四个居民区的基本生活用水量与额外用水量之和 (30+70+10+10)+(50+70+20+40)=300（供不应求），所以本问题既是“供过于求”又是“供不应求”的不平衡运输问题。

①由于水库的供水总能卖出并获利，产量（供应）约束为：

$$\begin{aligned}&x_{A1}+x_{A2}+x_{A3}+x_{A4}=50 &&（水库 A）\\&x_{B1}+x_{B2}+x_{B3}+x_{B4}=60 &&（水库 B）\\&x_{C1}+x_{C2}+x_{C3}=50 &&（水库 C）\end{aligned}$$

②考虑各居民区的基本生活用水量与额外用水量，销量（需求）约束为：

$$\begin{aligned}&30\leqslant x_{A1}+x_{B1}+x_{C1}\leqslant 80 &&（居民区甲）\\&70\leqslant x_{A2}+x_{B2}+x_{C2}\leqslant 140 &&（居民区乙）\\&10\leqslant x_{A3}+x_{B3}+x_{C3}\leqslant 30 &&（居民区丙）\\&10\leqslant x_{A4}+x_{B4}\leqslant 50 &&（居民区丁）\end{aligned}$$

③非负：$x_{ij}\geqslant 0\ (i=A, B, C;\ j=1, 2, 3, 4)$

于是，得到例 4.2 问题（1）的线性规划模型：

$$\min z=160x_{A1}+130x_{A2}+220x_{A3}+170x_{A4}+140x_{B1}+130x_{B2}+190x_{B3}+150x_{B4}+190x_{C1}+200x_{C2}+230x_{C3}$$

$$\text{s.t.}\begin{cases}x_{A1}+x_{A2}+x_{A3}+x_{A4}=50\\x_{B1}+x_{B2}+x_{B3}+x_{B4}=60\\x_{C1}+x_{C2}+x_{C3}=50\\30\leqslant x_{A1}+x_{B1}+x_{C1}\leqslant 80\\70\leqslant x_{A2}+x_{B2}+x_{C2}\leqslant 140\\10\leqslant x_{A3}+x_{B3}+x_{C3}\leqslant 30\\10\leqslant x_{A4}+x_{B4}\leqslant 50\\x_{ij}\geqslant 0\quad(i=A,B,C;j=1,2,3,4)\end{cases}$$

例 4.2 问题（1）的电子表格模型如图 4—3 所示，参见“例 4.2（1）.xlsx”。

	A	B	C	D	E	F	G	H	I
1	例4.2（1）								
2									
3		单位管理费	甲	乙	丙	丁			
4		水库A	160	130	220	170			
5		水库B	140	130	190	150			
6		水库C	190	200	230	-			
7									
8		供水量	甲	乙	丙	丁	实际供水量		最大供水量
9		水库A		50			50	=	50
10		水库B		50		10	60	=	60
11		水库C	40		10	0	50	=	50
12									
13		基本用水量	30	70	10	10			
14			<=	<=	<=	<=			总管理费
15		实际用水量	40	100	10	10			24400
16			<=	<=	<=	<=			
17		最大用水量	80	140	30	50			
18		额外用水量	50	70	20	40			

	B	C	D	E	F
15	实际用水量	=SUM(C9:C11)	=SUM(D9:D11)	=SUM(E9:E11)	=SUM(F9:F11)
16		<=	<=	<=	<=
17	最大用水量	=C13+C18	=D13+D18	=E13+E18	=F13+F18

名称	单元格
单位管理费	C4:F6
供水量	C9:F11
基本用水量	C13:F13
实际供水量	G9:G11
实际用水量	C15:F15
总管理费	I15
最大供水量	I9:I11
最大用水量	C17:F17

	G
8	实际供水量
9	=SUM(C9:F9)
10	=SUM(C10:F10)
11	=SUM(C11:F11)

	I
14	总管理费
15	=SUMPRODUCT(单位管理费,供水量)

图 4—3　例 4.2（1）的电子表格模型

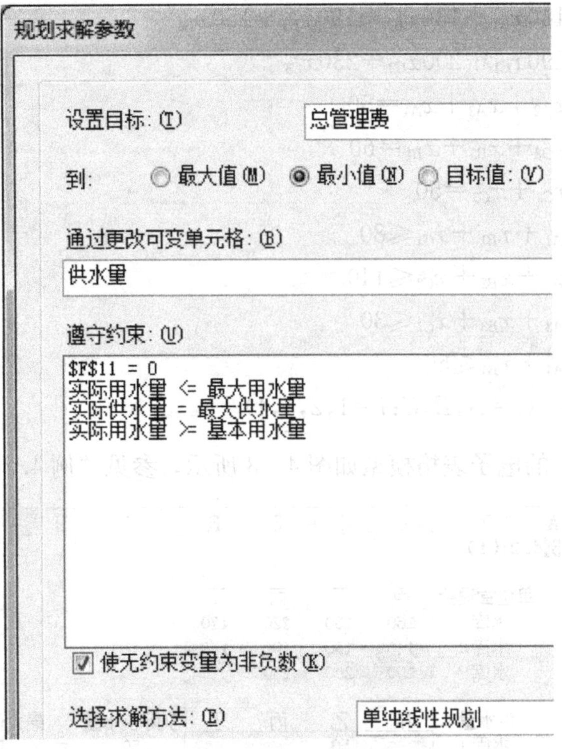

图 4—3　例 4.2（1）的电子表格模型（续）

读者可能发现了，在电子表格模型中，有 12 个变量（供水量，C9：F11 区域），通过增加约束条件“$F$11=0”，实现“水库 C 与居民区丁之间没有输水管道，即 $x_{C4}=0$”。随后的例 4.2 问题（2）的电子表格模型也是采用这种方法。

整理图 4—3 中的 B8：F11 区域，得到如图 4—4 所示的最优供水方案网络图，从中可以看出：水库 A 向居民区乙供水 50 千吨，水库 B 向居民区乙、丁分别供水 50、10 千吨，水库 C 向居民区甲、丙分别供水 40、10 千吨。此时引水管理费最少，为 24 400 元，公司每天获利 144 000－72 000－24 400=47 600（元）。

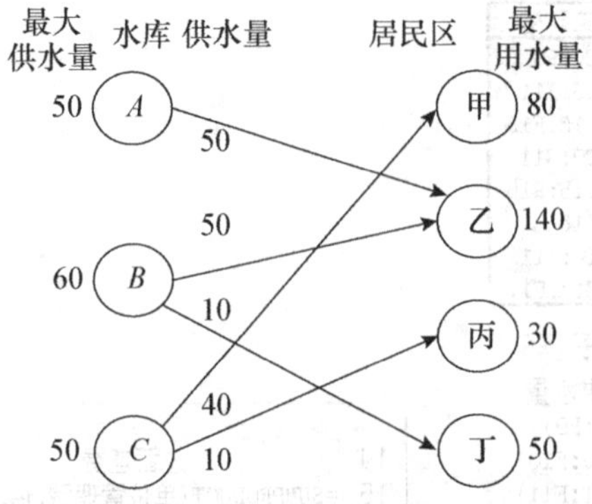

图 4—4　例 4.2（1）的最优供水方案网络图

2. 问题（2）的求解

由于 A、B、C 三个水库每天的最大供水量都提高一倍，则公司总供水能力增加到 160×2=320 千吨，大于总需求量 300 千吨，为“供过于求”的不平衡运输问题。这里介绍两个求解方法。

方法 1：由于 A、B、C 三个水库向甲、乙、丙、丁四个居民区供应每千吨水的利润都为正，虽然水库的供水不能全部卖出，但卖出越多越好，“以满足小的总需求量 300 为准”，即满足各区的基本生活用水量与额外用水量总和。此时，还像问题（1）那样，“将获利最多转化为引水管理费最少”，即目标函数不变。

由于水库的供水不能全部卖出，所以产量（供应）约束改为：

$$x_{A1}+x_{A2}+x_{A3}+x_{A4}\leqslant 100 \quad (\text{水库 } A)$$
$$x_{B1}+x_{B2}+x_{B3}+x_{B4}\leqslant 120 \quad (\text{水库 } B)$$
$$x_{C1}+x_{C2}+x_{C3}\leqslant 100 \quad (\text{水库 } C)$$

而各居民区的基本生活用水量与额外用水量都能得到满足，因此销量（需求）约束改为：

$$x_{A1}+x_{B1}+x_{C1}=80 \quad (\text{居民区甲})$$
$$x_{A2}+x_{B2}+x_{C2}=140 \quad (\text{居民区乙})$$
$$x_{A3}+x_{B3}+x_{C3}=30 \quad (\text{居民区丙})$$
$$x_{A4}+x_{B4}=50 \quad (\text{居民区丁})$$

于是，例 4.2 问题（2）方法 1 的线性规划模型为：

$$\begin{aligned}\min z=&160x_{A1}+130x_{A2}+220x_{A3}+170x_{A4}\\&+140x_{B1}+130x_{B2}+190x_{B3}+150x_{B4}\\&+190x_{C1}+200x_{C2}+230x_{C3}\end{aligned}$$

$$\text{s.t.}\begin{cases}x_{A1}+x_{A2}+x_{A3}+x_{A4}\leqslant 100\\x_{B1}+x_{B2}+x_{B3}+x_{B4}\leqslant 120\\x_{C1}+x_{C2}+x_{C3}\leqslant 100\\x_{A1}+x_{B1}+x_{C1}=80\\x_{A2}+x_{B2}+x_{C2}=140\\x_{A3}+x_{B3}+x_{C3}=30\\x_{A4}+x_{B4}=50\\x_{ij}\geqslant 0 \quad (i=A,B,C;j=1,2,3,4)\end{cases}$$

例 4.2 问题（2）方法 1 的电子表格模型如图 4—4 所示，请参见“例 4.2（2）方法 1. xlsx”。

整理图 4—5 中的 B8：F11 区域，得到如图 4—6 所示的最优供水方案网络图，从中可以看出：水库 A 向居民区乙供水 100 千吨，水库 B 向居民区甲、乙、丁分别供水 30、40、50 千吨，水库 C 向居民区甲、丙分别供水 50、30 千吨。引水管理费为 46 300 元，公司每天获利 300×900−300×450−46 300=88 700（元）。

	A	B	C	D	E	F	G	H	I
1	例4.2（2）方法1								
2									
3		单位管理费	甲	乙	丙	丁			
4		水库A	160	130	220	170			
5		水库B	140	130	190	150			
6		水库C	190	200	230	-			
7									
8		供水量	甲	乙	丙	丁	实际供水量		最大供水量
9		水库A		100			100	<=	100
10		水库B	30	40		50	120	<=	120
11		水库C	50		30	0	80	<=	100
12		实际用水量	80	140	30	50			
13			=	=	=	=			
14		最大用水量	80	140	30	50			总管理费
15		基本用水量	30	70	10	10			46300
16		额外用水量	50	70	20	40			

	B	C	D	E	F
12	实际用水量	=SUM(C9:C11)	=SUM(D9:D11)	=SUM(E9:E11)	=SUM(F9:F11)
13		=	=	=	=
14	最大用水量	=C15+C16	=D15+D16	=E15+E16	=F15+F16

名称	单元格
单位管理费	C4:F6
供水量	C9:F11
实际供水量	G9:G11
实际用水量	C12:F12
总管理费	I15
最大供水量	I9:I11
最大用水量	C14:F14

	G
8	实际供水量
9	=SUM(C9:F9)
10	=SUM(C10:F10)
11	=SUM(C11:F11)

	I
14	总管理费
15	=SUMPRODUCT(单位管理费,供水量)

规划求解参数

设置目标：(T) 总管理费

到：○ 最大值(M) ◉ 最小值(N) ○ 目标值：(V)

通过更改可变单元格：(B)

供水量

遵守约束：(U)

实际供水量 <= 最大供水量
$F$11 = 0
实际用水量 = 最大用水量

☑ 使无约束变量为非负数(K)

选择求解方法：(E) 单纯线性规划

图 4—5　例 4.2（2）方法 1 的电子表格模型

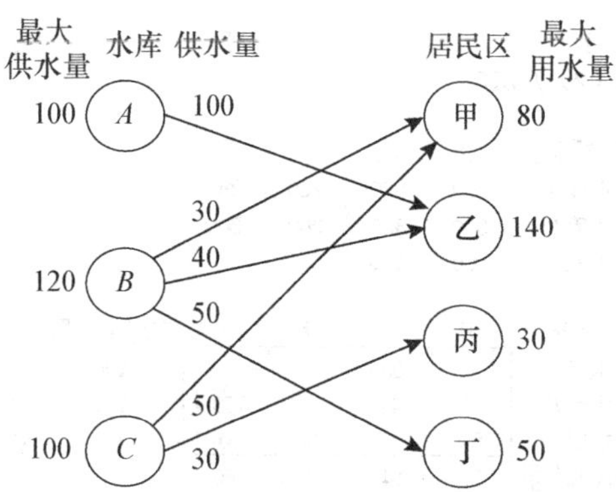

图 4—6　例 4.2（2）方法 1 求得的最优供水方案网络图

方法 2：由于公司总供水能力为 320 千吨，大于总需求量 300 千吨，水库的供水不能全部卖出。因而不能像前面那样，将获利最多转化为引水管理费最少。此时，首先需要计算 A、B、C 三个水库分别向甲、乙、丙、丁四个居民区供应每千吨水的利润，即从收入 900 元中减去其他管理费 450 元，再减去表 4—4 中的引水管理费，得表 4—6。

表 4—6　　　从各水库向各居民区供水的利润（单位：元/千吨）

	甲	乙	丙	丁
水库 A	290	320	230	280
水库 B	310	320	260	300
水库 C	260	250	220	—

于是目标函数为

$$\begin{aligned}\max z=&290x_{A1}+320x_{A2}+230x_{A3}+280x_{A4}\\&+310x_{B1}+320x_{B2}+260x_{B3}+300x_{B4}\\&+260x_{C1}+250x_{C2}+220x_{C3}\end{aligned}$$

而水库供水的产量（供应）约束、各居民区用水（基本生活用水与额外用水）的销量（需求）约束，与方法 1 相同。

例 4.2 问题（2）方法 2 的电子表格模型如图 4—7 所示，参见“例 4.2（2）方法 2. xlsx”。

例 4.2 问题（2）方法 2 求得的供水方案（见图 4—7 中的 B8：F11 区域）与方法 1 求得的结果相同。

4.3　运输问题的变形

现实生活中符合产销平衡运输问题的每一个条件的情况很少。一个特征近似但其中的一个或者几个特征却并不符合产销平衡运输问题条件的运输问题却经常出现。下面是要讨论的一些特征：

	A	B	C	D	E	F	G	H	I
1	例4.2（2）方法2								
2									
3		单位利润	甲	乙	丙	丁			
4		水库A	290	320	230	280			
5		水库B	310	320	260	300			
6		水库C	260	250	220	—			
7									
8		供水量	甲	乙	丙	丁	实际供水量		最大供水量
9		水库A		100			100	<=	100
10		水库B	30	40		50	120	<=	120
11		水库C	50		30	0	80	<=	100
12		实际用水量	80	140	30	50			
13			=	=	=	=			
14		最大用水量	80	140	30	50			总利润
15		基本用水量	30	70	10	10			88700
16		额外用水量	50	70	20	40			

	B	C	D	E	F
12	实际用水量	=SUM(C9:C11)	=SUM(D9:D11)	=SUM(E9:E11)	=SUM(F9:F11)
13		=	=	=	=
14	最大用水量	=C15+C16	=D15+D16	=E15+E16	=F15+F16

	I
14	总利润
15	=SUMPRODUCT(单位利润,供水量)

	G
8	实际供水量
9	=SUM(C9:F9)
10	=SUM(C10:F10)
11	=SUM(C11:F11)

名称	单元格
单位利润	C4:F6
供水量	C9:F11
实际供水量	G9:G11
实际用水量	C12:F12
总利润	I15
最大供水量	I9:I11
最大用水量	C14:F14

规划求解参数

设置目标：(T) 总利润

到：◉ 最大值(M) ○ 最小值(N) ○ 目标值：(V)

通过更改可变单元格：(B)

供水量

遵守约束：(U)

实际供水量 <= 最大供水量
$F$11 = 0
实际用水量 = 最大用水量

☑ 使无约束变量为非负数(K)

选择求解方法：(E) 单纯线性规划

图 4—7 例 4.2（2）方法 2 的电子表格模型

（1）总供应量大于总需求量。每一个供应量（产量）代表了从其出发地（产地）中运送出去的最大数量（而不是一个固定的数值）。

（2）总供应量小于总需求量。每一个需求量（销量）代表了在其目的地（销地）中所接收到的最大数量（而不是一个固定的数值）。

（3）一个目的地（销地）同时存在着最小需求量和最大需求量，于是所有在这两个数值之间的数量都是可以接收的（需求量可在一定范围内变化）。

（4）在运输中不能使用特定的出发地（产地）—目的地（销地）组合。

（5）目标是使与运输量有关的总利润最大而不是使总成本最小。

上面的例 4.2 问题（1）包含了特征 3 和特征 4；例 4.2 问题（2）方法 1 包含了特征 1 和特征 4，方法 2 还包含了特征 5；而下面的例 4.3 包含了特征 1 和特征 4，例 4.4 包含了特征 3 和特征 5。

例 4.3 某公司决定使用三个有生产余力的工厂进行四种新产品的生产。每单位产品需要等量的工作，所以工厂的有效生产能力以每天生产的任意种产品的数量来衡量（见表 4—7 的最右列）。而每种产品每天有一定的需求量（见表 4—7 的最后一行）。除了工厂 2 不能生产产品 3 以外，每个工厂都可以生产这些产品。然而，每种产品在不同工厂中的单位成本是有差异的（如表 4—7 所示）。

表 4—7　三个工厂生产四种新产品的有关数据

	单位成本				生产能力
	产品 1	产品 2	产品 3	产品 4	
工厂 1	41	27	28	24	75
工厂 2	40	29	—	23	75
工厂 3	37	30	27	21	45
需求量	20	30	30	40	

现在需要决定的是在哪个工厂生产哪种产品，可使总成本最小。

解：

可以把“指定工厂生产产品问题”看作“运输问题”（用“运输问题”的方法求解“指定工厂生产产品问题”）。

本问题中，工厂 2 不能生产产品 3，这样可以增加约束条件 $x_{23}=0$；并且，总供应量 $(75+75+45=195)>$ 总需求量 $(20+30+30+40=120)$，是“供大于求”的运输问题。

例 4.3 的线性规划模型如下：

设 x_{ij} 为工厂 $i(i=1,2,3)$ 生产产品 $j(j=1,2,3,4)$ 的数量。

$$\begin{aligned}\min z=&41x_{11}+27x_{12}+28x_{13}+24x_{14}\\&+40x_{21}+29x_{22}+23x_{24}\\&+37x_{31}+30x_{32}+27x_{33}+21x_{34}\end{aligned}$$

$$
\text{s.t.}\begin{cases}
x_{11}+x_{21}+x_{31}=20 & (\text{产品 }1)\\
x_{12}+x_{22}+x_{32}=30 & (\text{产品 }2)\\
x_{13}+x_{23}+x_{33}=30 & (\text{产品 }3)\\
x_{14}+x_{24}+x_{34}=40 & (\text{产品 }4)\\
x_{11}+x_{12}+x_{13}+x_{14}\leqslant 75 & (\text{工厂 }1)\\
x_{21}+x_{22}+x_{23}+x_{24}\leqslant 75 & (\text{工厂 }2)\\
x_{31}+x_{32}+x_{33}+x_{34}\leqslant 45 & (\text{工厂 }3)\\
x_{23}=0 & (\text{工厂 2 不生产产品 3})\\
x_{ij}\geqslant 0 \quad (i=1,2,3;j=1,2,3,4)
\end{cases}
$$

例 4.3 的电子表格模型如图 4—8 所示，参见“例 4.3.xlsx”。

	A	B	C	D	E	F	G	H	I
1	例4.3								
2									
3		单位成本	产品1	产品2	产品3	产品4			
4		工厂1	41	27	28	24			
5		工厂2	40	29	—	23			
6		工厂3	37	30	27	21			
7									
8		日产量	产品1	产品2	产品3	产品4	实际生产		生产能力
9		工厂1		30	30		60	<=	75
10		工厂2			0	15	15	<=	75
11		工厂3	20			25	45	<=	45
12		实际产量	20	30	30	40			
13			=	=	=	=			总成本
14		需求量	20	30	30	40			3260

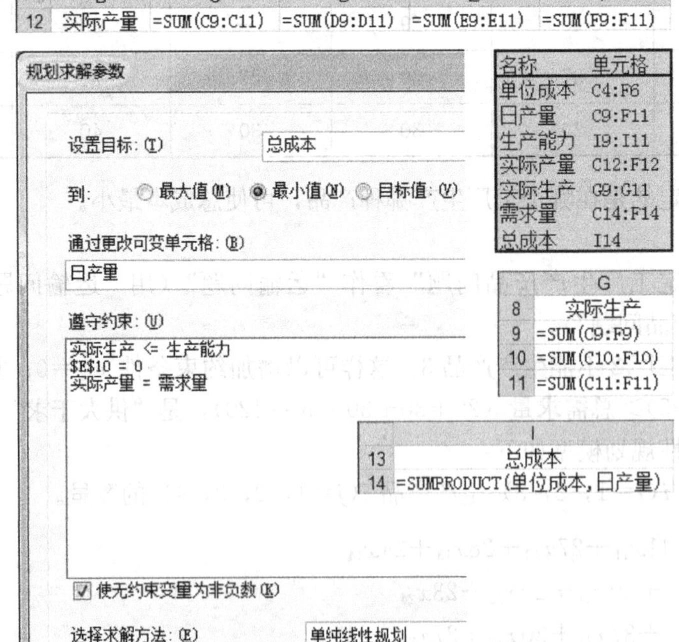

图 4—8 例 4.3 的电子表格模型

整理图 4—8 中的 B8：F11 区域，得到如图 4—9 所示的最优生产方案网络图，从中可以看出：工厂 1 生产产品 2 和产品 3，工厂 2 生产产品 4 的一部分，工厂 3 生产产品 1 和产品 4 的剩余部分，此时的总成本最小，为每天 3 260。

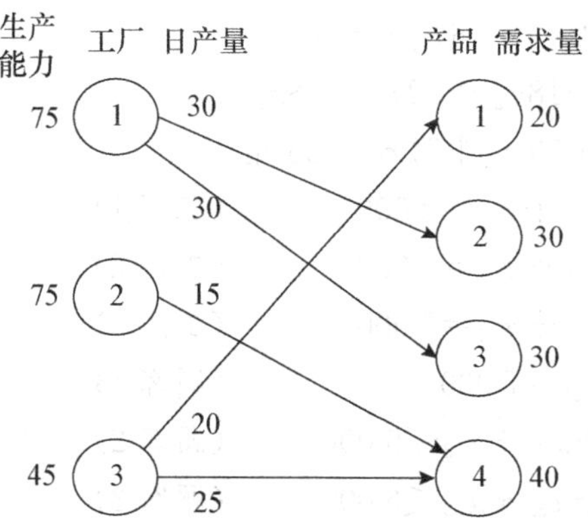

图 4—9　例 4.3 的最优生产方案网络图

在最优生产方案中，出现了产品 4 生产分解的情况，即产品 4 分在 2 个工厂（工厂 2 和工厂 3）生产。例 4.8 将继续讨论这个例子，但不允许出现产品生产分解的情况。当然，这种情况需要使用一种不同的描述：指派问题。

例 4.4　需求量存在最小需求量和最大需求量（需求量可在一定范围内变化）的问题。某公司在三个工厂中专门生产一种产品。在未来的四个月中，四个处于国内不同区域的潜在顾客（批发商）很可能有大量订购。顾客 1 是公司最好的顾客，所以他的订单要全部满足；顾客 2 和顾客 3 也是公司很重要的顾客，所以营销经理认为至少要满足他们订单的 1/3；对于顾客 4，营销经理认为并不需要特殊考虑。由于运输成本上的差异，销售一个产品得到的利润也不同，利润很大程度上取决于哪个工厂供应哪个顾客（见表 4—8）。问应向每一个顾客供应多少产品，才能使公司的总利润最大？

表 4—8　　三个工厂供应四个顾客的相关数据

	单位利润（元）				产量
	顾客 1	顾客 2	顾客 3	顾客 4	
工厂 1	55	42	46	53	8 000
工厂 2	37	18	32	48	5 000
工厂 3	29	59	51	35	7 000
最少供应量	7 000	3 000	2 000	0	
要求订购量	7 000	9 000	6 000	8 000	

解：

该问题要求满足不同顾客的需求（订购量），解决办法：“实际供应量≥最少供应量”和“实际供应量≤要求订购量”，但条件是：最少供应总量（7 000＋3 000＋2 000＋0＝12 000）≤总产量（8 000＋5 000＋7 000＝20 000）≤要求订购总量（7 000＋9 000＋6 000＋8 000＝30 000），这样才能有最优解。

另外，目标是总利润最大，而不是总成本最小。

据此，例 4.4 的线性规划模型如下：

设 x_{ij} 为工厂 $i(i=1, 2, 3)$ 供应顾客 $j(j=1, 2, 3, 4)$ 的产品数量。

$$\max z=55x_{11}+42x_{12}+46x_{13}+53x_{14}+37x_{21}+18x_{22}+32x_{23}+48x_{24}+29x_{31}+59x_{32}+51x_{33}+35x_{34}$$

$$\text{s.t.}\begin{cases} x_{11}+x_{12}+x_{13}+x_{14}=8\,000 & (\text{工厂 }1)\\ x_{21}+x_{22}+x_{23}+x_{24}=5\,000 & (\text{工厂 }2)\\ x_{31}+x_{32}+x_{33}+x_{34}=7\,000 & (\text{工厂 }3)\\ x_{11}+x_{21}+x_{31}=7\,000 & (\text{顾客 }1)\\ 3\,000\leqslant x_{12}+x_{22}+x_{32}\leqslant 9\,000 & (\text{顾客 }2)\\ 2\,000\leqslant x_{13}+x_{23}+x_{33}\leqslant 6\,000 & (\text{顾客 }3)\\ x_{14}+x_{24}+x_{34}\leqslant 8\,000 & (\text{顾客 }4)\\ x_{ij}\geqslant 0 \quad (i=1,2,3;j=1,2,3,4) \end{cases}$$

例 4.4 的电子表格模型如图 4—10 所示，参见“例 4.4.xlsx”。

	A	B	C	D	E	F	G	H	I
1	例4.4								
2									
3		单位利润	顾客1	顾客2	顾客3	顾客4			
4		工厂1	55	42	46	53			
5		工厂2	37	18	32	48			
6		工厂3	29	59	51	35			
7									
8		供应量	顾客1	顾客2	顾客3	顾客4	实际运出		产量
9		工厂1	7000		1000		8000	=	8000
10		工厂2				5000	5000	=	5000
11		工厂3		6000	1000		7000	=	7000
12									
13		最少供应量	7000	3000	2000	0			
14			<=	<=	<=	<=			总利润
15		实际供应量	7000	6000	2000	5000			1076000
16			<=	<=	<=	<=			
17		要求订购量	7000	9000	6000	8000			

	B	C	D	E	F
15	实际供应量	=SUM(C9:C11)	=SUM(D9:D11)	=SUM(E9:E11)	=SUM(F9:F11)

名称	单元格
产量	I9:I11
单位利润	C4:F6
供应量	C9:F11
实际供应量	C15:F15
实际运出	G9:G11
要求订购量	C17:F17
总利润	I15
最少供应量	C13:F13

	G
8	实际运出
9	=SUM(C9:F9)
10	=SUM(C10:F10)
11	=SUM(C11:F11)

	I
14	总利润
15	=SUMPRODUCT(单位利润,供应量)

图 4—10 例 4.4 的电子表格模型

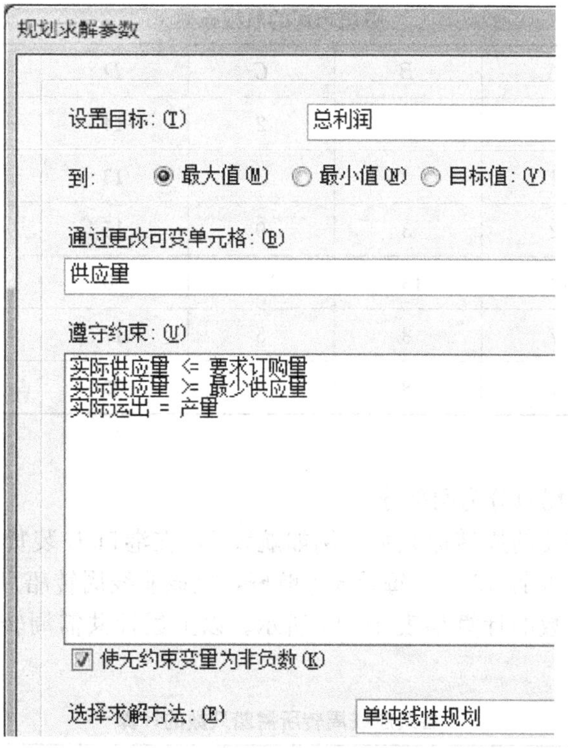

图 4—10　例 4.4 的电子表格模型（续）

例 4.4 的最优供应方案（见图 4—10 中的 B8：F11 区域）为：公司向顾客 1 供应 7 000、向顾客 2 供应 6 000、向顾客 3 供应 2 000、向顾客 4 供应 5 000。具体而言（见 B8：F11区域），工厂 1 向顾客 1 和顾客 3 各供应 7 000 和 1 000、工厂 2 向顾客 2 供应 5 000、工厂 3 向顾客 2 和顾客 3 各供应 6 000 和 1 000，此时公司的总利润最大，为 107.6 万元。

4.4　运输问题的应用举例

例 4.5　某航运公司承担六个港口城市 *A*、*B*、*C*、*D*、*E*、*F* 的四条固定航线的物资运输任务。各条航线的起点、终点城市及每天航班数如表 4—9 所示。假定各条航线使用相同型号的船只，各城市间的航程天数见表 4—10。又知每艘船只每次装卸货的时间各需 1 天。问该航运公司至少应配备多少艘船，才能满足所有航线的运货需求？

表 4—9　　各条航线的起点、终点城市及每天航班数

航线	起点城市	终点城市	每天航班数
1	*E*	*D*	3
2	*B*	*C*	2
3	*A*	*F*	1
4	*D*	*B*	1

表 4—10　　各城市间的航程天数

港口城市	A	B	C	D	E	F
A	0	1	2	14	7	7
B	1	0	3	13	8	8
C	2	3	0	15	5	5
D	14	13	15	0	17	20
E	7	8	5	17	0	3
F	7	8	5	20	3	0

解：

该公司所需配备船只分为两部分。

(1) 载货航程需要的周转船只数。例如航线 1，在港口 E 装货 1 天，$E \to D$ 航程 17 天，在 D 卸货 1 天，总计 19 天。每天 3 个航班，故该航线周转船只需 $19\times3=57$ 艘。各条航线周转所需船只数的计算如表 4—11 所示。以上累计共需周转船只共 $57+10+9+15=91$ 艘。

表 4—11　　各条航线周转所需船只数的计算

航线	装货天数	航程天数	卸货天数	小计	航班数	需周转船只数
1	1	17	1	19	3	57
2	1	3	1	5	2	10
3	1	7	1	9	1	9
4	1	13	1	15	1	15

(2) 各港口间调度所需船只数。有些港口每天到达的船只数多于需要的船只数，例如港口 D，每天到达 3 艘，需求 1 艘；而有些港口到达数少于需求数，例如港口 B。各港口每天余缺船只数的计算如表 4—12 所示。

表 4—12　　各港口每天余缺船只数的计算

港口城市	每天到达	每天需求	余缺数
A	0	1	-1
B	1	2	-1
C	2	0	2
D	3	1	2
E	0	3	-3
F	1	0	1

为使配备的船只数最少，应做到周转的空船数最少。因此建立以下运输问题，其产销平衡表见表 4—13。

表 4—13　　周转空船数的产销平衡表

港口	A	B	E	每天多余船只
C				2
D				2
F				1
每天缺少船只	1	1	3	

设决策变量 x_{ij} 表示每天从港口 $i(i=C, D, F)$ 调到港口 $j(j=A, B, E)$ 的空船数。单位运价应为相应各港口之间的船只航程天数（记 c_{ij} 为船只从港口 i 到港口 j 的航程天数，c_{ij} 的值可从表 4—10 得到，整理后如表 4—14 所示），则周转的空船总数 $z=\sum_i \sum_j c_{ij}x_{ij}$。

表 4—14　　从港口 i 到港口 j 的航程天数

	港口 A	港口 B	港口 E
港口 C	2	3	5
港口 D	14	13	17
港口 F	7	8	3

例 4.5 的电子表格模型如图 4—11 所示，参见“例 4.5. xlsx”。

	A	B	C	D	E	F	G	H
1	**例4.5**							
2								
3		航程天数	港口A	港口B	港口E			
4		港口C	2	3	5			
5		港口D	14	13	17			
6		港口F	7	8	3			
7								
8		周转空船数	港口A	港口B	港口E	每天实际出发		每天多余船只
9		港口C	1		1	2	=	2
10		港口D		1	1	2	=	2
11		港口F			1	1	=	1
12		每天实际到达	1	1	3			
13			=	=	=			总周转空船数
14		每天缺少船只	1	1	3			40

	B	C	D	E
12	每天实际到达	=SUM(C9:C11)	=SUM(D9:D11)	=SUM(E9:E11)

	H
13	总周转空船数
14	=SUMPRODUCT(航程天数,周转空船数)

图 4—11　例 4.5 的电子表格模型

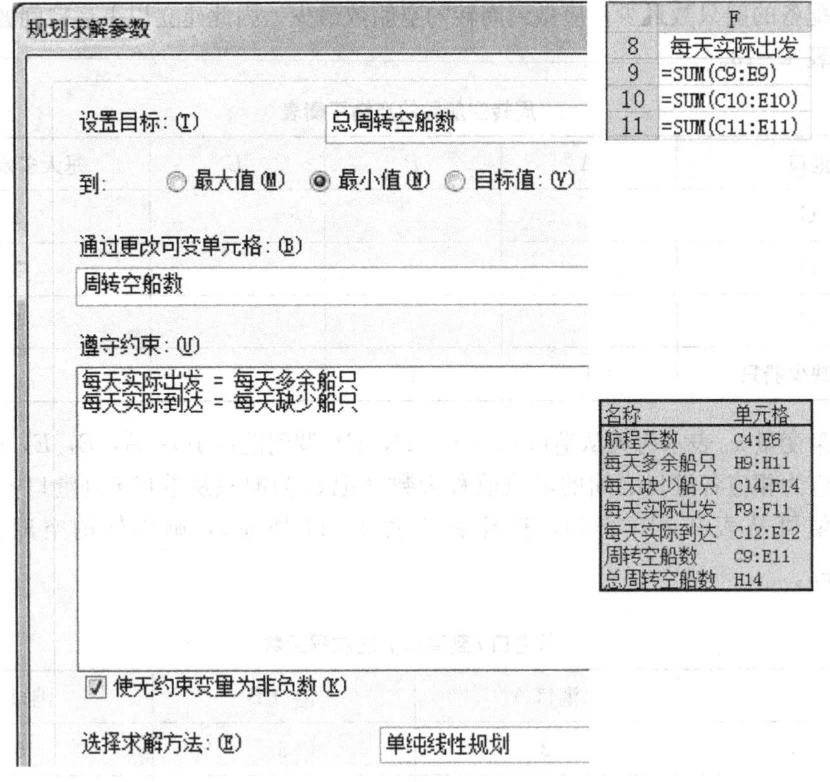

图 4—11 例 4.5 的电子表格模型（续）

例 4.5 空船的最优调度方案如表 4—15 所示。

表 4—15 空船的最优调度方案

	港口 A	港口 B	港口 E	每天多余船只
港口 C	1		1	2
港口 D		1	1	2
港口 F			1	1
每天缺少船只	1	1	3	

由表 4—15 可知，最少需周转的空船数（即目标函数 z 的最优值）为：$2\times1+5\times1+13\times1+17\times1+3\times1=40$ 艘。这样，在不考虑维修、储备等的情况下，该公司至少应配备 $91+40=131$ 艘船。

例 4.6 设有某种原料的三个产地 A_1、A_2 和 A_3，把这种原料经过加工制成成品，再运往销售地。假设用 4 吨原料可制成 1 吨成品。产地 A_1 年产原料 30 万吨，同时需要成品 7 万吨；产地 A_2 年产原料 26 万吨，同时需要成品 13 万吨；产地 A_3 年产原料 24 万吨，不需要成品。又知 A_1 与 A_2 的距离为 150 公里，A_1 与 A_3 的距离为 100 公里，A_2 与 A_3 的距离为 200 公里。原料运费为 3 千元/万吨·公里，成品运费为 2.5 千元/万吨·公里。且已知在产地 A_1 把 4 万吨原料制成 1 万吨成品的加工费为 5.5 千元，在产地 A_2 为 4 千元，

在产地 A_3 为3千元，见表4—16。因条件限制，产地 A_2 的生产规模不能超过年产成品5万吨，而产地 A_1 和产地 A_3 没有限制。问应在何地设厂，生产多少成品，才能使总费用（包括原料运费、成品运费、加工费等）最少？

表4—16　　原料加工与运输的有关数据

	A_1	A_2	A_3	年产原料（万吨）	加工费（千元/万吨）
A_1	0	150	100	30	5.5
A_2	150	0	200	26	4
A_3	100	200	0	24	3
成品需求量（万吨）	7	13	0		

解：

该问题包含两个运输问题，一个是原料的运输问题，另一个是成品的运输问题。还有将原料制成成品的问题，所以，总费用＝原料运费＋成品运费＋加工费。

由于原料总量为30＋26＋24＝80万吨，成品总需求量为7＋13＝20万吨，而用4吨原料可制成1吨成品，所以是两个产销平衡的运输问题。

设 x_{ij} 为 $A_i(i=1,2,3)$ 运往 $A_j(j=1,2,3)$ 的原料数（万吨），其中 $i=j$ 时表示 A_i 留用数；y_{ij} 为 A_i 运往 A_j 的成品数（万吨），其中 $i=j$ 时表示 A_i 留用数；z_j 为在 A_j 设厂的年产成品数（万吨）。下面数学模型中的 c_{ij} 为 A_i 到 A_j 间的距离。

$$\min z = 3\sum_{i=1}^{3}\sum_{j=1}^{3} c_{ij}x_{ij} + 2.5\sum_{i=1}^{3}\sum_{j=1}^{3} c_{ij}y_{ij} + 5.5z_1 + 4z_2 + 3z_3$$

$$\text{s.t.}\begin{cases}
x_{11}+x_{12}+x_{13}=30 & (A_1\text{ 的年产原料})\\
x_{21}+x_{22}+x_{23}=26 & (A_2\text{ 的年产原料})\\
x_{31}+x_{32}+x_{33}=24 & (A_3\text{ 的年产原料})\\
x_{11}+x_{21}+x_{31}=4z_1 & (\text{在 }A_1\text{ 加工的原料})\\
x_{12}+x_{22}+x_{32}=4z_2 & (\text{在 }A_2\text{ 加工的原料})\\
x_{13}+x_{23}+x_{33}=4z_3 & (\text{在 }A_3\text{ 加工的原料})\\
y_{11}+y_{12}+y_{13}=z_1 & (\text{在 }A_1\text{ 加工的成品})\\
y_{21}+y_{22}+y_{23}=z_2 & (\text{在 }A_2\text{ 加工的成品})\\
y_{31}+y_{32}+y_{33}=z_3 & (\text{在 }A_3\text{ 加工的成品})\\
y_{11}+y_{21}+y_{31}=7 & (A_1\text{ 的成品需求量})\\
y_{12}+y_{22}+y_{32}=13 & (A_2\text{ 的成品需求量})\\
y_{13}+y_{23}+y_{33}=0 & (A_3\text{ 的成品需求量})\\
z_2 \leqslant 5 & (A_2\text{ 的生产规模限制})\\
x_{ij},y_{ij},z_j \geqslant 0 \quad (i,j=1,2,3)
\end{cases}$$

例4.6的电子表格模型如图4—12所示，参见“例4.6.xlsx”。

	A	B	C	D	E	F	G	H	I	J
1	例4.6									
2										
3		距离	A_1	A_2	A_3			加工费		
4		A_1	0	150	100			5.5		
5		A_2	150	0	200			4		
6		A_3	100	200	0			3		
7										
8		原料运量	A_1	A_2	A_3	运送原料		年产原料		
9		A_1	30			30	=	30		
10		A_2	6	20		26	=	26		
11		A_3			24	24	=	24		
12		收到原料	36	20	24					
13			=	=	=					
14		加工所需	36	20	24					
15										
16		成品运量	A_1	A_2	A_3	运送成品		年产成品		生产规模
17		A_1	7	2		9	=	9	<=	99
18		A_2		5		5	=	5	<=	5
19		A_3		6		6	=	6	<=	99
20		收到成品	7	13	0					
21			=	=	=					
22		需要成品	7	13	0					
23										
24		原料总运费	2700		原料运费	3				
25		成品总运费	3750		成品运费	2.5				
26		加工总费用	87.5							
27		总费用	6537.5							

	B	C	D	E
12	收到原料	=SUM(C9:C11)	=SUM(D9:D11)	=SUM(E9:E11)
13		=	=	=
14	加工所需	=4*H17	=4*H18	=4*H19

	B	C	D	E
20	收到成品	=SUM(C17:C19)	=SUM(D17:D19)	=SUM(E17:E19)

	B	C
24	原料总运费	=原料运费*SUMPRODUCT(距离,原料运量)
25	成品总运费	=成品运费*SUMPRODUCT(距离,成品运量)
26	加工总费用	=SUMPRODUCT(加工费,年产成品)
27	总费用	=原料总运费+成品总运费+加工总费用

	F
8	运送原料
9	=SUM(C9:E9)
10	=SUM(C10:E10)
11	=SUM(C11:E11)

	F
16	运送成品
17	=SUM(C17:E17)
18	=SUM(C18:E18)
19	=SUM(C19:E19)

名称	单元格
成品运费	F25
成品运量	C17:E19
成品总运费	C25
加工费	H4:H6
加工所需	C14:E14
加工总费用	C26
距离	C4:E6
年产成品	H17:H19
年产原料	H9:H11
生产规模	J17:J19
收到成品	C20:E20
收到原料	C12:E12
需要成品	C22:E22
原料运费	F24
原料运量	C9:E11
原料总运费	C24
运送成品	F17:F19
运送原料	F9:F11
总费用	C27

图 4—12　例 4.6 的电子表格模型

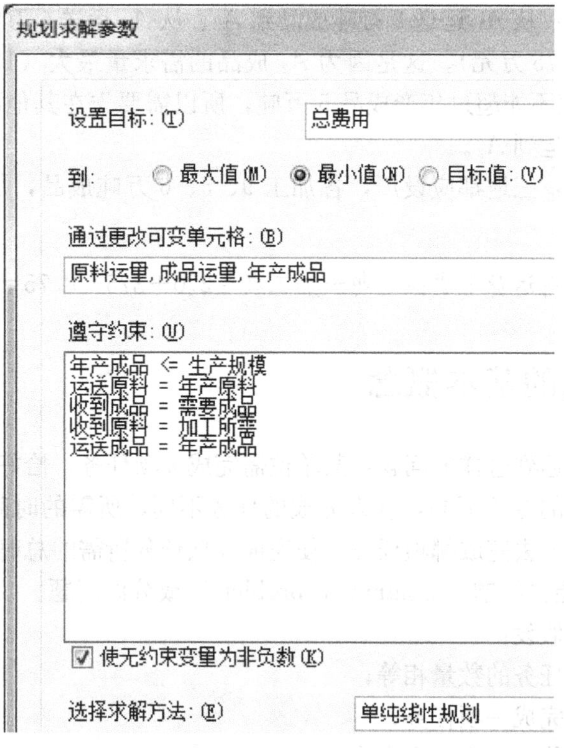

图 4—12　例 4.6 的电子表格模型（续）

利用 Excel 的“规划求解”命令进行求解，例 4.6 的最优调运方案如表 4—17 和表 4—18 所示。注意表中对角线上的数字为 A_i 留用的值，而其余数字就给出本例的实际最优方案。

表 4—17　　原料的最优调运方案

原料运量	A_1	A_2	A_3	年产原料
A_1	30			30
A_2	6	20		26
A_3			24	24
原料加工量	36	20	24	

从表 4—17 可知：只需从 A_2 运送 6 万吨原料到 A_1 即可，原料总运费为 2 700 千元（270 万元）。

表 4—18　　成品的最优调运方案

成品运量	A_1	A_2	A_3	年产成品
A_1	7	2		9
A_2		5		5
A_3		6		6
成品需求量	7	13	0	

从表 4—18 可知：从 A_1 运送 2 万吨成品到 A_2、从 A_3 运送 6 万吨成品到 A_2，成品总运费为 3 750 千元（375 万元）。这是因为 A_2 成品的需求量最大（13 万吨），并且因条件所限，A_2 的生产规模不能超过年产成品 5 万吨，所以需要先在其他两个产地（A_1 和 A_3）进行加工，再将成品运到 A_2。

从表 4—18 可知：三地都应设厂，各加工 9、5、6 万吨成品，加工总费用为 87.5 千元（8.75 万元）。

总费用＝原料运费＋成品运费＋加工费＝270＋375＋8.75＝653.75(万元)

4.5 指派问题的基本概念

在生活中经常会遇到这样的问题：某单位需完成 n 项任务，恰好有 n 个人可以承担这些任务。由于每个人的专长不同，各人完成的任务不同，所需的时间（或效率）也不同。于是产生应指派哪个人去完成哪项任务，使完成 n 项任务所需的总时间最短（或总效率最高）。这类问题称为指派问题（assignment problem）或分派问题。

平衡指派问题的假设：

（1）人的数量和任务的数量相等；

（2）每个人只能完成一项任务；

（3）每项任务只能由一个人来完成；

（4）每个人和每项任务的组合都会有一个相关的成本（单位成本）；

（5）目标是要确定如何指派才能使总成本最小。

设 x_{ij} 为是否指派第 i 个人去完成第 j 项任务（1 表示指派，0 表示不指派），目标函数系数 c_{ij} 为第 i 个人完成第 j 项任务所需的单位成本。

平衡指派问题的线性规划模型如下：

$$\min z = \sum_{i=1}^{n}\sum_{j=1}^{n} c_{ij}x_{ij}$$

$$\text{s.t.}\begin{cases}\sum_{j=1}^{n} x_{ij} = 1 & (i = 1,2,\cdots,n) \quad \text{（一个人做一件事）}\\ \sum_{i=1}^{n} x_{ij} = 1 & (j = 1,2,\cdots,n) \quad \text{（一件事一个人做）}\\ x_{ij} \geqslant 0 & (i,j = 1,2,\cdots,n) \quad \text{（非负）}\end{cases}$$

需要说明的是：指派问题实际上是一种特殊的运输问题。其中出发地是“人”，目的地是“任务”。只不过，每个出发地的供应量都为 1（因为每个人都要完成一项任务），每个目的地的需求量也都为 1（因为每项任务都要完成）。由于运输问题有“整数解性质”，因此，指派问题没有必要加上所有决策变量都是 0—1 变量的约束条件。

指派问题是一种特殊的线性规划问题，有一种简便的求解方法：匈牙利方法（Hungarian method），但 Excel 的“规划求解”还是采用“单纯形法”来求解。

指派问题的许多应用是用来帮助管理人员解决如何为一项即将开展的工作指派人员的

问题。如何根据每个职工的素质、能力、公司整体利益及个人需求来安排工作，尽可能做到各显其能、各尽其职的人员最优安排问题是人力资源管理部门的核心问题。此外，还包括其他一些应用，如为任务指派机器、设备或工厂等。

例 4.7 某公司的营销经理将要主持召开一年一度的由营销区域经理以及销售人员参加的销售协商会议。为了更好地安排这次会议，他安排小张、小王、小李、小刘四个人，每个人负责完成一项任务：A、B、C 和 D。

由于每个人完成每项任务的时间和工资不同（如表 4—18 所示），问公司应指派何人去完成何任务，才能使总成本最少？

表 4—18　四个人完成每项任务的时间和工资

	完成每项任务的时间（小时）				每小时工资（元）
	任务 A	任务 B	任务 C	任务 D	
小张	35	41	27	40	14
小王	47	45	32	51	12
小李	39	56	36	43	13
小刘	32	51	25	46	15

解：

该问题是一个典型的平衡指派问题。单位成本为每个人完成每项任务的总工资；目标是要确定哪个人去完成哪项任务，可使总成本最少；供应量为 1 表示每个人都只能完成一项任务；需求量为 1 表示每项任务也只能由一个人来完成；总人数（4 人）和总任务数（4 项）相等。

其线性规划模型如下：

设 x_{ij} 为是否指派人员 i（$i=1，2，3，4$ 分别代表小张、小王、小李、小刘）去完成任务 j（$j=A，B，C，D$）。

$$
\begin{aligned}
\min z= & 35\times 14x_{1A}+41\times 14x_{1B}+27\times 14x_{1C}+40\times 14x_{1D} \\
& +47\times 12x_{2A}+45\times 12x_{2B}+32\times 12x_{2C}+51\times 12x_{2D} \\
& +39\times 13x_{3A}+56\times 13x_{3B}+36\times 13x_{3C}+43\times 13x_{3D} \\
& +32\times 15x_{4A}+51\times 15x_{4B}+25\times 15x_{4C}+46\times 15x_{4D}
\end{aligned}
$$

$$
\text{s. t.}\begin{cases}
x_{1A}+x_{1B}+x_{1C}+x_{1D}=1 & \text{（小张要完成一项任务）} \\
x_{2A}+x_{2B}+x_{2C}+x_{2D}=1 & \text{（小王要完成一项任务）} \\
x_{3A}+x_{3B}+x_{3C}+x_{3D}=1 & \text{（小李要完成一项任务）} \\
x_{4A}+x_{4B}+x_{4C}+x_{4D}=1 & \text{（小刘要完成一项任务）} \\
x_{1A}+x_{2A}+x_{3A}+x_{4A}=1 & \text{（任务 } A \text{ 要有一人完成）} \\
x_{1B}+x_{2B}+x_{3B}+x_{4B}=1 & \text{（任务 } B \text{ 要有一人完成）} \\
x_{1C}+x_{2C}+x_{3C}+x_{4C}=1 & \text{（任务 } C \text{ 要有一人完成）} \\
x_{1D}+x_{2D}+x_{3D}+x_{4D}=1 & \text{（任务 } D \text{ 要有一人完成）} \\
x_{ij}\geqslant 0 \quad (i=1,2,3,4;j=A,B,C,D) & \text{（非负）}
\end{cases}
$$

例 4.7 的电子表格模型如图 4—13 所示，参见“例 4.7. xlsx”。

	A	B	C	D	E	F	G	H	I
1	例4.7								
2									
3		时间	任务A	任务B	任务C	任务D			每小时工资
4		小张	35	41	27	40			14
5		小王	47	45	32	51			12
6		小李	39	56	36	43			13
7		小刘	32	51	25	46			15
8									
9		单位成本	任务A	任务B	任务C	任务D			
10		小张	490	574	378	560			
11		小王	564	540	384	612			
12		小李	507	728	468	559			
13		小刘	480	765	375	690			
14									
15		指派	任务A	任务B	任务C	任务D	实际指派		供应量
16		小张			1		1	=	1
17		小王		1			1	=	1
18		小李				1	1	=	1
19		小刘	1				1	=	1
20		实际分派	1	1	1	1			
21			=	=	=	=			总成本
22		需求量	1	1	1	1			1957

	B	C	D	E	F
9	单位成本	任务A	任务B	任务C	任务D
10	小张	=C4*$I4	=D4*$I4	=E4*$I4	=F4*$I4
11	小王	=C5*$I5	=D5*$I5	=E5*$I5	=F5*$I5
12	小李	=C6*$I6	=D6*$I6	=E6*$I6	=F6*$I6
13	小刘	=C7*$I7	=D7*$I7	=E7*$I7	=F7*$I7

	G
15	实际指派
16	=SUM(C16:F16)
17	=SUM(C17:F17)
18	=SUM(C18:F18)
19	=SUM(C19:F19)

	B	C	D	E	F
20	实际分派	=SUM(C16:C19)	=SUM(D16:D19)	=SUM(E16:E19)	=SUM(F16:F19)

规划求解参数

设置目标：(T) 总成本

到： ◯ 最大值(M) ◉ 最小值(N) ◯ 目标值：(V)

通过更改可变单元格：(B)

指派

遵守约束：(U)

实际分派 = 需求量
实际指派 = 供应量

☑ 使无约束变量为非负数(K)

选择求解方法：(E) 单纯线性规划

名称	单元格
单位成本	C10:F13
供应量	I16:I19
实际分派	C20:F20
实际指派	G16:G19
需求量	C22:F22
指派	C16:F19
总成本	I22

	I
21	总成本
22	=SUMPRODUCT(单位成本,指派)

图 4—13 例 4.7 的电子表格模型

整理图 4—13 中的 B15：F19 区域，得到如图 4—14 所示的最优指派方案网络图，从中可以看出：安排小张去完成任务 C（小张→任务 C）、小王去完成任务 B（小王→任务 B）、小李去完成任务 D（小李→任务 D）、小刘去完成任务 A（小刘→任务 A），此时公司的总成本（总工资）最少，为 1 957 元。

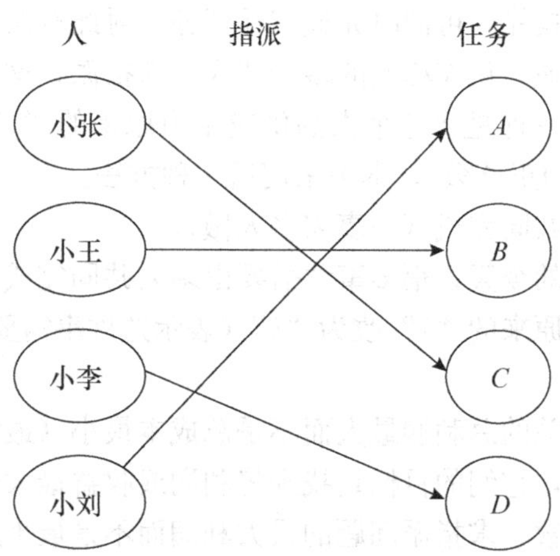

图 4—14　例 4.7 的最优指派方案网络图

4.6　指派问题的变形

经常会遇到指派问题的变形，之所以称它们为变形，是因为它们都不满足平衡指派问题所有假设中的一个或者多个。

一般考虑下面的一些特征：

(1) 某人不能完成某项任务（某事一定不能由某人做，无法接受的指派）。

由于能力或其他原因，经常会碰到某人不能做某事的情况。有三种处理方法：一种是将该“人—事”组合所对应的 x_{ij} 从变量中删去；另一种是将相应的费用系数 c_{ij} 取足够大的正整数 M（称为相对极大值）；第三种是增加一个约束条件：相应的 $x_{ij}=0$。本书采用第三种方法。

(2) 每个人只能完成一项任务，但是任务数比人数多（人少事多，任务数多于人数）。因此其中有些任务会没人做（不能完成）。

当人较少，而事较多时，就会出现人少事多的情况（类似于运输问题的“供不应求”的情况）。对此有两种处理方法：一种是添上一些虚拟的“人”，使人数与任务数相等，这些虚拟的“人”完成各任务的费用系数 $c_{ij}=0$（理解为这些费用实际上不会发生）；另一种是将任务的需求约束由原来的“=”改为“≤”（表示有些事会没人做，不能完成）。本书采用后一种方法。

(3) 每项任务只由一个人完成，但是人数比任务数多（人多事少，人数多于任务数）。因此其中有些人会没事做。

当人较多，而事较少时，就会出现人多事少的情况（类似于运输问题的“供过于求”的情况）。对此有两种处理方法：一种是添上一些虚拟的“事”，使任务数与人数相等，这些虚拟的“事”被各人完成的费用系数 $c_{ij}=0$（理解为这些费用实际上不会发生）；另一种是将人的供应约束由原来的“=”改为“≤”（表示有些人会没事做，不被指派）。本书采用后一种方法。

（4）某人可以同时被指派多项任务（一人可做多事）。

现在的人通常有多项技能，可同时完成多项任务。对此有两种处理方法：一种是若某个人可做多件事，则可将该人化作相同的多个“人”来指派，这多个“人”做同一件事的费用系数当然都一样；另一种是将这个人的供应量由原来的“1”改为“k”（表示这个人可同时做 k 件事，k 为已知正整数）。本书采用后一种方法。

（5）某事需要由多人共同完成（一事需多人做）。

在非常需要团队合作的今天，很多事情需要由多人共同完成。对于这种情况，处理方法是将该任务的需求量由原来的“1”改为“k”（表示这件事需要 k 个人共同完成，k 为已知正整数）。

（6）目标是与指派有关的总利润最大而不是总成本最小（最大化目标函数）。

对有些指派问题而言，它们的目标是找到将利润或收益最大化的方法。在目标函数中用单位利润或收益值做系数，求指派问题的最大利润而不是最小成本。

（7）实际需要完成的任务数不超过总人数也不超过总任务数。

处理方法是：第一，将人的供应约束由原来的“=”改为“≤”，表示有些人会没事做（不被指派）；第二，将任务的需求约束由原来的“=”改为“≤”，表示有些事会没人做（不能完成）；第三，增加一个约束条件：实际总指派人数=需要完成的任务数 k（k 为已知正整数，$k<\min$（总人数，总任务数））。具体可参见例 4.9 的问题（6）。

下面举两个例子来说明。其中例 4.8 是指派工厂生产产品问题；例 4.9 是指派科学家去领导开发项目，考虑了多种情况。

例 4.8 题目见例 4.3，即某公司需要安排三个工厂来生产四种新产品，相关的数据在表 4—7 中已经给出。在例 4.3 中，允许产品生产分解，但这将产生与产品生产分解相关的隐性成本（包括额外的设置、配送和管理成本等）。因此，管理人员决定在禁止产品生产分解发生的情况下对问题进行分析。

新问题描述为：已知如表 4—7 所示的数据，问如何把每个工厂指派给至少一个新产品（每种产品只能在一个工厂生产），才能使总成本最少？

解：

该问题可视为指派工厂生产产品问题，工厂可以看作指派问题中的人，产品则可以看作需要完成的任务。由于有四种产品和三个工厂，所以就需要有一个工厂生产两种新产品，只有工厂 1 和工厂 2 有生产两种产品的能力。这是因为工厂 1 和工厂 2 的生产能力都是 75，而工厂 3 的生产能力是 45。

这里涉及如何把运输问题转化为指派问题，关键之处在于数据转化。

（1）单位指派成本：原来的单位成本转化成整批成本（整批成本=单位成本×需求量），即单位指派成本为每个工厂生产每种产品的成本（见图 4—15 中的“日成本”C11：F13 区域）。

（2）供应量和需求量：三个工厂生产四种产品，但一种产品只能在一个工厂生产。根据生产能力，工厂 3 只能生产一种产品（供应量为 1），而工厂 1 和工厂 2 可以生产两种产品（供应量为 2），而四种产品的需求量都为 1。还有“总供应量（2+2+1=5）>总需求量（1+1+1+1=4）”，为“人多事少”的指派问题。

例 4.8 的线性规划数学模型如下：

设 x_{ij} 为指派工厂 $i(i=1,2,3)$ 生产产品 $j(j=1,2,3,4)$。

$$\min z=41\times20x_{11}+27\times30x_{12}+28\times30x_{13}+24\times40x_{14}$$
$$+40\times20x_{21}+29\times30x_{22}+23\times40x_{24}$$
$$+37\times20x_{31}+30\times30x_{32}+27\times30x_{33}+21\times40x_{34}$$

$$\text{s.t.}\begin{cases}x_{11}+x_{12}+x_{13}+x_{14}\leqslant2 & (\text{工厂 }1)\\ x_{21}+x_{22}+x_{23}+x_{24}\leqslant2 & (\text{工厂 }2)\\ x_{31}+x_{32}+x_{33}+x_{34}=1 & (\text{工厂 }3)\\ x_{11}+x_{21}+x_{31}=1 & (\text{产品 }1)\\ x_{12}+x_{22}+x_{32}=1 & (\text{产品 }2)\\ x_{13}+x_{23}+x_{33}=1 & (\text{产品 }3)\\ x_{14}+x_{24}+x_{34}=1 & (\text{产品 }4)\\ x_{23}=0 & (\text{工厂 2 不能生产产品 }3)\\ x_{ij}\geqslant0\quad(i=1,2,3;j=1,2,3,4)\end{cases}$$

例 4.8 的电子表格模型如图 4—15 所示，参见“例 4.8.xlsx”。

	A	B	C	D	E	F	G	H	I
1	例4.8								
2									
3		单位成本	产品1	产品2	产品3	产品4			
4		工厂1	41	27	28	24			
5		工厂2	40	29	−	23			
6		工厂3	37	30	27	21			
7									
8		产品需求量	20	30	30	40			
9									
10		日成本	产品1	产品2	产品3	产品4			
11		工厂1	820	810	840	960			
12		工厂2	800	870	−	920			
13		工厂3	740	900	810	840			
14									
15		指派	产品1	产品2	产品3	产品4	实际指派		供应量
16		工厂1		1	1		2	<=	2
17		工厂2	1		0		1	<=	2
18		工厂3				1	1	<=	1
19		实际分派	1	1	1	1			
20			=	=	=	=			总成本
21		需求量	1	1	1	1			3290

	B	C	D	E	F
10	日成本	产品1	产品2	产品3	产品4
11	工厂1	=C4*C$8	=D4*D$8	=E4*E$8	=F4*F$8
12	工厂2	=C5*C$8	=D5*D$8	−	=F5*F$8
13	工厂3	=C6*C$8	=D6*D$8	=E6*E$8	=F6*F$8

	G
15	实际指派
16	=SUM(C16:F16)
17	=SUM(C17:F17)
18	=SUM(C18:F18)

	B	C	D	E	F
19	实际分派	=SUM(C16:C18)	=SUM(D16:D18)	=SUM(E16:E18)	=SUM(F16:F18)

图 4—15 例 4.8 的电子表格模型

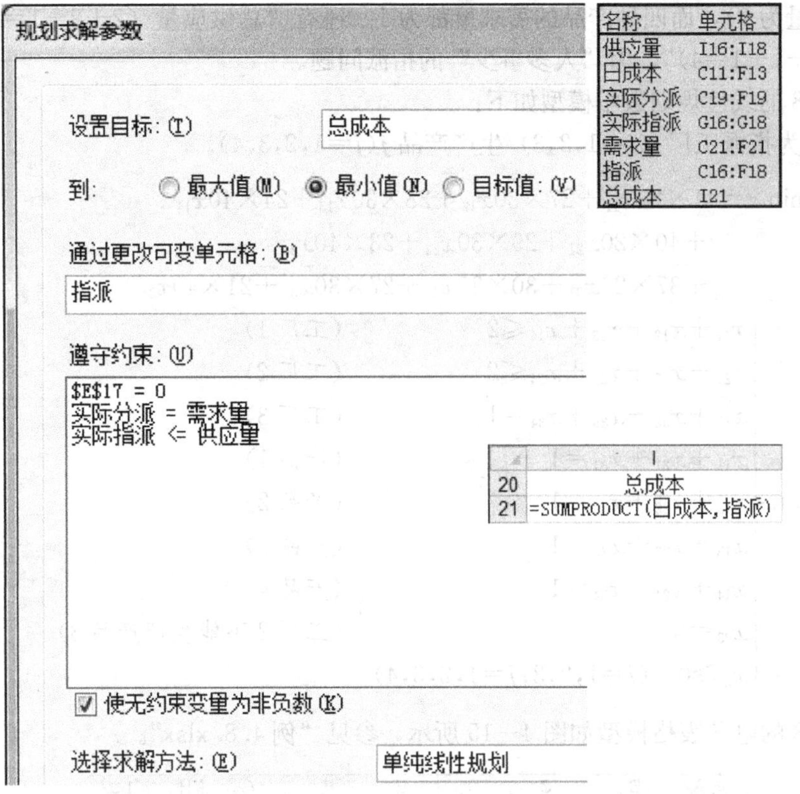

图 4—15　例 4.8 的电子表格模型（续）

需要说明的是：为了在 Excel“规划求解参数”对话框中添加约束条件方便，在电子表格模型中，将数学模型中的工厂 3 约束由“＝”改为“≤”（见图 4—15 中的 H18 单元格）。这里的求解结果刚好满足数学模型中的工厂 3 约束“＝1”，如果不能刚好满足“＝1”，那就不能在电子表格模型中随意修改约束条件。

整理图 4—15 中的 B15∶F18 区域，得到如图 4—16 所示的最优指派生产方案网络图，从中可以看出：工厂 1 生产产品 2 和产品 3，工厂 2 生产产品 1，工厂 3 生产产品 4，此时的总成本最小，为每天 3 290。

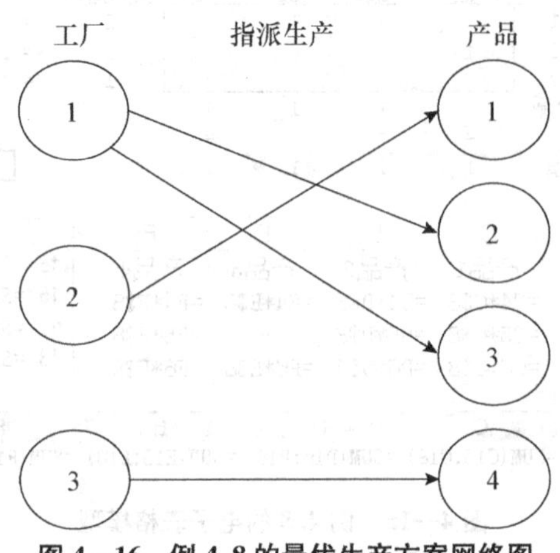

图 4—16　例 4.8 的最优生产方案网络图

这个结果与图 4—8 允许产品生产分解的结果相比较是很有意义的：图 4—8 中为工厂 2 和工厂 3 所进行的指派和这里所进行的指派是不相同的，在那个生产计划中所需要的总生产成本是每天 3 260，比这里要少花费 30。但是，把最初的问题（允许产品生产分解）作为变形的运输问题进行描述时并没有考虑产品生产分解的隐性成本（包括额外的设置、配送和管理成本等）。这些成本显然远大于每天 30。因此，管理人员采用了基于这种新描述的生产计划（不允许产品生产分解）作为变形的指派问题。

需要说明的是：指派问题的求解结果有时还需要验证。这里需要验证是否还满足原来的运输问题要求：工厂生产能力限制。由于工厂 1 生产产品 2 和产品 3，即每天需要生产 30＋30＝60，小于其生产能力 75。而工厂 2 和工厂 3 各只生产一种产品，也都在其生产能力范围内。

4.7 指派问题的应用举例

例 4.9 科学家选派问题。某制药公司准备开发新药，市场部在进行了大量的市场调查之后，共有五个项目被公司选定。

项目 1：开发一种更加有效的抗抑郁剂。

项目 2：开发一种治疗躁狂抑郁病的新药。

项目 3：为女性开发一种副作用更小的节育方法。

项目 4：开发一种预防 HIV 的疫苗。

项目 5：开发一种更有效的降压药。

为了提高药物开发的成功率，公司将聘请五位科学家来负责这些项目的研发，但每位科学家根据自己的学科领域对各个项目的兴趣程度不同。为了使这些科学家能够从事他们感兴趣的项目，而又使公司能够在开发新药中的成功性尽可能大，公司设立了一个投标系统，每位科学家都有 1 000 点，用来向自己感兴趣的项目投标。投标点数越多，则表示他对该项目的兴趣程度越高。表 4—20 是各科学家具体的投标情况。

表 4—20　五位科学家的投标情况

投标点	项目 1	项目 2	项目 3	项目 4	项目 5	合计
李尔博士	100	400	200	200	100	1 000
朱诺博士	0	200	800	0	0	1 000
刘哲博士	100	100	100	100	600	1 000
王凯博士	267	153	99	451	30	1 000
罗林博士	100	33	33	34	800	1 000

现公司要解决以下几个方面的问题：

(1) 根据表 4—20 给出的投标情况，如果需要为每个项目指派一位科学家，并且使得所有科学家的满意度最高，那么应该如何指派？

(2) 如果罗林博士接到了北大医学院的邀请去完成一个教学任务，而公司却非常想把他留下来，但是北大的声望会使他离开公司。如果这种情况真的发生，那么公司就只有放弃那个最缺乏热情的项目。公司应当放弃哪个项目？

(3) 当然，站在公司的角度，公司并不愿意放弃任何一个项目，因为如果放弃一个项目，而只剩下四个项目，就会大大降低研发出新药的概率。公司经过系统考察，认为朱诺博士和王凯博士的能力较强，可以同时负责两个项目的研发。在只有四位科学家的情况下，让哪位科学家负责哪个项目的研发，才能使得公司开发新药成功的概率最大？

(4) 现在情况有一些变化。王凯博士在免疫系统的研究方面没有什么经验，所以不能负责项目 4 的研发，而且他的家族有躁狂抑郁病的病史，所以也不能负责项目 2 的研发；李尔博士由于在免疫系统的研究方面没有什么经验，也不能负责项目 4 的研发，还有李尔博士由于在心血管系统的研究方面没有什么经验，不能负责项目 5 的研发；罗林博士由于家族有低血压的病史，公司认为他负责项目 1 的研发不适合（不能负责项目 1 的研发）。由于存在有些科学家不能负责某些项目的研发的情况，故需要重新调整这三位科学家的投标点，使其总投标点还是 1 000 点，具体的调整方案是将不能负责项目的投标点全部投到他自己最感兴趣的项目。三位科学家调整投标点后的情况如表 4—21 所示（表中保留两位没有变化的科学家的投标情况）。这种情况下，又该如何指派，才能使得公司开发新药的整体成功的概率最大？

表 4—21　　三位科学家调整投标点的情况

投标点	项目 1	项目 2	项目 3	项目 4	项目 5	合计
李尔博士	100	700	200	—	—	1 000
朱诺博士	0	200	800	0	0	1 000
刘哲博士	100	100	100	100	600	1 000
王凯博士	871	—	99	—	30	1 000
罗林博士	—	33	33	34	900	1 000

(5) 公司研发部认为项目 4 和项目 5 太复杂了，各让一位科学家负责不太合适，因此，这两个项目都需要指派两位科学家负责，正好有另外两位科学家想参与公司的项目研发：陈加博士和郑斯博士。由于身体的原因，这两位新加入的科学家都不能负责项目 3 的研发。两位新加入的科学家的投标情况如表 4—22 所示。在这种情况下，又应该如何进行人员指派，才能使得公司开发新药的整体成功的概率最大？

表 4—22　　两位新加入科学家的投标情况

投标点	项目 1	项目 2	项目 3	项目 4	项目 5	合计
陈加博士	250	250	—	250	250	1 000
郑斯博士	111	1	—	333	555	1 000

(6) 还是来分析五位科学家五个项目的情况，他们的投标点如表 4—20 所示。假设受到资金限制，希望从五个项目中选取三个，让三位最有热情的科学家来负责研发，此时应该选取哪三个项目和哪三位科学家？

解：

该问题是考虑了多种情况的指派问题。

1. 问题（1）的求解

要为每个项目指派一位科学家，每位科学家只能负责一个项目，且要使得所有科学家的满意度最高，这是一个“人数与项目数相等”，但包含了特征6（最大化目标函数）的指派问题。例4.9问题（1）的电子表格模型如图4—17所示，参见“例4.9（1）.xlsx”。

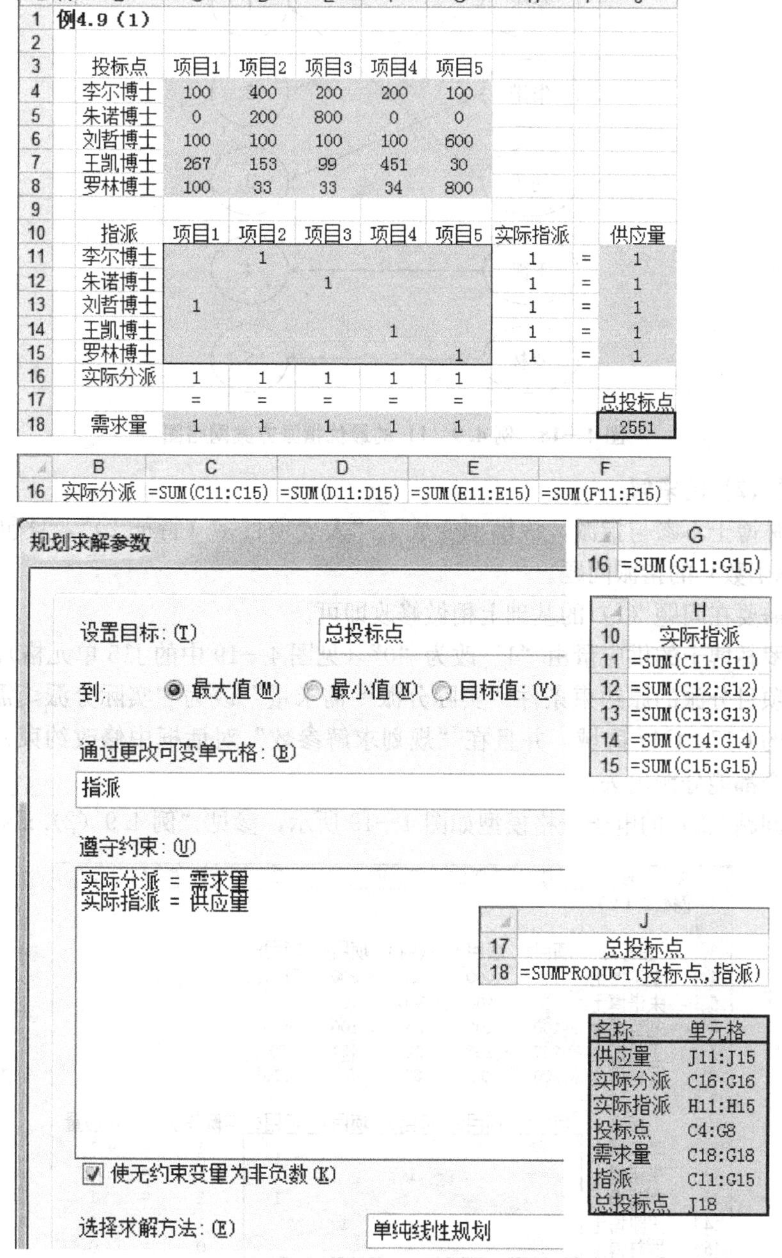

	A	B	C	D	E	F	G	H	I	J
1	例4.9（1）									
2										
3		投标点	项目1	项目2	项目3	项目4	项目5			
4		李尔博士	100	400	200	200	100			
5		朱诺博士	0	200	800	0	0			
6		刘哲博士	100	100	100	100	600			
7		王凯博士	267	153	99	451	30			
8		罗林博士	100	33	33	34	800			
9										
10		指派	项目1	项目2	项目3	项目4	项目5	实际指派		供应量
11		李尔博士		1				1	=	1
12		朱诺博士			1			1	=	1
13		刘哲博士	1					1	=	1
14		王凯博士				1		1	=	1
15		罗林博士					1	1	=	1
16		实际分派	1	1	1	1	1			
17			=	=	=	=	=			总投标点
18		需求量	1	1	1	1	1			2551

	B	C	D	E	F
16	实际分派	=SUM(C11:C15)	=SUM(D11:D15)	=SUM(E11:E15)	=SUM(F11:F15)

	G
16	=SUM(G11:G15)

	H
10	实际指派
11	=SUM(C11:G11)
12	=SUM(C12:G12)
13	=SUM(C13:G13)
14	=SUM(C14:G14)
15	=SUM(C15:G15)

	J
17	总投标点
18	=SUMPRODUCT(投标点,指派)

名称	单元格
供应量	J11:J15
实际分派	C16:G16
实际指派	H11:H15
投标点	C4:G8
需求量	C18:G18
指派	C11:G15
总投标点	J18

图4—17 例4.9（1）的电子表格模型

例4.9（1）的最优选派方案（如图4—18所示）：李尔博士→项目2、朱诺博士→项目3、刘哲博士→项目1、王凯博士→项目4、罗林博士→项目5，此时的总体满意度（总投标点）最高，为 2 551 点。但从每个人的角度讲，有四位科学家被指派去负责他们最感兴趣的项目，只有刘哲博士没有被指派去负责他最感兴趣的项目 5，因为罗林博士对项目 5 的兴趣更大。

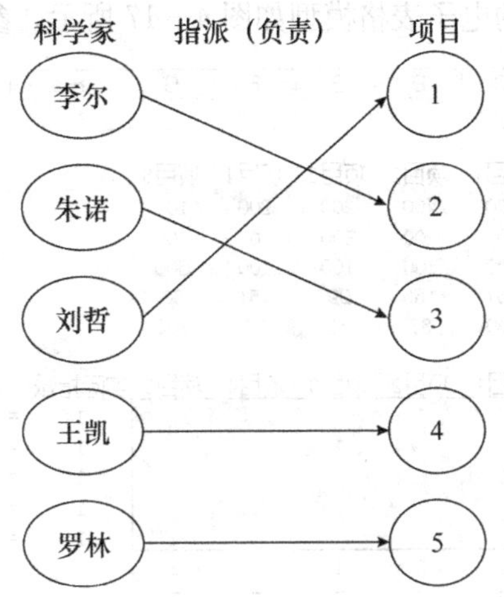

图 4—18　例 4.9（1）的最优指派方案网络图

2. 问题（2）的求解

由于罗林博士不参与指派，该模型变成了“人少项目多（特征 2）”，且包含了特征 6（最大化目标函数）的指派问题。

这时只需要在问题（1）的基础上稍做修改即可。

（1）将罗林博士的供应量由“1”改为“0”（见图 4—19 中的 J15 单元格）；

（2）将项目分派的原约束条件“实际分派＝需求量”改为“实际分派≤需求量”（见图 4—19 中的 C17：G17 区域，并且在“规划求解参数”对话框中修改约束），即表示项目并不是每个都能分派出去。

例 4.9 问题（2）的电子表格模型如图 4—19 所示，参见“例 4.9（2）.xlsx”。

	A	B	C	D	E	F	G	H	I	J
1	例4.9（2）									
2										
3		投标点	项目1	项目2	项目3	项目4	项目5			
4		李尔博士	100	400	200	200	100			
5		朱诺博士	0	200	800	0	0			
6		刘哲博士	100	100	100	100	600			
7		王凯博士	267	153	99	451	30			
8		罗林博士	100	33	33	34	800			
9										
10		指派	项目1	项目2	项目3	项目4	项目5	实际指派		供应量
11		李尔博士		1				1	=	1
12		朱诺博士			1			1	=	1
13		刘哲博士					1	1	=	1
14		王凯博士				1		1	=	1
15		罗林博士						0	=	0
16		实际分派	0	1	1	1	1			
17			<=	<=	<=	<=	<=			总投标点
18		需求量	1	1	1	1	1			2251

图 4—19　例 4.9（2）的电子表格模型

在 Excel 的“规划求解参数”对话框中修改约束，求解后的最优选派方案为（如图 4—20 所示）：李尔博士→项目 2、朱诺博士→项目 3、刘哲博士→项目 5、王凯博士→项目 4。公司放弃了项目 1，此时的总体满意度为 2 251 点。

也就是说，让刘哲博士去负责原来计划由罗林博士负责的项目 5，此时四位科学家都被指派去负责他们最感兴趣的项目。

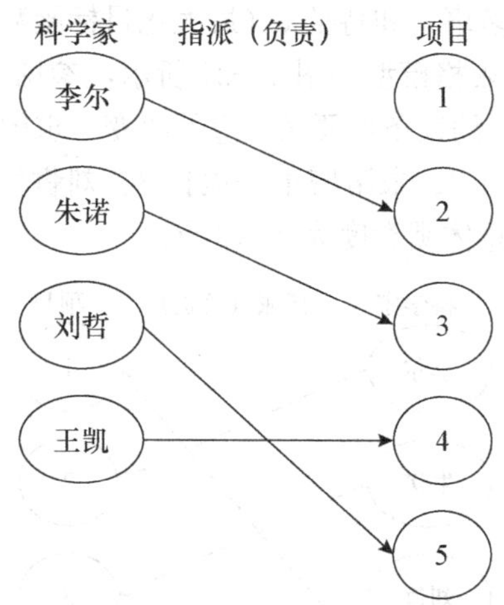

图 4—20 例 4.9（2）的最优指派方案网络图

3. 问题（3）的求解

问题（3）可以理解为朱诺博士和王凯博士由于能力较强，一个人可以当两个人使用。因此他们俩的供应量由“1”改为“2”（见图 4—21 中的 J12 单元格和 J14 单元格）。此时，人数相当于 6 人（在问题 2 的基础上，即罗林博士去北大医学院授课，不再负责项目的研发），而项目只有 5 个，人数大于项目数，则在指派时，能做两个项目的科学家的约束条件修改为“≤2”（见图 4—21 中的 I12：J12 区域和 I14：J14 区域。需要说明的是，为了在 Excel“规划求解参数”对话框中添加约束条件方便些，这里将两个“＝1”也都改为

	A	B	C	D	E	F	G	H	I	J
1	例4.9（3）									
2										
3		投标点	项目1	项目2	项目3	项目4	项目5			
4		李尔博士	100	400	200	200	100			
5		朱诺博士	0	200	800	0	0			
6		刘哲博士	100	100	100	100	600			
7		王凯博士	267	153	99	451	30			
8		罗林博士	100	33	33	34	800			
9										
10		指派	项目1	项目2	项目3	项目4	项目5	实际指派		供应量
11		李尔博士		1				1	<=	1
12		朱诺博士			1			1	<=	2
13		刘哲博士					1	1	<=	1
14		王凯博士	1			1		2	<=	2
15		罗林博士						0	<=	0
16		实际分派	1	1	1	1	1			
17			=	=	=	=	=			总投标点
18		需求量	1	1	1	1	1			2518

图 4—21 例 4.9（3）的电子表格模型

“≤1”，见图 4—21 中的 I11：J11 区域和 I13：J13 区域，只要求解结果还满足“=1”就可以）；项目必须全部分派完，项目分派约束条件重新修改为“=”（见图 4—21 中的 C17：G17 区域）。

也就是说，由于朱诺博士和王凯博士可以同时负责两个项目的研发（供应量由“1”改为“2”），所以科学家的总人数变为 6，而项目数仍为 5。该模型是包含了特征 3（人多项目少）、特征 4（一人可做多事）和特征 6（最大化目标函数）的指派问题。

例 4.9 问题（3）的电子表格模型如图 4—21 所示，参见“例 4.9（3）.xlsx”。

在设置规划求解参数时，约束条件要做相应的改变，求解后的最优选派方案为（如图 4—22 所示）：李尔博士→项目 2、朱诺博士→项目 3、刘哲博士→项目 5、王凯博士→项目 1 和项目 4（两个项目），总体满意度为 2 518 点。

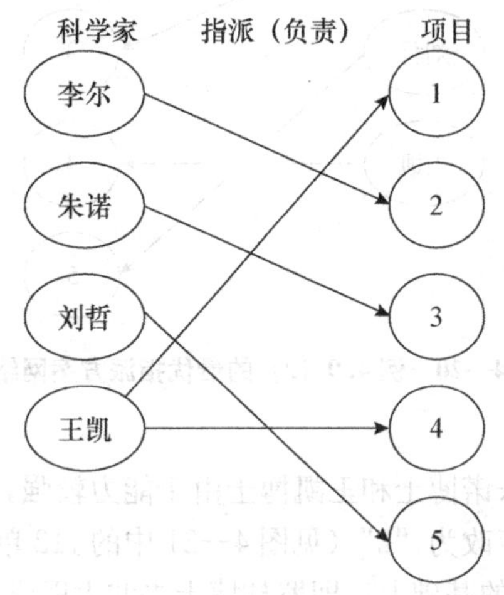

图 4—22 例 4.9（3）的最优指派方案网络图

4. 问题（4）的求解

问题（4）可以理解为：五位科学家，五个项目，每位科学家只能负责一个项目的研发，每个项目由一位科学家负责。但是有三位科学家不能负责几个特定的项目，所以该模型是包含了特征 1（某人不能完成某项任务）和特征 6（最大化目标函数）的指派问题。

这种情况下，只需要在问题（1）的基础上做如下修改：

（1）修改三位科学家的投标点（见图 4—23 中的李尔博士投标点 C4：G4 区域、王凯博士投标点 C7：G7 区域和罗林博士投标点 C8：G8 区域）。

（2）对于科学家不能负责的项目，在设置“规划求解参数”时，将相应的变量值设置为 0（添加 4 个约束条件）。

例 4.9 问题（4）的电子表格模型如图 4—23 所示，参见“例 4.9（4）.xlsx”。

重新运行“规划求解”命令后的最优选派方案为（如图 4—24 所示）：李尔博士→项目 2、朱诺博士→项目 3、刘哲博士→项目 4、王凯博士→项目 1、罗林博士→项目 5，总体满意度为 3 371 点。

但从每个人的角度讲，有四位科学家被指派去负责他们最感兴趣的项目，只有刘哲博士没有被指派去负责他最感兴趣的项目 5，因为罗林博士对项目 5 的兴趣更大。

	A	B	C	D	E	F	G	H	I	J
1	例4.9（4）									
2										
3		投标点	项目1	项目2	项目3	项目4	项目5			
4		李尔博士	100	700	200	—	—			
5		朱诺博士	0	200	800	0	0			
6		刘哲博士	100	100	100	100	600			
7		王凯博士	871	—	99	—	30			
8		罗林博士	—	33	33	34	900			
9										
10		指派	项目1	项目2	项目3	项目4	项目5	实际指派		供应量
11		李尔博士		1		0	0	1	=	1
12		朱诺博士			1			1	=	1
13		刘哲博士				1		1	=	1
14		王凯博士	1	0		0		1	=	1
15		罗林博士	0				1	1	=	1
16		实际分派	1	1	1	1	1			
17			=	=	=	=	=			总投标点
18		需求量	1	1	1	1	1			3371

	B	C	D	E	F
16	实际分派	=SUM(C11:C15)	=SUM(D11:D15)	=SUM(E11:E15)	=SUM(F11:F15)

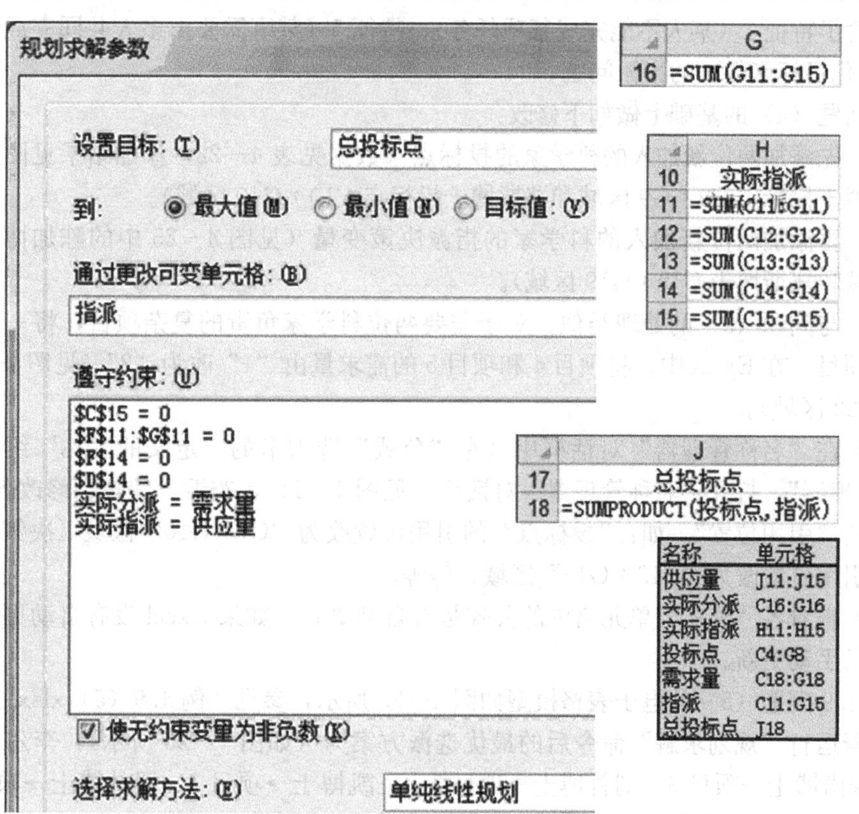

图 4—23　例 4.9（4）的电子表格模型

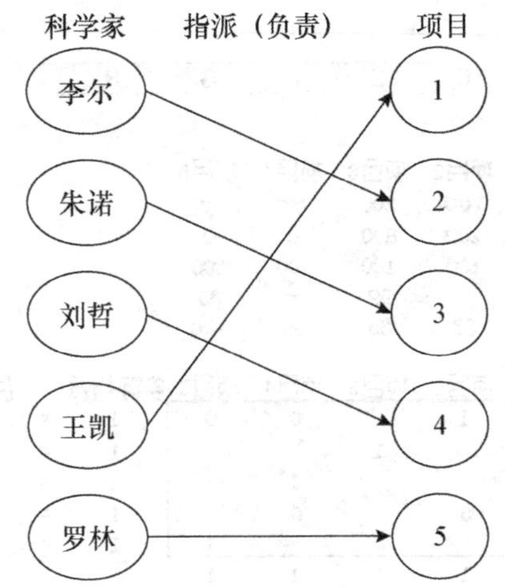

图 4—24 例 4.9（4）的最优指派方案网络图

5. 问题（5）的求解

由于陈加博士和郑斯博士的加入，以及项目 4 和项目 5 各需要两个人负责，因此该模型是包含了特征 1（某人不能完成某项任务）、特征 5（某事需要由多人共同完成）和特征 6（最大化目标函数）的指派问题。

在问题（4）的基础上做如下修改：

（1）先添加两位新加入的科学家的投标点（数据见表 4—22，添加结果见图 4—25 中的陈加博士投标点 C9：G9 区域和郑斯博士投标点 C10：G10 区域）。

（2）再添加两位新加入的科学家的指派决策变量（见图 4—25 中的陈加博士 C18：G18 区域和郑斯博士 C19：G19 区域）。

（3）与问题（3）的处理类似，对于需要两位科学家负责的复杂项目，将一个项目看成两个项目。在 Excel 中，将项目 4 和项目 5 的需求量由“1”改为“2”（见图 4—25 中的 F22：G22 区域）。

（4）在“名称管理器”对话框中（在“公式”选项卡的“定义的名称”组中，单击“名称管理器”，打开“名称管理器”对话框，见图 1—11），查看、编辑、修改各“名称”所对应的“引用位置”。如：“投标点”的引用位置改为“C4：G10”区域，决策变量“指派”的引用位置改为“C13：G19”区域，等等。

（5）查看各“公式”单元格中的公式是否自动更新。如果 Excel 没有自动更新，需要我们自己手动更新。

例 4.9 问题（5）的电子表格模型如图 4—25 所示，参见“例 4.9（5）.xlsx”。

重新运行“规划求解”命令后的最优选派方案为（如图 4—26 所示）：李尔博士→项目 2、朱诺博士→项目 3、刘哲博士→项目 5、王凯博士→项目 1、罗林博士→项目 5、陈加博士→项目 4、郑斯博士→项目 4。总体满意度为 4 454 点。

但从每个人的角度讲，有六位科学家被指派去负责他们最感兴趣的项目，只有郑斯博士没有被指派去负责他最感兴趣的项目 5，因为刘哲博士和罗林博士对项目 5 的兴趣更大。

	A	B	C	D	E	F	G	H	I	J
1	例4.9（5）									
2										
3		投标点	项目1	项目2	项目3	项目4	项目5			
4		李尔博士	100	700	200	—	—			
5		朱诺博士	0	200	800	0	0			
6		刘哲博士	100	100	100	100	600			
7		王凯博士	871	—	99	—	30			
8		罗林博士	—	33	33	34	900			
9		陈加博士	250	250	—	250	250			
10		郑斯博士	111	1	—	333	555			
11										
12		指派	项目1	项目2	项目3	项目4	项目5	实际指派		供应量
13		李尔博士		1		0	0	1	=	1
14		朱诺博士			1			1	=	1
15		刘哲博士					1	1	=	1
16		王凯博士	1	0		0		1	=	1
17		罗林博士	0				1	1	=	1
18		陈加博士			0	1		1	=	1
19		郑斯博士			0	1		1	=	1
20		实际分派	1	1	1	2	2			
21			=	=	=	=	=			总投标点
22		需求量	1	1	1	2	2			4454

	B	C	D	E	F
20	实际分派	=SUM(C13:C19)	=SUM(D13:D19)	=SUM(E13:E19)	=SUM(F13:F19)

	G
20	=SUM(G13:G19)

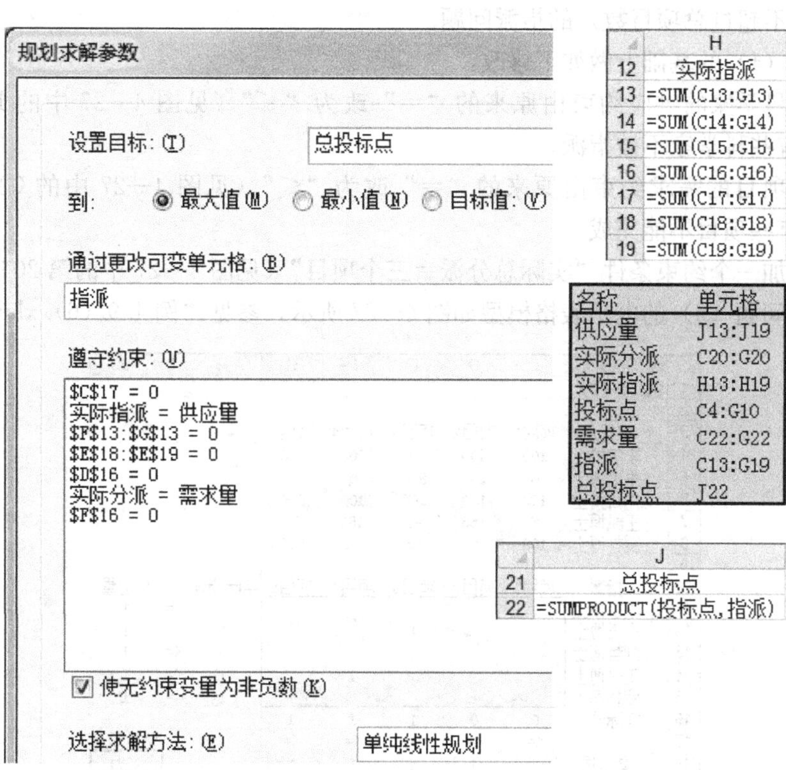

	H
12	实际指派
13	=SUM(C13:G13)
14	=SUM(C14:G14)
15	=SUM(C15:G15)
16	=SUM(C16:G16)
17	=SUM(C17:G17)
18	=SUM(C18:G18)
19	=SUM(C19:G19)

名称	单元格
供应量	J13:J19
实际分派	C20:G20
实际指派	H13:H19
投标点	C4:G10
需求量	C22:G22
指派	C13:G19
总投标点	J22

	J
21	总投标点
22	=SUMPRODUCT(投标点,指派)

图 4—25　例 4.9（5）的电子表格模型

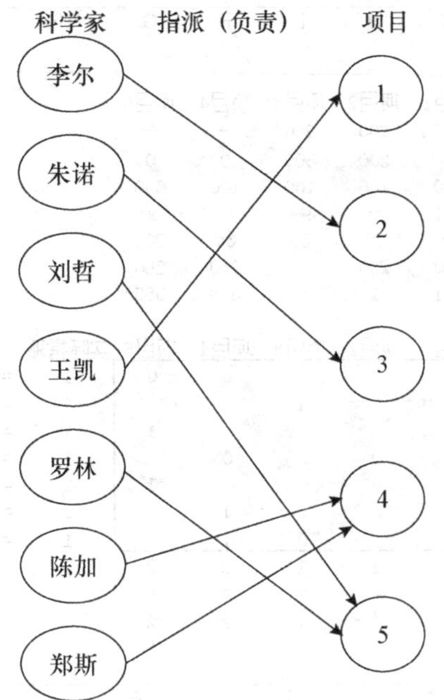

图 4—26 例 4.9（5）的最优指派方案网络图

6. 问题（6）的求解

问题（6）是包含了特征 6（最大化目标函数）和特征 7（实际需要完成的项目数不超过总人数也不超过总项目数）的指派问题。

在问题（1）的基础上做如下修改：

（1）将科学家的供应约束由原来的“＝”改为“≤”（见图 4—27 中的 I11：I15 区域），表示有些科学家不被指派。

（2）将项目的需求约束由原来的“＝”改为“≤”（见图 4—27 中的 C17：G17 区域），表示有些项目不能完成。

（3）增加一个约束条件“实际总分派＝三个项目”（见图 4—27 中的第 20 行）。

例 4.9 问题（6）的电子表格模型如图 4—27 所示，参见“例 4.9（6）. xlsx”。

	A	B	C	D	E	F	G	H	I	J
1	例4.9（6）									
2										
3		投标点	项目1	项目2	项目3	项目4	项目5			
4		李尔博士	100	400	200	200	100			
5		朱诺博士	0	200	800	0	0			
6		刘哲博士	100	100	100	100	600			
7		王凯博士	267	153	99	451	30			
8		罗林博士	100	33	33	34	800			
9										
10		指派	项目1	项目2	项目3	项目4	项目5	实际指派		供应量
11		李尔博士						0	<=	1
12		朱诺博士			1			1	<=	1
13		刘哲博士						0	<=	1
14		王凯博士				1		1	<=	1
15		罗林博士					1	1	<=	1
16		实际分派	0	0	1	1	1			
17			<=	<=	<=	<=	<=			总投标点
18		需求量	1	1	1	1	1			2051
19										
20		实际总分派		3	=	3	三个项目			

图 4—27 例 4.9（6）的电子表格模型

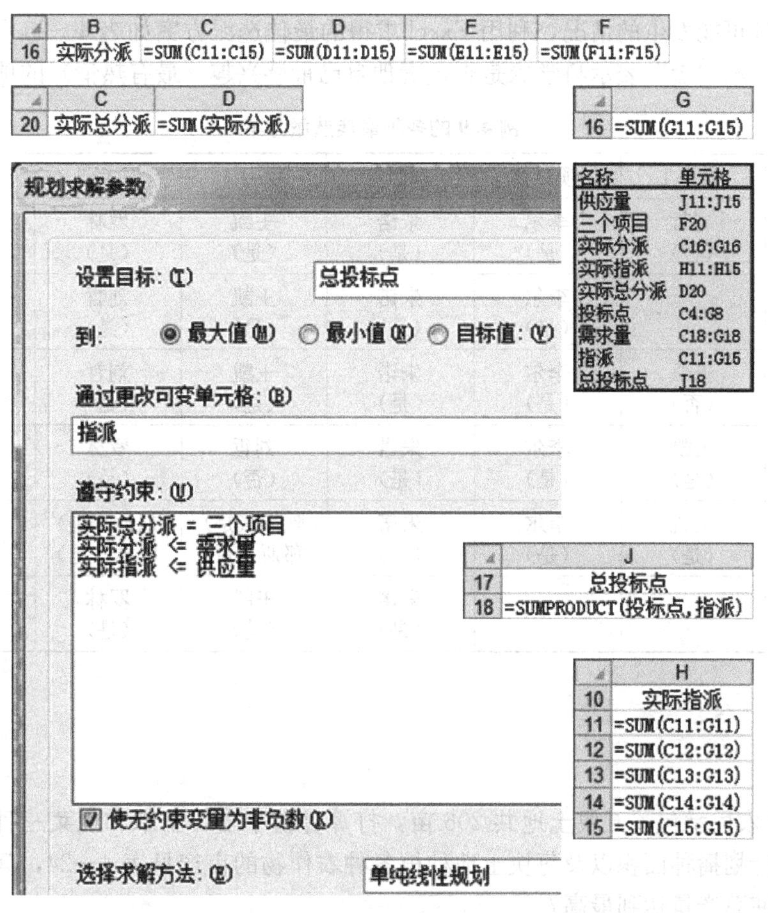

图4—27 例4.9(6)的电子表格模型(续)

重新运行“规划求解”命令后的最优选派方案为(如图4—28所示):从五个项目中选取的三个项目是:项目3、项目4和项目5,并让三位最有热情的科学家(朱诺博士、王凯博士和罗林博士)来负责。具体为:朱诺博士→项目3、王凯博士→项目4、罗林博士→项目5。总体满意度为2 051点。

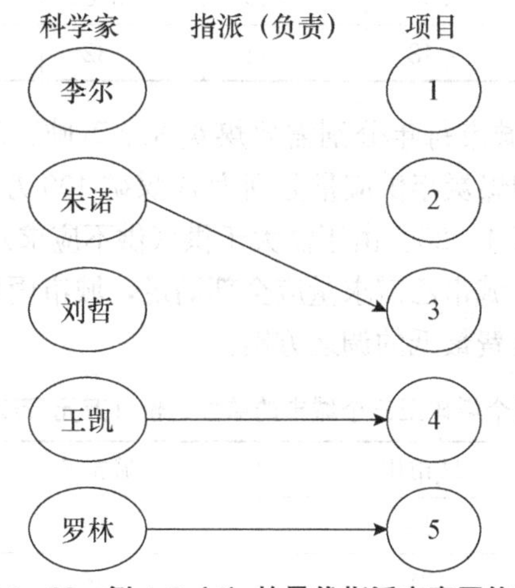

图4—28 例4.9(6)的最优指派方案网络图

以上六种可能发生的情况，利用Excel求得的最佳选派方案如表4—23所示。其中括号内的“是”和“否”表示科学家是否负责他自己最感兴趣（最有热情）的项目。

表4—23 例4.9的各种最佳选派方案

问题	项目1	项目2	项目3	项目4	项目5	总投标点
(1)	刘哲（否）	李尔（是）	朱诺（是）	王凯（是）	罗林（是）	2 551
(2)	—	李尔（是）	朱诺（是）	王凯（是）	刘哲（是）	2 251
(3)	王凯（否）	李尔（是）	朱诺（是）	王凯（是）	刘哲（是）	2 518
(4)	王凯（是）	李尔（是）	朱诺（是）	刘哲（否）	罗林（是）	3 371
(5)	王凯（是）	李尔（是）	朱诺（是）	陈加（是） 郑斯（否）	刘哲（是） 罗林（是）	4 454
(6)	—	—	朱诺（是）	王凯（是）	罗林（是）	2 051

习题

4.1 某农民承包了五块土地共206亩，打算种植小麦、玉米和蔬菜三种农作物，各种农作物的计划播种面积以及每块土地种植各种农作物的亩产见表4—24，问如何安排种植计划，可使总产量达到最高？

表4—24 五块土地种植三种农作物的亩产（公斤）

	土地1	土地2	土地3	土地4	土地5	计划播种面积（亩）
小麦	500	600	650	1 050	800	86
玉米	850	800	700	900	950	70
蔬菜	1 000	950	850	550	700	50
土地面积（亩）	36	48	44	32	46	

4.2 甲、乙、丙三个城市每年分别需要煤炭320万吨、250万吨、350万吨，由A、B两个煤矿负责供应。已知煤炭年供应量分别为A煤矿400万吨，B煤矿450万吨。各煤矿至各城市的单位运价见表4—25。由于需大于供（供不应求），经研究平衡决定，城市甲供应量可减少0～30万吨，城市乙需求量应全部满足，城市丙供应量不少于270万吨。试求将供应量分配完又使总运费最低的调运方案。

表4—25 两个煤矿至三个城市的单位运价（万元/万吨）

	城市甲	城市乙	城市丙
煤矿A	15	18	22
煤矿B	21	25	16

4.3 某电子公司生产四种不同型号的电子计算器 C_1、C_2、C_3、C_4。这四种计算器可以分别由五个不同车间（D_1、D_2、D_3、D_4、D_5）生产，但这五个车间生产一个计算器所需的时间不同，如表4—26所示。

表4—26　四种计算器在五个车间生产所需的时间（分钟）

	车间 D_1	车间 D_2	车间 D_3	车间 D_4	车间 D_5
计算器 C_1	5	6	4	3	2
计算器 C_2	7	—	3	2	4
计算器 C_3	6	3	—	4	5
计算器 C_4	5	3	—	2	—

该公司销售人员要求：

(1) C_1 的产量不能多于1 400个；

(2) C_2 的产量至少300个，但不能超过800个；

(3) C_3 的产量不能超过8 000个；

(4) C_4 的产量至少700个，而且 C_4 在市场上畅销，根据该公司的生产能力，无论生产多少都能卖出去。

该公司财会人员报告称：

(1) C_1 每个可得利润25元；

(2) C_2 每个可得利润20元；

(3) C_3 每个可得利润17元；

(4) C_4 每个可得利润11元。

这五个车间可用于生产的时间如表4—27所示。

表4—27　五个车间可用于生产的时间

车间	D_1	D_2	D_3	D_4	D_5
时间（分钟）	18 000	15 000	14 000	12 000	10 000

请作一个生产方案，使得该公司总利润最大。

4.4 某房地产公司计划在一住宅小区建设五栋不同类型的楼房（B_1、B_2、B_3、B_4 和 B_5）。由三家建筑公司（A_1、A_2 和 A_3）进行投标，允许每家建筑公司可承建1～2栋楼。经过投标，得知各建筑公司对各新楼的预算费用（如表4—28所示），求使总费用最少的分派方案。

表4—28　各建筑公司对各栋新楼的预算费用

	楼房 B_1	楼房 B_2	楼房 B_3	楼房 B_4	楼房 B_5
建筑公司 A_1	3	8	7	15	11
建筑公司 A_2	7	9	10	14	12
建筑公司 A_3	6	9	13	12	17

4.5 安排 4 个人去完成 4 项不同的任务。每个人完成各项任务所需要的时间如表 4—29 所示。

表 4—29 **每个人完成各项任务所需要的时间（分钟）**

	任务 A	任务 B	任务 C	任务 D
甲	20	19	20	28
乙	18	24	27	20
丙	26	16	15	18
丁	17	20	24	19

（1）应指派哪个人去完成哪项任务，可使需要的总时间最少？

（2）如果把问题（1）中的时间看成是利润，那么应如何指派，可使获得的总利润最大？

（3）如果在问题（1）中增加一项任务 E，甲、乙、丙、丁完成任务 E 所需的时间分别为 17、20、15、16 分钟，那么应指派这 4 个人去完成哪 4 项任务，可使得这 4 个人完成 4 项任务所需的总时间最少？

（4）如果在问题（1）中再增加一个人戊，他完成任务 A、B、C、D 所需的时间分别为 16、17、20、21 分钟，这时应指派哪 4 个人去完成这 4 项任务，可使得 4 个人完成 4 项任务所需的总时间最少？

4.6 某系有四位教师甲、乙、丙和丁，均有能力讲授课程 A、B、C 和 D。由于经验方面的原因，各位教师每周所需备课时间见表 4—30。

表 4—30 **各位教师每周所需的备课时间**

备课时间	课程 A	课程 B	课程 C	课程 D
甲	4	17	15	6
乙	12	6	16	7
丙	11	16	18	15
丁	9	10	13	11

教务部门的要求是：每门课程由一位教师担任，同时每位教师只担任一门课程的教学任务。针对以下不同情况，请给出教师整体备课时间最少的排课方案。

（1）首先按照教务部门的要求排课，暂时没有咨询各教师的意见。

（2）随后教师丙提出不担任课程 A 教学任务的要求。

（3）在问题（2）的基础上，该系研究决定由教师乙担任课程 A 的教学任务。

（4）教师丁将外出进修。在问题（3）的条件下，暂时停开一门课。

（5）教师丁将外出进修。在问题（3）的条件下，教务部门放宽课程与教师一一对应的要求，同意可以由甲、乙、丙三名教师中的一名（注意仅仅一名）同时担任两门课程的教学任务，从而避免了课程停开。

案例 4.1 菜篮子工程

某市是一个人口不到 15 万人的小城市，根据该市的蔬菜种植情况，分别在 A、B 和 C 设三个收购点，再由收购点分送到全市的 8 个菜市场。按往年情况，A、B、C 三个收购点每天收购量分别为 200、170 和 160（单位：100kg），各菜市场每天的需求量及发生供应短缺时带来的损失见表 4—31。各收购点至各菜市场的距离见表 4—32，各收购点至各菜市场蔬菜的单位运价为 1 元/100kg・100m。

表 4—31　　各菜市场每天需求量及短缺损失

菜市场	每天需求量（100kg）	短缺损失（元/100kg）
1	75	10
2	60	8
3	80	5
4	70	10
5	100	10
6	55	8
7	90	5
8	80	8

表 4—32　　各收购点至各菜市场的距离

距离（单位：100m）		菜市场							
		1	2	3	4	5	6	7	8
收购点	A	4	8	8	19	11	6	22	16
	B	14	7	7	16	12	16	23	17
	C	20	19	11	14	6	15	5	10

（1）为该市设计一个从各收购点至各菜市场的定点供应方案，使总费用（包括蔬菜运费、短缺损失）最小。

（2）若规定各菜市场短缺量一律不超过需求量的 20%，重新设计定点供应方案。

（3）为满足城市居民的蔬菜供应，该市的领导计划增加蔬菜种植面积，试问增产的蔬菜每天应分别向 A、B、C 三个收购点各供应多少最为经济合理？

案例 4.2 教师工作安排

某市实验小学为了配合新课标的改革，决定对教师教学进行综合管理，即根据教师的特长和教学效果合理地安排教学。为此，学校对担任一、二年级教学任务的教师的教学效果进行评价打分，其打分结果如表 4—33 所示。

表 4—33　各位教师担任各科教学的得分

教师	美术	体育	音乐	英语	阅读	健康	品德	综合实验	计算机
刘　芳	20	20	0	0	70	70	70	70	0
李玉坤	20	20	0	0	70	70	70	70	0
刘小东	20	20	0	60	75	75	75	75	85
刘　航	20	20	0	70	75	75	75	75	85
陈　洁	40	20	20	85	70	70	70	70	60
陈宝琳	40	20	20	85	70	70	70	70	60
邓　钦	60	20	20	85	70	70	70	70	60
邓晓航	40	20	20	85	70	70	70	70	60
杜　威	40	20	20	85	70	70	70	70	60
王　俊	20	20	20	85	70	70	70	70	60
王小凤	0	85	0	0	40	40	40	40	50
王　朝	0	85	0	0	40	40	40	40	50
李　力	60	60	60	0	70	70	70	70	0
赵路易	0	85	0	0	40	40	40	40	50
徐王储	40	40	85	20	70	70	70	70	60
徐珊珊	40	40	85	20	70	70	70	70	60
林　群	40	50	85	20	70	70	70	70	0
林　洁	90	20	0	40	70	70	70	70	60
赵丽丽	90	20	0	0	70	70	70	70	60
何　敏	60	40	60	20	70	70	70	70	40

表中打分标准是：0～39 表示不能胜任该学科的任教，40～59 表示勉强胜任，60～75 表示基本胜任，75 以上表示工作出色。该校各科需要的教师数量如表 4—34 所示。

表 4—34　各科需要的教师数量

科目	美术	体育	音乐	英语	阅读	健康	品德	综合实验	计算机
需要的教师数量	2	4	2	6	1	1	1	1	2

请为该校合理安排教师的教学工作岗位，使得学生的总体满意度最高。

本章附录Ⅰ　转运运输问题

一、转运运输问题（transshipment problem）的基本概念

1. 转运的定义

所谓转运，就是运输网络中的物品，并不一定直接从产地运送到销地，而是可以通过其他节点周转后间接运达销地。带有转运的运输问题具有以下特征：通常存在中转站（转

运节点)，这些转运节点在运输网络中既不生产也不消耗运输的物品；可以在网络中的任何两个节点之间产生运输行为，甚至允许销地往产地反向运输。

2. 转运运输问题的理解

图4—29（a）分别表示了2个产地、2个销地的无转运网络，图4—29（b）表示这个网络增加了一个中转站并且允许转运后的网络。

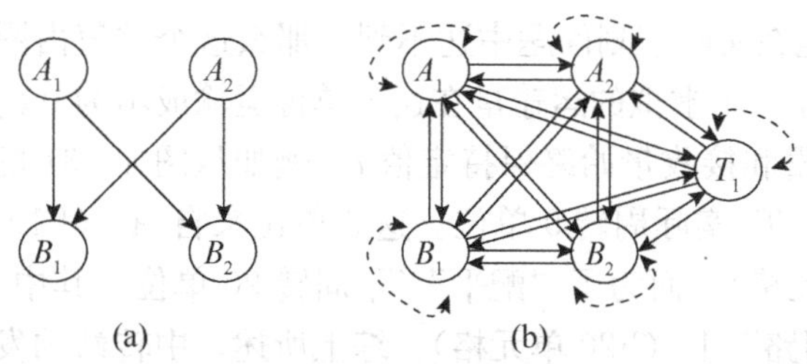

图4—29 没有转运关系和允许转运关系的运输网络对比

显然，对于有m个产地和n个销地的运输问题，可以存在$m\times n$个点对点的运输关系；而在允许转运并出现s个中转站的情况下，点对点的运输关系变为$(m+n+s)^2$个。图4—29（b）中，理论上存在25条有向的运输关系。

值得注意的是，转运运输问题中的任何一个节点，都存在一个从自身出发到自身结束的虚拟运输关系，如图4—29（b）中的双向虚线。但需要注意的是：这个双向虚线只能出现一个方向的可能。这个关系在现实运输行为中并不存在，但对于解决转运问题的规划求解是必要的。这个虚线代表的运输关系，由于本身没有实际的运输行为，所以单位运价为0，即当下标$i=j$时，$c_{ij}=0$。

3. 将转运运输问题转化成普通运输问题

现在单独考察转运运输问题上的任意一个节点（见图4—30）。这个节点所有流出的运量总和与所有流入的运量总和的差值（在第5章中称为“净流量”）符合以下特点：当该节点是产地时，差值等于该点产量；当该节点是销地时，差值等于负的销量；当该节点是中转站（转运节点）时，差值为0。

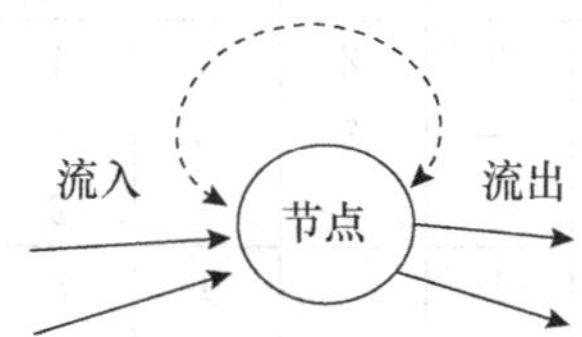

图4—30 包含虚拟回路的某节点运输流量示意图

为了构造一个平衡的运输问题，现在将所有的节点（产地、销地和中转站）打破产地或销地的狭义概念，同时作为广义的“发送地”和“接收地”构造一个行列均是$m+n+s$个节点的运输效率矩阵，以及同样阶数的运输方案矩阵。由此可见，转运运输问题的决策变量是$(m+n+s)^2$个。

4. “发送地”发送量和“接收地”接收量的确定

对各中转站（转运节点）假设一个统一的转运量t，可取$t=\min(\sum_{i=1}^{m}a_i,\sum_{j=1}^{n}b_j)$。在扩大的运输问题中，(1) 各中转站（转运节点）的发送量（产量）和接收量（销量）都取为

t；（2）将原本是产地的发送量（产量）取为 a_i+t，接收量（销量）取为 t；（3）将原本是销地的发送量（产量）取为 t，接收量（销量）取为 b_j+t。

以中转站为例来理解上述赋值的根据：对于某中转站，一个极限的状态可能是流入或者流出的最大运输流量恰恰是 t。一方面，如果超过了这个数，说明一定存在某批货物通过这个中转站两次。这显然是不经济而且不必要的。另一方面，如果将中转站按照情况赋予了最大的 t 流量，但在实际规划问题中达不到，那么这个差值由图 4—30 中的虚线回路来完成。不妨想象存在一个虚拟的运输量在这个单位运输成本为 0 的自身回路上“运输”，使得该中转站的发送量和接收量始终保持定值 t。例如从图 4—31 的规划求解结果中，可以读出以下周转信息：T_1 实际周转 9 单位。这 9 单位来自 A_3（F19 单元格），经 T_4 周转后，发往 B_1（J20 单元格）。而为了“配平” T_4 周转 20 单位，其中有 11 单位的运输虚拟发生在 T_4 自身的“回路”上（F20 单元格）。综上所述，中转站的发送量和接收量均应为 t。确定产地的发送量和接收量、销地的发送量和接收量的原理同上，请读者自己理解。

二、转运运输问题的应用举例

例 4.10 例 4.1 是一个普通的产销平衡运输问题，做如下假定：

（1）每个加工厂（产地）的产品不一定直接发运到销售点（销地），可以从其中几个加工厂集中一起运。

（2）运往各销售点的产品可以先运给其中几个销售点，再转运给其他销售点。

（3）除产地、销地之外，还有几个中转站，在产地之间、销地之间或产地与销地之间转运。

各产地、销地、中转站及相互之间的单位产品运价如表 4—35 所示，问在考虑产销之间非直接运输的情况下，如何将三个加工厂生产的产品运往销售点，才能使总运费最少？

表 4—35 各产地、销地、中转站及相互之间的单位产品运价（千元/吨）

单位运价		加工厂（产地）			中转站				销售点（销地）			
		A_1	A_2	A_3	T_1	T_2	T_3	T_4	B_1	B_2	B_3	B_4
加工厂（产地）	A_1		1	3	2	1	4	3	3	11	3	10
	A_2	1		—	3	5	—	2	1	9	2	8
	A_3	3	—		1	—	2	3	7	4	10	5
中转站	T_1	2	3	1		1	3	2	2	8	4	6
	T_2	1	5	—	1		1	1	4	5	2	7
	T_3	4	—	2	3	1		2	1	8	2	4
	T_4	3	2	3	2	1	2		1	—	2	6
销售点（销地）	B_1	3	1	7	2	4	1	1		1	4	2
	B_2	11	9	4	8	5	8	—	1		2	1
	B_3	3	2	10	4	2	2	2	4	2		3
	B_4	10	8	5	6	7	4	6	2	1	3	

解：

从表 4—35 可以看出，从 A_1 到 B_2 直接运费单价为 11，但从 A_1 经 A_3 到 B_2，运价仅为 3+4=7。从 A_1 经 T_2 到 B_2 只需 1+5=6；而从 A_1 到 B_2 的最佳途径为 $A_1\to A_2\to B_1\to$

B_2，运价仅为 $1+1+1=3$，可见转运问题比一般运输问题复杂①。现在把该转运问题化成一般运输问题，要做如下处理：

（1）由于问题中的所有加工厂、中转站、销售点都可以看成产地，也可以看成销地，因此整个问题可以看成一个有 11 个产地和 11 个销地的扩大的运输问题。

（2）对扩大了的运输问题建立单位运价表，将表中不可能的运输方案用任意大的正数（相对极大值）M 代替，其余运价 c_{ij} 不变。

（3）所有中转站的产量等于销量，即流入量等于流出量。由于运费最少时不可能出现一批产品来回倒运的现象，所以每个中转站的转运量不会超过 $t=\min(7+4+9,\ 3+6+5+6)=20$ 吨。可以规定 T_1、T_2、T_3、T_4 的产量和销量均为 $t=20$ 吨，由于实际的转运量

$$\sum_{j=1}^{11} x_{ij} = s_i, \sum_{i=1}^{11} x_{ij} = d_j$$

这里 s_i 表示 i 点的流出量，d_j 表示 j 点的流入量。对中转点来说，按上面的规定

$$s_i=d_j=t=20$$

这样可以在每个约束条件中增加一个虚拟运量（辅助变量）x_{ii}，x_{ii} 相当于一个虚构的中转站，其意义就是自己运给自己，$20-x_{ii}$ 就是每个中转站的实际转运量，x_{ii} 的对应运价 $c_{ii}=0$。

（4）扩大了的运输问题中原来的产地（加工厂）与销地（销售点），由于也具有转运作用，所以同样在原来的产量与销量的数值上加上 $t=20$ 吨。即三个加工厂的产量分别改为 27 吨、24 吨和 29 吨，销量均为 20 吨；四个销售点每天的销量分别改为 23 吨、26 吨、25 吨和 26 吨，产量均为 20 吨。同时引进 x_{ii} 为辅助变量（虚拟运量）。表 4—36 为扩大了的运输问题产销平衡与单位运价表。

表 4—36　　扩大了的运输问题产销平衡与单位运价表

单位运价	A_1	A_2	A_3	T_1	T_2	T_3	T_4	B_1	B_2	B_3	B_4	产量
A_1	0	1	3	2	1	4	3	3	11	3	10	27
A_2	1	0	M	3	5	M	2	1	9	2	8	24
A_3	3	M	0	1	M	2	3	7	4	10	5	29
T_1	2	3	1	0	1	3	2	2	8	4	6	20
T_2	1	5	M	1	0	1	1	4	5	2	7	20
T_3	4	M	2	3	1	0	2	1	8	2	4	20
T_4	3	2	3	2	1	2	0	1	M	2	6	20
B_1	3	1	7	2	4	1	1	0	1	4	2	20
B_2	11	9	4	8	5	8	M	1	0	2	1	20
B_3	3	2	10	4	2	2	2	4	2	0	3	20
B_4	10	8	5	6	7	4	6	2	1	3	0	20
销量	20	20	20	20	20	20	20	23	26	25	26	240

① 温馨提示：运价有些是可以不对称的，如 $A\to B$ 运价是 2，而 $B\to A$ 运价是 3。这点可以得到实际解释，比如 $B\to A$ 是爬坡上山，或逆水航运等。

例 4.10 的电子表格模型如图 4—31 所示，参见“例 4.10（转运运输问题）.xlsx”。

	A	B	C	D	E	F	G	H	I	J	K	L	M	N	O	P
1	**例4.10 转运运输问题**															
2																
3		单位运价	A_1	A_2	A_3	T_1	T_2	T_3	T_4	B_1	B_2	B_3	B_4			
4		A_1	0	1	3	2	1	4	3	3	11	3	10			
5		A_2	1	0	999	3	5	999	2	1	9	2	8			
6		A_3	3	999	0	1	999	2	3	7	4	10	5			
7		T_1	2	3	1	0	1	3	2	2	8	4	6			
8		T_2	1	5	999	1	0	1	1	4	5	2	7			
9		T_3	4	999	2	3	1	0	2	1	8	2	4			
10		T_4	3	2	3	2	1	2	0	1	999	2	6			
11		B_1	3	1	7	2	4	1	1	0	1	4	2			
12		B_2	11	9	4	8	5	8	999	1	0	2	1			
13		B_3	3	2	10	4	2	2	2	4	2	0	3			
14		B_4	10	8	5	6	7	4	6	2	1	3	0			
15																
16		运输量	A_1	A_2	A_3	T_1	T_2	T_3	T_4	B_1	B_2	B_3	B_4	实际运出		产量
17		A_1	20	7										27	=	27
18		A_2		13						6		5		24	=	24
19		A_3			20	9								29	=	29
20		T_1				11				9				20	=	20
21		T_2					20							20	=	20
22		T_3						20						20	=	20
23		T_4							20					20	=	20
24		B_1								8	6		6	20	=	20
25		B_2									20			20	=	20
26		B_3										20		20	=	20
27		B_4											20	20	=	20
28		实际收到	20	20	20	20	20	20	20	23	26	25	26			
29			=	=	=	=	=	=	=	=	=	=	=			总运费
30		销量	20	20	20	20	20	20	20	23	26	25	26			68

名称	单元格
产量	P17:P27
单位运价	C4:M14
实际收到	C28:M28
实际运出	N17:N27
销量	C30:M30
运输量	C17:M27
总运费	P30

	B	C	D	E	F
28	实际收到	=SUM(C17:C27)	=SUM(D17:D27)	=SUM(E17:E27)	=SUM(F17:F27)

	G	H	I	J
28	=SUM(G17:G27)	=SUM(H17:H27)	=SUM(I17:I27)	=SUM(J17:J27)

	K	L	M
28	=SUM(K17:K27)	=SUM(L17:L27)	=SUM(M17:M27)

	N
16	实际运出
17	=SUM(C17:M17)
18	=SUM(C18:M18)
19	=SUM(C19:M19)
20	=SUM(C20:M20)
21	=SUM(C21:M21)
22	=SUM(C22:M22)
23	=SUM(C23:M23)
24	=SUM(C24:M24)
25	=SUM(C25:M25)
26	=SUM(C26:M26)
27	=SUM(C27:M27)

	P
29	总运费
30	=SUMPRODUCT(单位运价,运输量)

图 4—31 例 4.10 的电子表格模型

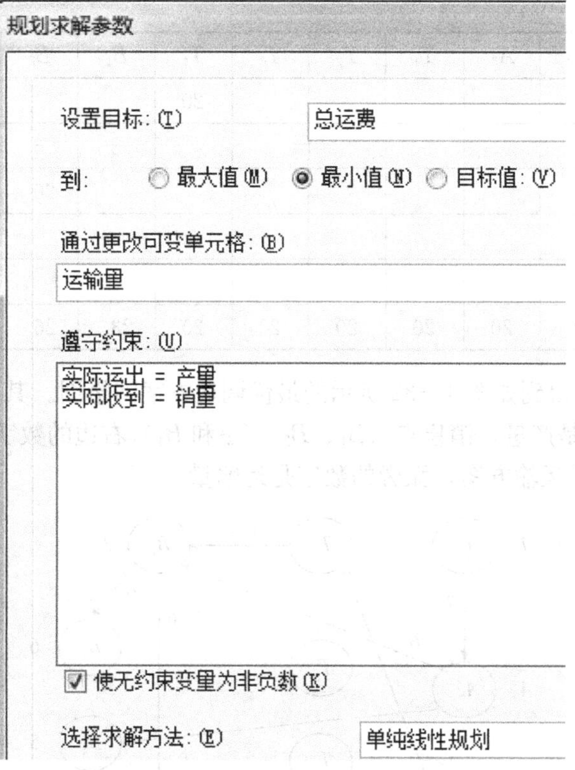

图 4—31　例 4.10 的电子表格模型（续）

需要说明的是：

(1) 这里用“999”替代任意大的正数（相对极大值）M。

(2) 为了查看方便，在最优解（运输量）C17∶M27 区域中，使用 Excel 的“条件格式”功能，将“0”值单元格的字体颜色设置成“黄色”，与填充颜色（背景色）相同。

(3) 有多组最优解。该组最优解是在决策变量（C17∶M27 区域）被清空基础上求得的。若在此最优解基础上再次求解，还可以得到另一组最优解。

利用 Excel 的“规划求解”命令进行求解，例 4.10 的最优调运方案如表 4—37 所示。注意表中对角线上的数字为虚拟运量 x_{ii} 的值，可弃之不用，而其余数字就给出了本例的实际最优方案。

表 4—37　　　　例 4.10 的最优调运方案（有转运的最优解）

运输量	A_1	A_2	A_3	T_1	T_2	T_3	T_4	B_1	B_2	B_3	B_4	产量
A_1	20	7										27
A_2		13						6		5		24
A_3			20	9								29
T_1				11				9				20
T_2					20							20
T_3						20						20

续前表

运输量	A_1	A_2	A_3	T_1	T_2	T_3	T_4	B_1	B_2	B_3	B_4	产量
T_4							20					20
B_1								8	6		6	20
B_2									20			20
B_3										20		20
B_4											20	20
销量	20	20	20	20	20	20	20	23	26	25	26	240

整理表 4—37，得到如图 4—32 所示的最优调运方案网络图。其中：加工厂（A_1、A_2 和 A_3）左边的数字是产量，销售点（B_1、B_2、B_3 和 B_4）右边的数字是销量，中间带箭头的边（称为弧）表示运输方案，弧旁的数字是运输量。

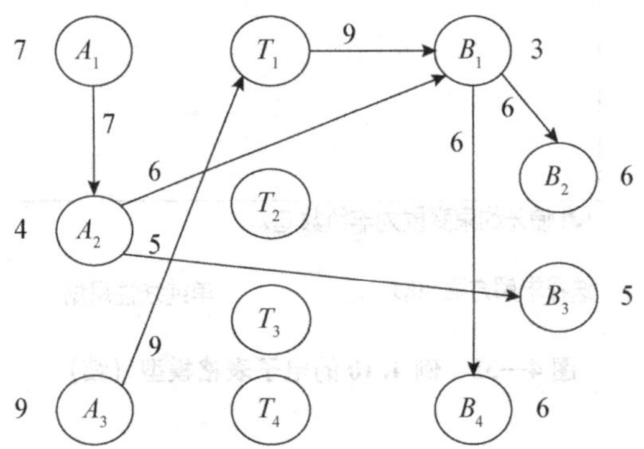

图 4—32 例 4.10 的最优调运方案网络图（有转运，需中转站 T_1）

从图 4—32 中可以看出：A_1 把 7 吨产品先运到 A_2，然后加上 A_2 的 4 吨产品一共有 11 吨，其中 6 吨运给 B_1，5 吨运给 B_3；A_3 把 9 吨产品通过中转站 T_1 运给了 B_1。这样 B_1 一共收到了 15 吨，其多余的 12 吨产品转运给了 B_2 和 B_4（各 6 吨），这是最佳运输方案，总运费只有 68 千元。

因此，例 4.10 的最小成本（总运费）相对于没有转运的例 4.1，每天总计节省 85－68＝17 千元。对于该公司而言，如果增加的四个中转站每天的运营成本不超过 17 千元，那么实施转运运输方案的决策是可行的。

通常来讲，在原始运输价格不变的情况下，在运输网络上增加转运节点，重新规划求解后的运输总成本不会超过原总成本。这个原因是由于增加转运节点和转运条件，实际上不是“紧缩”而是“放松”了对原运输问题的整体约束，因此带来了系统“优化”的机会。

本章附录Ⅱ　在 Excel 2010 中设置“条件格式”

使用 Excel 的“条件格式”功能，用户可以预先设置一种单元格格式，并在指定的某种条件被满足时自动应用于目标单元格。可预先设置的单元格格式包括：边框、底纹、字体颜色等。

此功能根据用户的要求，快速地对特定单元格进行必要的标识，使数据更加直观易读，表现力大为增强。

一、设置“条件格式”

这里以例 4.1 的电子表格模型（如图 4—1 所示）为例，说明如何在最优解 C9：F11 区域中，使用 Excel 的“条件格式”功能，将“0”值单元格的字体颜色设置成“黄色”，与填充颜色（背景色）相同。

操作步骤如下：

(1) 在“例 4.1. xlsx”中，选中需要设置条件格式的最优解（运输量）C9：F11 单元格区域。

(2) 在“开始”选项卡的“样式”组中，单击“条件格式”，在展开的列表中，选择“突出显示单元格规则”，单击“小于”，打开“小于”对话框。

(3) 在如图 4—33 所示的“小于”对话框中，在“为小于以下值的单元格设置格式”的左边框中输入“0.1”①，单击“设置为”右边的下拉按钮，在展开的列表中选择“自定义格式”，打开“设置单元格格式”对话框。

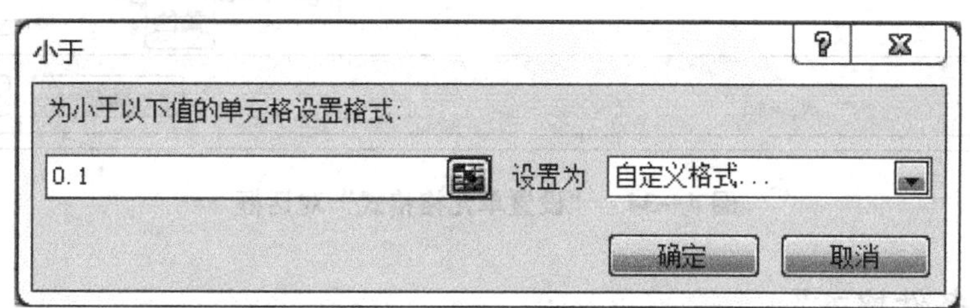

图 4—33　设置条件格式的“小于”对话框

(4) 在如图 4—34 所示的“设置单元格格式”对话框中，在“字体”选项卡，单击“颜色”下拉按钮，在“标准色”中单击“黄色”。

(5) 单击“确定”，返回“小于”对话框。

(6) 再单击“确定”，即可将所选定的最优解 C9：F11 区域中的“0”值单元格的字体颜色设置成“黄色”，与填充颜色（背景色）相同，起到隐藏单元格内容（不显示“0”）的作用。

将单元格的字体和背景颜色设置为相同颜色以实现“浑然一体”的效果，可以起到隐藏单元格内容的作用。当单元格被选中时，编辑栏中仍然会显示单元格的真实数据。

二、复制“条件格式”

复制“条件格式”可以通过“格式刷”来实现。

---

① 取“0.1”的原因是：从理论上讲，本章的规划求解结果一般都是整数（具有整数解的性质），但“规划求解”采用迭代逼近方法进行求解，因此求解结果中经常带有小数位（不能避免变量返回非整数，一般采用近似判断原则进行修正）。也就是说，理论上应该为“0”，但 Excel 规划求解结果可能类似“0.000 000 1”。在计算机的数值比较运算中，“0.000 000 1”大于“0”，但不等于“0”。

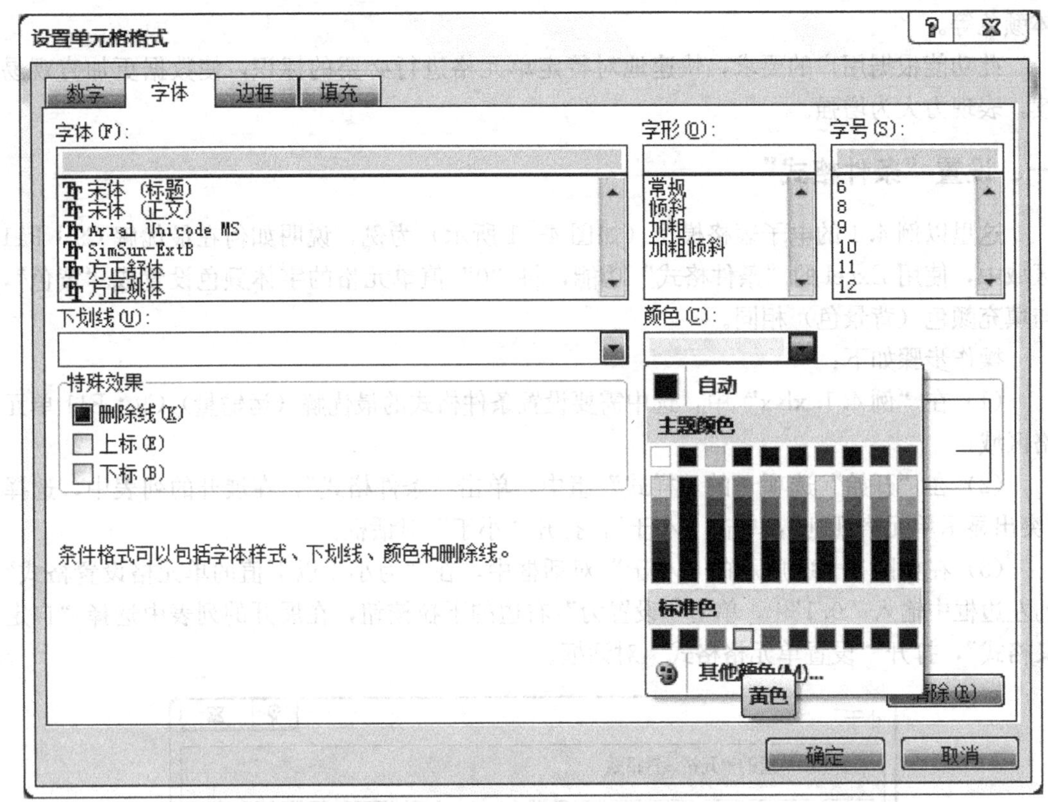

图 4—34 “设置单元格格式”对话框

三、清除“条件格式”

如果需要清除单元格区域的条件格式，可以按以下步骤操作：

(1) 如果要清除所选单元格的条件格式，可以先选中相关单元格区域（如：最优解 C9：F11 区域）；如果是清除整个工作表中所有单元格区域的条件格式，则可以任意选中一个单元格。

(2) 在“开始”选项卡的“样式”组中，单击“条件格式”，在展开的列表中，单击“清除规则”。

(3) 如果单击“清除所选单元格的规则”选项，则清除所选单元格的条件格式；如果单击“清除整个工作表的规则”选项，则清除当前工作表所有单元格区域中的条件格式。

四、查找有条件格式的单元格

如果工作表的一个或多个单元格具有条件格式，则可以快速找到它们以便复制、更改或清除条件格式。可以使用“定位条件”命令只查找具有特定条件格式的单元格，或查找所有具有条件格式的单元格。

1. 查找所有具有条件格式的单元格

(1) 单击任何没有条件格式的单元格。

(2) 在“开始”选项卡的“编辑”组中，单击“查找和选择”，在展开的列表中，单击“条件格式”。

2. 只查找具有相同条件格式的单元格

(1) 单击具有要查找的条件格式的单元格。

(2) 在“开始”选项卡的“编辑”组中，单击“查找和选择”，在展开的列表中，单击“定位条件”。

(3) 在打开的“定位条件”对话框中，单击“条件格式”，再单击“数据有效性”下面的“相同”。

五、对所选单元格区域的条件格式规则的有关操作

可以查看、新建、编辑（更改）、清除所选单元格区域的条件格式规则。

(1) 选中单元格区域。

(2) 在“开始”选项卡的“样式”组中，单击“条件格式”，在展开的列表中，单击“管理规则”。

(3) 在打开的“条件格式规则管理器”对话框中，可以查看、创建、编辑（更改）和删除（清除）条件格式规则。

第5章 网络最优化问题

本章内容要点

- 网络最优化问题的基本概念
- 最小费用流问题
- 最大流问题
- 最小费用最大流问题
- 最短路问题
- 最小支撑树问题
- 货郎担问题和中国邮路问题

网络在各种实际背景问题中以各种各样的形式存在。交通、电子和通讯网络遍及人们日常生活的各个方面，网络规划也广泛应用于不同领域，来解决各种问题，如生产、分派（指派）、项目计划、厂址选择、资源管理和财务策划等。

网络规划为描述系统各组成部分之间的关系提供了非常有效的直观和概念上的帮助，广泛应用于科学、社会和经济活动的各个领域中。

近些年来，运筹学（管理科学）中一个振奋人心的、不同寻常的发展体现在解决网络最优化问题的方法论及其应用方面。

5.1 网络最优化问题的基本概念

许多研究的对象往往可以用一个图来表示，研究的目的归结为图的极值问题，如第4章的运输问题和指派问题。本章将继续讨论其他几种图的极值问题的网络模型。

运筹学中研究的图具有下列特征：

(1) 用点（圆圈）表示研究对象，用连线（不带箭头的边或带箭头的弧）表示对象之间的某种关系。

(2) 强调点与点之间的关联关系，不讲究图的比例大小与形状。

(3) 每条边（或弧）都赋有一个权，其图称为赋权图。实际中，权可以表示两点之间的距离、费用、利润、时间、容量等不同含义。

(4) 建立一个网络模型，求最大值或最小值。

如图 5—1 所示，点集合记为 $V=\{V_1, V_2, \cdots, V_6\}$，边用 $[V_i, V_j]$ 表示或简记为 $[i, j]$，边集合记为 $E=\{[1, 2], [1, 3], \cdots, [5, 6]\}$，边上的数字称为权，记为 $w[V_i, V_j]$、$w[i, j]$ 或 w_{ij}，权集合记为 $W=\{w_{12}, w_{13}, w_{14}, \cdots, w_{56}\}$。

连通的赋权图称为网络图，记为

$$G=\{V,E,W\}$$

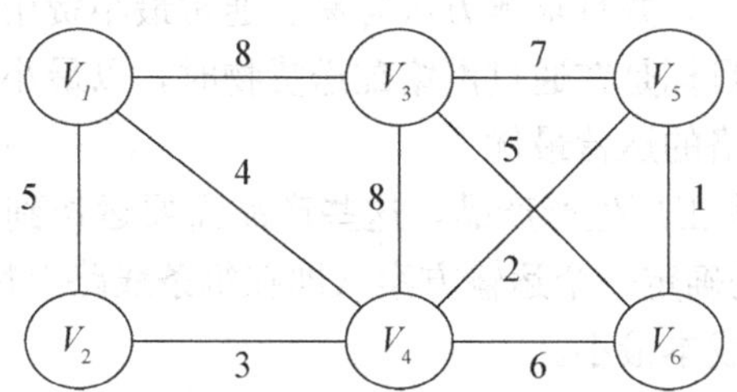

图 5—1 一个网络图

如图 5—1 所示的网络可以提出许多极值问题。

(1) 将某个点 V_i 的物资或信息送到另一个点 V_j，使得运送总费用最小。这属于最小费用流问题。

(2) 将某个点 V_i 的物资或信息送到另一个点 V_j，使得流量最大。这属于最大流问题。

(3) 从某个点 V_i 出发，到达另一个点 V_j，怎样安排路线，才能使得总距离最短或总费用最小。这属于最短路问题。

(4) 点 V_i 表示自来水厂及用户，V_i 与 V_j 间的边表示两点间可以铺设管道，权为 V_i 与 V_j 间铺设管道的距离或费用，如何铺设管道，才能使得将自来水送到其他 5 个用户家中的总费用最小。这属于最小支撑树问题。

(5) 售货员从某个点 V_i 出发，经过其他所有点，最后回到原点 V_i，如何安排路线，才能使他行走的总路程最短。这属于货郎担问题（旅行售货员问题）。

(6) 邮递员从邮局 V_i 出发，经过每一条边（街道），将邮件送到客户手中，最后回到邮局 V_i，如何安排路线，才能使他行走的总路程最短。这属于中国邮路问题（中国邮递员问题）。

因此，网络最优化问题的类型主要包括：

(1) 最小费用流问题；

(2) 最大流问题；

(3) 最短路问题；

(4) 最小支撑树问题；

(5) 货郎担问题；

(6) 中国邮路问题。

本章将对这些类型的问题进行介绍，并通过案例阐述如何利用电子表格进行建模和求解，从而做出决策。

5.2 最小费用流问题

本节将介绍最小费用流问题的基本概念、数学模型和电子表格模型，以及最小费用流问题中的五种重要的特殊类型。

5.2.1 最小费用流问题的基本概念

最小费用流问题（minimum cost flow problem）在网络最优化问题中扮演着重要的角色，原因是它的适用性很广，并且求解方法容易。通常最小费用流问题用于最优化货物从供应点到需求点的网络。目标是在通过网络配送货物时，以最小的成本满足需求，一种典型的应用就是使得配送网络的运营最优。

例 5.1 某公司有两个工厂生产产品，这些产品需要运送到两个仓库中。其配送网络图如图 5—2 所示。目标是确定一个运输方案（即在每条线路上运送多少单位的产品），使得通过配送网络的总运输成本最小。

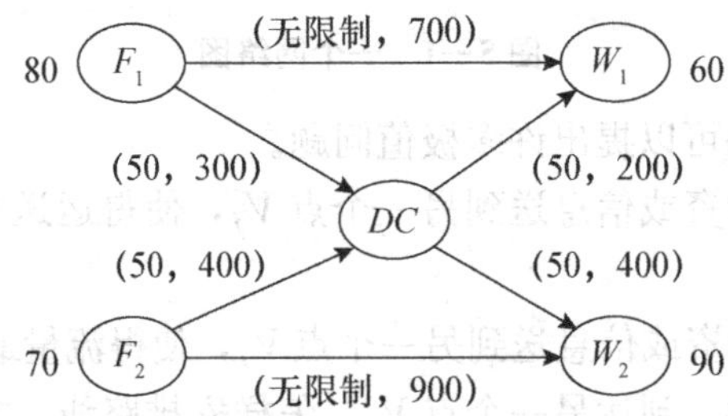

图 5—2 某公司的配送网络图

在图 5—2 中，F_1 和 F_2 表示两个工厂，为供应点；W_1 和 W_2 表示两个仓库，为需求点；DC 表示配送中心，为转运点。工厂 1 生产 80 个单位（供应量为 80），工厂 2 生产 70 个单位（供应量为 70），仓库 1 需要 60 个单位（需求量为 60），仓库 2 需要 90 个单位（需求量为 90）。F_1 到 DC、F_2 到 DC、DC 到 W_1、DC 到 W_2 的最大运输能力为 50 单位（弧的容量为 50）。单位运输成本：F_1 到 DC 为 300、F_2 到 DC 为 400、DC 到 W_1 为 200、DC 到 W_2 为 400、F_1 到 W_1 为 700、F_2 到 W_2 为 900。也就是说，弧旁括号内的数字为（容量，单位运输成本）。

最小费用流问题的三个基本概念如下：

（1）最小费用流问题的构成（网络表示）。

①节点：包括供应点、需求点和转运点。

②弧：可行的运输线路（节点 $i \rightarrow$ 节点 j），经常有最大运输能力（容量）的限制。

（2）最小费用流问题的假设。

①至少有一个供应点。

②至少有一个需求点。

③可有转运点。

④通过弧的流，只允许沿着箭头方向流动，通过弧的最大流量取决于该弧的容量。

⑤网络中有足够的弧提供足够的容量，使得所有在供应点中产生的流，都能够到达需

求点（有可行解）。

⑥在流的单位成本已知的前提下，通过每一条弧的流的成本与流量成正比（目标函数是线性的）。

⑦最小费用流问题的目标是在满足给定需求的条件下，使得通过配送网络的总成本最小（或总利润最大）。

（3）最小费用流问题的解的特征。

①具有可行解的特征：在以上假设下，当且仅当供应点所提供的供应量总和等于需求点所需要的需求量总和时（即平衡条件），最小费用流问题有可行解。

②具有整数解的特征：只要所有的供应量、需求量和弧的容量都是整数，任何最小费用流问题的可行解就一定有所有流量都是整数的最优解（与运输问题和指派问题有整数解一样）。因此，没有必要加上所有决策变量都是整数的约束条件。

与运输问题一样，在配送网络中，由于运送量（流量）经常以卡车、集装箱等为单位，如果卡车不能装满，就很不经济了。整数解的特征就避免了配送方案为小数的麻烦。

5.2.2 最小费用流问题的数学模型

最小费用流问题的线性规划模型为：

（1）决策变量：设 $f_{i\to j}$ 为弧（节点 $i\to$ 节点 j）的流量。

（2）目标是使通过配送网络的总成本最小。

（3）约束条件。

①所有供应点：净流量（总流出减去总流入）为正；

②所有转运点：净流量为零；

③所有需求点：净流量为负；

④所有弧的流量 $f_{i\to j}$ 受到弧的容量限制；

⑤所有弧的流量 $f_{i\to j}$ 非负。

具体而言，对于例 5.1 的最小费用流问题，其线性规划模型如下：

（1）决策变量：设 $f_{i\to j}$ 为弧（节点 $i\to$ 节点 j）的流量。

（2）目标函数。

本问题的目标是使通过配送网络的总运输成本最小，即：

$$\begin{aligned}\min z=&700f_{F1\to W1}+300f_{F1\to DC}+200f_{DC\to W1}\\&+400f_{F2\to DC}+900f_{F2\to W2}+400f_{DC\to W2}\end{aligned}$$

（3）约束条件（节点净流量、弧的容量限制、非负）。

①供应点 F_1：$f_{F1\to W1}+f_{F1\to DC}=80$

供应点 F_2：$f_{F2\to DC}+f_{F2\to W2}=70$

②转运点 DC：$f_{DC\to W1}+f_{DC\to W2}-(f_{F1\to DC}+f_{F2\to DC})=0$

③需求点 W_1：$0-(f_{F1\to W1}+f_{DC\to W1})=-60$ 或 $f_{F1\to W1}+f_{DC\to W1}=60$

需求点 W_2：$0-(f_{DC\to W2}+f_{F2\to W2})=-90$ 或 $f_{DC\to W2}+f_{F2\to W2}=90$

④弧的容量限制：$f_{F1\to DC}$，$f_{F2\to DC}$，$f_{DC\to W1}$，$f_{DC\to W2}\leqslant 50$

⑤非负：$f_{F1\to W1}$，$f_{F1\to DC}$，$f_{DC\to W1}$，$f_{F2\to DC}$，$f_{F2\to W2}$，$f_{DC\to W2}\geqslant 0$

于是，得到例 5.1 的线性规划模型：

$$\min z=700f_{F1\to W1}+300f_{F1\to DC}+200f_{DC\to W1}+400f_{F2\to DC}+900f_{F2\to W2}+400f_{DC\to W2}$$

$$\text{s.t.}\begin{cases}f_{F1\to W1}+f_{F1\to DC}=80\\ f_{F2\to DC}+f_{F2\to W2}=70\\ f_{DC\to W1}+f_{DC\to W2}-(f_{F1\to DC}+f_{F2\to DC})=0\\ f_{F1\to W1}+f_{DC\to W1}=60\\ f_{DC\to W2}+f_{F2\to W2}=90\\ f_{F1\to DC},f_{F2\to DC},f_{DC\to W1},f_{DC\to W2}\leqslant 50\\ f_{F1\to W1},f_{F1\to DC},f_{DC\to W1},f_{F2\to DC},f_{F2\to W2},f_{DC\to W2}\geqslant 0\end{cases}$$

5.2.3 最小费用流问题的电子表格模型

可以使用 Excel 来描述和求解最小费用流问题。

例 5.1 的电子表格模型如图 5—3 所示，参见“例 5.1.xlsx”。图中列出了配送网络中的弧和各弧所对应的容量①、单位成本。决策变量（可变单元格，D4：D9 区域）为通过各弧的流量。目标（目标单元格，G12 单元格）是计算流量的总（运输）成本。每个节点的净流量（J4：J8 区域）为约束条件。供应点的净流量为正（L4：L5 区域），需求点的净流量为负（L7：L8 区域），而转运点的净流量为 0（L6 单元格）。

这里使用了一个窍门：用两个 SUMIF 函数的差来计算每个节点的净流量，这样快捷方便且不容易犯错。

SUMIF 函数的语法：SUMIF（查找区域，给定条件，数据求和区域）。

SUMIF 函数的功能：根据“给定条件”在“查找区域”中进行查找，并返回“查找区域”所对应的“数据求和区域”中数值的和。换句话说，根据“给定条件”对若干个单元格求和，只有在“查找区域”中相应的单元格符合条件的情况下，“数据求和区域”中的单元格才会求和。

Excel 求解结果（最优运输方案）如图 5—3 中的 D4：D9 区域所示，此时的总运输成本最小，为 110 000。

大规模的最小费用流问题的求解一般采用“网络单纯法”（the network simplex method）。现在，许多公司都使用网络单纯法来求解它们的最小费用流问题。有些问题有着数万个节点和弧，是非常庞大的。有时弧的数量甚至可能还会多得多，达到几百万条。但大家在 Excel 中使用的这个简化版本的规划求解中没有网络单纯法，但其他的线性规划商业软件包中通常都有这种方法。

5.2.4 最小费用流问题的五种重要的特殊类型

第 4 章介绍过的运输问题和指派问题是最小费用流问题的两种重要的特殊类型，后面

① 对于没有容量限制的弧，其容量可以用极大值 M 来代替。在 Excel 中，极大值 M 需要数值化，所以只要 M 的取值大于要配送产品的供应量总和（80+70=150）即可，这里取 $M=999$。

	A	B	C	D	E	F	G	H	I	J	K	L
1	例5.1											
2												
3		从	到	流量		容量	单位成本		节点	净流量		供应/需求
4		F_1	W_1	30	<=	999	700		F_1	80	=	80
5		F_1	DC	50	<=	50	300		F_2	70	=	70
6		DC	W_1	30	<=	50	200		DC	0	=	0
7		DC	W_2	50	<=	50	400		W_1	-60	=	-60
8		F_2	DC	30	<=	50	400		W_2	-90	=	-90
9		F_2	W_2	40	<=	999	900					
10												
11							总成本					
12							110000					

	J
3	净流量
4	=SUMIF(从,I4,流量)-SUMIF(到,I4,流量)
5	=SUMIF(从,I5,流量)-SUMIF(到,I5,流量)
6	=SUMIF(从,I6,流量)-SUMIF(到,I6,流量)
7	=SUMIF(从,I7,流量)-SUMIF(到,I7,流量)
8	=SUMIF(从,I8,流量)-SUMIF(到,I8,流量)

名称	单元格
从	B4:B9
单位成本	G4:G9
到	C4:C9
供应需求	L4:L8
净流量	J4:J8
流量	D4:D9
容量	F4:F9
总成本	G12

	G
11	总成本 总成本
12	=SUMPRODUCT(流量,单位成本)

规划求解参数

设置目标：(T) 总成本

到： ○最大值(M) ◉最小值(N) ○目标值：(V)

通过更改可变单元格：(B)

流量

遵守约束：(U)

净流量 = 供应需求
流量 <= 容量

☑ 使无约束变量为非负数(K)

选择求解方法：(E) 单纯线性规划

图5—3 例5.1的电子表格模型

将要介绍的最大流问题和最短路问题也是最小费用流问题的另外两种重要的特殊类型。

最小费用流问题有五种重要的特殊类型，分别是：

(1) 运输问题。

有出发地（供应点—供应量）和目的地（需求点—需求量），没有转运点和弧的容量限制，目标是总运输成本最小（或总利润最大）。

(2) 指派问题。

出发地（供应点—供应量为 1）是人，目的地（需求点—需求量为 1）是任务，没有转运点和弧的容量限制，目标是总指派成本最小（或总利润最大）。

(3) 转运问题。

有出发地（供应点—供应量）和目的地（需求点—需求量），有转运点，但没有弧的容量限制（或有容量限制），目标是流量的总费用最小（或总利润最大）。

(4) 最大流问题。

有供应点、需求点、转运点、弧的容量限制，但没有供应量和需求量的限制，目标是使通过配送网络到达目的地的总流量最大。

(5) 最短路问题。

有供应点（供应量为 1)、需求点（需求量为 1)、转运点，没有弧的容量限制，目标是使通过配送网络到达目的地的总距离最短。

5.3 最大流问题

“流”的概念在生产管理实践中往往可以表示为资金流、物资流、交通流，供应系统中的水流、管道石油，甚至是不可见的信息流、电流、控制流，等等。最大流问题（the maximum flow problem）也是网络最优化问题中的另一个基本问题，是在满足容量限制前提下的另一角度的规划问题。

研究网络能通过的流量也是生产和管理工作中常遇到的现实问题。例如：交通网络中要研究车辆的最大通行能力；生产流水线上产品的最大加工能力；供水网络中通过的水流量；信息网络中的信息传送能力等。这类网络的组成弧，一般具有确定的最大通行能力（容量）；而实际通过弧的流量则因网络各弧容量的配置关系，有些常常达不到额定容量值，因此，研究实际能通过的最大流量问题，可以充分发挥网络的设备能力，并且能明确为使最大流量增大应如何改造网络。

5.3.1 最大流问题的基本概念

最大流问题也与网络中的流有关，但目标不是使得流量的总费用最小，而是寻找一个流量方案，使得通过网络的流量最大。除了目标（流量最大化和费用最小化）不一样外，最大流问题的特征与最小费用流问题的特征非常相似。

例 5.2 某公司要从起点 VS（供应点）运送货物到目的地 VT（需求点），其网络图如图 5—4 所示。图中每条弧（节点 i→节点 j）旁的权 $c_{i\to j}$ 表示这条运输线路的最大运输能力（容量）。要求制订一个运输方案，使得从 VS 到 VT 的货运量达到最大。这个问题就是寻求网络系统的最大流问题。

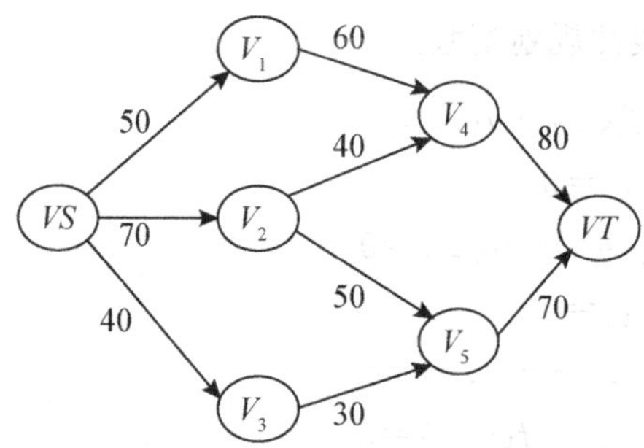

图 5—4 某公司运送货物的网络图（1 个供应点，1 个需求点）

最大流问题的假设：

（1）网络中所有流都起源于一个叫做源（source）的节点（供应点），所有的流都终止于另一个叫做汇（sink）的节点（需求点）；

（2）其余的节点叫做转运点；

（3）通过每一条弧的流只允许沿着弧的箭头方向流动；

（4）目标是使得从供应点（源）到需求点（汇）的总流量最大。

5.3.2 最大流问题的数学模型

最大流问题的线性规划模型为：

（1）决策变量：设 $f_{i\to j}$ 为弧（节点 $i\to$节点 j）的流量。

（2）目标是使通过网络的总流量最大，即从供应点流出的总流量最大。

（3）约束条件。

①所有转运点（中间节点）的净流量为零；

②所有弧的流量 $f_{i\to j}$ 受到弧的容量的限制；

③所有弧的流量 $f_{i\to j}$ 非负。

具体而言，对于例 5.2 的最大流问题，其线性规划模型为：

（1）决策变量。

设 $f_{i\to j}$ 为弧（节点 $i\to$节点 j）的流量。

（2）目标函数。

本问题的目标是使从供应点 VS 流出的总流量最大，即：

$$\max F = f_{VS\to V1} + f_{VS\to V2} + f_{VS\to V3}$$

（3）约束条件（转运点的净流量为 0、弧的容量限制、非负）。

①转运点 V_1：$f_{V1\to V4} - f_{VS\to V1} = 0$

转运点 V_2：$(f_{V2\to V4} + f_{V2\to V5}) - f_{VS\to V2} = 0$

转运点 V_3：$f_{V3\to V5} - f_{VS\to V3} = 0$

转运点 V_4：$f_{V4\to VT} - (f_{V1\to V4} + f_{V2\to V4}) = 0$

转运点 V_5：$f_{V5\to VT} - (f_{V2\to V5} + f_{V3\to V5}) = 0$

②弧的容量限制：$f_{i\to j} \leqslant c_{i\to j}$

③非负：$f_{i\to j} \geqslant 0$

于是，得到例 5.2 的线性规划模型：

$$\max F=f_{VS\to V1}+f_{VS\to V2}+f_{VS\to V3}$$

$$\text{s.t.}\begin{cases}f_{V1\to V4}-f_{VS\to V1}=0\\(f_{V2\to V4}+f_{V2\to V5})-f_{VS\to V2}=0\\f_{V3\to V5}-f_{VS\to V3}=0\\f_{V4\to VT}-(f_{V1\to V4}+f_{V2\to V4})=0\\f_{V5\to VT}-(f_{V2\to V5}+f_{V3\to V5})=0\\0\leqslant f_{i\to j}\leqslant c_{i\to j}\end{cases}$$

5.3.3 最大流问题的电子表格模型

可以使用 Excel 来描述和求解最大流问题。

对于例 5.2 的最大流问题，其电子表格模型如图 5—5 所示，参见“例 5.2.xlsx”。

Excel 求解结果（最优运输方案）如图 5—5 中的 D4：D12 区域所示，此时的最大流为 150 单位。

	A	B	C	D	E	F	G	H	I	J	K
1	例5.2										
2											
3		从	到	流量		容量		节点	净流量		供应/需求
4		VS	V_1	50	<=	50		VS	150		供应点
5		VS	V_2	70	<=	70		V_1	0	=	0
6		VS	V_3	30	<=	40		V_2	0	=	0
7		V_1	V_4	50	<=	60		V_3	0	=	0
8		V_2	V_4	30	<=	40		V_4	0	=	0
9		V_2	V_5	40	<=	50		V_5	0	=	0
10		V_3	V_5	30	<=	30		VT	-150		需求点
11		V_4	VT	80	<=	80					
12		V_5	VT	70	<=	70					
13											
14			最大流	150							

	C	D
14	最大流	=I4

	I
3	净流量
4	=SUMIF(从,H4,流量)-SUMIF(到,H4,流量)
5	=SUMIF(从,H5,流量)-SUMIF(到,H5,流量)
6	=SUMIF(从,H6,流量)-SUMIF(到,H6,流量)
7	=SUMIF(从,H7,流量)-SUMIF(到,H7,流量)
8	=SUMIF(从,H8,流量)-SUMIF(到,H8,流量)
9	=SUMIF(从,H9,流量)-SUMIF(到,H9,流量)
10	=SUMIF(从,H10,流量)-SUMIF(到,H10,流量)

名称	单元格
从	B4:B12
到	C4:C12
流量	D4:D12
容量	F4:F12
转运点净流量	I5:I9
最大流	D14

图 5—5 例 5.2 的电子表格模型

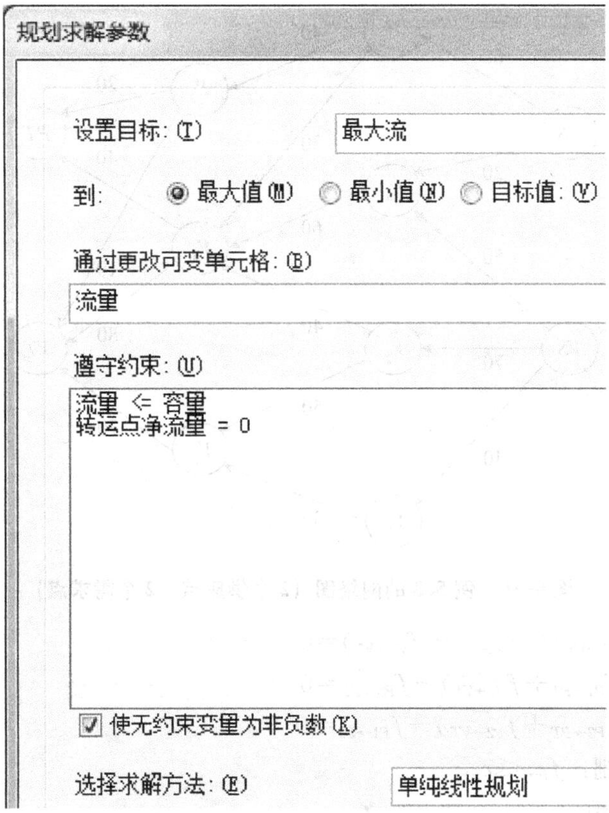

规划求解参数

设置目标：(T) 最大流

到： ◉ 最大值(M) ○ 最小值(N) ○ 目标值：(V)

通过更改可变单元格：(B)

流量

遵守约束：(U)

流量 <= 容量
转运点净流量 = 0

☑ 使无约束变量为非负数(K)

选择求解方法：(E) 单纯线性规划

图 5—5 例 5.2 的电子表格模型（续）

5.3.4 最大流问题的变形

最大流问题的变形主要在于：有多个供应点和（或）有多个需求点。

例 5.3 在例 5.2 的基础上，增加了一个供应点 PS、一个需求点 PT、两个转运点 P_1 和 P_2 以及与之相连的 7 条弧，如图 5—6 所示。目标是从 2 个供应点 VS 和 PS 运出的货物量最大。本问题是一个有 2 个供应点和 2 个需求点的最大流问题。

解：

(1) 决策变量。

设 $f_{i\to j}$ 为弧（节点 i→节点 j）的流量。

(2) 目标函数。

本问题的目标是使从 2 个供应点 VS 和 PS 运出的货物量最大，即：

$$\max F = f_{PS\to P1} + f_{PS\to V1} + f_{VS\to V1} + f_{VS\to V2} + f_{VS\to V3}$$

(3) 约束条件（转运点的净流量为 0、弧的容量限制、非负）。

①转运点 V_1：$f_{V1\to V4} - (f_{VS\to V1} + f_{PS\to V1}) = 0$

转运点 V_2：$(f_{V2\to V4} + f_{V2\to V5}) - f_{VS\to V2} = 0$

转运点 V_3：$f_{V3\to V5} - f_{VS\to V3} = 0$

转运点 V_4：$(f_{V4\to PT} + f_{V4\to VT}) - (f_{P1\to V4} + f_{V1\to V4} + f_{V2\to V4}) = 0$

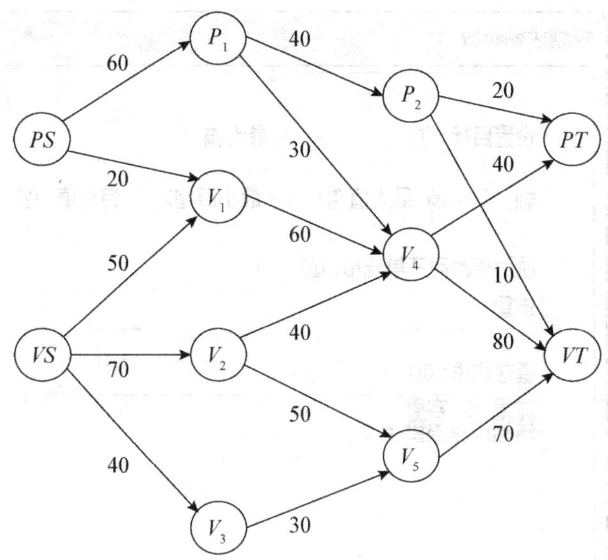

图 5—6 例 5.3 的网络图（2 个供应点，2 个需求点）

转运点 V_5：$f_{V5\to VT}-(f_{V2\to V5}+f_{V3\to V5})=0$

转运点 P_1：$(f_{P1\to P2}+f_{P1\to V4})-f_{PS\to P1}=0$

转运点 P_2：$(f_{P2\to PT}+f_{P2\to VT})-f_{P1\to P2}=0$

②弧的容量限制：$f_{i\to j}\leqslant c_{i\to j}$

③非负：$f_{i\to j}\geqslant 0$

于是，得到例 5.3 的线性规划模型：

$$\max F=f_{PS\to P1}+f_{PS\to V1}+f_{VS\to V1}+f_{VS\to V2}+f_{VS\to V3}$$

$$\text{s. t.}\begin{cases}f_{V1\to V4}-(f_{VS\to V1}+f_{PS\to V1})=0\\(f_{V2\to V4}+f_{V2\to V5})-f_{VS\to V2}=0\\f_{V3\to V5}-f_{VS\to V3}=0\\(f_{V4\to PT}+f_{V4\to VT})-(f_{P1\to V4}+f_{V1\to V4}+f_{V2\to V4})=0\\f_{V5\to VT}-(f_{V2\to V5}+f_{V3\to V5})=0\\(f_{P1\to P2}+f_{P1\to V4})-f_{PS\to P1}=0\\(f_{P2\to PT}+f_{P2\to VT})-f_{P1\to P2}=0\\0\leqslant f_{i\to j}\leqslant c_{i\to j}\end{cases}$$

例 5.3 的电子表格模型如图 5—7 所示，参见“例 5.3.xlsx”。

Excel 求解结果（最优运输方案）如图 5—7 中的 D4：D19 区域所示，此时的最大流为 220，其中从 *VS* 运出的货物量为 150 单位，从 *PS* 运出的货物量为 70 单位。

5.3.5 最大流问题的应用举例

最大流问题的一些实际应用：

（1）通过配送网络的流量最大，如例 5.2 和例 5.3。

（2）通过管道运输系统的油的流量最大。

	A	B	C	D	E	F	G	H	I	J	K
1	例5.3										
2											
3		从	到	流量		容量		节点	净流量		供应/需求
4		VS	V_1	50	<=	50		VS	150		供应点
5		VS	V_2	70	<=	70		PS	70		供应点
6		VS	V_3	30	<=	40		V_1	0	=	0
7		V_1	V_4	60	<=	60		V_2	0	=	0
8		V_2	V_4	30	<=	40		V_3	0	=	0
9		V_2	V_5	40	<=	50		V_4	0	=	0
10		V_3	V_5	30	<=	30		V_5	0	=	0
11		V_4	VT	80	<=	80		P_1	0	=	0
12		V_5	VT	70	<=	70		P_2	0	=	0
13		PS	V_1	10	<=	20		VT	-160		需求点
14		PS	P_1	60	<=	60		PT	-60		需求点
15		P_1	V_4	30	<=	30					
16		P_1	P_2	30	<=	40					
17		P_2	VT	10	<=	10					
18		P_2	PT	20	<=	20					
19		V_4	PT	40	<=	40					
20											
21			最大流	220							

	C	D
21	最大流	=I4+I5

	I
3	净流量
4	=SUMIF(从,H4,流量)-SUMIF(到,H4,流量)
5	=SUMIF(从,H5,流量)-SUMIF(到,H5,流量)
6	=SUMIF(从,H6,流量)-SUMIF(到,H6,流量)
7	=SUMIF(从,H7,流量)-SUMIF(到,H7,流量)
8	=SUMIF(从,H8,流量)-SUMIF(到,H8,流量)
9	=SUMIF(从,H9,流量)-SUMIF(到,H9,流量)
10	=SUMIF(从,H10,流量)-SUMIF(到,H10,流量)
11	=SUMIF(从,H11,流量)-SUMIF(到,H11,流量)
12	=SUMIF(从,H12,流量)-SUMIF(到,H12,流量)
13	=SUMIF(从,H13,流量)-SUMIF(到,H13,流量)
14	=SUMIF(从,H14,流量)-SUMIF(到,H14,流量)

名称	单元格
从	B4:B19
到	C4:C19
流量	D4:D19
容量	F4:F19
转运点净流量	I6:I12
最大流	D21

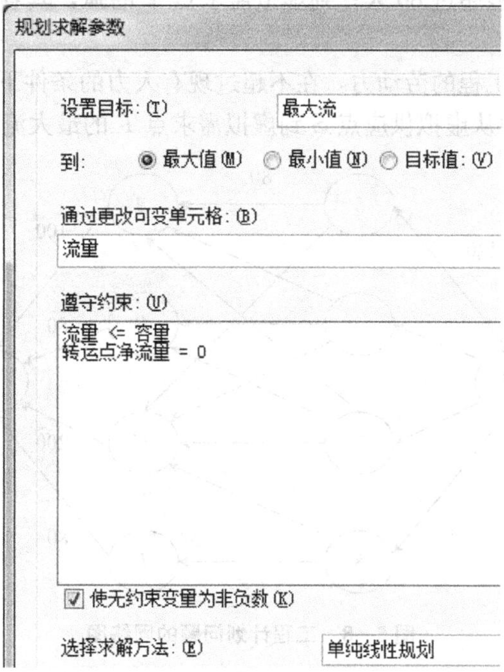

规划求解参数

设置目标：(T) 最大流

到： ◉ 最大值(M) ○ 最小值(N) ○ 目标值：(V)

通过更改可变单元格：(B)

流量

遵守约束：(U)

流量 <= 容量
转运点净流量 = 0

☑ 使无约束变量为非负数(K)

选择求解方法：(E) 单纯线性规划

图 5—7 例 5.3 的电子表格模型

(3) 通过输水系统的水的流量最大。

(4) 通过交通网络的车辆的流量最大，等等。

例 5.4 工程计划问题。某市政工程公司在未来 5—8 月份需完成四个工程：修建一条地下通道、修建一座人行天桥、新建一条道路及道路维修。工期和所需劳动力见表 5—1。该公司共有劳动力 120 人，任一工程在一个月内的劳动力投入不能超过 80 人，问公司应如何分派劳动力以完成所有工程？是否能按期完成？

表 5—1 **四个工程的工期和所需劳动力**

工程	工期	需要的劳动力（人）
A. 地下通道	5—7 月	100
B. 人行天桥	6—7 月	80
C. 新建道路	5—8 月	200
D. 道路维修	8 月	80

解：

本问题可以用最大流问题的方法来求解。

将工程计划问题用图 5—8 表示。图中的节点 5、6、7、8 分别表示 5—8 月份，节点 A、B、C、D 表示四个工程。为了求解问题方便，增加了一个虚拟供应点 S 和一个虚拟需求点 T。

用“弧”表示某月完成某个工程的状态，弧的流量为所投入的劳动力，受到劳动力的限制（弧旁的数字表示弧的容量，从虚拟供应点 S 开始的弧，其容量为该公司共有的劳动力 120 人；从节点 5、6、7、8 开始到节点 A、B、C、D 的弧，其容量为任一工程在一个月内的劳动力投入，不能超过 80 人；到虚拟需求点 T 的弧，其容量为每个工程所需的劳动力）。

合理安排每个月各工程的劳动力，在不超过现有人力的条件下，尽可能保证工程按期完成，就是求图 5—8 中从虚拟供应点 S 到虚拟需求点 T 的最大流问题。

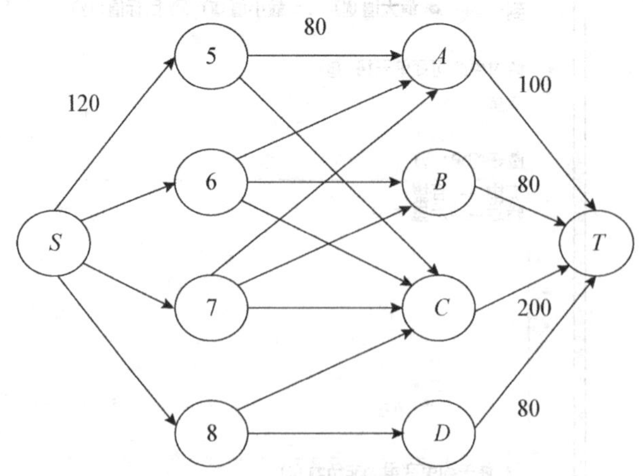

图 5—8 工程计划问题的网络图

例 5.4 的电子表格模型如图 5—9 所示，参见“例 5.4.xlsx”。

	A	B	C	D	E	F	G	H	I	J	K
1	**例5.4**										
2											
3		从	到	流量		容量		节点	净流量		供应/需求
4		S	5	120	<=	120		S	460		虚拟供应点
5		S	6	100	<=	120		5	0	=	0
6		S	7	120	<=	120		6	0	=	0
7		S	8	120	<=	120		7	0	=	0
8		5	A	40	<=	80		8	0	=	0
9		5	C	80	<=	80		A	0	=	0
10		6	A	60	<=	80		B	0	=	0
11		6	B	40	<=	80		C	0	=	0
12		6	C	0	<=	80		D	0	=	0
13		7	A	0	<=	80		T	-460		虚拟需求点
14		7	B	40	<=	80					
15		7	C	80	<=	80					
16		8	C	40	<=	80					
17		8	D	80	<=	80					
18		A	T	100	<=	100					
19		B	T	80	<=	80					
20		C	T	200	<=	200					
21		D	T	80	<=	80					
22											
23			最大流	460							

	C	D
23	最大流	=I4

名称	单元格
从	B4:B21
到	C4:C21
流量	D4:D21
容量	F4:F21
转运点净流量	I5:I12
最大流	D23

	I
3	净流量
4	=SUMIF(从,H4,流量)-SUMIF(到,H4,流量)
5	=SUMIF(从,H5,流量)-SUMIF(到,H5,流量)
6	=SUMIF(从,H6,流量)-SUMIF(到,H6,流量)
7	=SUMIF(从,H7,流量)-SUMIF(到,H7,流量)
8	=SUMIF(从,H8,流量)-SUMIF(到,H8,流量)
9	=SUMIF(从,H9,流量)-SUMIF(到,H9,流量)
10	=SUMIF(从,H10,流量)-SUMIF(到,H10,流量)
11	=SUMIF(从,H11,流量)-SUMIF(到,H11,流量)
12	=SUMIF(从,H12,流量)-SUMIF(到,H12,流量)
13	=SUMIF(从,H13,流量)-SUMIF(到,H13,流量)

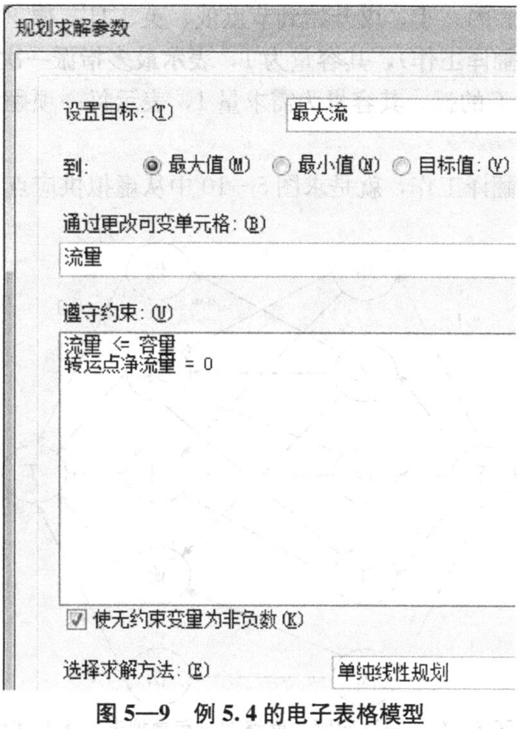

规划求解参数

设置目标:(T) 最大流

到: ◉ 最大值(M) ○ 最小值(N) ○ 目标值:(V)

通过更改可变单元格:(B)

流量

遵守约束:(U)

流量 <= 容量
转运点净流量 = 0

☑ 使无约束变量为非负数(K)

选择求解方法:(E) 单纯线性规划

图 5—9 例 5.4 的电子表格模型

Excel 求解结果（每个月各工程的劳动力分配方案）如表 5—2 所示。6 月份有剩余劳动力 20 人，四个工程恰好能按期完成。

表 5—2　　每个月各工程的劳动力分配方案

月份	投入劳动力	工程 A	工程 B	工程 C	工程 D
5	120	40		80	
6	100（剩 20）	60	40		
7	120		40	80	
8	120			40	80
合计	460	100	80	200	80

例 5.5　招聘问题。某单位招聘懂俄、英、日、德、法文的翻译各 1 人，现有 5 人应聘，已知乙懂俄文，甲、乙、丙、丁懂英文，甲、丙、丁懂日文，乙、戊懂德文，戊懂法文。问：这 5 个人是否都能得到聘书？最多几个人可以得到聘书？招聘后每个人从事哪一方面的翻译工作？

解：

本问题看似指派问题，但没有指派成本，目标也不是总指派成本最小，而是“最多几个人可以得到聘书”，所以本问题可以用最大流问题的方法来求解。

方法 1：与例 5.4 类似，将招聘问题用图 5—10 表示。图中的节点甲、乙、丙、丁、戊表示 5 个人，节点俄、英、日、德、法表示 5 项翻译任务。为了求解问题方便，增加了一个虚拟供应点 S 和一个虚拟需求点 T（而方法 2 就没有增加这两个虚拟节点）。

(1) 从虚拟供应点 S 开始的弧，其容量为供应量 1，表示每个人最多只能完成一项翻译任务。

(2) 从节点甲、乙、丙、丁、戊开始到节点俄、英、日、德、法的弧，表示某人懂某国语言（能胜任相应的翻译工作），其容量为 1，表示最多指派一次。

(3) 到虚拟需求点 T 的弧，其容量为需求量 1，表示每一项翻译任务最多只能由一个人完成。

合理安排每个人的翻译工作，就是求图 5—10 中从虚拟供应点 S 到虚拟需求点 T 的最大流问题。

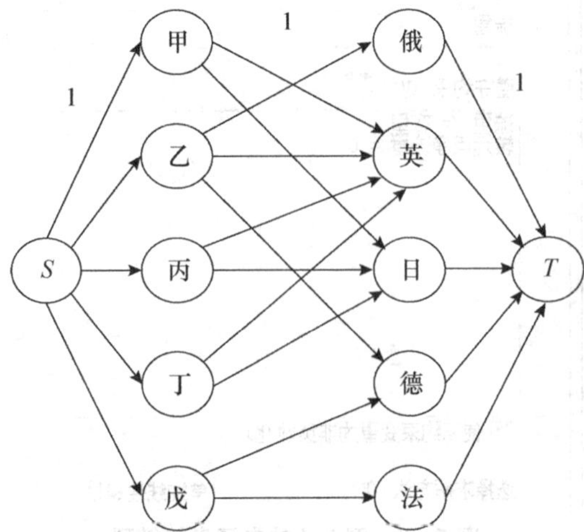

图 5—10　招聘问题的网络图（有虚拟节点 S 和 T）

例 5.5（招聘问题）方法 1 的电子表格模型如图 5—11 所示，参见“例 5.5 方法 1.xlsx”。为了查看方便，在最优解（流量）D4：D24 区域中，使用 Excel 的“条件格式”功能①，将“0”值单元格的字体颜色设置成“黄色”，与填充颜色（背景色）相同。

	A	B	C	D	E	F	G	H	I	J	K
1	**例5.5 方法1 增加虚拟供应点S和虚拟需求点T**										
2											
3		从	到	流量		容量		节点	净流量		供应/需求
4		*S*	甲	1	<=	1		*S*	4		虚拟供应点
5		*S*	乙	1	<=	1		甲	0	=	0
6		*S*	丙		<=	1		乙	0	=	0
7		*S*	丁	1	<=	1		丙	0	=	0
8		*S*	戊	1	<=	1		丁	0	=	0
9		乙	俄文	1	<=	1		戊	0	=	0
10		甲	英文	1	<=	1		俄文	0	=	0
11		乙	英文		<=	1		英文	0	=	0
12		丙	英文		<=	1		日文	0	=	0
13		丁	英文		<=	1		德文	0	=	0
14		甲	日文		<=	1		法文	0	=	0
15		丙	日文		<=	1		*T*	-4		虚拟需求点
16		丁	日文	1	<=	1					
17		乙	德文		<=	1					
18		戊	德文		<=	1					
19		戊	法文	1	<=	1					
20		俄文	*T*	1	<=	1					
21		英文	*T*	1	<=	1					
22		日文	*T*	1	<=	1					
23		德文	*T*		<=	1					
24		法文	*T*	1	<=	1					
25											
26			最大流	4							

	I
3	净流量
4	=SUMIF(从,H4,流量)-SUMIF(到,H4,流量)
5	=SUMIF(从,H5,流量)-SUMIF(到,H5,流量)
6	=SUMIF(从,H6,流量)-SUMIF(到,H6,流量)
7	=SUMIF(从,H7,流量)-SUMIF(到,H7,流量)
8	=SUMIF(从,H8,流量)-SUMIF(到,H8,流量)
9	=SUMIF(从,H9,流量)-SUMIF(到,H9,流量)
10	=SUMIF(从,H10,流量)-SUMIF(到,H10,流量)
11	=SUMIF(从,H11,流量)-SUMIF(到,H11,流量)
12	=SUMIF(从,H12,流量)-SUMIF(到,H12,流量)
13	=SUMIF(从,H13,流量)-SUMIF(到,H13,流量)
14	=SUMIF(从,H14,流量)-SUMIF(到,H14,流量)
15	=SUMIF(从,H15,流量)-SUMIF(到,H15,流量)

	C	D
26	最大流	=I4

名称	单元格
从	B4:B24
到	C4:C24
流量	D4:D24
容量	F4:F24
转运点净流量	I5:I14
最大流	D26

图 5—11 例 5.5 方法 1 的电子表格模型

① 设置（或清除）条件格式的操作参见第 4 章附录Ⅱ。

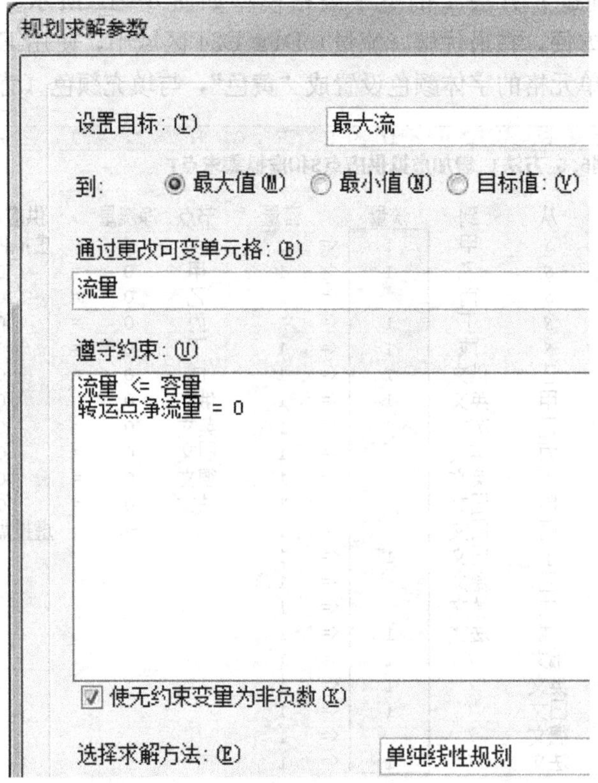

图 5—11　例 5.5 方法 1 的电子表格模型（续）

方法 1 的求解结果如图 5—11 中的 B4：D24 区域所示。整理后每个人的翻译任务的指派方案如图 5—12 所示。这 5 个人不能都得到聘书，最多有 4 个人可以得到聘书。招聘后每个人从事的翻译任务是：甲→英文、乙→俄文、丁→日文、戊→法文。遗憾的是，丙没能得到聘书，而德文翻译任务没人做。

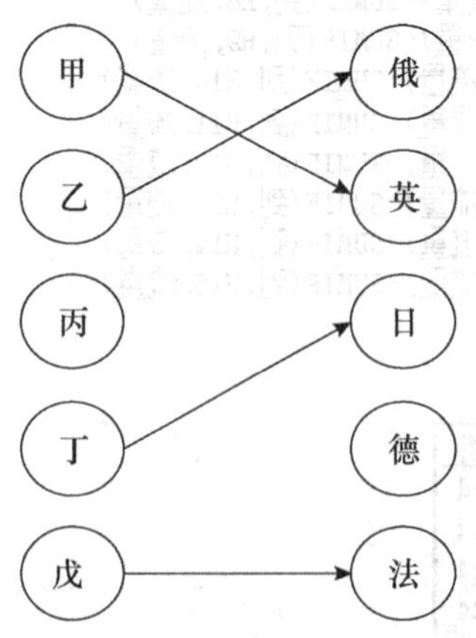

图 5—12　每个人翻译任务的指派方案（方法 1）

方法 2：把该招聘问题看成是变形的指派问题，因为目标是“最多几个人可以得到聘书”，所以用最大流问题的方法来求解。

变形的指派问题也可用网络图表示，如图 5—13 所示。图中的节点甲、乙、丙、丁、戊表示 5 个人，节点俄、英、日、德、法表示 5 项翻译任务。用弧表示某人懂某国语言（能胜任相应的翻译任务）。

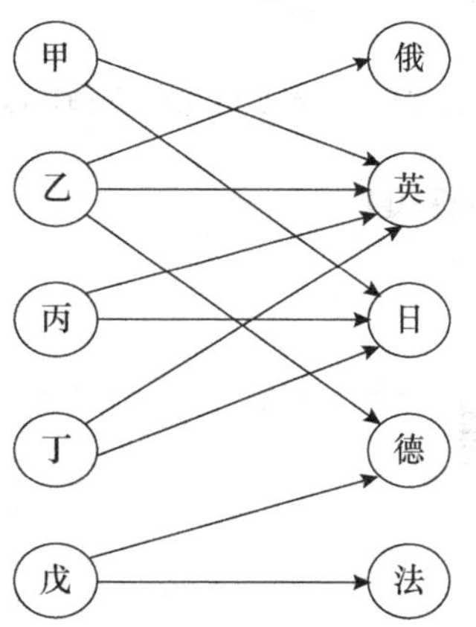

图 5—13 招聘问题的网络图（变形的指派问题）

例 5.5（招聘问题）方法 2 的电子表格模型如图 5—14 所示，参见“例 5.5 方法 2. xlsx”。这里将最大流问题中常用的节点“净流量”约束分开，成为供应点“总流出”约束和需求点“总流入”约束。供应点“总流出”约束对应指派问题中“每个人最多只能做一项任务”的约束，而需求点“总流入”约束对应指派问题中“每一项任务最多只能由一个人做”的约束。

	A	B	C	D	E	F	G	H	I	J	K
1	**例5.5 方法2 变形的指派问题**										
2											
3		从	到	流量		容量		供应点	总流出		供应量
4		乙	俄文	1	<=	1		甲	1	<=	1
5		甲	英文		<=	1		乙	1	<=	1
6		乙	英文		<=	1		丙	1	<=	1
7		丙	英文	1	<=	1		丁	0	<=	1
8		丁	英文		<=	1		戊	1	<=	1
9		甲	日文	1	<=	1					
10		丙	日文		<=	1		需求点	总流入		需求量
11		丁	日文		<=	1		俄文	1	<=	1
12		乙	德文		<=	1		英文	1	<=	1
13		戊	德文	1	<=	1		日文	1	<=	1
14		戊	法文		<=	1		德文	1	<=	1
15								法文	0	<=	1
16			最大流	4							

	I
3	总流出
4	=SUMIF(从,H4,流量)
5	=SUMIF(从,H5,流量)
6	=SUMIF(从,H6,流量)
7	=SUMIF(从,H7,流量)
8	=SUMIF(从,H8,流量)

	I
10	总流入
11	=SUMIF(到,H11,流量)
12	=SUMIF(到,H12,流量)
13	=SUMIF(到,H13,流量)
14	=SUMIF(到,H14,流量)
15	=SUMIF(到,H15,流量)

图 5—14 例 5.5 方法 2 的电子表格模型

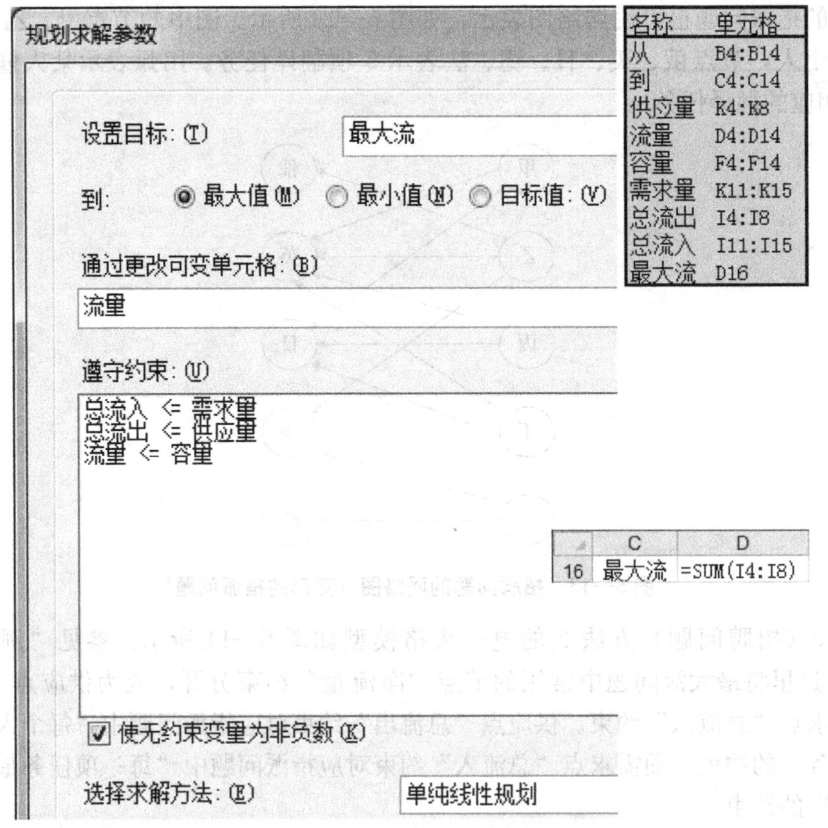

图 5—14　例 5.5 方法 2 的电子表格模型（续）

方法 2 的求解结果：

(1) 每个人翻译任务的指派方案如图 5—13 中的 B4：D14 区域所示，与方法 1 求得的指派方案（见图 5—12）有所不同。也就是说，得到另外一组最优解。

(2) 每个人的指派情况如 I4：I8 区域所示。也就是说，有 4 个人指派到翻译任务（最多有 4 个人可以得到聘书），而“丁”没有指派到翻译任务（没能得到聘书）。

(3) 翻译任务的分派情况如 I11：I15 区域所示。从另一方面说明，有 4 项翻译任务分派到人，而“法文”没有分派到人（没人做）。

整理方法 2 的求解结果（每个人翻译任务的指派方案），得到图 5—15。

5.4　最小费用最大流问题

在实际的网络应用中，当涉及流的问题时，有时考虑的不只是流量，还要考虑费用问题，尤其是需兼顾流量和费用问题，于是就出现了最小费用最大流问题（the minimum cost maximum flow problem）。欲使一个容量网络的成本最小，则流量为 0 的情况符合条件（成本为零）；而想使一个容量网络的流量最大，则在不计成本的时候最容易实现。因此单从字面上看，最小费用和最大流同时出现在一个问题的规划目标中，似乎是“相互矛盾”的。为了避免语意上的误解，在一些教材中，“最小费用最大流”往往直接表达成“最小费用”。所谓的“最小费用问题”，就是指在一个特定的运输流量下，从不同的流量

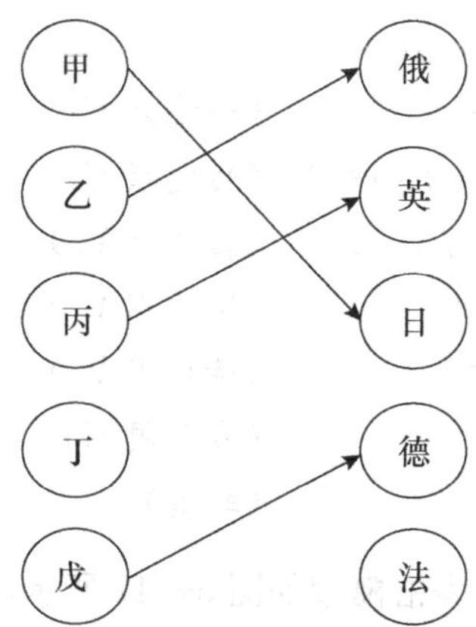

图 5—15　每个人翻译任务的指派方案（方法 2）

配置方案中规划出一个费用最小的方案。类似的，所谓的“最小费用最大流问题”，就是保证网络在最大流的情况下，如果有多个最大流量运输方案，则寻求其中费用最小的方案。最小费用最大流问题，是最小费用流问题的特殊情况。因此，仍旧是单一目标的规划问题。

利用 Excel 软件中“规划求解”命令来实现最小费用流问题是十分简洁的。在约束条件中，强制规定流量等于特定值后，由模型来规划最小费用流。如果问题明确提出求最小费用最大流问题，则问题可以分成两步走（建立两个模型）：第一步按照前面介绍的方法，求出问题不考虑成本时的最大流量；第二步是将前一步确定的最大流量作为新的约束条件，添加到求最小费用的模型中去。

例 5.6　某公司有一个管道网络（如图 5—16 所示），使用这个网络可以把石油从采地 V_1 输送到销地 V_7。由于输油管道长短不一，每段管道除了有不同的容量 c_{ij} 限制外，还有不同的单位流量的费用 b_{ij}。每段管道旁括号内的数字为（c_{ij}，b_{ij}）。如果使用这个管道网络，从采地 V_1 向销地 V_7 输送石油，怎样才能输送最多的石油并使得总的输送费用最小？

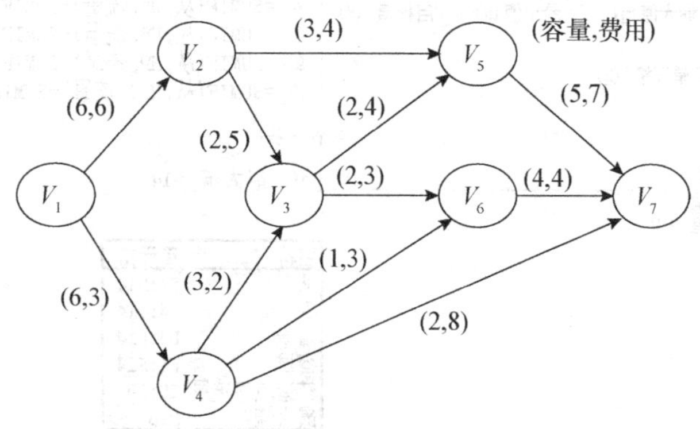

图 5—16　某公司的管道网络图

解：

第一步：先求出此管道网络的最大流量 F（最大流问题）。

设通过弧（V_i，V_j）的流量为 f_{ij}，则例 5.6 最大流问题的线性规划模型为：

$$\max F=f_{12}+f_{14}$$

$$\text{s. t.}\begin{cases}(f_{25}+f_{23})-f_{12}=0 & (\text{转运点 }V_2)\\(f_{35}+f_{36})-(f_{23}+f_{43})=0 & (\text{转运点 }V_3)\\(f_{43}+f_{46}+f_{47})-f_{14}=0 & (\text{转运点 }V_4)\\f_{57}-(f_{25}+f_{35})=0 & (\text{转运点 }V_5)\\f_{67}-(f_{36}+f_{46})=0 & (\text{转运点 }V_6)\\f_{ij}\leqslant c_{ij} & (\text{容量限制})\\f_{ij}\geqslant 0 & (\text{非负})\end{cases}$$

石油网络最大流问题的电子表格模型如图 5—17 所示，参见“例 5.6 第一步. xlsx”。

	A	B	C	D	E	F	G	H	I	J	K
1	例5.6 第一步 最大流问题										
2											
3		从	到	流量		容量		节点	净流量		供应/需求
4		V_1	V_2	5	<=	6		V_1	10		供应点
5		V_1	V_4	5	<=	6		V_2	0	=	0
6		V_2	V_5	3	<=	3		V_3	0	=	0
7		V_2	V_3	2	<=	2		V_4	0	=	0
8		V_3	V_5	2	<=	2		V_5	0	=	0
9		V_3	V_6	2	<=	2		V_6	0	=	0
10		V_4	V_3	2	<=	3		V_7	-10		需求点
11		V_4	V_6	1	<=	1					
12		V_4	V_7	2	<=	2					
13		V_5	V_7	5	<=	5					
14		V_6	V_7	3	<=	4					
15											
16			最大流	10							

规划求解参数

设置目标：(T) 最大流

到： ◉ 最大值(M) ○ 最小值(N) ○ 目标值：(V)

通过更改可变单元格：(B)

流量

遵守约束：(U)

流量 <= 容量
转运点净流量 = 0

☑ 使无约束变量为非负数(K)

选择求解方法：(E) 单纯线性规划

	I
3	净流量
4	=SUMIF(从,H4,流量)-SUMIF(到,H4,流量)
5	=SUMIF(从,H5,流量)-SUMIF(到,H5,流量)
6	=SUMIF(从,H6,流量)-SUMIF(到,H6,流量)
7	=SUMIF(从,H7,流量)-SUMIF(到,H7,流量)
8	=SUMIF(从,H8,流量)-SUMIF(到,H8,流量)
9	=SUMIF(从,H9,流量)-SUMIF(到,H9,流量)
10	=SUMIF(从,H10,流量)-SUMIF(到,H10,流量)

	C	D
16	最大流	=I4

名称	单元格
从	B4:B14
到	C4:C14
流量	D4:D14
容量	F4:F14
转运点净流量	I5:I9
最大流	D16

图 5—17 石油网络最大流问题的电子表格模型

求得的最大流量 $F=10$。

第二步：在最大流量 $F=10$ 的所有解中，找出一个最小费用的解（最小费用流问题）。

模型结构并无大的变化，只是在第二步中将第一步中规划求解出来的供应点和需求点最大流量作为强制约束写入模型。同时目标函数通过综合运输成本来表达。

因此，仍然设通过弧（V_i，V_j）的流量为 f_{ij}，这时管道网络的最大流量 F 已经知道，只需在第一步约束条件的基础上，增加供应点的总流量等于 F 的约束条件：$f_{12}+f_{14}=F$；以及需求点的总流量等于 F 的约束条件：$f_{47}+f_{57}+f_{67}=F$，即可得到最小费用最大流问题的约束条件。其目标函数显然是求其流量的最小总费用：$\min z=\sum f_{ij}\cdot b_{ij}$。

例 5.6 最小费用最大流问题的线性规划模型为：

$$\min z=6f_{12}+3f_{14}+4f_{25}+5f_{23}+4f_{35}+3f_{36}+2f_{43}+3f_{46}+8f_{47}+7f_{57}+4f_{67}$$

$$\text{s.t.}\begin{cases} f_{12}+f_{14}=10 & (\text{供应点,采地}V_1)\\ (f_{25}+f_{23})-f_{12}=0 & (\text{转运点}V_2)\\ (f_{35}+f_{36})-(f_{23}+f_{43})=0 & (\text{转运点}V_3)\\ (f_{43}+f_{46}+f_{47})-f_{14}=0 & (\text{转运点}V_4)\\ f_{57}-(f_{25}+f_{35})=0 & (\text{转运点}V_5)\\ f_{67}-(f_{36}+f_{46})=0 & (\text{转运点}V_6)\\ f_{47}+f_{57}+f_{67}=10 & (\text{需求点,销地}V_7)\\ f_{ij}\leqslant c_{ij} & (\text{容量限制})\\ f_{ij}\geqslant 0 & (\text{非负}) \end{cases}$$

石油网络最小费用最大流问题的电子表格模型如图 5—18 所示，参见“例 5.6 第二步.xlsx”。

	A	B	C	D	E	F	G	H	I	J	K	L
1	例5.6 第二步 最小费用最大流问题											
2												
3		从	到	流量		容量	单位费用		节点	净流量		供应/需求
4		V_1	V_2	4	<=	6	6		V_1	10	=	10
5		V_1	V_4	6	<=	6	3		V_2	0	=	0
6		V_2	V_5	3	<=	3	4		V_3	0	=	0
7		V_2	V_3	1	<=	2	5		V_4	0	=	0
8		V_3	V_5	2	<=	2	4		V_5	0	=	0
9		V_3	V_6	2	<=	2	3		V_6	0	=	0
10		V_4	V_3	3	<=	3	2		V_7	-10	=	-10
11		V_4	V_6	1	<=	1	3					
12		V_4	V_7	2	<=	2	8					
13		V_5	V_7	5	<=	5	7					
14		V_6	V_7	3	<=	4	4					
15												
16							总费用					
17							145					

图 5—18 石油网络最小费用最大流问题的电子表格模型

	J
3	净流量
4	=SUMIF(从,I4,流量)-SUMIF(到,I4,流量)
5	=SUMIF(从,I5,流量)-SUMIF(到,I5,流量)
6	=SUMIF(从,I6,流量)-SUMIF(到,I6,流量)
7	=SUMIF(从,I7,流量)-SUMIF(到,I7,流量)
8	=SUMIF(从,I8,流量)-SUMIF(到,I8,流量)
9	=SUMIF(从,I9,流量)-SUMIF(到,I9,流量)
10	=SUMIF(从,I10,流量)-SUMIF(到,I10,流量)

名称	单元格
从	B4:B14
单位费用	G4:G14
到	C4:C14
供应需求	L4:L10
净流量	J4:J10
流量	D4:D14
容量	F4:F14
总费用	G17

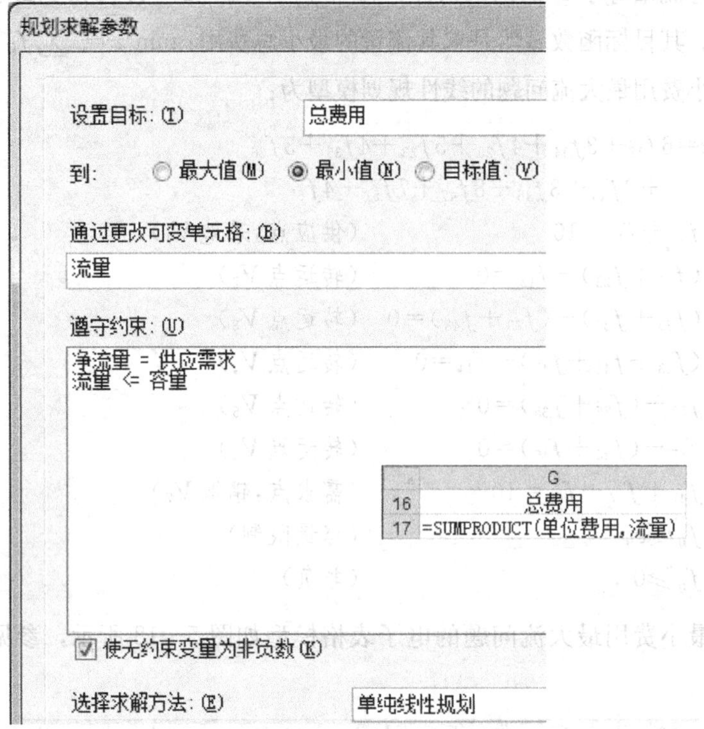

图 5—18 石油网络最小费用最大流问题的电子表格模型（续）

经过两个步骤后，求得一个能够输送石油最多且花费最少的输送方案（见图 5—18 中的 D4：D14 区域)；其最小费用为 145。

5.5 最短路问题

最短路问题（the shortest path problem）是网络理论中应用最广泛的问题之一。许多优化问题可以使用这个模型，如设备更新、管道铺设、路线安排、厂区布局等。

全球定位系统（global positioning system，GPS）是人们熟知的，现在智能手机也配置了导航软件。它可以为我们计算出满足各种不同要求的、从出发地到目的地的最优路径，可能花费时间最短，也可能过路费最少。GPS 寻找最优路径就是最短路问题的典型应用。

5.5.1　最短路问题的基本概念

最短路问题最普遍的应用是在两个点之间寻找最短路线，是最小费用流问题的一种特殊类型：出发地（供应点）的供应量为 1，目的地（需求点）的需求量为 1，转运点的净流量为 0，没有弧的容量限制，目标是使通过网络到目的地的总距离最短。

例 5.7　如图 5—19 所示，某人每天从住处 V_1 开车到工作地点 V_7 上班，图中各弧旁的数字表示道路的长度（单位：公里），试问他从家出发到工作地点，应选择哪条路线，才能使路上行驶的总距离最短。本问题是一个最短路问题。

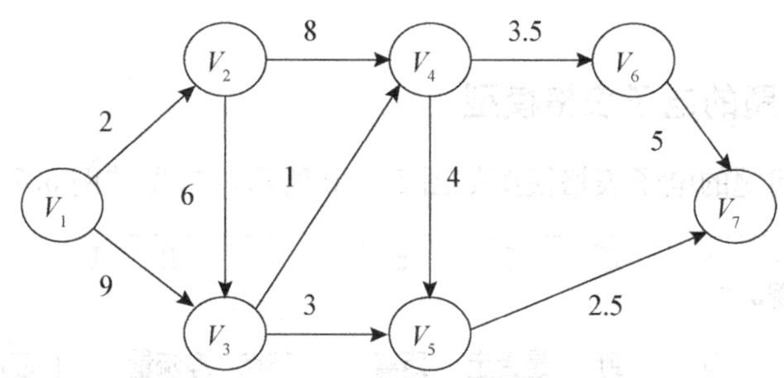

图 5—19　某人开车上班可能的线路图

最短路问题的假设：

(1) 在网络中选择一条路线，始于出发地，终于目的地。

(2) 两个节点间的连线叫做边（允许两个方向行进）或弧（只允许沿着一个方向行进）。与每条边（弧）相关的一个非负数，叫做该边（弧）的长度。

(3) 目标是为了寻找从出发地到目的地的最短路（总长度最短的路线）。

5.5.2　最短路问题的数学模型

最短路问题的线性规划模型为：

(1) 决策变量：设 x_{ij} 为弧（节点 $i \to$ 节点 j）是否走（1 表示走，0 表示不走）。

(2) 目标是使通过网络的总长度最短，即从出发地到目的地的最短路线。

(3) 约束条件。

①一个出发地：净流量为 1（表示出发）；

②所有中间点：净流量为 0（表示如果有走入则必有走出，只是经过而已）；

③一个目的地：净流量为－1（表示到达）；

④x_{ij} 非负。

由于最短路问题是最小费用流问题的一种特殊类型，因此，也具有“整数解”特征，没有必要加上所有决策变量是 0－1 变量的约束。

具体而言，对于例 5.7 的最短路问题，其线性规划数学模型为：

(1) 决策变量：设 x_{ij} 为弧（节点 $V_i \to$ 节点 V_j）是否走（1 表示走，0 表示不走）。

(2) 目标函数：本问题的目标是总距离最短，即：

$$\min z = 2x_{12} + 9x_{13} + 6x_{23} + 8x_{24} + 1x_{34} + 3x_{35} + 4x_{45} + 3.5x_{46} + 2.5x_{57} + 5x_{67}$$

(3) 约束条件（节点净流量、非负）。

①出发地 V_1：$x_{12}+x_{13}=1$

②中间点 V_2：$x_{24}+x_{23}-x_{12}=0$

中间点 V_3：$x_{34}+x_{35}-(x_{13}+x_{23})=0$

中间点 V_4：$x_{46}+x_{45}-(x_{24}+x_{34})=0$

中间点 V_5：$x_{57}-(x_{35}+x_{45})=0$

中间点 V_6：$x_{67}-x_{46}=0$

③目的地 V_7：$0-(x_{67}+x_{57})=-1$ 或 $x_{67}+x_{57}=1$

④非负：$x_{ij}\geqslant 0$

5.5.3 最短路问题的电子表格模型

例 5.7 最短路问题的电子表格模型如图 5—20 所示，参见“例 5.7. xlsx”。

	A	B	C	D	E	F	G	H	I	J
1	例5.7									
2										
3		从	到	是否走	距离		节点	净流量		供应/需求
4		V_1	V_2	1	2		V_1	1	=	1
5		V_1	V_3		9		V_2	0	=	0
6		V_2	V_3	1	6		V_3	0	=	0
7		V_2	V_4		8		V_4	0	=	0
8		V_3	V_4		1		V_5	0	=	0
9		V_3	V_5	1	3		V_6	0	=	0
10		V_4	V_5		4		V_7	-1	=	-1
11		V_4	V_6		3.5					
12		V_5	V_7	1	2.5					
13		V_6	V_7		5					
14										
15				总距离	13.5					

	H
3	净流量
4	=SUMIF(从,G4,是否走)-SUMIF(到,G4,是否走)
5	=SUMIF(从,G5,是否走)-SUMIF(到,G5,是否走)
6	=SUMIF(从,G6,是否走)-SUMIF(到,G6,是否走)
7	=SUMIF(从,G7,是否走)-SUMIF(到,G7,是否走)
8	=SUMIF(从,G8,是否走)-SUMIF(到,G8,是否走)
9	=SUMIF(从,G9,是否走)-SUMIF(到,G9,是否走)
10	=SUMIF(从,G10,是否走)-SUMIF(到,G10,是否走)

名称	单元格
从	B4:B13
到	C4:C13
供应需求	J4:J10
净流量	H4:H10
距离	E4:E13
是否走	D4:D13
总距离	E15

	D	E
15	总距离	=SUMPRODUCT(是否走,距离)

图 5—20 例 5.7 的电子表格模型

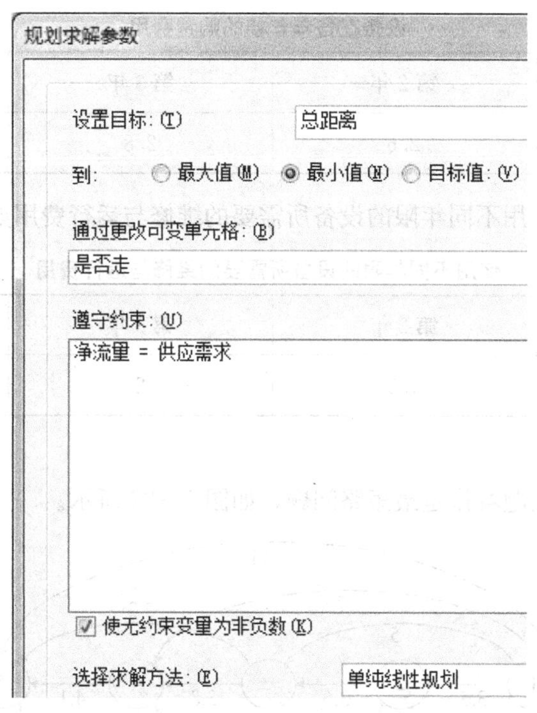

图 5—20 例 5.7 的电子表格模型（续）

在图 5—20 的电子表格模型中，V_1 的供应量为 1，表示此次行程的开始（出发）；V_7 的需求量为 1（净流量为−1），表示此次行程的结束（到达）；其余节点（$V_2 \sim V_6$）为中间点，净流量为 0，表示如果有走入则必有走出（只是经过而已）。

Excel 求解结果为：某人从家 V_1 出发到工作地点 V_7，他开车应行驶的路线为：$V_1 \to V_2 \to V_3 \to V_5 \to V_7$，如图 5—21 所示，此时路上行驶的总距离最短，为 13.5 公里。

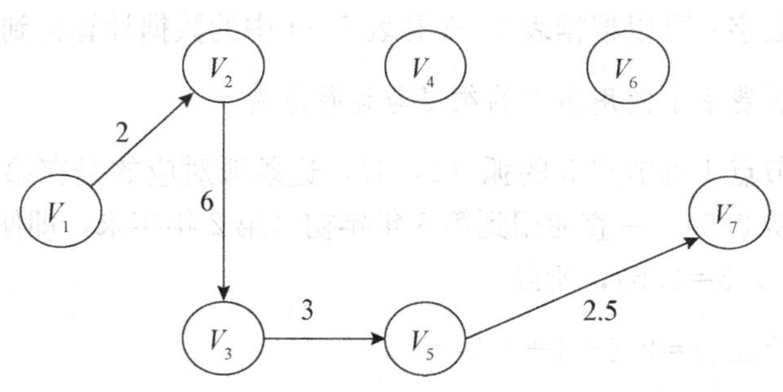

图 5—21 例 5.7 的求解结果（最短路）

5.5.4 最短路问题的应用举例

最短路问题的应用很广，如设备更新、管道铺设、路线安排、厂区布局等。

例 5.8 设备更新问题。某工厂的某台机器可连续工作 4 年，决策者每年年初都要决定机器是否需要更新。若购置新机器，就要支付购置费用；若继续使用旧机器，则需要支付一定的维修与运行费用。试制订今后 4 年的机器更新计划，使得总的支付费用最少。

已知（估计）该种设备在计划期（4 年）内各年年初的购置费用如表 5—3 所示。

表 5—3 设备在各年年初的购置费用

第 1 年	第 2 年	第 3 年	第 4 年
2.5	2.6	2.8	3.1

又已知（估计）使用不同年限的设备所需要的维修与运行费用如表 5—4 所示。

表 5—4 使用不同年限的设备所需要的维修与运行费用

第 1 年	第 2 年	第 3 年	第 4 年
1	1.5	2	4

解：

可以把设备更新问题看作是最短路问题，如图 5—22 所示。

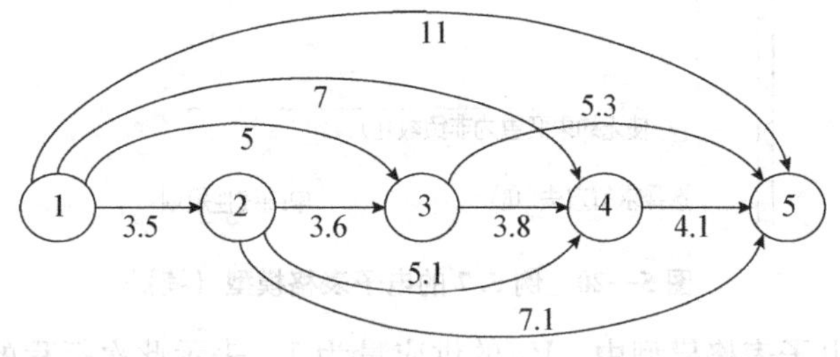

图 5—22 设备更新问题的网络模型

用节点 i 代表“第 i 年年初购买一台新设备”这种状态（增加一个节点 5，可以理解为第 4 年年末），节点 1 和节点 5 表示计划期的始点和终点。从节点 i 到 $i+1$，…，5 各画一条弧，弧（i，j）表示在第 i 年年初购进的机器使用到 j 年年初（第 $j-1$ 年年底），每条弧的权（弧旁的数字）可以根据表 5—3 和表 5—4 中的数据计算得到。

弧长＝购置费用＋使用多年的维修与运行总费用

例如，考虑从节点 1 到节点 3 的弧（1，3），这条弧对应的是在第 1 年年初购进一台新机器（支付购置费 2.5），一直使用到第 3 年年初（第 2 年年末，即使用了 2 年，支付维修与运行总费用 1+1.5=2.5），所以

从①到③的弧长＝2.5＋1＋1.5＝5

这样一来，制订一个最优的设备更新计划问题就等价于寻求从节点 1 到节点 5 的最短路问题。

例 5.8 的电子表格模型如图 5—23 所示，参见“例 5.8 (1).xlsx”。

Excel 求解结果为：①→③→⑤，即计划期内机器更新最优计划为：第 1 年年初、第 3 年年初各购置一台新机器，4 年总的支付费用为 10.3。

	A	B	C	D	E	F	G	H	I	J
1		例5.8（1） 没有处理价格								
2										
3			购置费	维修与运行费用						
4		第1年	2.5	1						
5		第2年	2.6	1.5						
6		第3年	2.8	2						
7		第4年	3.1	4						
8										
9		从	到	是否购置	费用		节点	净流量		供应/需求
10		第1年初	第2年初		3.5		第1年初	1	=	1
11		第1年初	第3年初	1	5		第2年初	0	=	0
12		第1年初	第4年初		7		第3年初	0	=	0
13		第1年初	第5年初		11		第4年初	0	=	0
14		第2年初	第3年初		3.6		第5年初	-1	=	-1
15		第2年初	第4年初		5.1					
16		第2年初	第5年初		7.1					
17		第3年初	第4年初		3.8					
18		第3年初	第5年初	1	5.3					
19		第4年初	第5年初		4.1					
20										
21				总费用	10.3					

	E
9	费用
10	=第1年购置费+SUM(D$4:D4)
11	=第1年购置费+SUM(D$4:D5)
12	=第1年购置费+SUM(D$4:D6)
13	=第1年购置费+SUM(D$4:D7)
14	=第2年购置费+SUM(D$4:D4)
15	=第2年购置费+SUM(D$4:D5)
16	=第2年购置费+SUM(D$4:D6)
17	=第3年购置费+SUM(D$4:D4)
18	=第3年购置费+SUM(D$4:D5)
19	=第4年购置费+D4

	D	E
21	总费用	=SUMPRODUCT(是否购置,费用)

名称	单元格
从	B10:B19
到	C10:C19
第1年购置费	C4
第2年购置费	C5
第3年购置费	C6
第4年购置费	C7
费用	E10:E19
供应需求	J10:J14
净流量	H10:H14
是否购置	D10:D19
总费用	E21

	H
9	净流量
10	=SUMIF(从,G10,是否购置)-SUMIF(到,G10,是否购置)
11	=SUMIF(从,G11,是否购置)-SUMIF(到,G11,是否购置)
12	=SUMIF(从,G12,是否购置)-SUMIF(到,G12,是否购置)
13	=SUMIF(从,G13,是否购置)-SUMIF(到,G13,是否购置)
14	=SUMIF(从,G14,是否购置)-SUMIF(到,G14,是否购置)

图5—23 没有处理价格的设备更新问题的电子表格模型

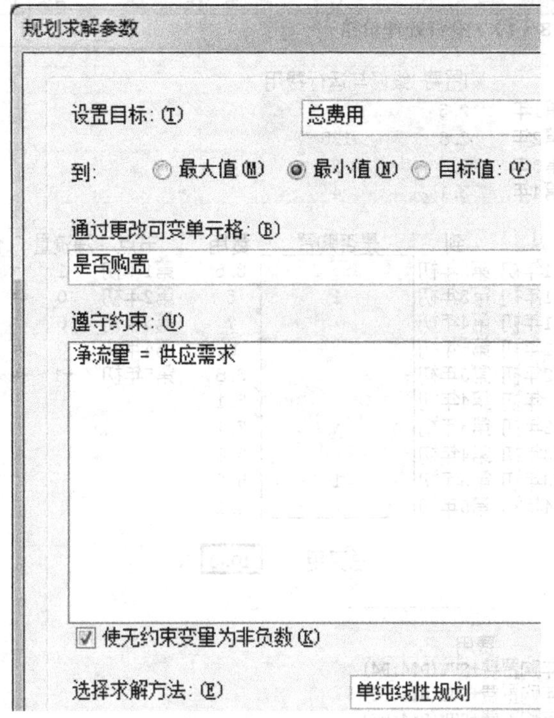

图 5—23　没有处理价格的设备更新问题的电子表格模型（续）

如果已知不同役龄机器的处理价格如表 5—5 所示，那么在计划期（4 年）内机器的最优更新计划又会怎样？

表 5—5　　　　不同役龄机器的处理价格

使用年数	1 年	2 年	3 年	4 年
处理价格	2	1.6	1.3	1.1

这还是一个最短路问题，网络模型仍然如图 5—22 所示，只是弧长有所不同。

弧长＝购置费用＋使用多年的维修与运行总费用－使用多年后的处理价格

有处理价格的设备更新问题的电子表格模型如图 5—24 所示，参见“例 5.8（2）.xlsx”。

Excel 求解结果为：①→②→③→⑤，即计划期内机器更新最优计划为：第 1 年年初、第 2 年年初、第 3 年年初各购置一台新机器，同时在第 2 年年初（第 1 年年末）、第 3 年年初（第 2 年年末）、第 5 年年初（第 4 年年末）将旧的机器处理掉，4 年总的支付费用为 6.8。

	A	B	C	D	E	F	G	H	I	J
1		例5.8（2）有处理价格								
2										
3			购置费	维修与运行费用	处理价					
4		第1年	2.5	1	2					
5		第2年	2.6	1.5	1.6					
6		第3年	2.8	2	1.3					
7		第4年	3.1	4	1.1					
8										
9		从	到	是否购置	费用		节点	净流量		供应/需求
10		第1年初	第2年初	1	1.5		第1年初	1	=	1
11		第1年初	第3年初		3.4		第2年初	0	=	0
12		第1年初	第4年初		5.7		第3年初	0	=	0
13		第1年初	第5年初		9.9		第4年初	0	=	0
14		第2年初	第3年初	1	1.6		第5年初	-1	=	-1
15		第2年初	第4年初		3.5					
16		第2年初	第5年初		6					
17		第3年初	第4年初		1.8					
18		第3年初	第5年初	1	3.7					
19		第4年初	第5年初		2.1					
20										
21				总费用	6.8					

	E
9	费用
10	=第1年购置费+SUM(D$4:D4)-使用1年处理价
11	=第1年购置费+SUM(D$4:D5)-使用2年处理价
12	=第1年购置费+SUM(D$4:D6)-使用3年处理价
13	=第1年购置费+SUM(D$4:D7)-使用4年处理价
14	=第2年购置费+SUM(D$4:D4)-使用1年处理价
15	=第2年购置费+SUM(D$4:D5)-使用2年处理价
16	=第3年购置费+SUM(D$4:D6)-使用3年处理价
17	=第3年购置费+SUM(D$4:D4)-使用1年处理价
18	=第3年购置费+SUM(D$4:D5)-使用2年处理价
19	=第4年购置费+D4-使用1年处理价

	D	E
21	总费用	=SUMPRODUCT(是否购置,费用)

名称	单元格
从	B10:B19
到	C10:C19
第1年购置费	C4
第2年购置费	C5
第3年购置费	C6
第4年购置费	C7
费用	E10:E19
供应需求	J10:J14
净流量	H10:H14
使用1年处理价	E4
使用2年处理价	E5
使用3年处理价	E6
使用4年处理价	E7
是否购置	D10:D19
总费用	E21

	H
9	净流量
10	=SUMIF(从,G10,是否购置)-SUMIF(到,G10,是否购置)
11	=SUMIF(从,G11,是否购置)-SUMIF(到,G11,是否购置)
12	=SUMIF(从,G12,是否购置)-SUMIF(到,G12,是否购置)
13	=SUMIF(从,G13,是否购置)-SUMIF(到,G13,是否购置)
14	=SUMIF(从,G14,是否购置)-SUMIF(到,G14,是否购置)

图 5—24　有处理价格的设备更新问题的电子表格模型

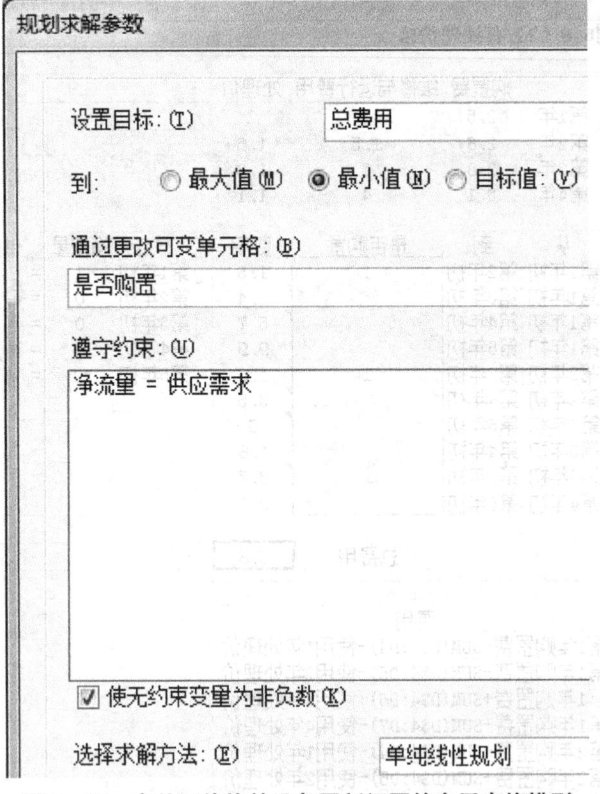

图 5—24 有处理价格的设备更新问题的电子表格模型

5.6 最小支撑树问题

许多网络问题可以归结为最小支撑树问题。例如，设计长度最短的公路网，把若干城市（乡村）联系起来；设计用料最省的电话线网（光纤），把有关单位联系起来；等等。这种问题的目标是设计网络。虽然节点已经给出，但必须决定在网络中要加入哪些边。特别要指出的是，向网络中插入的每一条可能的边都有成本。为了使每两个节点之间有连接，需要提供足够的边。目标就是以某种方法完成网络设计，使得边的总成本最小。这种问题称为最小支撑树问题。

例 5.9 某公司铺设光导纤维网络问题。某公司的管理层已经决定铺设最先进的光导纤维网络，为公司的主要中心之间提供高速通信（数据、声音、图像等）。图 5—25 中的节点显示了该公司主要中心（包括公司的总部、巨型计算机、研究区、生产和配送中心等）的分布图。虚线是铺设纤维光缆的可能位置。每条虚线旁的数字表示了如果选择在这个位置铺设光缆需要花费的成本。

为了充分利用光纤技术在中心之间高速通信上的优势，不需要在每两个中心之间都用一条光缆把它们直接连接起来。现在的问题就是要确定需要铺设哪些光缆，使得提供给每两个中心之间的高速通信的总成本最低。实际上，这就是一个最小支撑树问题。图 5—26 给出了该问题的最优解，网络中的边相当于图 5—25 的可选光缆中应该选择铺设的光缆。该光纤网络所需的总成本为 1+1+2+2+3+5=14。

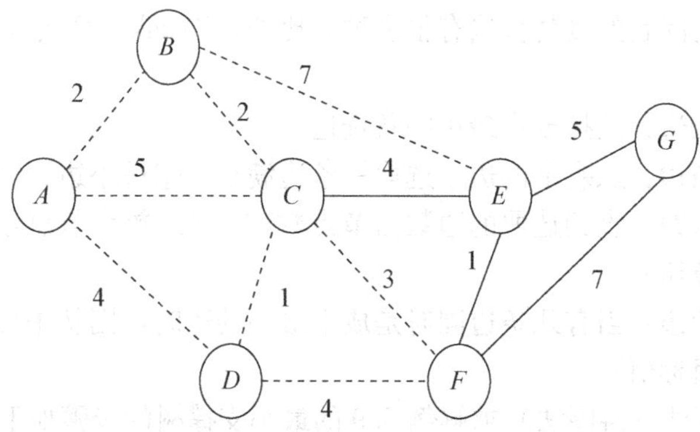

图 5—25　公司主要中心的分布图

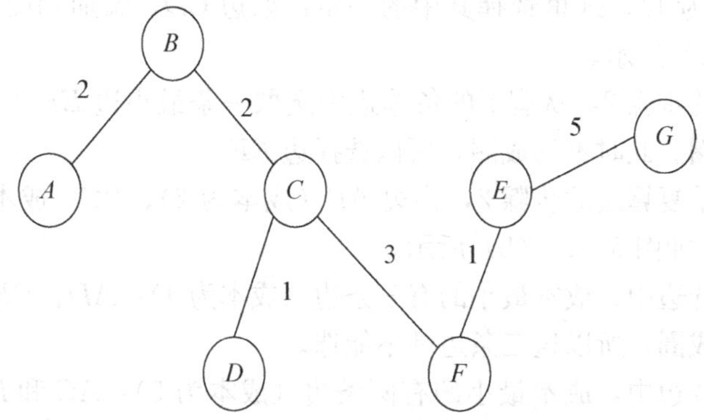

图 5—26　公司的最小支撑树

最小支撑树问题的假设：

(1) 给出网络中的节点，但没有给出边；或者给出可供选择的边和把它插入到网络中后的每条边的正的成本（或者相似的度量）。

(2) 在设计网络时，希望插入足够的边，以满足每两个节点之间都存在一条路线的需要。

(3) 目标是寻找一种方法，使得在满足要求的同时，总成本最小。

这个问题的最优解总是一棵支撑树。可以证明，一棵支撑树的边数等于节点数减 1（边数=节点数−1）。在支撑树中，任意两个节点之间添加一条边就形成圈（回路）。在支撑树中，去掉任意一条边就变为不连通。

需要说明的是，和运输问题、指派问题、最大流问题、最短路问题相比，最小支撑树问题不是最小费用流问题，它甚至也不是线性规划问题的特殊类型。不仅如此，它也不能（不需要）通过 Excel 的“规划求解”命令来求解，而是通过“贪婪算法”① 来求解。

---

① 贪婪算法（又称贪心算法，greedy algorithm）是一种对某些求最优解问题的更简单、更迅速的设计技术。在对问题求解时，总是做出在当前看来是最好的选择。也就是说，不从整体最优上加以考虑，所做出的仅是在某种意义上的局部最优解。贪婪算法不是对所有问题都能得到整体最优解，但对范围相当广泛的许多问题它能产生整体最优解或者是整体最优解的近似解。贪婪算法是最接近于人类日常思维的一种问题的求解方法，且由于优化问题在生活中比比皆是，因此贪婪算法的应用在生活和工作中处处可见。例如，公司招聘新员工是从一批应聘者中招聘最能干的人，学校招生是从众多报考者中招收一批最好的学生，这种按照某种标准挑选最接近该标准的人或物的做法就是贪婪算法。商场找零时，希望货币张数最少，收银员也会贪心选择从大额货币开始支付。

求解最小支撑树问题的贪婪算法有很多种。比如，Kruskal算法（或称避圈法），其步骤如下：

（1）选择第一条边：选择成本最小的备选边。

（2）选择下一条边：从剩下的边中选取一条边满足：①最小边；②不构成圈。

（3）重复步骤（2），直到选取的边数为节点数减1（边数＝节点数－1）。此时就得到了最优解（最小支撑树）。

处理成本相同的边：当有几条边同时是成本最小的边时，则从中任意选择一条边（不会影响最后的最优目标值）。

利用Kruskal算法（避圈法）求解例5.9的最小支撑树的步骤如下：

（1）在所有的备选边（见图5—25中的虚线）中，选择成本最小的边，有两条，边*CD*和边*EF*（成本为1）。这里选择其中的一条，如边*CD*，添加到图中（这里用实线标明），如图5—27（a）所示。

（2）应用算法的步骤2，从剩下的备选边中选取一条最小边*EF*（成本为1），添加到图中，看是否构成圈。此时不构成圈，所以选择边*EF*。

（3）类似地，重复算法的步骤2，将边*AB*（成本为2）、*BC*（成本为2）、*CF*（成本为3）添加到图中，如图5—27（b）所示。

（4）剩下的备选边中，成本最小的有三条边（成本为4）：*AD*、*DF*和*CE*，但不管添加哪条边，都会构成圈，所以这三条边都不能选。

（5）剩下的备选边中，成本最小的有两条边（成本为5）：*AC*和*EG*，添加边*AC*会构成圈，而添加边*EG*不会构成圈，所以添加边*EG*，如图5—27（c）所示。现在每一个节点都和边连接上了，算法结束。这就是最优解。所有插入到网络中构成最小支撑树的边的总成本为2＋2＋1＋3＋1＋5＝14。所有剩下的备选边（虚线）被抛弃了，结果如图5—26所示。

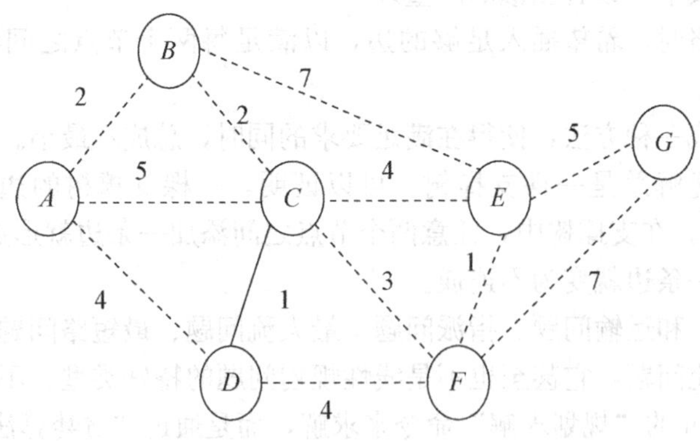

图5—27（a） 添加第一条边

这种算法称为贪婪算法，因为它仅仅抓住了每一步最有利的选择（最便宜的备选边），而不顾及这个选择对后面决策所带来的影响。这么快捷而简单的算法依然能够保证找到最优解，实在不错。但一般不能用贪婪算法找到其他运筹学（管理科学）问题的最优解。

最小支撑树问题的一些实际应用有：

（1）电信网络（计算机网络、电话专用线网络、有线电视网络等）的设计；

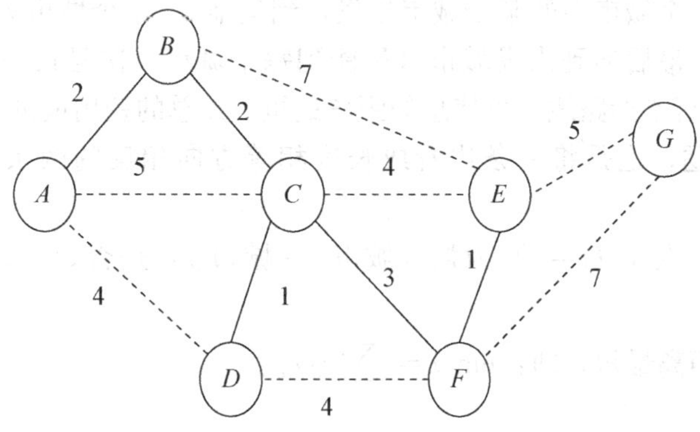

图5—27（b） 添加了5条边

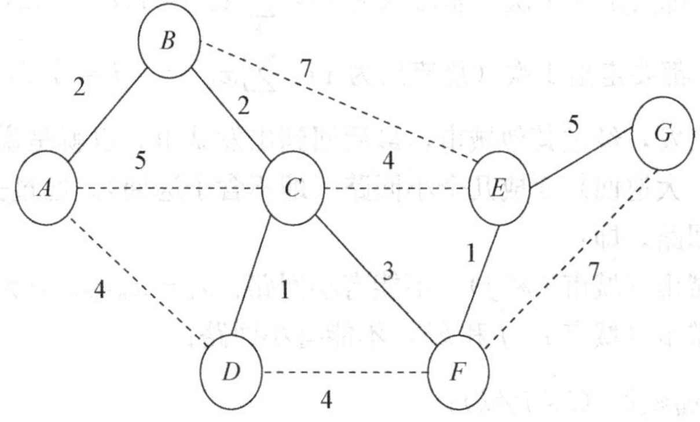

图5—27（c） 例5.9的最优解（最小支撑树）

（2）低负荷运输网络的设计，使得网络中提供连接的部分（如铁路、公路等）的总成本最小；

（3）高压输电路线网络的设计；

（4）电器设备路线网络（如数字计算机系统）的设计，使得路线总长度最短；

（5）连接多个场所的管道网络设计，等等。

5.7 货郎担问题和中国邮路问题

本节将介绍货郎担问题和中国邮路问题的数学模型和电子表格模型。

5.7.1 货郎担问题

货郎担问题在运筹学里是一个著名的命题。有一个窜村走户的卖货郎，他从某个村庄出发，通过若干个村庄一次且仅一次，最后仍回到原出发的村庄。问他应如何选择行走路线，可使总的行程最短？

货郎担问题（traveling salesman problem）又称为旅行售货员问题或旅行商问题，简称为TSP问题。

现在把问题一般化。设有n个城市，以1，2，…，n表示之。c_{ij}表示从i城到j城的距离。一位商人从 n 个城市中的某个城市出发，到其他 $n-1$ 个城市去推销商品，每个城市去一次且仅一次，最后回到出发城市（称能到每个城市一次且仅一次的路线为一个巡回）。问他如何选择行走的路线，可使总的距离最短（或总的费用最少）？

对于货郎担问题，也是将一条边看成长度相等方向相反的两条弧，其线性规划模型为：

（1）决策变量：设 $x_{ij}(i\neq j)$ 为弧（城市 $i\rightarrow$城市 j）是否走（1 表示走，0 表示不走）。

（2）目标是总距离最短，即：$\min z=\sum c_{ij}x_{ij}$。

（3）约束条件。

①对于每个城市，经过一次且仅一次。即：

对于每个城市 i 都要走入 1 次（总流入为 1）：$\sum_k x_{ki}=1(i=1,2,\cdots,n)$；

对于每个城市 i 都要走出 1 次（总流出为 1）：$\sum_j x_{ij}=1(i=1,2,\cdots,n)$。

②从某个城市出发，经过其他城市，最后回到出发城市。也就是说，不能将一个大回路（整体巡回路线，大巡回）变成几个小回路（即不含子巡回）。通过去掉小回路的办法，使结果成为一个大回路。即：

对于任意 2 个城市（城市 i 和 j），不能有小回路：$x_{ij}+x_{ji}\leqslant 1\ (i\neq j)$；

对于任意 3 个城市（城市 i、j 和 k），不能有小回路：

$$x_{ij}+x_{jk}+x_{ki}\leqslant 2\quad (i\neq j\neq k);$$
$$\vdots$$

对于任意 $n-2$ 个城市（城市 i、j、k、l、…、p），不能有小回路：

$$x_{ij}+x_{jk}+x_{kl}+\cdots+x_{pi}\leqslant n-3\quad (i\neq j\neq k\neq l\neq\cdots\neq p)$$

③非负：$x_{ij}\geqslant 0$

用 Excel 求解货郎担问题的想法来自于用 Excel 求解最短路问题，但要修改。由于在最短路问题中，有些节点可以不经过，但在货郎担问题中要求每个节点（城市）都要经过且仅经过一次，因此约束条件变为将每个节点的“总流入”和“总流出”分开。也就是说，每个节点有两个约束（总流入$=1$ 和总流出$=1$），而非最短路问题的一个“净流量”约束。改进后的 Excel 模型，有时可以得到只有一个大回路的最优解（此时求解结束），但经常会得到有几个小回路（子巡回）的解，此时就应该再增加去掉小回路的约束。下面举例说明。

例 5.10 某电动汽车公司和学校合作，拟定在校园内开通无污染无噪音的“绿色交通”路线。图 5—28 是教学楼和学生宿舍楼的分布图，边上的数字为汽车通过两点间的正常时间（分钟）。电动汽车公司应如何设计一条行驶路线，可使汽车通过每一处教学楼和宿舍楼一次的总时间最少？

解：

可以把在校园内开辟“绿色交通”路线问题看作是一个货郎担问题。将教学楼和学生宿舍楼间的道路（边）看成长度相等、方向相反的两条弧（双向车道）。

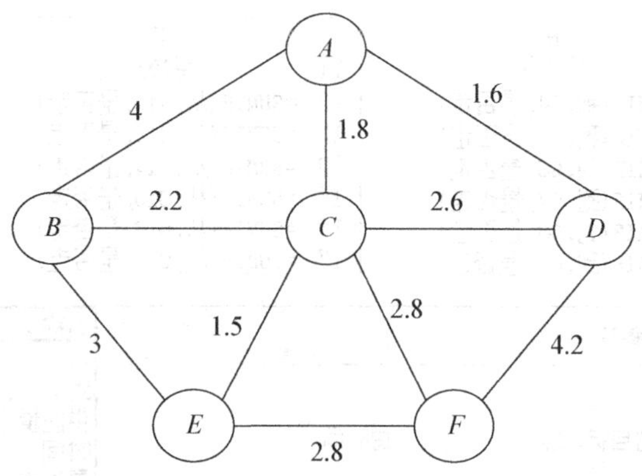

图 5—28 教学楼和学生宿舍楼的分布图

第一步：将每个节点的“总流入”和“总流出”分开，电子表格模型如图 5—29 所示，参见“例 5.10 第一步. xlsx”。为了查看方便，在最优解（是否走）D4∶D23 区域中，使用 Excel 的“条件格式”功能①，将“0”值单元格的字体颜色设置成“黄色”，与填充颜色（背景色）相同。

第一步求解结果为：*A*→*D*、*B*→*C*、*E*→*F*，也就是说，有 3 个小回路。此时的总时间为 13.2 分钟。

	A	B	C	D	E	F	G	H	I	J
1		例5.10 第一步 将每个节点的“总流入”和“总流出”分开								
2										
3		从	到	是否走	时间		节点	总流入		需求量
4		*A*	*B*		4		*A*	1	=	1
5		*A*	*C*		1.8		*B*	1	=	1
6		*A*	*D*	1	1.6		*C*	1	=	1
7		*B*	*C*	1	2.2		*D*	1	=	1
8		*C*	*D*		2.6		*E*	1	=	1
9		*B*	*E*		3		*F*	1	=	1
10		*C*	*E*		1.5					
11		*C*	*F*		2.8		节点	总流出		供应量
12		*D*	*F*		4.2		*A*	1	=	1
13		*E*	*F*	1	2.8		*B*	1	=	1
14		*B*	*A*		4		*C*	1	=	1
15		*C*	*A*		1.8		*D*	1	=	1
16		*D*	*A*	1	1.6		*E*	1	=	1
17		*C*	*B*	1	2.2		*F*	1	=	1
18		*D*	*C*		2.6					
19		*E*	*B*		3					
20		*E*	*C*		1.5					
21		*F*	*C*		2.8					
22		*F*	*D*		4.2					
23		*F*	*E*	1	2.8					
24										
25				总时间	13.2					

图 5—29 绿色交通路线的电子表格模型（第一步）

① 设置（或清除）条件格式的操作参见第 4 章附录Ⅱ。

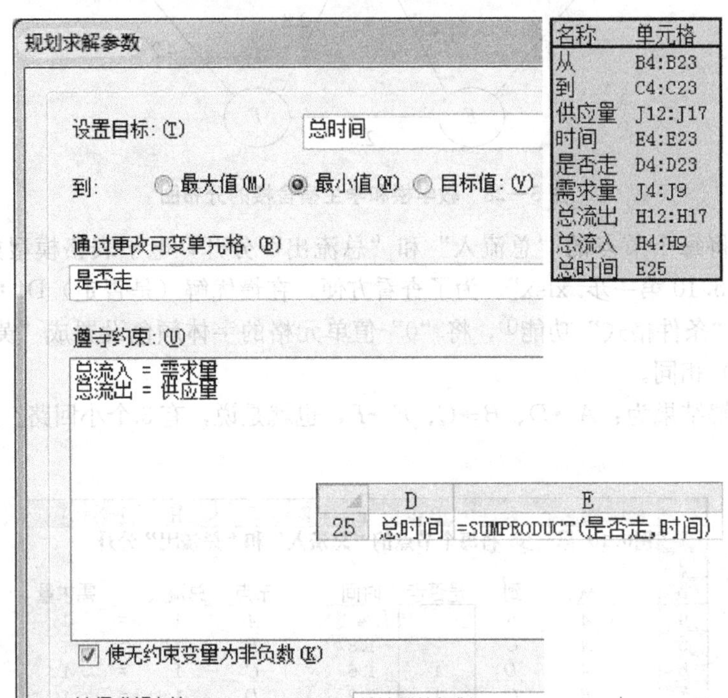

图 5—29 绿色交通路线的电子表格模型（第一步）（续）

第二步：去掉第一步产生的 3 个小回路（子巡回）。在图 5—29 的基础上，增加这 3 对节点（教学楼和学生宿舍楼）不能有小回路的约束，电子表格模型如图 5—30 所示，参见“例 5.10 第二步. xlsx”。

第二步求解结果为：$A \rightarrow C \rightarrow B \rightarrow E \rightarrow F \rightarrow D \rightarrow A$，也就是说，求得一个大回路（整体巡回路线），总时间为 15.6 分钟，此时求解结束。如果还存在有 3 个节点或 3 个节点以上的小回路，则还需增加新的约束，去掉新出现的小回路。

最后的求解结果为：电动汽车公司的行车路线是：$A \rightarrow C \rightarrow B \rightarrow E \rightarrow F \rightarrow D \rightarrow A$，如图 5—31 所示，汽车在校园内行驶一圈需要 15.6 分钟。

从例 5.10 的 Excel 求解过程中可以看出，求解结果并不像以往的例题，一次就可以求解出，而是取决于前一步的求解结果。如果前一步的求解结果有几个小回路（子巡回），那么就要再增加新的约束条件，去掉新出现的小回路。这种情况需要经过多个步骤（例 5.10 经过两个步骤），最终求得只有一个大回路的最优解。

	A	B	C	D	E	F	G	H	I	J
1	例5.10 第二步　增加“去掉第一步产生的3个小回路”约束									
2										
3		从	到	是否走	时间		节点	总流入		需求量
4		*A*	*B*		4		*A*	1	=	1
5		*A*	*C*	1	1.8		*B*	1	=	1
6		*A*	*D*		1.6		*C*	1	=	1
7		*B*	*C*		2.2		*D*	1	=	1
8		*C*	*D*		2.6		*E*	1	=	1
9		*B*	*E*	1	3		*F*	1	=	1
10		*C*	*E*		1.5					
11		*C*	*F*		2.8		节点	总流出		供应量
12		*D*	*F*		4.2		*A*	1	=	1
13		*E*	*F*	1	2.8		*B*	1	=	1
14		*B*	*A*		4		*C*	1	=	1
15		*C*	*A*		1.8		*D*	1	=	1
16		*D*	*A*	1	1.6		*E*	1	=	1
17		*C*	*B*	1	2.2		*F*	1	=	1
18		*D*	*C*		2.6					
19		*E*	*B*		3		小回路	走的次数		只走1次
20		*E*	*C*		1.5		*A*<->*D*	1	<=	1
21		*F*	*C*		2.8		*B*<->*C*	1	<=	1
22		*F*	*D*	1	4.2		*E*<->*F*	1	<=	1
23		*F*	*E*		2.8					
24										
25				总时间	15.6					

	H
3	总流入
4	=SUMIF(到,G4,是否走)
5	=SUMIF(到,G5,是否走)
6	=SUMIF(到,G6,是否走)
7	=SUMIF(到,G7,是否走)
8	=SUMIF(到,G8,是否走)
9	=SUMIF(到,G9,是否走)

	H
11	总流出
12	=SUMIF(从,G12,是否走)
13	=SUMIF(从,G13,是否走)
14	=SUMIF(从,G14,是否走)
15	=SUMIF(从,G15,是否走)
16	=SUMIF(从,G16,是否走)
17	=SUMIF(从,G17,是否走)

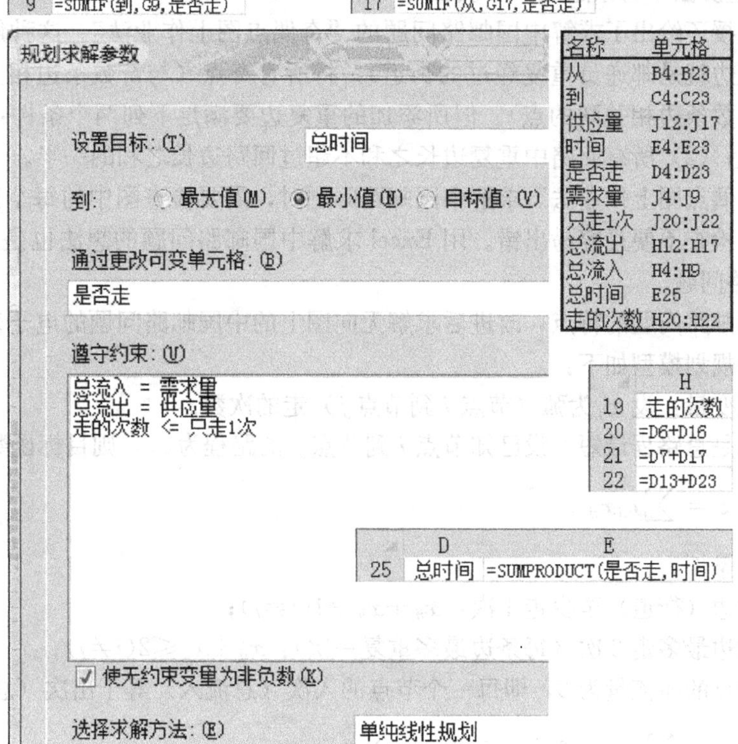

图 5—30　绿色交通路线的电子表格模型（第二步）

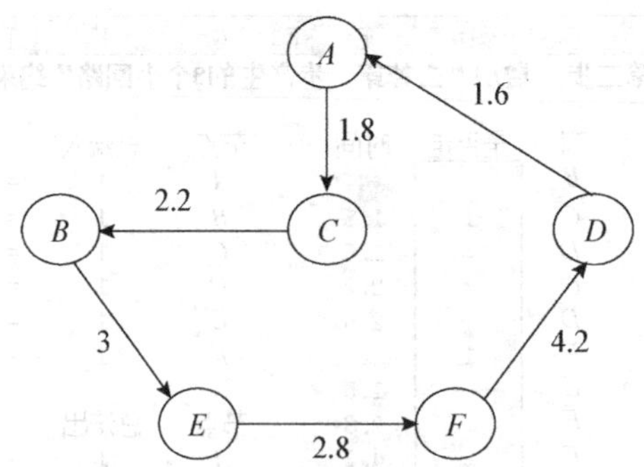

图 5—31 绿色交通路线的求解结果

5.7.2 中国邮路问题

邮递员的工作是每天在邮局里选出邮件，然后送到他所管辖的客户手中，再返回邮局。自然地，若他要完成当天的投递任务，则他必须要走过他所投递邮件的每一条街道至少一次。问怎样的走法可使他的投递总行程最短？

换句话说，一个邮递员从邮局出发，将邮件投递到他所管辖街道的客户手中，最后回到邮局。问邮递员选择怎样的行走路线，才能使他所走的路程最短呢？

这个问题是我国著名数学家管梅谷教授于 1962 年首先提出的，因此在国际上通称为中国邮路问题（chinese postman problem），也称为中国邮递员问题。

货郎担问题与中国邮路问题的不同之处在于：前者要遍历图中每个节点一次（且仅一次），后者要遍历图中每条边至少一次。

管梅谷教授还给出了求解中国邮路问题的“奇偶点图上作业法”。这种解法通过添加重复边（重复边就是邮递员重复经过的街道），将所有奇点（与奇数条边相关联的点）变为偶点（与偶数条边相关联的点）。但所添加的重复边要满足下列两个条件：(1) 每条边最多重复一次；(2) 所有回路中重复边长之和不超过回路边长之和的一半。

在用“奇偶点图上作业法”求解中国邮路问题时，需要检查图中的每个回路。当图中回路较多时，检查不便且容易出错。用 Excel 求解中国邮路问题的想法也是来自于用 Excel 求解最短路问题。

针对中国邮路问题的特点，改进后求解无向图上的中国邮路问题的电子表格模型所对应的整数线性规划模型如下：

(1) 决策变量：设 x_{ij} 为弧（节点 i 到节点 j）走的次数。

(2) 目标是总路程最短。设已知节点 i 到节点 j 的路程为 c_{ij}，则目标函数为：

$$\min z = \sum c_{ij} x_{ij}$$

(3) 约束条件：

①所有的边（街道）至少走 1 次：$x_{ij} + x_{ji} \geqslant 1 (i \neq j)$；

②所有的边最多走 2 次（每条边最多重复一次）：$x_{ij} + x_{ji} \leqslant 2 (i \neq j)$；

③所有节点的净流量为 0，即每一个节点的入次（总流入）等于出次（总流出）：

$$\sum_j x_{ji} - \sum_k x_{ik} = 0 (i = 1, 2, \cdots, n)$$

④$x_{ij} \geqslant 0$ 且为整数。

Excel 求解结果为：要走哪些弧，走几次，可使得所走的总路程最短。

例 5.11 在图 5—32 中，V_1 是邮局所在地。请帮邮递员设计一条投递路线（从邮局出发，将邮件投递到他管辖的所有街道，最后回到邮局），使总路程最短。

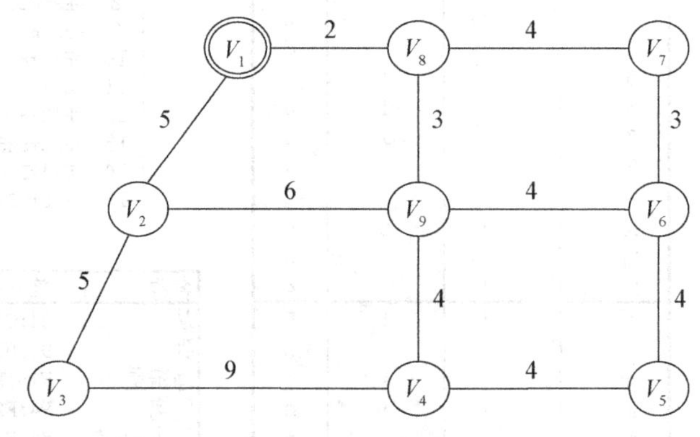

图 5—32 邮局位置图

解：

图中有 4 个奇点（V_2，V_4，V_6，V_8），采用“奇偶点图上作业法”求解，要添加 4 条重复边：V_1-V_2，V_1-V_8，V_4-V_5，V_5-V_6。

例 5.11 属于无向图的中国邮路问题。在无向图中，把每一条边看成是长度相等、方向互反的两条弧。

例 5.11 的电子表格模型如图 5—33 所示，参见“例 5.11.xlsx”。

在建立例 5.11 的电子表格模型时，使用了如下一些技巧：

（1）对于图 5—32 的每条边，先只输入一次，包括弧的编号、从（节点 i）、到（节点 j）、走的次数（最好先不输入数字）、距离等数据，如图 5—33 中的 B4：F15 区域所示。

（2）复制 B4：F15 区域到 B16：F27 区域，并交换“从（节点 i）”和“到（节点 j）”的内容，作为方向相反的弧，结果如图 5—33 中的 B16：F27 区域所示。

（3）复制 B4：D15 区域到 H4：J15 区域。

（4）基于 B4：F15 区域（弧）、B16：F27 区域（另一个方向的弧）和 H4：J15 区域（边）的一一对应关系，在 M4 单元格中输入公式“=E4+E16”，计算边（V_1-V_2）走的总次数。并将 M4 单元格的公式复制到 M5：M15 区域，计算其他边走的总次数。

（5）在最优解（走的次数）E4：E27 区域中，使用 Excel 的“条件格式”功能[①]，将“0”值（小于 0.1）单元格的字体颜色设置成“黄色”。在（走的总次数）M4：M15 区域中，使用 Excel 的“条件格式”功能，将“2”值（大于 1.9）单元格的字体设置成“加粗”字形、标准色中的“红色”。

Excel 求解结果如图 5—33 中的 M4：M15 区域所示。从该区域中可以看出，有 4 条边要走 2 次（重复 1 次）：V_1-V_2，V_1-V_8，V_4-V_5 和 V_6-V_5，如图 5—34 中的 4 条虚线所示。与采用“奇偶点图上作业法”的求解结果相同。

---

① 设置（或查看）条件格式的操作参见第 4 章附录Ⅱ。

	A	B	C	D	E	F
1	**例5.11**					
2						
3		弧	从	到	走的次数	距离
4		1	V_1	V_2	1	5
5		2	V_2	V_3	1	5
6		3	V_1	V_8	1	2
7		4	V_2	V_9		6
8		5	V_3	V_4	1	9
9		6	V_8	V_9	1	3
10		7	V_9	V_4	1	4
11		8	V_8	V_7		4
12		9	V_9	V_6		4
13		10	V_4	V_5	2	4
14		11	V_7	V_6		3
15		12	V_6	V_5		4
16		1	V_2	V_1	1	5
17		2	V_3	V_2		5
18		3	V_8	V_1	1	2
19		4	V_9	V_2	1	6
20		5	V_4	V_3		9
21		6	V_9	V_8		3
22		7	V_4	V_9		4
23		8	V_7	V_8	1	4
24		9	V_6	V_9	1	4
25		10	V_5	V_4		4
26		11	V_6	V_7	1	3
27		12	V_5	V_6	2	4
28						
29					总距离	68

	M
3	走的总次数
4	=E4+E16
5	=E5+E17
6	=E6+E18
7	=E7+E19
8	=E8+E20
9	=E9+E21
10	=E10+E22
11	=E11+E23
12	=E12+E24
13	=E13+E25
14	=E14+E26
15	=E15+E27

名称	单元格
从	C4:C27
到	D4:D27
净流量	K18:K26
距离	F4:F27
至少走1次	K4:K15
总距离	F29
走的次数	E4:E27
走的总次数	M4:M15
最多走2次	O4:O15

	E	F
29	总距离	=SUMPRODUCT(走的次数,距离)

	G	H	I	J	K	L	M	N	O
2									
3		边	节点i	节点j	至少走1次		走的总次数		最多走2次
4		1	V_1	V_2	1	<=	2	<=	2
5		2	V_2	V_3	1	<=	1	<=	2
6		3	V_1	V_8	1	<=	2	<=	2
7		4	V_2	V_9	1	<=	1	<=	2
8		5	V_3	V_4	1	<=	1	<=	2
9		6	V_8	V_9	1	<=	1	<=	2
10		7	V_9	V_4	1	<=	1	<=	2
11		8	V_8	V_7	1	<=	1	<=	2
12		9	V_9	V_6	1	<=	1	<=	2
13		10	V_4	V_5	1	<=	2	<=	2
14		11	V_7	V_6	1	<=	1	<=	2
15		12	V_6	V_5	1	<=	2	<=	2
16									
17				节点	净流量		供应/需求		
18				V_1	0	=	0		
19				V_2	0	=	0		
20				V_3	0	=	0		
21				V_4	0	=	0		
22				V_5	0	=	0		
23				V_6	0	=	0		
24				V_7	0	=	0		
25				V_8	0	=	0		
26				V_9	0	=	0		

图 5—33 例 5.11 的电子表格模型

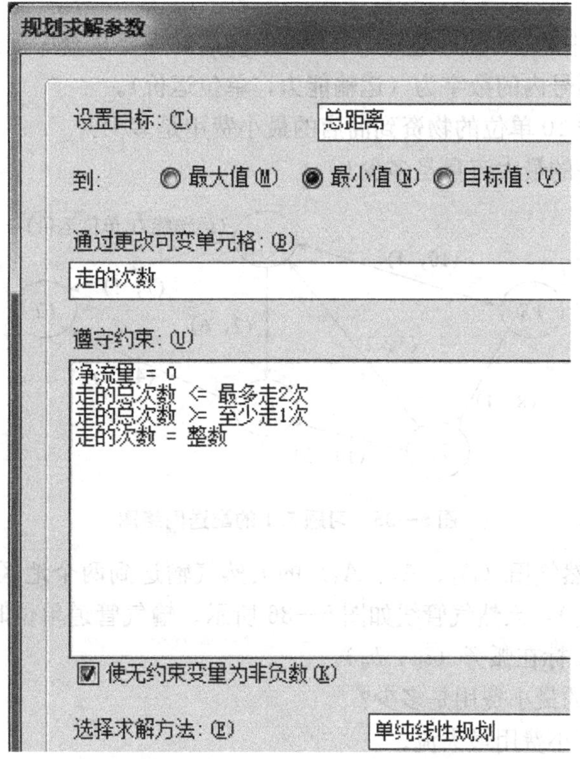

	K
17	净流量
18	=SUMIF(从,J18,走的次数)-SUMIF(到,J18,走的次数)
19	=SUMIF(从,J19,走的次数)-SUMIF(到,J19,走的次数)
20	=SUMIF(从,J20,走的次数)-SUMIF(到,J20,走的次数)
21	=SUMIF(从,J21,走的次数)-SUMIF(到,J21,走的次数)
22	=SUMIF(从,J22,走的次数)-SUMIF(到,J22,走的次数)
23	=SUMIF(从,J23,走的次数)-SUMIF(到,J23,走的次数)
24	=SUMIF(从,J24,走的次数)-SUMIF(到,J24,走的次数)
25	=SUMIF(从,J25,走的次数)-SUMIF(到,J25,走的次数)
26	=SUMIF(从,J26,走的次数)-SUMIF(到,J26,走的次数)

图 5—33 例 5.11 的电子表格模型(续)

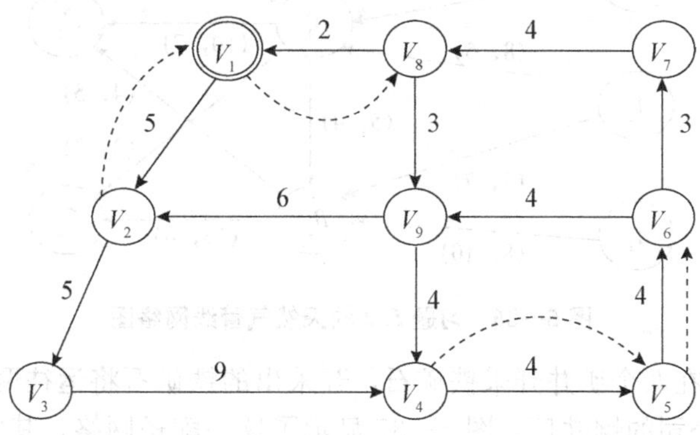

图 5—34 例 5.11 的求解结果(中国邮路问题)

Excel 同时求出一条最优投递路线（见图 5—33 中的 E4：E27 区域，或见图 5—34 中弧的箭头方向）：$V_1 \to V_2 \to V_3 \to V_4 \to V_5 \to V_6 \to V_9 \to V_4 \to V_5 \to V_6 \to V_7 \to V_8 \to V_9 \to V_2 \to V_1 \to V_8 \to V_1$，此时的总路程最短，为 68。也就是说，所有边（12 条街道）的距离＋4 条重复边的距离＝53＋15＝68。

中国邮路问题可用于设计邮件投递路线、垃圾收集路线、扫雪车路线、洒水车路线以及警车巡逻路线等。

习题

5.1 图 5—35 中的 *VS* 表示仓库，*VT* 表示商店，现要从仓库运送物资到商店。弧表示交通线路，弧旁括号内的数字为（运输能力，单位运价）。

（1）从仓库运送 10 单位的物资到商店的最小费用是多少？

（2）该配送网络的最大流量是多少？

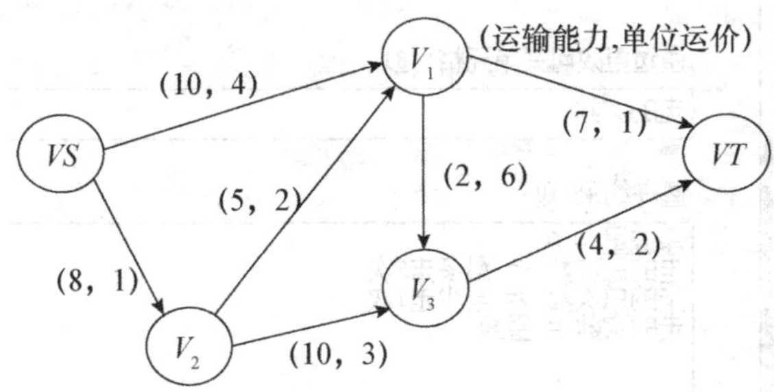

图 5—35 习题 5.1 的配送网络图

5.2 将三个天然气田（A_1、A_2、A_3）的天然气输送到两个地区（C_1、C_2），中途有两个加压站（B_1、B_2），天然气管线如图 5—36 所示。输气管道单位时间的最大通过量 c_{ij} 及单位流量的费用 b_{ij} 标在弧旁（c_{ij}，b_{ij}）。

（1）流量为 22 的最小费用是多少？

（2）求网络的最小费用最大流。

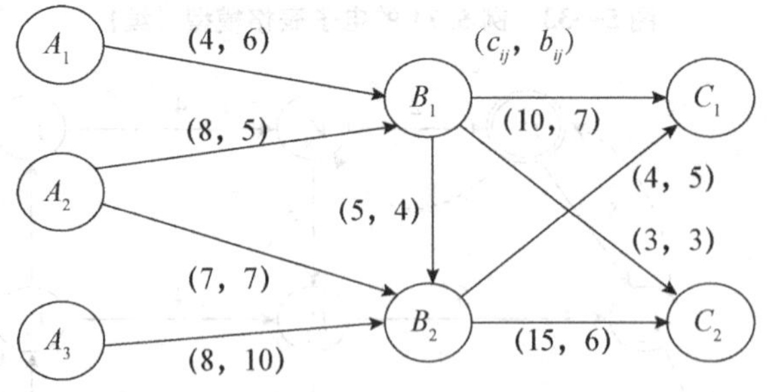

图 5—36 习题 5.2 的天然气管线网络图

5.3 某钢厂正在两个矿井开采铁矿石，开采出的铁矿石将运往两个仓库，需要的时候，再从仓库运往公司的钢铁厂。图 5—37 显示了这一配送网络，其中 M_1 和 M_2 是两个矿井，W_1 和 W_2 是两个仓库，而 *P* 是钢铁厂。该图同时给出了每条线路上的运输成本和每个月的最大运量。

（1）如果钢铁厂每月的需求量为100吨（假设矿井1和矿井2的月产量分别为40吨和60吨），那么通过该配送网络将铁矿石从矿井运到钢铁厂的最经济的运输成本是多少？

（2）通过该配送网络，钢铁厂每月最多能炼多少吨铁矿石？此时的运输成本是多少？

（3）该配送网络中，从矿井到钢铁厂，哪条路线最为经济？成本是多少？

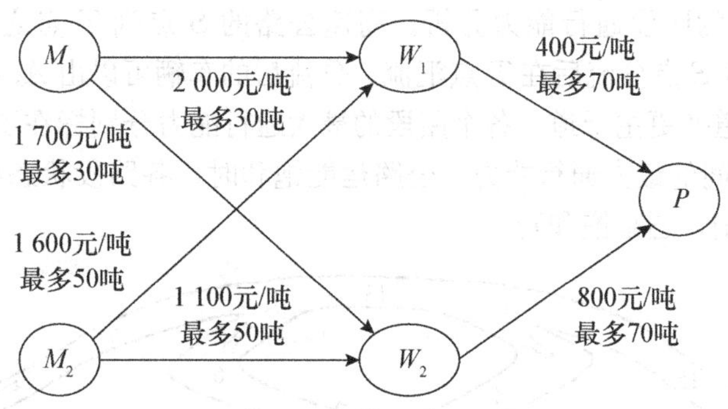

图5—37　习题5.3的配送网络图

5.4　有一个生产产品和在其零售渠道中销售产品的完全一体化的公司。产品生产后存放在公司的两个仓库中，直到零售渠道需要供应为止。公司用卡车把产品从两个工厂运送到仓库，然后再把产品从仓库运送到零售点。

表5—6给出了每个工厂每月的产量、把产品从工厂运送到仓库的单位运输成本以及每月从工厂运送产品到仓库的运输能力。

表5—6　　从工厂运送产品到仓库的有关数据

从 \ 到	单位运输成本（元）		运输能力		产量
	仓库1	仓库2	仓库1	仓库2	
工厂1	425	560	125	150	200
工厂2	510	600	175	200	300

对于每一个零售点，表5—7给出了它的每月需求量、从每个仓库到零售点的单位运输成本以及每月从仓库运送产品到零售点的运输能力。

表5—7　　从仓库运送产品到零售点的有关数据

从 \ 到	单位运输成本（元）			运输能力		
	零售点1	零售点2	零售点3	零售点1	零售点2	零售点3
仓库1	470	505	490	100	150	100
仓库2	390	410	440	125	150	75
需求量	150	200	150			

现在管理层需要确定一个配送方案（每月从每个工厂运送到每个仓库以及从每个仓库运送到每个零售点的产品数量），以使得总运输成本最小。

（1）画一个网络图，描述该公司的配送网络。确定网络图中的供应点、转运点和需求点。

（2）通过该配送网络，配送方案中最经济的总运输成本是多少？

（3）该配送网络中，从工厂到零售渠道，哪条路线最为经济？成本是多少？（提示：最短路问题，可以引入一个虚拟供应点和一个虚拟需求点。）

5.5 高速公路的区段通行能力分析。高速公路的 S 点到 T 点之间的网络结构如图5—38所示。车流从 S 点分流后在 T 点汇流。分流后的车辆可以由 A_3 到 A_2 或者 A_4 到 A_1 之间的单向立交匝道变更主干道。各个路段的最大通行能力分别标在了图上。现在请求出高速公路 S 到 T 之间的最大通行能力。公路运能饱和时，各路段状态如何（流量是多少，是有剩余、完全空闲，还是饱和）？

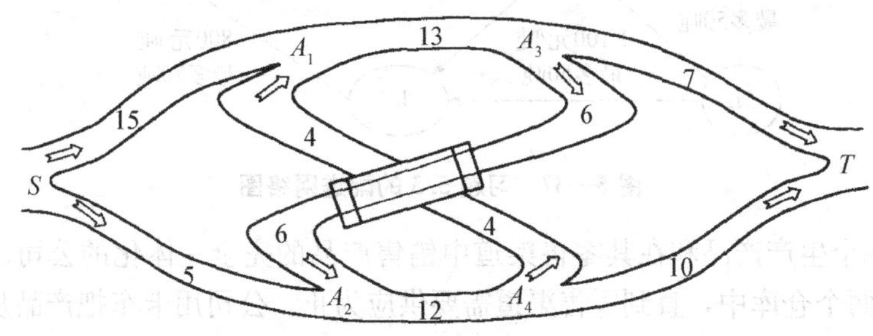

图5—38 高速公路某区段实勘图

5.6 预搅拌混凝土公司的物料运送方案。某混凝土公司负责提供一个建筑工地的预搅拌混凝土，运送方式以整车配送。由于运输的混凝土是粉尘污染物质，所以有关部门规定了该公司在路段上每天的最高运输往返辆次。每车每个往返计算流量1车。搅拌站 S 与施工地点 T 之间的运输网络以及各个路段的容量（车/天）和单车成本（百元）如图5—39所示。请为该公司制订以下运输方案：

（1）公司的最小费用最大流是多少？如何安排运输路线？

（2）公司如果必须运送10车，则此时最小费用是多少？如何安排运输路线？

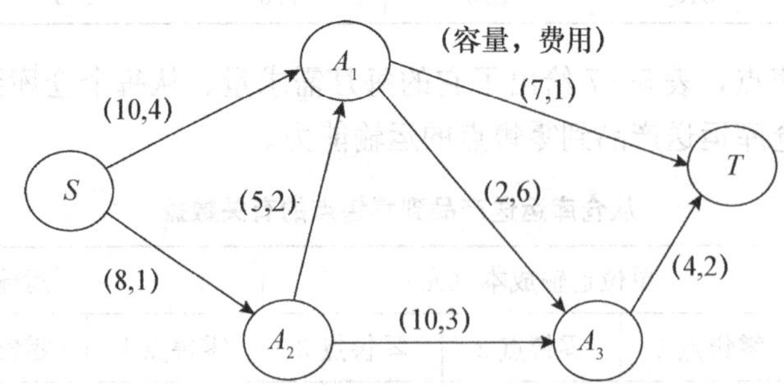

图5—39 某预搅拌混凝土公司的运输网络图

5.7 某产品从仓库运往市场销售，已知各仓库的供应量、各市场的需求量及从仓库到市场的运输能力如表5—8所示（“—”表示无路）。试求从仓库可运往市场的最大流量以及各市场需求能否得以满足。

表 5—8 从仓库到市场的有关数据

	市场 B_1	市场 B_2	市场 B_3	市场 B_4	供应量
仓库 A_1	30	10	—	40	20
仓库 A_2	—	—	10	50	20
仓库 A_3	20	10	40	5	100
需求量	20	20	60	20	

5.8 已知有 6 台机床 $A_i(i=1, 2, \cdots, 6)$，6 种零件 $B_j(j=1, 2, \cdots, 6)$。机床 A_1 可加工零件 B_1；A_2 可加工零件 B_1、B_2；A_3 可加工零件 B_1、B_2、B_3；A_4 可加工零件 B_2；A_5 可加工零件 B_2、B_3、B_4；A_6 可加工零件 B_2、B_5、B_6。现在要求制订一个加工方案，使一台机床只加工一种零件，一种零件只在一台机床上加工，要求尽可能多地安排零件的加工。请把这个问题转化为求网络最大流问题，求出能满足上述条件的加工方案。

5.9 假设图 5—40 是世界某 6 大城市之间的航线，边上的数字为票价（百元），请确定任意两城市之间票价最便宜的路线表。

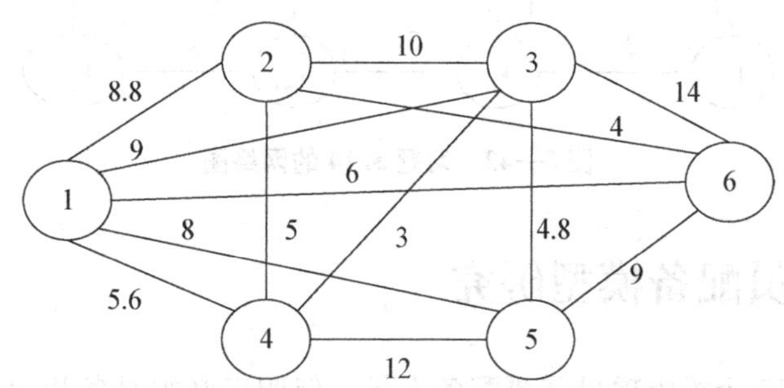

图 5—40 习题 5.9、习题 5.10 和习题 5.13 的网络图

5.10 假设图 5—40 是某汽车公司的 6 个零配件加工厂，边上的数字为两点间的距离（公里）。现要在 6 个工厂中，选一个建装配车间。

(1) 应选哪个工厂，可使零配件的运输最方便？

(2) 装配一辆汽车，6 个零配件加工厂所提供零件的重量分别是 0.5、0.6、0.8、1.3、1.6 和 1.7 吨，运价为 20 元/吨·公里。应选哪个工厂，可使总运费最小？

5.11 题目见第 4 章的例 4.10，请用本章介绍的最小费用流问题重新求解。

5.12 某电力公司要沿道路为 8 个居民点架设输电网络，连接 8 个居民点的道路图如图 5—41 所示，其中 V_1，V_2，…，V_8 表示 8 个居民点，图中的边表示可架设输电网络的道路，边上的权数为这条道路的长度（公里），请设计一个输电网络，连通这 8 个居民点，并使得总的输电线长度最短。

5.13 如图 5—40 所示，求解旅行售货员问题。

5.14 如图 5—42 所示，求解中国邮路问题。

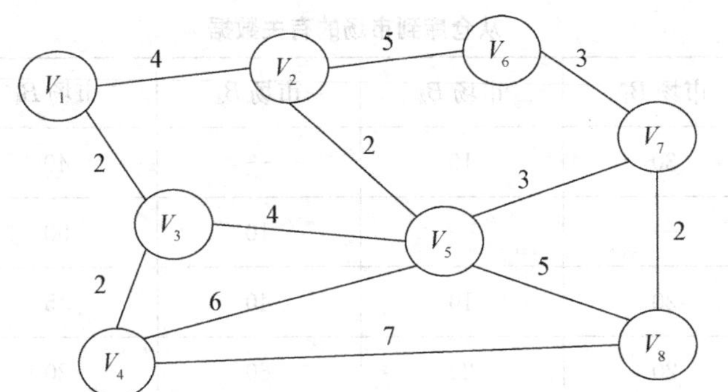

图 5—41　习题 5.12 的网络图

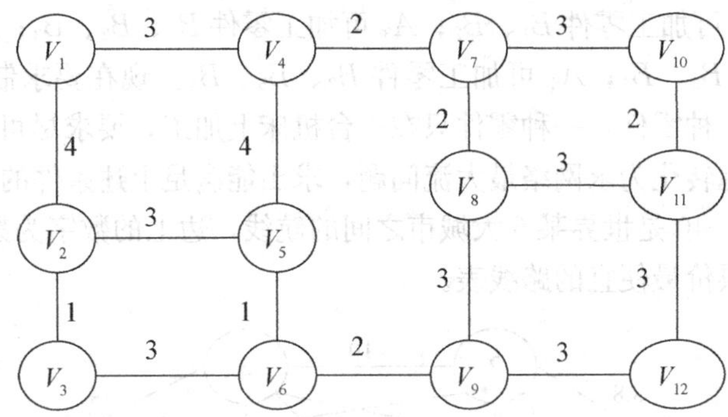

图 5—42　习题 5.14 的网络图

案例 5.1　人员配备模型研究

某计量所现有 15 个投资项目需要配备人员，但职工必须具备相应项目的检定证书才能从事相应项目的检定工作，而且，他们检定工作的效率也各不相同，这就产生了人员配备模型。根据某专业技术委员会评定和打分，具有相应项目检定证书的职工（21 人）从事相应项目（15 个）检定工作的效率如表 5—9 所示。

表 5—9　　职工从事项目检定工作的效率

职工	1	2	3	4	5	6	7	8	9	10	11	12	13	14	15
1	0.8	0.7													
2	0.2	0.9	0.2												
3	0.2		0.9												
4	0.5	0.2													
5	0.7														
6				0.9											
7					0.9	0.9									
8						0.5	0.8								
9				0.5	0.8	0.7	0.9								
10						0.5									

续前表

职工	1	2	3	4	5	6	7	8	9	10	11	12	13	14	15
11								0.9							
12										0.9					
13								0.5							
14								0.8		0.4					
15									0.9						
16				0.4	0.5	0.5			0.9					0.7	
17								0.8	0.9			0.7			0.2
18											0.9		0.5		
19									0.8					0.8	0.9
20									0.6		0.7	0.7	0.6		
21											0.7	0.8	0.7		

（1）根据法律法规，每个项目至少应该有两名具有相应项目检定证书的职工进行检定，同时，该计量所又规定，每个职工最多从事两个项目的检定工作。这样，就可以建立一个线性规划的人员配备模型。请写出相应的线性规划人员配备模型，并用 Excel 求解结果，看每位职工都检定哪些项目、每个项目都由哪些职工来检定。

（2）由于只要职工持有检定证书，就能参与某项目的检定工作，于是这造成工作的惰性，竞争性不强。为了提高工作效率，可以通过提高职工间的竞争性来达到目的。这样，每个项目只允许两名检定人员检定。请问，哪些职工由于其持有检定证书的项目工作效率较低，没有竞争力，而无项目参与，只能下岗？

案例 5.2　银行设置

现准备在 V_1，V_2，V_3，V_4，V_5，V_6 和 V_7 的 7 个居民点中设置工商银行，各点之间的距离由图 5—43 给出。

（1）若要设置一个银行，那么该行设在哪个居民点，可使最大的服务距离最小？

（2）若要设置两个银行，那么应设在哪两个居民点？

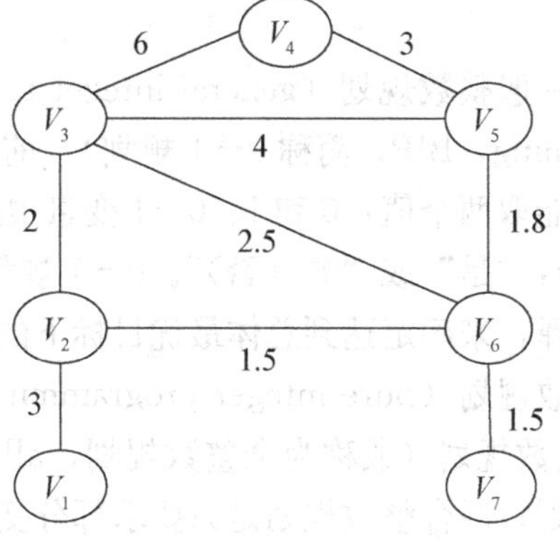

图 5—43　案例 5.2 的网络图

第6章

整数规划

本章内容要点

- 整数规划的基本概念
- 一般整数规划的建模与应用
- 规划的建模与应用

在许多实际问题中，决策变量必须为整数。例如，当决策变量是指派的人数、购买的设备数、投入的车辆数、是否投资等的时候，它们一般必须为非负整数才有意义。在这种情况下，常需要应用整数规划进行优化。本章将介绍整数规划（包括一般整数规划和0—1规划）的建模、求解与应用。

6.1 整数规划的基本概念

整数规划（integer programming，IP），是要求全部或部分决策变量为（非负）整数的规划。整数规划分为线性整数规划和非线性整数规划。本章只介绍线性整数规划，简称为整数规划。

整数规划分为两大类：一般整数规划（general integer programming）与0—1整数规划（binary integer programming，BIP，简称0—1规划）。前者要求至少一部分变量取整数值；后者规定整数变量只能取两个值：0和1。0—1变量很适用于“是非决策”。每一个“是非决策”只包含两种选择：“是”或“非（否）”。0—1规划模型可以包含许多0—1变量，即可以同时考虑很多选择，来确定达到总体最优目标下的这些选择的最佳组合。

整数规划还可分为纯整数规划（pure integer programming）与混合整数规划（mixed integer programming）。纯整数规划（或称为全整数规划，all integer programming）是要求所有变量必须为整数的规划；混合整数规划是只要求部分变量必须为整数的规划。对于0—1规划，也可分为纯0—1规划与混合0—1规划。

整数规划与一般规划相比，其可行解不再是连续的，而是离散的。

6.2 一般的整数规划

例 6.1 某航空公司是一家使用小型飞机经营短途航线的小型区域性企业。该航空公司已经经营得不错，管理层决定拓展其经营领域。

管理层面临的基本问题是：是采购更多的小型飞机来开辟一些新的短途航线，还是开始通过为一些跨地区航线购买大型飞机来进军全国市场（或双管齐下）？哪一种战略最有可能获得最大收益？

表 6—1 提供了购买两种飞机的年利润估计值；给出了每架飞机的采购成本，以及可用于飞机采购的总可用资金 1 亿元；并表明了管理层希望小型飞机的采购量不超过两架。

表 6—1　　某航空公司购买飞机的相关数据

	小型飞机	大型飞机	总可用资金
每架飞机的年利润	100 万元	500 万元	1 亿元
每架飞机的采购成本	500 万元	5 000 万元	
最多购买数量	2	没有限制	

需要的决策是：小型飞机和大型飞机各需要采购多少架，才能获得最大利润？

解：

(1) 决策变量。

本问题要做的决策是确定大、小型飞机的购买数量，设小型飞机与大型飞机的购买数量分别为 x_1（架）与 x_2（架）。

(2) 目标函数。

本问题的目标是总利润最大。本题的利润和资金以百万元为单位，则目标函数为：

$$\max z = x_1 + 5x_2$$

(3) 约束条件。

①资金限制（可用的资金总额为 1 亿元）：

$$5x_1 + 50x_2 \leqslant 100$$

②小型飞机数量限制（最多购买 2 架）：

$$x_1 \leqslant 2$$

③变量非负，且均为整数：x_1，$x_2 \geqslant 0$ 且为整数。

于是，得到例 6.1 的整数线性规划模型：

$$\max z = x_1 + 5x_2$$

$$\text{s.t.}\begin{cases} 5x_1 + 50x_2 \leqslant 100 \\ x_1 \leqslant 2 \\ x_1, x_2 \geqslant 0 \text{ 且为整数} \end{cases}$$

6.2.1 一般整数规划的求解方法

为了进行比较，暂不考虑“整数”约束，而先将例 6.1 看作一般的线性规划问题，求出其最优解。图 6—1 描述了将例 6.1 作为一般线性规划问题时用图解法求出的最优解。其最优解是目标函数直线与可行域最右上角交点的坐标，即：$x_1^*=2$，$x_2^*=1.8$。将最优解代入目标函数，可得最优值 $z^*=11$，即总利润为 1 100 万元。

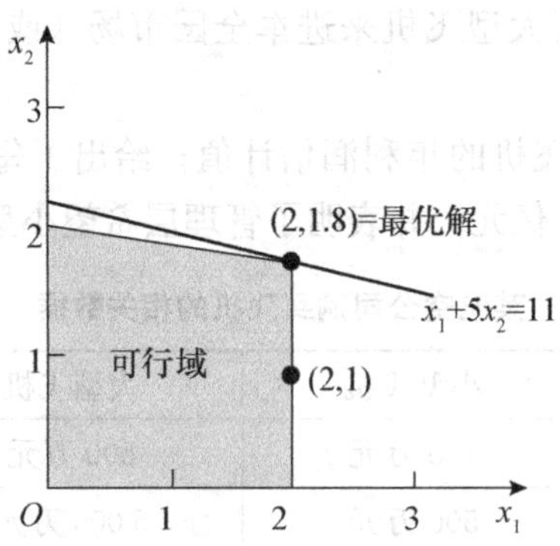

图 6—1 例 6.1 线性规划问题（LP）的解

但是，本问题的决策变量是飞机的架数，它们必须是整数。这时，其可行解就不再是连续的，而只能取原来的可行域中的若干个点，如图 6—2 所示。可见其可行解是以下 7 个点：(0，0)、(1，0)、(2，0)、(0，1)、(1，1)、(2，1) 和 (0，2)。

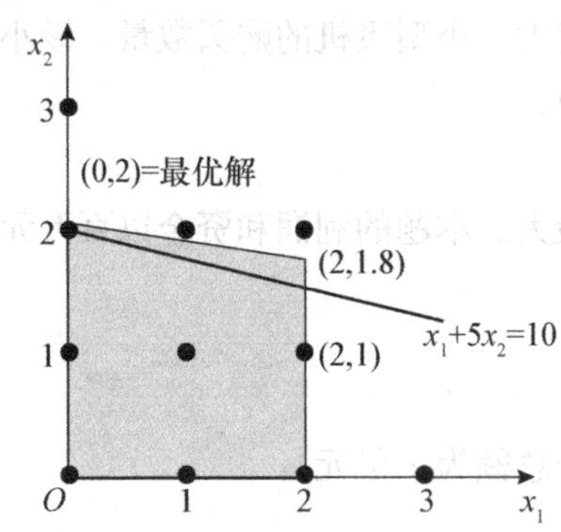

图 6—2 例 6.1 整数线性规划问题（IP）的解

这时，该问题的最优解不再是目标函数直线与原可行域最右上角相交点的坐标，因为该点不满足“整数”约束，它不再是可行解了。由图 6—2 可知，最优解应该是在目标函数直线与 7 个可行解的交点中使得目标函数直线位于最右上角的那个点，即 (0，2)。将该最优解代入目标函数，可得最优值 $z^*=10$。所以，该公司应购买大型飞机 2 架，不购买小型飞机，可获得总利润 1 000 万元。

从例 6.1 的求解中可知，整数规划的可行解不再是连续的，而是离散的。为了取得“整数”解，容易想到的一种方法是：暂不考虑“整数”约束，而先将其看作一般的线性规划问题求出其最优解，然后在所得到的解中，对要求取整的解进行简单的“舍入化整”处理。即用一般线性规划的解法求出最优解，然后把它化成最接近的整数来作为整数规划的最优解。这种处理方法有时可以得到较满意的结果。不过，这样处理得到的解也可能不再是整数规划的可行解，或者虽然是可行解，但不一定是最优解。例如：在例 6.1 中，将一般线性规划问题的最优解（2，1.8）进行取舍，可得到 2 个可能的解：(2，1）和（2，2)。这两个解中，(2，2）不是可行解，另一个解（2，1）虽然是可行解，但不是最优解，因为最优解是（0，2)。

采用“取整”方法的另一个问题是：当变量较多时难以处理，因为需要对每个取整后的解做出“取”或“舍”的选择，若有 n 个变量，则有 2^n 种可能的舍入方案，当变量较多时计算量非常大，甚至用计算机也难以处理。因此，有必要研究求解整数规划的特定方法。

由于离散问题比连续问题更难以处理，因此，整数规划要比一般线性规划难解得多，而且至今尚无一种像求解线性规划那样较成熟的算法。目前常用的基本算法有：分支定界法、割平面法等，但手工计算过程均很烦琐。电子表格提供了一种建立求解整数规划模型的十分有效的方法，它有助于人们理解模型并且可以很容易地求出模型的解。Excel“规划求解”命令采用分支定界法来求解整数规划问题。

应当指出的是，现有的电子表格方法虽然可以处理变量多达上千的一般线性规划问题，但它尚不能求解大规模整数规划问题。目前已有一些计算机软件具有较好的处理大规模整数规划的能力，如 MPSX-MIP、OSL、CPLEX、LINDO 等。不过，对于规模不太大的整数规划，电子表格方法不失为一种实用的好方法。

6.2.2 一般整数规划的电子表格模型

用 Excel 求解整数规划问题的基本步骤与求解一般线性规划问题相同，只是在约束条件中多添加一个“整数”约束。在 Excel 规划求解的“添加约束”对话框中，用“int”表示整数。因此，只要在该对话框中添加一个约束条件，在左边输入要求取整的决策变量的单元格（或区域)，然后选择“int”，如图 6—3 所示。

图 6—3 在“添加约束”对话框中添加变量的“整数”约束

例 6.1 的电子表格模型如图 6—4 所示，请参见“例 6.1.xlsx”。

该航空公司的最优采购方案是：只购买 2 架大型飞机，不购买小型飞机。此时的总利润最大，为 1 000 万元，与图解法的求解结果相同。

需要说明的是：整数规划的“规划求解结果”对话框如图 6—5 所示，与图 1—8 对比后可知，右上角的“报告”列表中没有“敏感性报告”。也就是说，Excel“规划求解”命令在求解“整数规划”时，无法生成第 2 章所介绍的“敏感性报告”。

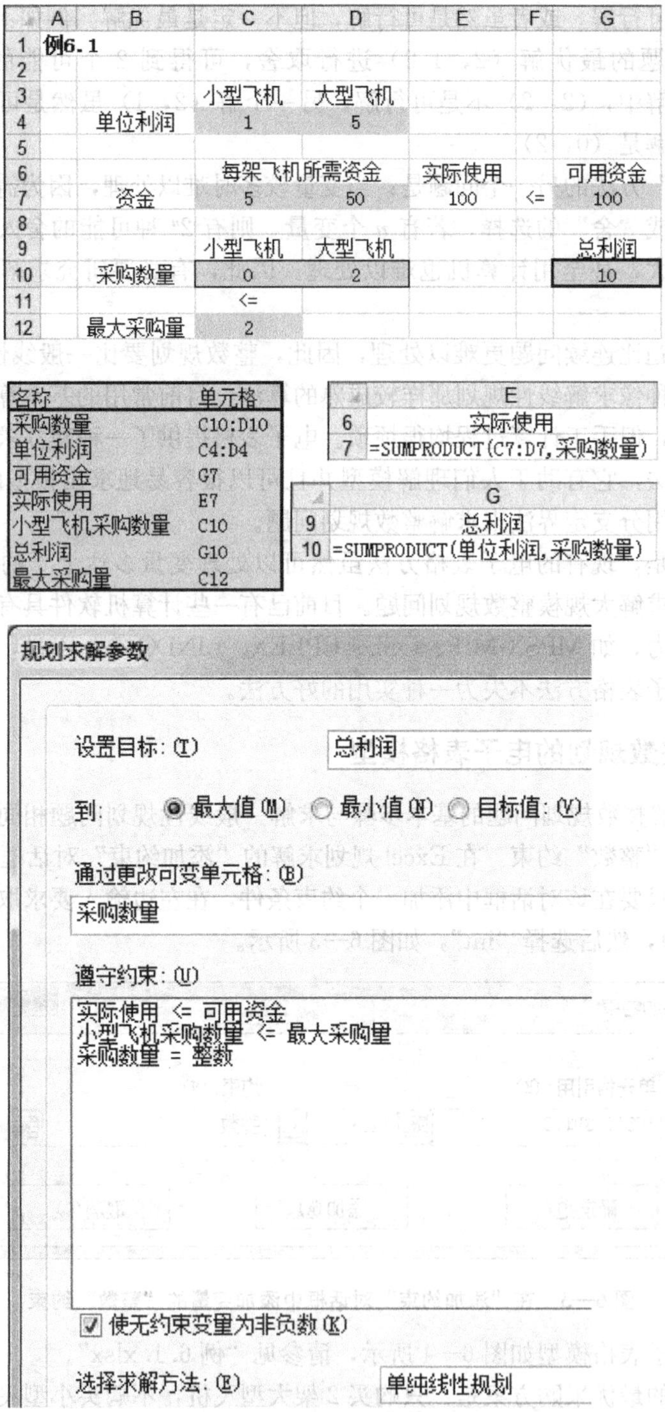

	A	B	C	D	E	F	G
1	例6.1						
2							
3			小型飞机	大型飞机			
4		单位利润	1	5			
5							
6			每架飞机所需资金		实际使用		可用资金
7		资金	5	50	100	<=	100
8							
9			小型飞机	大型飞机			总利润
10		采购数量	0	2			10
11			<=				
12		最大采购量	2				

名称	单元格
采购数量	C10:D10
单位利润	C4:D4
可用资金	G7
实际使用	E7
小型飞机采购数量	C10
总利润	G10
最大采购量	C12

	E
6	实际使用
7	=SUMPRODUCT(C7:D7,采购数量)

	G
9	总利润
10	=SUMPRODUCT(单位利润,采购数量)

规划求解参数

设置目标：(T) 总利润

到：◉ 最大值(M) ○ 最小值(N) ○ 目标值：(V)

通过更改可变单元格：(B)

采购数量

遵守约束：(U)

实际使用 <= 可用资金
小型飞机采购数量 <= 最大采购量
采购数量 = 整数

☑ 使无约束变量为非负数(K)

选择求解方法：(E) 单纯线性规划

图 6—4 例 6.1 的电子表格模型

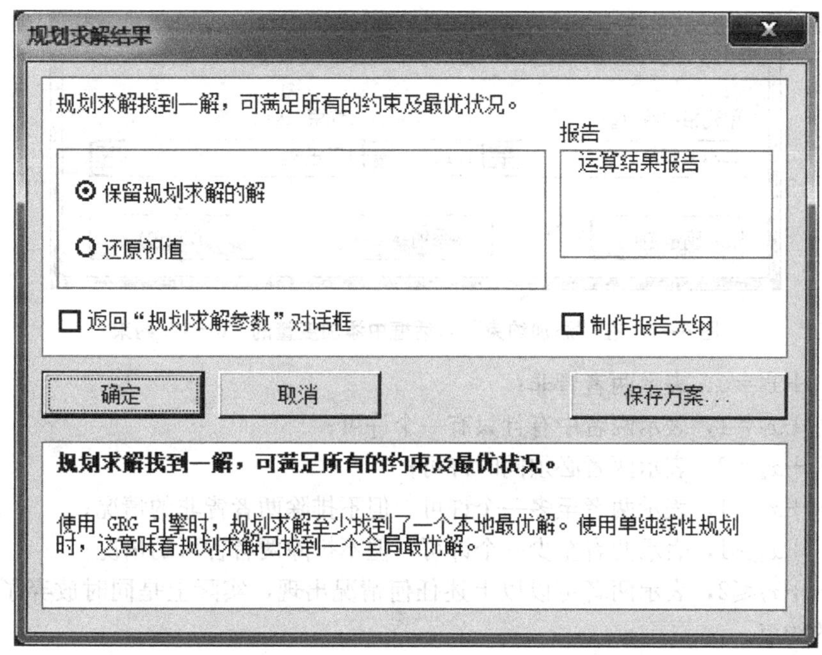

图 6—5 “规划求解结果”对话框（整数规划，有最优解）

6.3 显性 0—1 变量的整数规划

0—1 规划是整数规划的特殊情况，也是应用最广泛的一类整数规划。在 0—1 规划中，其整数变量只能取 0 或 1，通常用这些 0—1 变量表示某种逻辑关系。例如：用“1”表示“是”，用“0”表示“非（否）”，有时也称之为“是非变量”或者“逻辑变量”。

0—1 规划的难点并不在于如何求解，而是如何利用 0—1 变量的特殊性质，建立实用的 0—1 规划模型。

作为决策变量的 0—1 变量，在遇到实际决策问题需要选择“是”时，取值“1”；在需要选择“否”时，取值“0”。如在例 6.2 中，表示“是否设立分公司”的 0—1 变量。这种 0—1 变量在实际规划问题中，是客观存在的决策变量，是一种显性的 0—1 变量。与“显性 0—1 变量”对应，还有一种隐性的 0—1 变量。这种变量出现在模型中，但并不是决策人员做出的决策变量，而是由规划模型安排的。这种隐含在模型中的 0—1 变量就是隐性的 0—1 变量。“隐性 0—1 变量”对于建立模型的帮助很大，具体参见 6.4 节中的例 6.3～例 6.6。

0—1 规划模型的建立和求解方法与一般线性规划模型相同，只是增加了一个“变量取值必须是 0 或 1”的约束条件。为反映这一约束条件，在求解时应在 Excel 规划求解的“添加约束”对话框中添加关于变量取值为 1 或 0 的约束条件。在“添加约束”对话框中，用“bin”（binary）表示“0”和“1”两者取一。因此，只需在约束条件左边输入要求取“0”或“1”的变量的单元格（或区域），然后选择“bin”，如图 6—6 所示。

请读者体会以下不同情况下，决策变量的逻辑关系区别。例如，两个 0—1 变量 x_1 和 x_2 分别表示两个决策的指令状态，则：

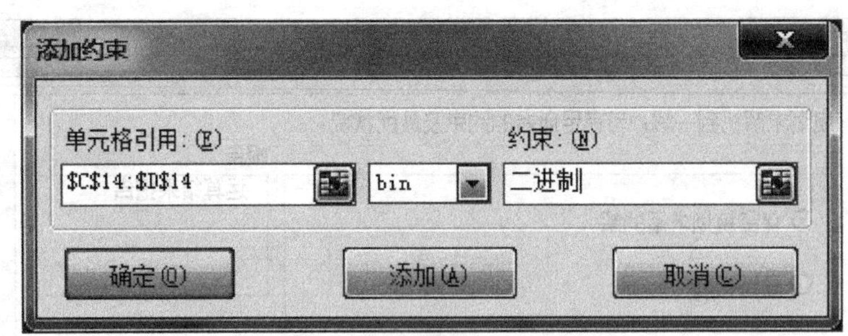

图 6—6　在“添加约束”对话框中添加变量的“0—1”约束

（1）$x_1+x_2=0$，表示两者皆非；

（2）$x_1+x_2=1$，表示两者中有且只有一个许可；

（3）$x_1+x_2=2$，表示两者必须同时许可；

（4）$x_1+x_2\leqslant 1$，表示两者至多一个许可，但不排除两者皆非的情况；

（5）$x_1+x_2\geqslant 1$，表示两者至少一个许可，但不排除两者皆可的情况；

（6）$x_1+x_2\leqslant 2$，表示两者可以以上述任何情况出现，实际上是同时放弃了对这两个逻辑变量的约束。

下面通过选址问题来说明显性的 0—1 决策（是非决策）。

在经济全球化的时代，许多公司为了在全球范围内最优地配置资源（比如获取廉价劳动力或原材料等），要在不同的地方建厂或仓库以及其他服务设施，这些都是选址问题。在选址之前，要对许多候选的地点进行分析和比较，而每个地址的决策都涉及一个“选”还是“不选”的判断。通常 0—1 变量表示为：

$$0\text{—}1\ \text{变量}=\begin{cases}1, & \text{某一候选地点被选为某一设施的地址}\\0, & \text{其他}\end{cases}$$

例 6.2　分公司选址问题。某销售公司打算在武汉或长春设立分公司（也可以在两个城市都设立分公司）以增加市场份额，管理层同时也在考虑建立一个配送中心（也可以不建配送中心），但配送中心的地点限制在新设立分公司的城市。

经过计算，每种选择使公司获得的利润和所需资金如表 6—2 所示。总预算不得超过1 000万元。目标是在满足以上约束的条件下使总利润最大。

表 6—2　　**分公司选址问题的相关数据**

	利润（万元）	所需资金（万元）
在长春设立分公司	800	600
在武汉设立分公司	500	300
在长春建配送中心	600	500
在武汉建配送中心	400	200

解：

（1）决策变量。

本问题的决策变量是“是非决策”的（显性）0—1 变量，每一个决策只有两种选择，“是”或者“否（非）”，“1”表示对于这个决策选择“是”，“0”表示对于这个决策选择“否（非）”，如表 6—3 所示。

表 6—3　　分公司选址问题的 0—1 决策变量

是非决策问题	决策变量	可能取值
在长春设立分公司？	x_1	0 或 1
在武汉设立分公司？	x_2	0 或 1
在长春建配送中心？	x_3	0 或 1
在武汉建配送中心？	x_4	0 或 1

（2）目标函数。

本问题的目标是总利润最大，即：$\max z=800x_1+500x_2+600x_3+400x_4$。

（3）约束条件。

①总预算（资金）约束（不得超过 1 000 万元）：

$$600x_1+300x_2+500x_3+200x_4\leqslant 1\,000$$

②公司最多只建一个新配送中心。如果用相应的 0—1 决策变量 x_3 和 x_4 来表示，这表示至多只有一个 0—1 变量可以取值为 1，因此，作为该问题数学模型的一部分，这些 0—1变量必须满足约束（互斥）：

$$x_3+x_4\leqslant 1$$

这两个方案（在长春建配送中心或在武汉建配送中心）被称为互斥方案。因为选择一个方案就不会再选择另一个。一组中含有两个或多个互斥方案在 0—1 规划问题中很常见。

③公司只在新设立分公司的城市建配送中心。也就是说，新设立分公司的那个城市才可以建配送中心。以长春为例：

如果选择“否”，不在长春设立分公司（也就是说如果选择 $x_1=0$），那么就不能在长春建配送中心（也就是说必须选择 $x_3=0$）。

如果选择“是”，在长春设立分公司（也就是说如果选择 $x_1=1$），那么可以在长春建配送中心，也可以不建（也就是说可以选择 $x_3=1$ 或 0）。

如何将这些在长春设立分公司和建配送中心的决策的联系用数学模型的方式表示为约束？关键在于无论 x_1 取何值，x_3 可能的取值都小于或等于 x_1。由于 x_1 和 x_3 都是 0—1 变量，因此有相应的约束（相依）：

$$x_3\leqslant x_1$$

同理，对于武汉也有相应的约束（相依）：

$$x_4\leqslant x_2$$

和长春一样，如果不在武汉设立分公司（$x_2=0$），武汉就不会（不能建）有配送中心（$x_4=0$），如果在武汉设立分公司（$x_2=1$），就需要做出建配送中心的决策（$x_4=1$ 或 0）。

对于任何一个城市，建配送中心的决策称为相依决策（如果一个是非决策当且仅当另一个是非决策选择“是”时才能够选择“是”，那么这个是非决策相依于另一个是非决策）。

④0－1 变量：$x_i=0, 1$（$i=1, 2, 3, 4$）

于是，得到例 6.2 的 0－1 规划模型：

$$\max z=800x_1+500x_2+600x_3+400x_4$$

$$\text{s. t.}\begin{cases}600x_1+300x_2+500x_3+200x_4\leqslant 1\,000\\ x_3+x_4\leqslant 1\\ x_3\leqslant x_1\\ x_4\leqslant x_2\\ x_1,x_2,x_3,x_4=0,1\end{cases}$$

例 6.2 的电子表格模型如图 6—7 所示，参见“例 6.2.xlsx”。

由此得到分公司选址问题的最优解：在武汉和长春都设立分公司，并且不建配送中心，此时的总利润最大，为 1 300 万元。

	A	B	C	D	E	F	G
1	**例6.2**						
2							
3		利润	长春	武汉			
4		建配送中心	600	400			
5							
6		设立分公司	800	500			
7							
8		所需资金	长春	武汉			
9		建配送中心	500	200			
10					实际使用		可用资金
11		设立分公司	600	300	900	<=	1000
12							
13		是否?	长春	武汉	实际建		最多一个
14		建配送中心	0	0	0	<=	1
15			<=	<=			
16		设立分公司	1	1			
17							
18			总利润	1300			

名称	单元格
可用资金	G11
利润	C4:D6
实际建	E14
实际使用	E11
是否？	C14:D16
是否建配送中心？	C14:D14
是否设立分公司？	C16:D16
所需资金	C9:D11
总利润	D18
最多一个	G14

	E
10	实际使用
11	=SUMPRODUCT(所需资金,是否？)
12	
13	实际建
14	=SUM(是否建配送中心？)

	C	D
18	总利润	=SUMPRODUCT(利润,是否？)

图 6—7 例 6.2 的电子表格模型

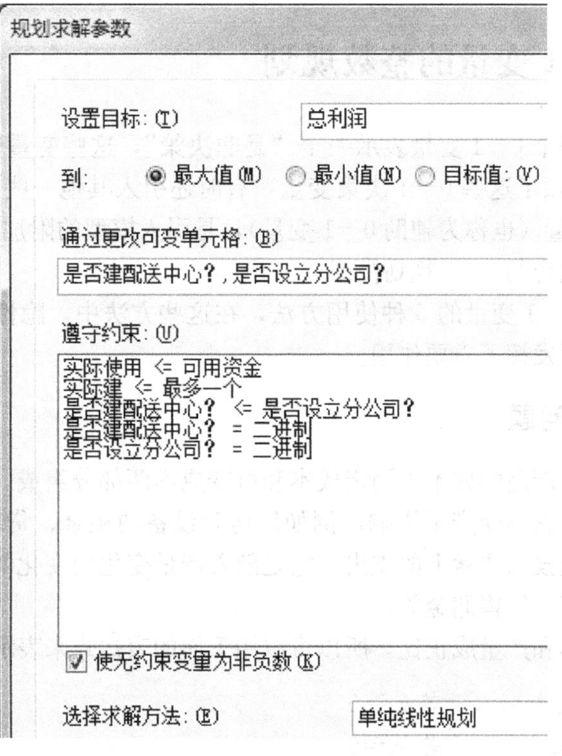

图6—7 例6.2的电子表格模型（续）

由于可用资金没有用完（只用了可用资金1 000万元中的900万元），并且没有建配送中心，所以可以对可用资金进行灵敏度（敏感性）分析。

具体方法是：修改图6—7电子表格模型中的可用资金（G11单元格），然后重新运行Excel的“规划求解”命令。

表6—4是可用资金在700万元～1 500万元变化时对决策的影响。从表6—4中可以发现，当可用资金在1 100万元～1 500万元变化时，可设立两个分公司，建一个配送中心。当可用资金从现在的1 000万元增加到1 100万元时，总利润就从1 300万元增加到1 700万元，增加了400万元。

表6—4 对分公司选址问题的可用资金进行灵敏度分析的结果

可用资金（万元）	实际使用（万元）	是否建配送中心		是否设立分公司		总利润（万元）
		长春	武汉	长春	武汉	
700	500	0	1	0	1	900
800	500	0	1	0	1	900
900	900	0	0	1	1	1 300
1 000	900	0	0	1	1	1 300
1 100	1 100	0	1	1	1	1 700
1 200	1 100	0	1	1	1	1 700
1 300	1 100	0	1	1	1	1 700
1 400	1 400	1	0	1	1	1 900
1 500	1 400	1	0	1	1	1 900

6.4 隐性 0—1 变量的整数规划

在例 6.2 中，每个 0—1 变量表示一个“是非决策”，这些变量也称为 0—1 决策变量或显性 0—1 变量。除了这些 0—1 决策变量，有时还引入其他一些 0—1 变量以帮助建立模型。隐性 0—1 变量（也称为辅助 0—1 变量），是引入模型的附加 0—1 变量，目的是为了方便建立纯的或混合的 0—1 规划模型。

下面介绍隐性 0—1 变量的 5 种使用方法，在这些方法中，隐性0—1变量在使问题标准化以便于求解方面发挥了重要作用。

6.4.1 固定成本问题

在一般情况下，产品的成本由固定成本和可变成本两部分组成。固定成本是指在固定投入要素上的支出，它不受产量影响，例如厂房和设备的租金、贷款利息、管理费用等；可变成本是指在可变投入要素上的支出，它是随着产量变化而变化的成本，例如原材料费用、生产工人的工资、销售佣金等。

通常，可变成本和产量成正比，所以可以用下面的表达式来表示某一产品的总成本：

$$f_i(x_i)=\begin{cases}k_i+c_ix_i, & \text{若 } x_i>0\\0, & \text{若 } x_i=0\end{cases}$$

其中，x_i 是第 i 种产品的产量（$x_i\geqslant0$），k_i 是固定成本，c_i 是单位成本。那么，对于有 n 种产品生产问题的一般模型可以表示如下：

$$\min z=f_1(x_1)+f_2(x_2)+\cdots+f_n(x_n)$$

s. t. 给定的线性约束条件

把这个问题转化为有 0—1 变量的混合整数规划问题。对于每种产品都要回答一个“是非”问题，这个“是非”问题就是应该生产第 i 种产品吗？这样，每个问题就有一个隐性 0—1 变量，用 y_i 表示：

$$y_i=\begin{cases}1, & \text{若 } x_i>0\\0, & \text{若 } x_i=0\end{cases}$$

也就是说，变量 y_i 取值为 1 时，就生产第 i 种产品（$x_i>0$），y_i 取值为 0 时，第 i 种产品就不生产（$x_i=0$），据此，目标函数（总成本）变为：

$$\min z=\sum_{i=1}^{n}(k_iy_i+c_ix_i)$$

然后，找一个相对极大值 M，大于任何一个可能的 $x_i(i=1,2,\cdots,n)$，于是，约束为：

$$x_i\leqslant My_i \quad (i=1,2,\cdots,n)$$

这就保证了当 $x_i>0$ 时，$y_i=1$。尽管这一个约束不能确定当 $x_i=0$ 时，y_i 等于 0 还是 1，但目标函数的性质将会使它在 $x_i=0$ 时取 0 值。也可以反过来理解，如果 $y_i=0$，则

$x_i \leqslant 0$，因为产量 x_i 只能为非负值，所以 $x_i=0$（不生产）；而如果 $y_i=1$，则 $x_i \leqslant M$（相对极大值），这时 x_i 的取值受其他约束条件（如原材料、资金等）的限制。

综上所述，固定成本问题的混合 0—1 规划模型为：

$$\min z = \sum_{i=1}^{n}(k_i y_i + c_i x_i)$$

$$\text{s.t.}\begin{cases}\text{最初给定的线性约束条件} \\ x_i \leqslant M y_i \quad (i=1,2,\cdots,n) \\ y_i = 0,1 \quad (i=1,2,\cdots,n)\end{cases}$$

例 6.3 需要启动资金（固定成本）的例 1.1。假设将例 1.1 的问题作如下变形：

变化一：生产新产品（门和窗）各需要一笔启动资金，分别为 700 元和 1 300 元，门和窗的单位利润还是原来的 300 元和 500 元。

变化二：一个生产批次在一个星期后即终止，因此门和窗的产量需要取整。

解：

（1）决策变量。

由于涉及启动资金（固定成本），本问题的决策变量有两类：第一类是所需要生产的门和窗的数量；第二类是决定是否生产门和窗，这种逻辑关系可用隐性 0—1 变量来表示。

①整数决策变量：设 x_1、x_2 分别表示门和窗的每周产量。

②隐性 0—1 变量：设 y_1、y_2 分别表示是否生产门和窗（1 表示生产，0 表示不生产）。

（2）目标函数。

本问题的目标是两种新产品的总利润最大，目标函数可表示为：

$$\max z = 300x_1 + 500x_2 - 700y_1 - 1\,300y_2$$

（3）约束条件。

①原有的三个车间每周可用工时限制：

$$\begin{cases}x_1 \leqslant 4 & \text{（车间 1）} \\ 2x_2 \leqslant 12 & \text{（车间 2）} \\ 3x_1 + 2x_2 \leqslant 18 & \text{（车间 3）}\end{cases}$$

②变化一，新产品需要启动资金，即产量 x_i 与是否生产 y_i 之间的关系：

$$x_i \leqslant M y_i \quad (i=1,2)$$

③产量 x_i 非负且为整数（变化二），是否生产 y_i 为 0—1 变量：

$$x_i \geqslant 0 \text{ 且为整数} \quad (i=1,2)$$
$$y_i = 0,1 \quad (i=1,2)$$

于是，得到例 6.3 的混合 0—1 规划模型：

$$\max z = 300x_1 + 500x_2 - 700y_1 - 1\,300y_2$$

$$
\text{s. t.}\begin{cases}x_1\leqslant 4\\2x_2\leqslant 12\\3x_1+2x_2\leqslant 18\\x_1\leqslant My_1\\x_2\leqslant My_2\\x_1,x_2\geqslant 0\text{ 且为整数}\\y_1,y_2=0,1\end{cases}
$$

例 6.3 的电子表格模型如图 6—8 所示，参见“例 6.3.xlsx”。

在 Excel 中，相对极大值 M 需要数值化，从车间 1 和车间 2 的约束中可以看出，x_1 的最大取值为 4，x_2 的最大取值为 6，因此，M 的取值只需不小于 6 即可，这里取 99①。

	A	B	C	D	E	F	G
1	例6.3						
2							
3			门	窗			
4		单位利润	300	500			
5		启动资金	700	1300			
6							
7			每个产品所需工时		实际使用		可用工时
8		车间 1	1	0	0	<=	4
9		车间 2	0	2	12	<=	12
10		车间 3	3	2	12	<=	18
11							
12			门	窗			
13		每周产量	0	6			
14			<=	<=			
15		My	0	99	相对极大值M		
16		是否生产y	0	1	99		
17							
18		产品总利润	3000				
19		总启动资金	1300				
20		总利润	1700				

名称	单元格
My	C15:D15
产品总利润	C18
单位利润	C4:D4
可用工时	G8:G10
每周产量	C13:D13
启动资金	C5:D5
实际使用	E8:E10
是否生产y	C16:D16
相对极大值M	E16
总利润	C20
总启动资金	C19

	E
7	实际使用
8	=SUMPRODUCT(C8:D8,每周产量)
9	=SUMPRODUCT(C9:D9,每周产量)
10	=SUMPRODUCT(C10:D10,每周产量)

	B	C	D
15	My	=相对极大值M*C16	=相对极大值M*D16

图 6—8 例 6.3 的电子表格模型（需要启动资金）

① 需要说明的是：为了区别于其他数据，相对极大值 M 一般取 9、99、999、9 999 等，而且也不是越大越好，要与题目的数据相匹配（数量级不要差别过大，最好大一个数量级即可），否则 Excel 的“规划求解”工具就有可能求不出最优解（作者本人就碰到过这样的情况）。

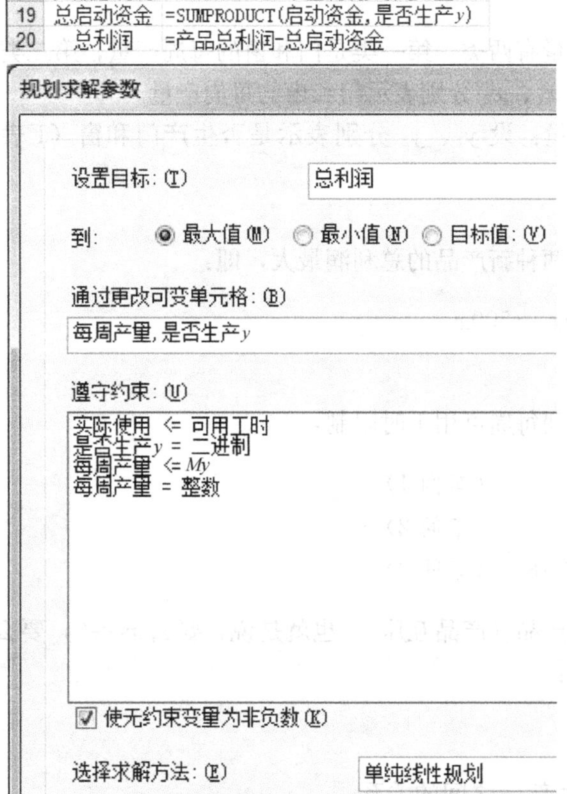

图6—8 例6.3的电子表格模型（需要启动资金）（续）

由此得到需要启动资金的最优解：只生产6扇窗（不生产门），此时的总利润最大，为每周1 700元。

6.4.2 产品互斥问题

在实际生产过程中，为了防止产品的过度多元化，有时需要限制产品生产的种类，这就是产品互斥问题。

处理产品互斥问题时，采用处理固定成本问题的方法，引入隐性0—1变量：第i种产品是否生产y_i（1表示生产，0表示不生产）。

因此，在n种产品中，最多只能生产k种的约束为：

$$y_1+y_2+\cdots+y_n\leqslant k \quad (k<n)$$

以及产量x_i与是否生产y_i之间的关系：

$$x_i\leqslant My_i \quad (i=1,2,\cdots,n)$$

例6.4 包含互斥产品的例1.1。假设将例1.1的问题作如下的变形：两种新产品门和窗具有相同的用户，是互相竞争的。因此，管理层决定不同时生产两种产品，而是只能选择其中的一种进行生产。

解：

（1）决策变量。

本问题的决策变量有两类，第一类是门和窗的每周产量；第二类是门和窗是否生产。

①决策变量：设 x_1、x_2 分别表示门和窗的每周产量。

②隐性 0－1 变量：设 y_1、y_2 分别表示是否生产门和窗（1 表示生产，0 表示不生产）。

（2）目标函数。

本问题的目标是两种新产品的总利润最大，即：

$$\max z = 300x_1 + 500x_2$$

（3）约束条件。

①原有的三个车间每周可用工时限制：

$$\begin{cases} x_1 \leqslant 4 & （车间 1） \\ 2x_2 \leqslant 12 & （车间 2） \\ 3x_1 + 2x_2 \leqslant 18 & （车间 3） \end{cases}$$

②只能生产一种产品（产品互斥），也就是说，要么 $x_1=0$，要么 $x_2=0$（或两者均为 0），这种情况转化为：

$$y_1 + y_2 \leqslant 1$$

以及产量 x_i 与是否生产 y_i 之间的关系：

$$x_i \leqslant My_i \quad (i=1,2)$$

③产量 x_i 非负，是否生产 y_i 为 0－1 变量：

$$x_i \geqslant 0 \quad (i=1,2)$$
$$y_i = 0,1 \quad (i=1,2)$$

于是，得到例 6.4 的混合 0－1 规划模型：

$$\max z = 300x_1 + 500x_2$$
$$\text{s. t.} \begin{cases} x_1 \leqslant 4 \\ 2x_2 \leqslant 12 \\ 3x_1 + 2x_2 \leqslant 18 \\ y_1 + y_2 \leqslant 1 \\ x_1 \leqslant My_1 \\ x_2 \leqslant My_2 \\ x_1, x_2 \geqslant 0 \\ y_1, y_2 = 0,1 \end{cases}$$

例 6.4 的电子表格模型如图 6—9 所示，参见“例 6.4.xlsx”。

	A	B	C	D	E	F	G
1	例6.4						
2							
3			门	窗			
4		单位利润	300	500			
5							
6			每个产品所需工时		实际使用		可用工时
7		车间 1	1	0	0	<=	4
8		车间 2	0	2	12	<=	12
9		车间 3	3	2	12	<=	18
10							
11			门	窗			
12		每周产量	0	6			
13			<=	<=			
14			0	99	实际生产		最多生产一种
15		是否生产	0	1	1	<=	1
16							
17		相对极大值	99				总利润
18							3000

名称	单元格
My	C14:D14
单位利润	C4:D4
可用工时	G7:G9
每周产量	C12:D12
实际生产	E15
实际使用	E7:E9
是否生产y	C15:D15
相对极大值M	C17
总利润	G18
最多生产一种	G15

	E
6	实际使用
7	=SUMPRODUCT(C7:D7,每周产量)
8	=SUMPRODUCT(C8:D8,每周产量)
9	=SUMPRODUCT(C9:D9,每周产量)

	G
17	总利润
18	=SUMPRODUCT(单位利润,每周产量)

	E
14	实际生产
15	=SUM(是否生产y)

	B	C	D
14	My	=相对极大值M*C15	=相对极大值M*D15

规划求解参数

设置目标：(T)　总利润

到：◉ 最大值(M)　○ 最小值(N)　○ 目标值：(V)

通过更改可变单元格：(B)

每周产量,是否生产y

遵守约束：(U)

实际使用 <= 可用工时
实际生产 <= 最多生产一种
是否生产y = 二进制
每周产量 <= My

☑ 使无约束变量为非负数(K)

选择求解方法：(E)　单纯线性规划

图 6—9　例 6.4 的电子表格模型（产品互斥）

由此得到只能生产一种产品的最优解，为只生产 6 扇窗，此时的总利润最大，为每周 3 000 元。

6.4.3 最少产量问题

在实际生产生活中，经常会碰到最少产量、最少订购量问题。

处理最少产量问题时，采用处理固定成本问题的方法，引入隐性 0—1 变量：第 i 种产品是否生产 y_i（1 表示生产，0 表示不生产）。

因此，对于第 i 种产品，如果生产，最少生产 S_i 的约束为：

$$x_i \geqslant S_i y_i \quad (i=1,2,\cdots,n)$$

以及产量 x_i 与是否生产 y_i 之间的关系：

$$x_i \leqslant M y_i \quad (i=1,2,\cdots,n)$$

当 $y_i=0$（不生产第 i 种产品）时，约束 $x_i \leqslant M y_i$ 会使得 $x_i=0$（产量为 0）。

当 $y_i=1$（生产第 i 种产品）时，约束 $x_i \geqslant S_i y_i$ 会使得 $x_i \geqslant S_i$（产量至少为 S_i）。

例 6.5 某公司需要购买 5 000 个灯泡。公司已经收到三个供应商的投标，供应商 1 提供的灯泡，每个 3 元，一次最少订购 2 000 个，最多 3 000 个；供应商 2 提供的灯泡，每个 5 元，一次最少要订购 1 000 个，多购不限；供应商 3 可供应 3 000 个以内任意数量的灯泡，每个 1 元，另加固定费用 5 000 元。公司决定从一家或两家购买。该公司正在考虑采取什么样的订购方案，可以使其所花的费用最少。

解：

（1）决策变量。

本问题的决策变量有两类，第一类是从各供应商购买灯泡的数量；第二类是是否从各供应商购买灯泡。

①决策变量：设 x_1、x_2、x_3 分别表示从供应商 1、2、3 购买灯泡的数量。

②隐性 0—1 变量：设 y_1、y_2、y_3 分别表示是否从供应商 1、2、3 购买灯泡（1 表示购买，0 表示不购买）。

（2）目标函数。

本问题的目标是公司所花的总费用最少，目标函数可表示为：

$$\min z=3x_1+5x_2+1x_3+5\,000y_3$$

（3）约束条件。

①需要购买 5 000 个灯泡：$x_1+x_2+x_3=5\,000$

②供应商 1，一次最少订购 2 000 个，最多 3 000 个：

$$2\,000y_1 \leqslant x_1 \leqslant 3\,000y_1$$

从约束条件中可知：

当 $y_1=0$（不从供应商 1 购买灯泡）时，有：$2\,000\times 0 \leqslant x_1 \leqslant 3\,000\times 0$，即 $x_1=0$；

当 $y_1=1$（从供应商 1 购买灯泡）时，有：$2\,000\times 1 \leqslant x_1 \leqslant 3\,000\times 1$，即一次最少订购 2 000 个，最多 3 000 个。

③供应商 2，一次最少要订购 1 000 个，多购不限：

$1\,000y_2 \leqslant x_2 \leqslant My_2$（$M$ 可用需要购买 5 000 代替，即 $M=5\,000$）。

④供应商 3 可供应 3 000 个以内任意数量的灯泡，另加固定费用 5 000 元：

$x_3 \leqslant 3\,000$，以及 $x_3 \leqslant My_3$，合并得 $x_3 \leqslant 3\,000y_3$。为了与供应商 1 和 2 的约束写法一致，可以写成：$0y_3 \leqslant x_3 \leqslant 3\,000y_3$。

⑤公司决定从一家或两家购买：$y_1+y_2+y_3 \leqslant 2$。

⑥购买灯泡数 x_i 非负，是否购买 y_i 为 0—1 变量：

$$x_1,x_2,x_3 \geqslant 0$$
$$y_1,y_2,y_3=0,1$$

于是，得到例 6.5 的混合 0—1 规划模型：

$$\min z=3x_1+5x_2+1x_3+5\,000y_3$$
$$\text{s.t.}\begin{cases} x_1+x_2+x_3=5\,000 \\ 2\,000y_1 \leqslant x_1 \leqslant 3\,000y_1 \\ 1\,000y_2 \leqslant x_2 \leqslant 5\,000y_2 \\ 0y_3 \leqslant x_3 \leqslant 3\,000y_3 \\ y_1+y_2+y_3 \leqslant 2 \\ x_1,x_2,x_3 \geqslant 0 \\ y_1,y_2,y_3=0,1 \end{cases}$$

例 6.5 的电子表格模型如图 6—10 所示，参见“例 6.5. xlsx”。

	A	B	C	D	E	F	G	H
1	例6.5							
2								
3			供应商1	供应商2	供应商3			固定费用
4		灯泡单价	3	5	1			5000
5								
6		最少订购量	2000	1000	0			
7		最少Sy	2000	0	0	实际		需要
8			<=	<=	<=	购买总数		购买总数
9		购买灯泡数	2000	0	3000	5000	=	5000
10			<=	<=	<=			
11		最多My	3000	0	3000			
12		最多订购量	3000	5000	3000	实际		
13						购买家数		最多两家
14		是否购买y	1	0	1	2	<=	2
15								
16								总费用
17								14000

	B	C	D	E
11	最多My	=C12*C14	=D12*D14	=E12*E14

	B	C	D	E
7	最少Sy	=C6*C14	=D6*D14	=E6*E14

图 6—10 例 6.5 的电子表格模型（最少订购量）

名称	单元格
灯泡单价	C4:E4
购买灯泡数	C9:E9
固定费用	H4
实际购买家数	F14
实际购买总数	F9
是否购买y	C14:E14
是否购买y3	E14
需要购买总数	H9
总费用	H17
最多My	C11:E11
最多两家	H14
最少Sy	C7:E7

	F
7	实际
8	购买总数
9	=SUM(购买灯泡数)
10	
11	
12	实际
13	购买家数
14	=SUM(是否购买y)

	H
16	总费用
17	=SUMPRODUCT(灯泡单价,购买灯泡数)+固定费用*是否购买y3

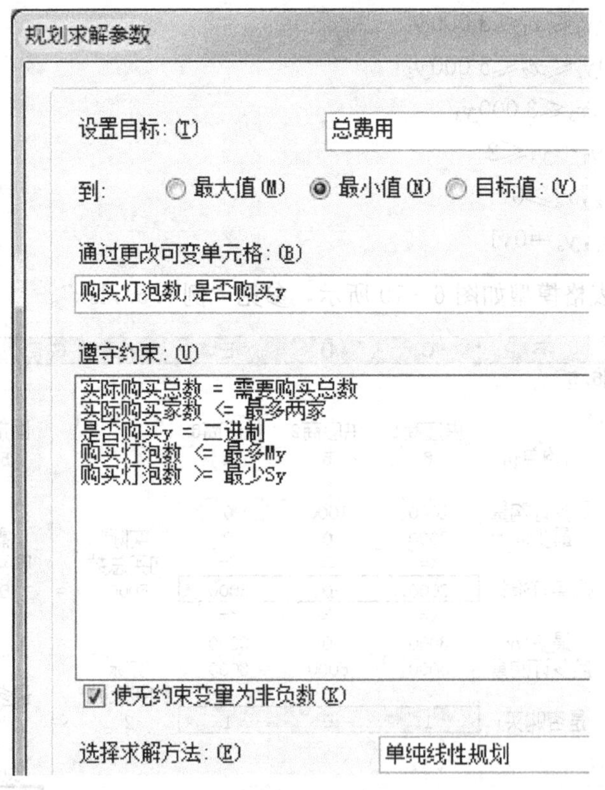

图 6—10 例 6.5 的电子表格模型（最少订购量）（续）

例 6.5 的最优订购方案是：从供应商 1 购买 2 000 个灯泡，从供应商 3 购买 3 000 个灯泡，总的购买费用为 1.4 万元（14 000 元）。

6.4.4 两个约束中选一个约束的问题

管理决策时经常会遇到在两个约束中选一个的问题。举例来说，某个投资方案有两个约束，但只要其中有一个成立就可以了，另外一个约束则不作要求。

可以把这种问题转化为有 0—1 变量的混合整数规划问题。这样，需要引入一个 0—1

变量，来决定满足两个约束条件中的哪一个，这样的问题也是一个隐性 0—1 变量问题，用 y 表示：

$$y=\begin{cases}0\text{，选择约束条件 1}\\1\text{，选择约束条件 2}\end{cases}$$

也就是说，隐性 0—1 变量 y 取值为 0 时，受约束条件 1 的限制；y 取值为 1 时，受约束条件 2 的限制。

例 6.6 加入二选一约束的例 1.1。假设将例 1.1 的问题作如下变形：公司最近建了一个与车间 3 类似的新车间（车间 4），因此，新车间也可以参与两种新产品的生产。但是，由于管理上的原因，管理层决定只允许车间 3 和车间 4 中的一个车间参与新产品的生产，同时要选取能获得产品组合利润最大的那一个车间。相关数据如表 6—5 所示。该表与例 1.1 的表 1—1 类似，只不过在其中加入了车间 4 的一些数据。

表 6—5　　例 6.6 的相关数据

	每个产品所需工时		每周可用工时（小时）
	门	窗	
车间 1	1	0	4
车间 2	0	2	12
车间 3	3	2	18
车间 4	2	4	28
单位利润（元）	300	500	

解：

该问题有两种求解方法。

方法一：分别建立模型求解。

首先，假设在车间 3 生产，那么该问题就如同例 1.1，要满足车间 3 的约束（不考虑车间 4 的约束）：

$$3x_1+2x_2\leqslant 18$$

此时的最优解为 $x_1^*=2$，$x_2^*=6$，最优值 $z^*=3\,600$（元）。

再假设在车间 4 生产，要满足车间 4 的约束（不考虑车间 3 的约束）：

$$2x_1+4x_2\leqslant 28$$

此时的最优解为 $x_1^*=4$，$x_2^*=5$，最优值 $z^*=3\,700$（元）。

由于 3 700 大于 3 600，因此，应选择在车间 4 生产。

方法二：建立一个模型求解，这时就需要引入一个隐性 0—1 变量。

（1）决策变量。

例 6.6 的决策变量有两类，第一类是门和窗的每周产量；第二类是决定是在车间 3 生产还是在车间 4 生产，这种逻辑关系可用隐性 0—1 变量来表示，值得注意的是，两个车间不能同时生产。

①设 x_1、x_2 分别表示门和窗的每周产量。

②隐性 0－1 变量：设 $y=0$ 表示选择车间 3，$y=1$ 表示选择车间 4。

（2）目标函数。

本问题的目标是两种新产品的总利润最大，即：

$$\max z=300x_1+500x_2$$

（3）约束条件。

①车间 1 和车间 2 的约束：

$$\begin{cases}x_1\leqslant 4\\2x_2\leqslant 12\end{cases}$$

②选择车间 3 还是车间 4：

要么选择 $3x_1+2x_2\leqslant 18$（在车间 3 生产），要么选择 $2x_1+4x_2\leqslant 28$（在车间 4 生产）。引入隐性 0－1 变量 y，并且定义 $y=0$ 表示选择车间 3，$y=1$ 表示选择车间 4，即：

$$y=\begin{cases}0, & 3x_1+2x_2\leqslant 18 \quad (\text{选择车间 3})\\1, & 2x_1+4x_2\leqslant 28 \quad (\text{选择车间 4})\end{cases}$$

为了强化这一定义，引入一个相对极大值 M，然后在模型中作如下变动：

$$\begin{cases}3x_1+2x_2\leqslant 18+My\\2x_1+4x_2\leqslant 28+M(1-y)\end{cases}$$

③产量 x_i 非负，选择变量 y 为 0－1 变量：

$$x_1, x_2\geqslant 0$$
$$y=0,1$$

于是，得到例 6.6 的混合 0－1 规划模型：

$$\max z=300x_1+500x_2$$

$$\text{s. t.}\begin{cases}x_1\leqslant 4\\2x_2\leqslant 12\\3x_1+2x_2\leqslant 18+My\\2x_1+4x_2\leqslant 28+M(1-y)\\x_1, x_2\geqslant 0\\y=0,1\end{cases}$$

例 6.6 的电子表格模型如图 6—11 所示，参见“例 6.6. xlsx”。

	A	B	C	D	E	F	G	H
1	例6.6							
2								
3			门	窗				
4		单位利润	300	500				
5							修正的	
6			每个产品所需工时		实际使用		可用工时	可用工时
7		车间 1	1	0	4	<=	4	4
8		车间 2	0	2	10	<=	12	12
9		车间 3	3	2	22	<=	117	18
10		车间 4	2	4	28	<=	28	28
11								
12			门	窗			相对极大值M	99
13		每周产量	4	5				
14								
15		在哪个车间生产y		1			总利润	3700
16		(0—车间3，1—车间4)						

名称	单元格
单位利润	C4:D4
每周产量	C13:D13
实际使用	E7:E10
相对极大值M	H12
修正的可用工时	G7:G10
在哪个车间生产y	D15
总利润	H15

	E
6	实际使用
7	=SUMPRODUCT(C7:D7,每周产量)
8	=SUMPRODUCT(C8:D8,每周产量)
9	=SUMPRODUCT(C9:D9,每周产量)
10	=SUMPRODUCT(C10:D10,每周产量)

	G
5	修正的
6	可用工时
7	=H7
8	=H8
9	=H9+相对极大值M*在哪个车间生产y
10	=H10+相对极大值M*(1-在哪个车间生产y)

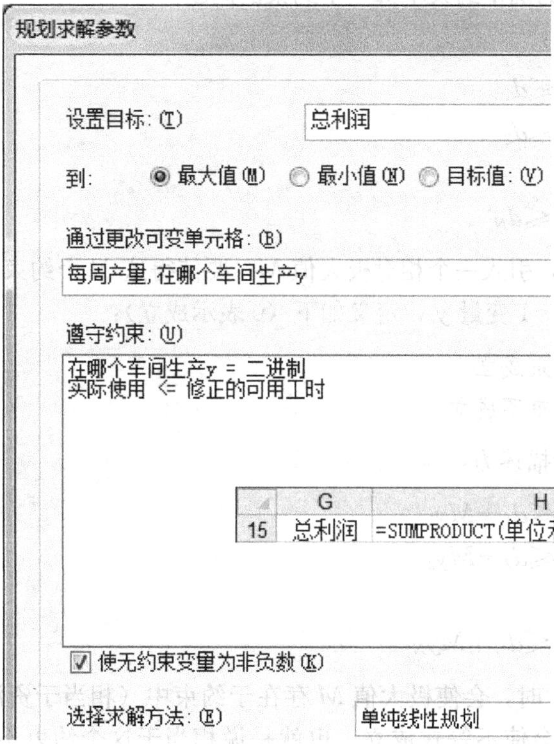

规划求解参数

设置目标：(T) 总利润

到： ◉ 最大值(M) ○ 最小值(N) ○ 目标值：(V)

通过更改可变单元格：(B)

每周产量,在哪个车间生产y

遵守约束：(U)

在哪个车间生产y = 二进制
实际使用 <= 修正的可用工时

	G	H
15	总利润	=SUMPRODUCT(单位利润,每周产量)

☑ 使无约束变量为非负数(K)

选择求解方法：(E) 单纯线性规划

图6—11 例6.6的电子表格模型（加入二选一约束）

在 Excel 中，相对极大值 M 需要数值化，从车间 1 和车间 2 的约束中可以看出，x_1 的最大取值为 4，x_2 的最大取值为 6，分别代入车间 3 和车间 4 约束的左边，得到最多所需的工时分别为 24 小时和 32 小时，而车间 3 和车间 4 的可用工时分别为 18 小时和 28 小时，因此，M 的取值只需不小于 max（24－18，32－28）即可，这里取 99。

为了弄清楚这个新的约束是如何起作用的，看一下 $y=0$ 的情况。

$y=0$ 表示 $3x_1+2x_2\leqslant 18$，并且 $2x_1+4x_2\leqslant 28+99$。

于是，$3x_1+2x_2\leqslant 18$ 成立，但是 $2x_1+4x_2\leqslant 28$ 不需要成立。

可以理解为：当选择车间 3（$y=0$）时，生产受到车间 3 可用工时的限制。此时在车间 4 的右边加了一个相对极大值 M，表示车间 4 的可用工时（资源）很多，从而不受车间 4 的限制。

同理，$y=1$ 表示 $3x_1+2x_2\leqslant 18+99$，并且 $2x_1+4x_2\leqslant 28$。

于是，$3x_1+2x_2\leqslant 18$ 不需要成立，但是 $2x_1+4x_2\leqslant 28$ 成立。

当选择车间 4 时，车间 3 的可用工时（资源）很多，从而不受车间 3 的限制。

由此得到二选一约束（选择在车间 3 生产还是在车间 4 生产）的最优解是：选择在车间 4 生产，生产 4 扇门和 5 扇窗，此时的总利润最大，为每周 3 700 元。

6.4.5 *N* 个约束中选 *K* 个约束的问题

有时会遇到在一个规划问题中有 N 个约束条件的情况，但只要求其中的 K 个约束条件成立，另外的 $N-K$ 个约束条件则可以不要求成立（$K\leqslant N$）。当 $K=1$，$N=2$ 时，这个问题便等价于前面所讲述的两个约束中选一个约束的问题。

假设 N 个可能的约束是：

$$\begin{cases} f_1(x_1,x_2,\cdots,x_n)\leqslant d_1 \\ f_2(x_1,x_2,\cdots,x_n)\leqslant d_2 \\ \qquad\vdots \\ f_N(x_1,x_2,\cdots,x_n)\leqslant d_N \end{cases}$$

然后，采用同样的方法，引入一个相对极大值 M，要使得这 N 个约束中只有 K 个成立，同样还需要引入 N 个 0－1 变量 y_i，定义如下（0 表示成立）：

$$y_i=\begin{cases} 0, & \text{第 } i \text{ 个约束成立} \\ 1, & \text{第 } i \text{ 个约束不成立} \end{cases}$$

将 N 个可能的约束重新描述为：

$$\begin{cases} f_1(x_1,x_2,\cdots,x_n)\leqslant d_1+My_1 \\ f_2(x_1,x_2,\cdots,x_n)\leqslant d_2+My_2 \\ \qquad\vdots \\ f_N(x_1,x_2,\cdots,x_n)\leqslant d_N+My_N \end{cases}$$

因为第 i 个约束的 $y_i=1$ 时，会使极大值 M 存在于约束中（相当于资源很多），使得无论变量取任何可能值，都会使不等式成立。也就是说相当于这个约束不成立（不起作用），又由于总共有 $N-K$ 个不要求成立的约束，所以有：

$$\sum_{i=1}^{N} y_i = N-K$$

其中，$y_i(i=1, 2, \cdots, N)$ 为0—1变量。

当然，这个问题如果是在 N 个约束中最多选 K 个约束，则只需要将上式变成以下形式：

$$\sum_{i=1}^{N} y_i \geqslant N-K$$

也可以将 y_i 定义为（1表示成立）：

$$y_i=\begin{cases}1, & \text{第 } i \text{ 个约束成立}\\ 0, & \text{第 } i \text{ 个约束不成立}\end{cases}$$

则 N 个约束中选 K 个约束重新描述为：

$$\begin{cases}f_1(x_1,x_2,\cdots,x_n)\leqslant d_1+M(1-y_1)\\ f_2(x_1,x_2,\cdots,x_n)\leqslant d_2+M(1-y_2)\\ \quad\vdots\\ f_N(x_1,x_2,\cdots,x_n)\leqslant d_N+M(1-y_N)\\ \sum_{i=1}^{N} y_i = K \text{ 或 } \sum_{i=1}^{N} y_i \leqslant K\\ y_i=0,1 \quad (i=1,2,\cdots,N)\end{cases}$$

6.5 整数规划的应用举例

前面介绍了整数规划以及0—1规划，下面举几个综合应用的例子。

例6.7 某公司的新产品选择问题。某公司研发部最近开发出了三种新产品。但为了防止生产线的过度多元化，公司管理层增加了如下约束：

约束1：在三种新产品中，最多只能选择两种进行生产。

这些产品都可以在两个工厂中生产，但为了管理方便，管理层加入了第二个约束：

约束2：两个工厂中必须选出一个专门生产新产品。

两个工厂中各种产品的单位生产成本是相同的，但由于生产设备不同，单位产品所需要的生产时间也就不同。表6—6给出了这方面的相关数据，包括生产出来的产品每周估计的可销售量。管理层制订的目标是通过选择产品、工厂以及确定各种产品的每周产量，使得总利润最大化。

表6—6　　某公司三种新产品的相关数据

	单位产品所需生产时间（小时）			每周可用生产时间（小时）
	产品1	产品2	产品3	
工厂1	3	4	2	30
工厂2	4	6	2	40
单位利润（千元）	5	7	3	
每周可销售量	7	5	9	

解：

（1）决策变量。

本问题是一个混合 0−1 规划问题，所需的决策变量有三类，第一类是选择产品；第二类是选择工厂；第三类是确定各种产品的每周产量。

①0−1 变量：设 y_i 为是否生产新产品 i（$i=1$，2，3）（1 表示生产，0 表示不生产）。

②0−1 变量：设 $y_4=0$ 表示选择工厂 1，$y_4=1$ 表示选择工厂 2。

③决策变量：设 x_i 为新产品 i（$i=1$，2，3）的每周产量。

（2）目标函数。

本问题的目标是三种新产品的总利润最大，即

$$\max z=5x_1+7x_2+3x_3$$

（3）约束条件。

①约束 1：在三种新产品中，最多只能选择两种进行生产。

$$y_1+y_2+y_3\leqslant 2$$
$$x_i\leqslant My_i \quad (i=1,2,3)$$

其中 M 为相对极大值。

②约束 2：两个工厂中必须选出一个专门生产新产品。

$$3x_1+4x_2+2x_3\leqslant 30+My_4$$
$$4x_1+6x_2+2x_3\leqslant 40+M(1-y_4)$$

③产品的每周产量受每周可销售量的限制。

$$x_1\leqslant 7,x_2\leqslant 5,x_3\leqslant 9$$

可与 $x_i\leqslant My_i(i=1$，2，3）合并，可得

$$x_1\leqslant 7y_1,x_2\leqslant 5y_2,x_3\leqslant 9y_3$$

原因是每种产品的每周最大产量为每周可销售量。

④产量 x_i 非负，y_j 为 0−1 变量。

$$x_1,x_2,x_3\geqslant 0$$
$$y_1,y_2,y_3,y_4=0,1$$

于是，得到例 6.7 的混合 0−1 规划模型：

$$\max z=5x_1+7x_2+3x_3$$
$$\text{s. t.}\begin{cases}y_1+y_2+y_3\leqslant 2\\x_1\leqslant 7y_1,x_2\leqslant 5y_2,x_3\leqslant 9y_3\\3x_1+4x_2+2x_3\leqslant 30+My_4\\4x_1+6x_2+2x_3\leqslant 40+M(1-y_4)\\x_1,x_2,x_3\geqslant 0\\y_1,y_2,y_3,y_4=0,1\end{cases}$$

例 6.7 的电子表格模型如图 6—12 所示，参见“例 6.7. xlsx”。

	A	B	C	D	E	F	G	H	I
1	例6.7								
2									
3			产品 1	产品 2	产品 3				
4		单位利润	5	7	3				
5								修正的	可用
6			单位产品所需生产时间			实际使用		可用时间	时间
7		工厂 1	3	4	2	34.5	<=	129	30
8		工厂 2	4	6	2	40	<=	40	40
9									
10			产品 1	产品 2	产品 3			相对极大值M	99
11		每周产量	5.5	0	9				
12			<=	<=	<=				
13		My	7	0	9				
14		最大销量	7	5	9				
15								最多	
16						实际生产		生产两种	
17		是否生产y	1	0	1	2	<=	2	
18									
19			在哪家工厂生产$y4$		1			总利润	
20			(0—工厂1，1—工厂2)					54.5	

名称	单元格
My	C13:E13
单位利润	C4:E4
每周产量	C11:E11
实际生产	F17
实际使用	F7:F8
是否生产y	C17:E17
相对极大值M	I10
修正的可用时间	H7:H8
在哪家工厂生产y4	E19
总利润	H20
最多生产两种	H17

	F
6	实际使用
7	=SUMPRODUCT(C7:E7,每周产量)
8	=SUMPRODUCT(C8:E8,每周产量)

	B	C	D	E
13	My	=C14*C17	=D14*D17	=E14*E17

	H
19	总利润
20	=SUMPRODUCT(单位利润,每周产量)

	F
16	实际生产
17	=SUM(是否生产y)

	H
5	修正的
6	可用时间
7	=I7+相对极大值M*在哪家工厂生产y4
8	=I8+相对极大值M*(1-在哪家工厂生产y4)

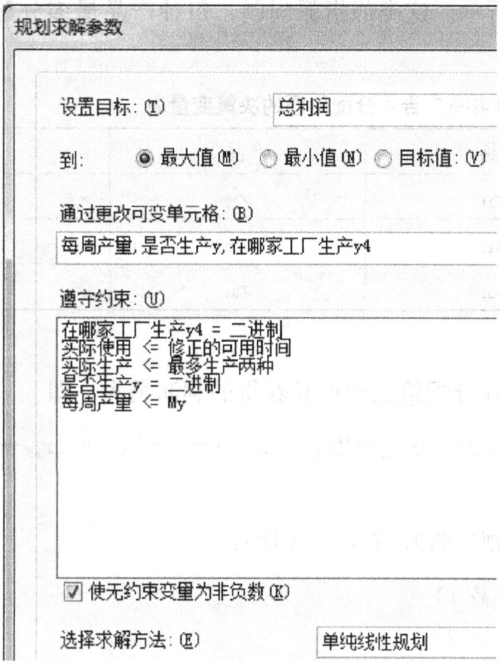

规划求解参数

设置目标：(T) 总利润

到： ◉ 最大值(M) ○ 最小值(N) ○ 目标值：(V)

通过更改可变单元格：(B)

每周产量,是否生产y,在哪家工厂生产y4

遵守约束：(U)

在哪家工厂生产y4 = 二进制
实际使用 <= 修正的可用时间
实际生产 <= 最多生产两种
是否生产y = 二进制
每周产量 <= My

☑ 使无约束变量为非负数(K)

选择求解方法：(E) 单纯线性规划

图 6—12 例 6.7 的电子表格模型

Excel 求解结果为：选择在工厂 2 生产新产品 1 和新产品 3，每周分别生产 5.5 单位和 9 单位，可在满足所有约束的条件下获得 5.45 万元（54.5 千元）的最大利润。

例 6.8 不符合比例性要求的问题。某公司正在为其下一年的新产品制订营销计划，并准备在全国电视网上购买 5 个广告片，以促销三种产品。每个广告只针对一种产品，因此，这一问题就是如何将 5 个广告片分配给三种产品，每种产品最多可以有 3 个广告，最少可以不做广告。表 6—7 表示的是在每种产品上分配 0、1、2、3 个广告所产生的利润。问题的目标是如何将 5 个广告片分配给三种产品，从而能获得最大利润。

表 6—7 某公司电视广告片分配问题的相关数据

电视广告片数	利润（百万元）		
	产品 1	产品 2	产品 3
0	0	0	0
1	1	0	−1
2	3	2	2
3	3	3	4

解：

（1）决策变量。

问题的目标是将 5 个广告片分配给三种产品，从而能获得最大利润。因此，按照以往的经验，一般会假设分配给三种产品的电视广告片数分别为 x_1，x_2，x_3，但由于其利润不是电视广告片数的线性函数，所以可以根据利润情况（为的是将非线性转化为线性），将该问题视为纯 0—1 规划问题，并设决策变量为 0—1 变量。

设 x_{ij} 为是否将电视广告片数 i（$i=1, 2, 3$）分配给产品 j（$j=1, 2, 3$）（0 表示不分配，1 表示分配），如表 6—8 所示。这类似指派问题：每种产品最多分配一次电视广告片数（1～3 片）。

表 6—8 某公司电视广告片分配问题的决策变量表

电视广告片数	产品 1	产品 2	产品 3
1	x_{11}	x_{12}	x_{13}
2	x_{21}	x_{22}	x_{23}
3	x_{31}	x_{32}	x_{33}

（2）目标函数。

本问题的目标是将 5 个广告片分配给三种产品获得的利润最大，即

$$\max z=(x_{11}+3x_{21}+3x_{31})+(0x_{12}+2x_{22}+3x_{32})+(-1x_{13}+2x_{23}+4x_{33})$$

（3）约束条件。

①每种产品最多分配一次电视广告片数（1～3 片）：

$$\begin{cases} x_{11}+x_{21}+x_{31}\leqslant 1 & (\text{产品 } 1) \\ x_{12}+x_{22}+x_{32}\leqslant 1 & (\text{产品 } 2) \\ x_{13}+x_{23}+x_{33}\leqslant 1 & (\text{产品 } 3) \end{cases}$$

②广告片总数限制：

对于产品 1，所分配的电视广告片数为：$x_{11}+2x_{21}+3x_{31}$；

对于产品 2，所分配的电视广告片数为：$x_{12}+2x_{22}+3x_{32}$；

对于产品 3，所分配的电视广告片数为：$x_{13}+2x_{23}+3x_{33}$。

所以广告片总数约束为：

$$(x_{11}+2x_{21}+3x_{31})+(x_{12}+2x_{22}+3x_{32})+(x_{13}+2x_{23}+3x_{33})\leqslant 5$$

③0—1 变量：$x_{ij}=0，1\ (i，j=1，2，3)$

于是，得到例 6.8 的 0—1 规划模型：

$$\max z=(x_{11}+3x_{21}+3x_{31})+(0x_{12}+2x_{22}+3x_{32})+(-1x_{13}+2x_{23}+4x_{33})$$

$$\text{s.t.}\begin{cases}x_{11}+x_{21}+x_{31}\leqslant 1\\x_{12}+x_{22}+x_{32}\leqslant 1\\x_{13}+x_{23}+x_{33}\leqslant 1\\(x_{11}+2x_{21}+3x_{31})+(x_{12}+2x_{22}+3x_{32})+(x_{13}+2x_{23}+3x_{33})\leqslant 5\\x_{ij}=0,1\quad(i,j=1,2,3)\end{cases}$$

例 6.8 的电子表格模型如图 6—13 所示，参见“例 6.8.xlsx”。为了查看方便，在最优解（是否分配）C9：E11 区域中，使用 Excel 的“条件格式”功能①，将“0”值单元格的字体颜色设置成“黄色”，与填充颜色（背景色）相同。

	A	B	C	D	E	F	G	H
1	例6.8							
2								
3		利润	产品 1	产品 2	产品 3			
4		1个广告片	1	0	-1			
5		2个广告片	3	2	2			
6		3个广告片	3	3	4			
7								
8		是否分配	产品 1	产品 2	产品 3			
9		1个广告片						
10		2个广告片	1					
11		3个广告片			1			
12		分配次数	1	0	1			
13			<=	<=	<=			
14		最多分配一次	1	1	1			
15						分配		可用
16						总片数		片数
17		分配广告片数	2	0	3	5	<=	5
18								
19		总利润	7					

	B	C	D	E
12	分配次数	=SUM(C9:C11)	=SUM(D9:D11)	=SUM(E9:E11)

	B	C	D
17	分配广告片数	=1*C9+2*C10+3*C11	=1*D9+2*D10+3*D11

	E	F
17	=1*E9+2*E10+3*E11	=SUM(C17:E17)

图 6—13　例 6.8 的电子表格模型

① 设置（或清除）条件格式的操作参见第 4 章附录Ⅱ。

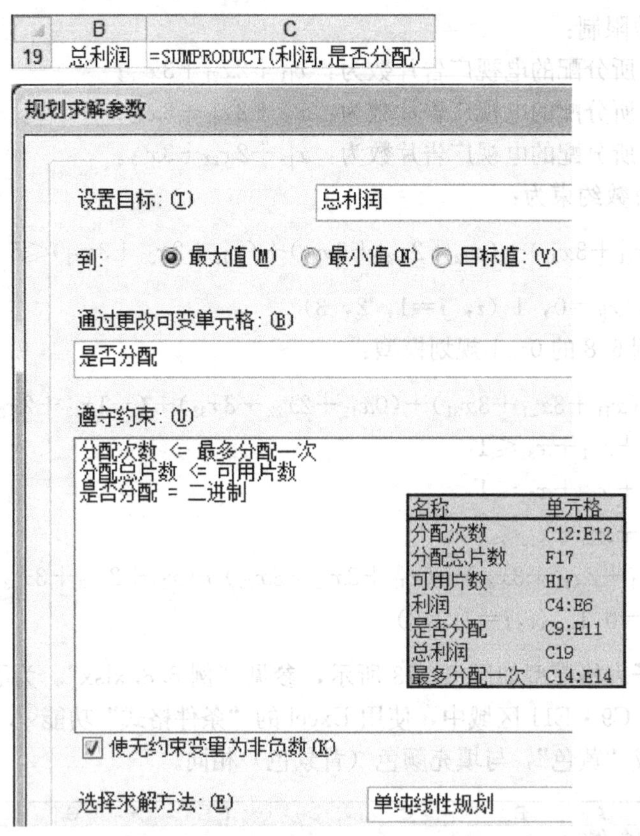

图 6—13 例 6.8 的电子表格模型（续）

Excel 的求解结果为：分配 2 个电视广告片给产品 1，3 个电视广告片给产品 3，而产品 2 不投入电视广告片，此时公司获得的利润最大，为 700 万元（7 百万元）。

例 6.9 某速递公司的路线选择问题。某速递公司提供快递服务，所有快件两天内都能送到。快件在晚上到达各收集中心，并于第二天早上装到开往该地区的几辆卡车上。因为快递行业的竞争加剧，为了减少平均的送货时间，必须将各包裹根据目的地的地理位置加以分类，并分装到不同的卡车上。假设每天有三辆卡车提供快递服务，卡车可行的路线有 10 条，如表 6—9 所示（其中各列的数字表示送货的先后次序）。公司有特制软件，该软件第一步就是根据当天要送快递的地点，找出各卡车可能的路线。假设当天有 9 个快件需要送到 9 个地点，请根据各种可能的路线以及所需时间的估计值，建立相应的 0—1 规划模型，为每辆卡车选出一条路线，以最短的总时间完成各地的送货任务。

表 6—9　　某速递公司路线选择的相关数据

快递地点	可行的路线									
	1	2	3	4	5	6	7	8	9	10
A	1				1				1	
B		2		1		2			2	2
C			3	3			3		3	

续前表

快递地点	可行的路线									
	1	2	3	4	5	6	7	8	9	10
D	2					1		1		
E			2	2		3				
F		1			2					
G	3						1	2		3
H			1		3					1
I		3		4			2			
时间（小时）	6	4	7	5	4	6	5	3	7	6

解：

（1）决策变量。

该问题是纯0−1规划问题。

设 x_i 为是否选择路线 i（$i=1, 2, \cdots, 10$），其中0表示不选择，1表示选择。

（2）目标函数。

本问题的目标是选择可行的路线使所需要的总时间最短。

$$\min z=6x_1+4x_2+7x_3+5x_4+4x_5+6x_6+5x_7+3x_8+7x_9+6x_{10}$$

（3）约束条件。

①到达每个快递地点（每个快递地点至少有1辆卡车经过）。

$$x_1+x_5+x_9\geqslant 1 \quad \text{（快递地点 } A\text{）}$$
$$x_2+x_4+x_6+x_9+x_{10}\geqslant 1 \quad \text{（快递地点 } B\text{）}$$
$$x_3+x_4+x_7+x_9\geqslant 1 \quad \text{（快递地点 } C\text{）}$$
$$x_1+x_6+x_8\geqslant 1 \quad \text{（快递地点 } D\text{）}$$
$$x_3+x_4+x_6\geqslant 1 \quad \text{（快递地点 } E\text{）}$$
$$x_2+x_5\geqslant 1 \quad \text{（快递地点 } F\text{）}$$
$$x_1+x_7+x_8+x_{10}\geqslant 1 \quad \text{（快递地点 } G\text{）}$$
$$x_3+x_5+x_{10}\geqslant 1 \quad \text{（快递地点 } H\text{）}$$
$$x_2+x_4+x_7\geqslant 1 \quad \text{（快递地点 } I\text{）}$$

②只有三辆卡车。

$$\sum_{i=1}^{10} x_i \leqslant 3$$

③0−1变量：$x_i=0, 1 \quad (i=1, 2, \cdots, 10)$

于是，得到例6.9的0−1规划模型：

$$\min z=6x_1+4x_2+7x_3+5x_4+4x_5+6x_6+5x_7+3x_8+7x_9+6x_{10}$$

$$
\text{s. t.}\begin{cases}
x_1+x_5+x_9\geqslant 1\\
x_2+x_4+x_6+x_9+x_{10}\geqslant 1\\
x_3+x_4+x_7+x_9\geqslant 1\\
x_1+x_6+x_8\geqslant 1\\
x_3+x_4+x_6\geqslant 1\\
x_2+x_5\geqslant 1\\
x_1+x_7+x_8+x_{10}\geqslant 1\\
x_3+x_5+x_{10}\geqslant 1\\
x_2+x_4+x_7\geqslant 1\\
\sum\limits_{i=1}^{10}x_i\leqslant 3\\
x_i=0,1\quad(i=1,2,\cdots,10)
\end{cases}
$$

例 6.9 的电子表格模型如图 6—14 所示，参见“例 6.9.xlsx”。为了查看方便，在最优解（是否选择）C18∶L18 区域中，使用 Excel 的“条件格式”功能①，将“0”值单元格的字体颜色设置成“黄色”，与填充颜色（背景色）相同。

	A	B	C	D	E	F	G	H	I	J	K	L	M	N	O
1	**例6.9**														
2															
3		线路	1	2	3	4	5	6	7	8	9	10			
4		单位时间	6	4	7	5	4	6	5	3	7	6			
5															
6		快递地点	是否经过（1表示经过）										实际次数		至少1次
7		*A*	1				1				1		1	>=	1
8		*B*		1		1		1			1	1	1	>=	1
9		*C*			1	1			1		1		1	>=	1
10		*D*	1					1		1			1	>=	1
11		*E*			1	1		1					1	>=	1
12		*F*		1			1						1	>=	1
13		*G*	1						1	1		1	1	>=	1
14		*H*			1		1					1	1	>=	1
15		*I*		1		1			1				1	>=	1
16															
17		线路	1	2	3	4	5	6	7	8	9	10	选择总数		卡车数
18		是否选择				1	1			1			3	<=	3
19															
20															总时间
21															12

图 6—14　例 6.9 的电子表格模型

① 设置（或清除）条件格式的操作参见第 4 章附录Ⅱ。

名称	单元格
单位时间	C4:L4
卡车数	O18
实际次数	M7:M15
是否选择	C18:L18
选择总数	M18
至少1次	O7:O15
总时间	O21

	M
6	实际次数
7	=SUMPRODUCT(C7:L7,是否选择)
8	=SUMPRODUCT(C8:L8,是否选择)
9	=SUMPRODUCT(C9:L9,是否选择)
10	=SUMPRODUCT(C10:L10,是否选择)
11	=SUMPRODUCT(C11:L11,是否选择)
12	=SUMPRODUCT(C12:L12,是否选择)
13	=SUMPRODUCT(C13:L13,是否选择)
14	=SUMPRODUCT(C14:L14,是否选择)
15	=SUMPRODUCT(C15:L15,是否选择)

	M
17	选择总数
18	=SUM(是否选择)

	O
20	总时间
21	=SUMPRODUCT(单位时间,是否选择)

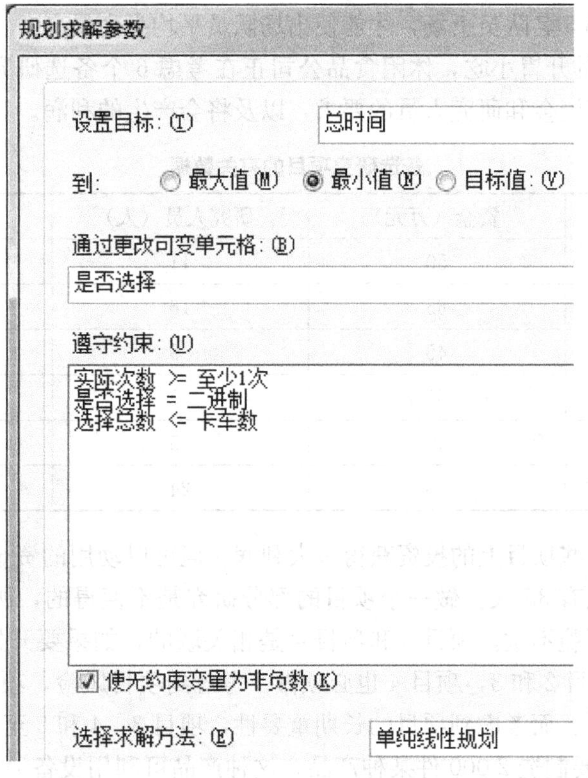

图 6—14 例 6.9 的电子表格模型（续）

Excel 的求解结果为：当天将选择 4、5、8 这三条路线去送快递，所需总时间为 12 小时。

习题

6.1 篮球队需要选择 5 名队员组成出场阵容参加比赛。8 名队员的身高及擅长位置如表 6—10 所示。

表 6—10　　篮球队员的身高及擅长位置

队员	1	2	3	4	5	6	7	8
身高（米）	1.92	1.90	1.88	1.86	1.85	1.83	1.80	1.78
擅长位置	中锋	中锋	前锋	前锋	前锋	后卫	后卫	后卫

出场阵容应满足以下条件：

（1）只能有一名中锋上场；

（2）至少有一名后卫上场；

（3）如 1 号和 4 号均上场，则 6 号不出场；

（4）2 号和 8 号至少有一个不出场。

问：应当选择哪 5 名队员上场，才能使出场队员平均身高最高？

6.2 为开发新的开胃小吃，休闲食品公司正在考虑 6 个备选研究项目。表 6—11 列出了这 6 个项目对于资金和研究人员的要求，以及将会产生的利润。

表 6—11　　备选研究项目的有关数据

项目	资金（万元）	研究人员（人）	利润（万元）
1	50	11	65
2	65	16	90
3	45	9	80
4	55	7	90
5	40	5	60
6	90	24	110

该公司希望在这些项目上的投资获得最大利润。但可以动用的资金只有 170 万元，可以调用的研究人员只有 35 人。做一个项目的部分研究是不值得的，所以，要么就开始某项目并完成，要么干脆不做。项目 5 和项目 4 是相关联的，如果要开始项目 5，就必须做项目 4。如果要做项目 2 和 3，项目 4 也必须做。考虑到项目风险，项目 1、4 和 6 中，最多只能做其中的 2 个。而考虑到项目的长期重要性，项目 3、4 和 5 至少应做 1 个。

6.3 某公司需要制造 2 000 件某种产品，这种产品可利用设备 A、B、C 中的任意一种来加工。已知每种设备的生产准备费用、生产该产品的单位耗电量和成本，以及每种设备的最大加工能力如表 6—12 所示。

表 6—12　　三种设备生产产品的有关数据

设备	生产准备费用	耗电量（度/件）	生产成本（元/件）	生产能力（件）
A	100	0.5	7	800
B	300	1.8	2	1 200
C	200	1.0	5	14 400

（1）当总用电量限制在 2 000 度时，请制订一个成本最低的生产方案。

（2）当总用电量限制在 2 500 度时，请制订一个成本最低的生产方案。

（3）当总用电量限制在 2 800 度时，请制订一个成本最低的生产方案。

（4）如果总用电量没有限制，请制订一个成本最低的生产方案。

6.4 某公司考虑在北京、上海、广州和武汉四个城市设立库房，这些库房负责向华北、华中、华南三个地区供货，每个库房每月可处理货物 1 000 件。在北京设库房每月成本为 4.5 万元、上海为 5 万元、广州为 7 万元、武汉为 4 万元。每个地区的月平均需求量为：华北每月 500 件、华中每月 800 件、华南每月 700 件。发运货物的单位费用如表 6—13所示。

表 6—13　　从四个城市发运货物到三个地区的单位费用（元/件）

	华北	华中	华南
北京	200	400	500
上海	300	250	400
广州	600	350	300
武汉	350	150	350

公司希望在满足地区需求的条件下使月平均成本最小，且还要满足以下条件：

（1）如果在上海设立库房，则必须也在武汉设立库房；

（2）最多设立两个库房；

（3）武汉和广州不能同时设立库房。

请写一个满足上述要求的整数规划模型，并求出最优解。

6.5 考虑有固定成本的废物处理方案问题。某地区有两个城镇，它们每周分别产生 700 吨和 1 200 吨固体废物。现拟用三种方式（焚烧、填海和掩埋）分别在三个场地对这些废物进行处理。每个场地的处理成本分为固定成本和可变成本两部分，其数据见表 6—14。两城镇至各处理场地的运输成本（元/吨）、应处理量以及各场地的处理能力如表 6—15 所示。试求使两城镇处理固体废物总费用最小的方案。

表 6—14　　固定成本和可变成本

处理方式	固定成本（元/周）	可变成本（元/吨）
焚烧	3 850	12
填海	1 150	16
掩埋	1 920	6

表 6—15　　两城镇处理废物的相关数据

	焚烧	填海	掩埋	应处理量（吨/周）
城镇 1	7.5	5	15	700
城镇 2	5	7.5	12.5	1 200
处理能力（吨/周）	1 000	500	1 300	

6.6 某建设公司有四个正在建设的项目，按目前所配给的人力、设备和材料，这四个项目分别可以在 15、20、18 和 25 周内完成。管理部门希望提前完成，并决定追加 35

万元资金分配给这四个项目。这样，新的完工时间以分配给各个项目的追加资金的函数形式给出，如表 6—16 所示。试问这 35 万元如何分配给这四个项目，可使得总完工时间提前最多（假定追加资金只能以 5 万元一组进行分配）？

表 6—16　　追加资金与完工时间的关系

追加资金（万元）	项目 1	项目 2	项目 3	项目 4
0	15	20	18	25
5	12	16	15	21
10	10	13	12	18
15	8	11	10	16
20	7	9	9	14
25	6	8	8	12
30	5	7	7	11
35	4	7	6	10

6.7 某公司研发部最近开发出了三种新产品，但为了防止生产线的过度多元化，公司管理层增加了如下约束：

约束 1：在三种新产品中，最多只能选择两种进行生产；

约束 2：两个工厂中必须选出一个专门生产新产品。

两个工厂中各种产品的单位生产成本是相同的，但由于生产设备不同，单位产品所需要的生产时间也就不同。表 6—17 给出了相关数据，包括生产各种产品所需的启动资金、每周估计的可销售量等。管理层制订的目标是通过选择产品、工厂以及确定各种产品的每周产量，使得总利润最大化。

表 6—17　　三种产品的相关数据

工厂	单位产品所需的生产时间（小时）			每周可用生产时间（小时）
	产品 1	产品 2	产品 3	
1	3	4	2	60
2	4	6	2	80
单位利润（万元）	5	6	7	
启动资金（万元）	50	60	70	
每周可销售量	14	10	18	

6.8 工厂 F_1 和 F_2 生产某种物资，由于该种物资供不应求，故需要再建一个工厂。相应的建厂方案有 F_3 和 F_4 两个。这种物资的需求地有四个：B_1、B_2、B_3 和 B_4。各工厂的年生产能力、各地的年需求量、各工厂至各需求地的单位物资运价（单位：万元/千吨）见表 6—18。

表 6—18 工厂和需求地的有关数据

	B_1	B_2	B_3	B_4	年生产能力（千吨）
F_1	2	9	3	4	400
F_2	8	3	5	7	600
F_3	7	6	1	2	200
F_4	4	5	2	5	200
年需求量（千吨）	350	400	300	150	

工厂 F_3 或 F_4 开工后，每年的生产费用估计分别为 1 200 万元或 1 500 万元。现要决定应该建设工厂 F_3 还是 F_4，才能使今后每年的总费用（即全部物资运费和新工厂生产费用之和）最少。

6.9 汽车厂生产计划。一汽车厂生产大、中、小三种类型的汽车，已知各类型每辆车对钢材、劳动时间的需求、利润以及每月工厂钢材、劳动时间的现有量如表 6—19 所示。

表 6—19 汽车生产的有关数据

	小型	中型	大型	现有量
钢材（吨）	1.5	3	5	600
劳动时间（小时）	280	250	400	60 000
利润（万元）	2	3	4	

由于各种条件限制，如果生产某一类型的汽车，则至少要生产 80 辆。试制订月生产计划，使汽车厂的利润最大。

案例 6.1　证券营业网点设置

某证券公司提出下一年发展目标是在全国范围内建立不超过 12 家营业网点。

(1) 公司为此拨出专款 2.2 亿元人民币用于营业网点建设。

(2) 为使网点布局更为科学合理，公司决定：一类地区网点不少于 3 家，二类地区网点不少于 4 家，三类地区网点不多于 5 家。

(3) 网点的建设不仅要考虑布局的合理性，而且应该有利于提升公司的市场份额。为此，公司提出，新网点都投入运营后，其市场份额应不低于 10%。

(4) 为保证网点筹建的顺利进行，公司要从现有各部门中抽调出业务骨干 40 人用于筹建工作。分配方案为：一类地区每家网点 4 人，二类地区每家网点 3 人，三类地区每家网点 2 人。

(5) 依据证券行业管理部门提供的有关数据，结合公司的市场调研，在全国选取 20 个主要城市并进行分类，每个网点的平均投资额、年平均利润额及交易量占全国市场平均份额如表 6—20 所示。

试根据以上条件进行分析，确定公司下一年应选择哪些城市进行网点建设，可使年度利润总额最大。

表 6—20　　每个网点的有关数据

类别	拟入选城市	编号	投资额（万元）	利润额（万元）	市场平均份额（%）
一类地区	上海	1	2 500	800	1.25
	深圳	2	2 400	700	1.22
	北京	3	2 300	700	1.20
	广州	4	2 200	650	1.00
二类地区	大连	5	2 000	450	0.96
	天津	6	2 000	500	0.98
	重庆	7	1 800	380	0.92
	武汉	8	1 800	400	0.92
	杭州	9	1 750	330	0.90
	成都	10	1 700	300	0.92
	南京	11	1 700	320	0.88
	沈阳	12	1 600	220	0.82
	西安	13	1 600	200	0.84
三类地区	福州	14	1 500	220	0.86
	济南	15	1 400	200	0.82
	哈尔滨	16	1 400	170	0.75
	长沙	17	1 350	180	0.78
	海口	18	1 300	150	0.75
	石家庄	19	1 300	130	0.72
	郑州	20	1 200	120	0.70

第7章

动态规划

本章内容要点

- 动态规划的基本概念
- 背包问题的建模和求解
- 生产经营问题的建模和求解
- 资金管理问题的建模和求解
- 资源分配问题的建模和求解

动态规划（dynamic programming）是解决多阶段决策过程的最优化问题的一种方法。该方法是由美国数学家贝尔曼（R. Bellman）等人在20世纪50年代初提出的。他们针对多阶段决策问题的特点，提出了解决这类问题的“最优化原理”，并成功地解决了生产管理、工程技术等方面的许多实际问题，从而建立了运筹学的一个新分支，即动态规划。他的名著《动态规划》于1957年出版，该书是介绍动态规划的第一本著作。

在实际的决策过程中，由于涉及的参数比较多，往往需要将问题分成若干个阶段，对不同阶段采取不同的决策，从而使整个决策过程达到最优。显然，由于各个阶段选择的策略不同，对应的整个过程就可以有一系列不同的策略。动态规划把困难的多阶段决策问题变换成一系列互相联系的比较容易的单阶段问题，解决了这一系列比较容易的单阶段问题，也就解决了困难的多阶段决策问题。有时阶段可以用时间表示，在各个时间段，采用不同决策，它随时间而变化，这就有“动态”的含义。应该指出的是，动态规划是求解某类问题的一种方法，是考察问题的一种途径，而不是一种特殊算法。因而，它不像线性规划那样有一个标准的数学表达式和明确定义的一组规则，而必须对具体问题进行具体分析和处理。

动态规划是现代企业管理中一个重要的决策方法，本章利用微软Excel软件在“公式”和“规划求解”两方面的强大功能，对背包（装载）问题、生产经营问题、资金管理问题和资源分配问题等进行分析、建模和求解，解决了实际经营管理中的优化问题。

动态规划也适用于人生规划，它是人类智慧的体现。千里之行，始于足下，任何一项伟大事业的完成总是从小事做起的，小目标的达成是实现大目标的基础。

7.1 背包问题

背包问题可以抽象为这样一类问题：设有 n 种物品，已知每种物品的重量及价值；同时有一个背包，最大装重为 C，现从 n 种物品中选取若干件（同一种物品可以选多件），使其总重量不超过 C，而总价值最大。背包问题等同于车、船、人造卫星等工具的最优装载问题，有广泛的实际意义。

需要说明的是：本书采用“整数规划”方法来描述和求解“背包问题”。

7.1.1 一维背包问题

例 7.1 某货运公司使用一种最大承载能力为 10 吨的卡车来装载三种货物，每种货物的单位重量和单位价值如表 7—1 所示。应当如何装载货物才能使总价值最大？

表 7—1 三种货物的单位重量和单位价值

货物编号	1	2	3
单位重量（吨）	3	4	5
单位价值（万元）	4	5	6

解：

本问题是典型的一维背包问题。

（1）决策变量。

设卡车装载编号为 i 的货物数量有 x_i 件（$i=1，2，3$）。

（2）目标函数。

卡车装载货物的总价值最大，即：$\max z=4x_1+5x_2+6x_3$

（3）约束条件。

①卡车最大承载能力为 10 吨：$3x_1+4x_2+5x_3\leqslant 10$

②非负，且为整数：$x_i\geqslant 0$ 且为整数（$i=1，2，3$）。

于是，得到例 7.1 的整数线性规划模型：

$$\max z=4x_1+5x_2+6x_3$$

$$\text{s. t.}\begin{cases}3x_1+4x_2+5x_3\leqslant 10\\ x_1,x_2,x_3\geqslant 0\text{ 且为整数}\end{cases}$$

例 7.1 的电子表格模型如图 7—1 所示，参见“例 7.1. xlsx”。

	A	B	C	D	E	F	G	H
1	例7.1							
2								
3			货物1	货物2	货物3			
4		单位价值	4	5	6			
5						实际		最大
6						装载重量		承载能力
7		单位重量	3	4	5	10	<=	10
8								
9			货物1	货物2	货物3			总价值
10		装载数量	2	1	0			13

名称	单元格
单位价值	C4:E4
单位重量	C7:E7
实际装载重量	F7
装载数量	C10:E10
总价值	H10
最大承载能力	H7

	F
5	实际
6	装载重量
7	=SUMPRODUCT(单位重量,装载数量)

	H
9	总价值
10	=SUMPRODUCT(单位价值,装载数量)

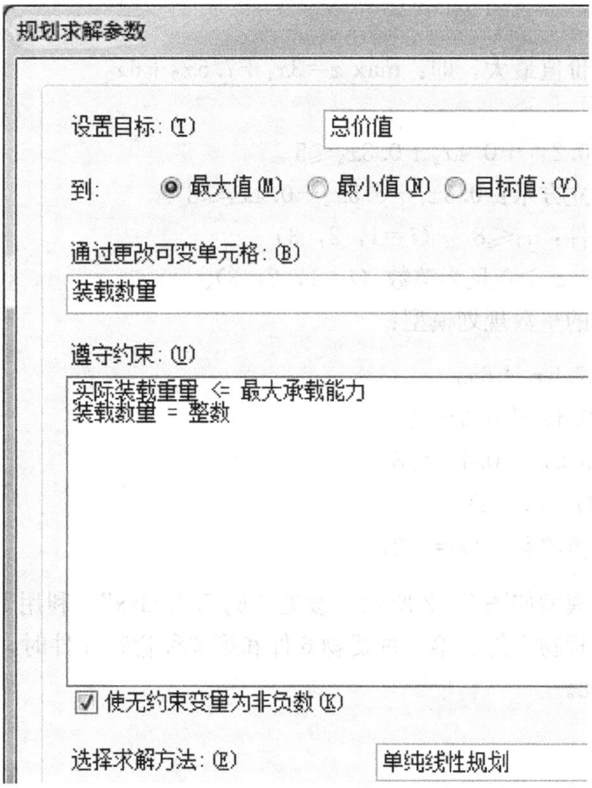

规划求解参数

设置目标：(T)　总价值

到：◉ 最大值(M)　○ 最小值(N)　○ 目标值：(V)

通过更改可变单元格：(B)

装载数量

遵守约束：(U)

实际装载重量 <= 最大承载能力
装载数量 = 整数

☑ 使无约束变量为非负数(K)

选择求解方法：(E)　单纯线性规划

图 7—1　例 7.1 的电子表格模型

利用 Excel 求得的结果是：当卡车装载 1 号货物 2 件、2 号货物 1 件时，卡车所装载的货物价值最大，为 13 万元。

7.1.2 多维背包问题

当约束条件不仅有货物的重量，还有体积等限制时，构成了多维背包问题。

例 7.2 现有一辆载重为 5 吨，装载体积为 8 立方米的卡车，可装载三种货物，已知每种货物各 8 件，其他有关信息如表 7—2 所示，求携带货物价值最大的装载方案。

表 7—2 **三种货物的单位重量、单位体积和单位价值**

货物品种	单位重量（吨）	单位体积（立方米）	单位价值（万元）
1	0.2	0.3	3
2	0.4	0.5	7.5
3	0.3	0.4	6

解：

本问题是典型的多维背包问题。

（1）决策变量。

设卡车装载第 i 种货物的数量为 x_i 件（$i=1, 2, 3$）

（2）目标函数。

卡车携带货物的总价值最大，即：$\max z=3x_1+7.5x_2+6x_3$

（3）约束条件。

①卡车载重 5 吨：$0.2x_1+0.4x_2+0.3x_3\leqslant 5$

②卡车装载体积 8 立方米：$0.3x_1+0.5x_2+0.4x_3\leqslant 8$

③每种货物最多 8 件：$x_i\leqslant 8 \quad (i=1, 2, 3)$

④非负，且为整数：$x_i\geqslant 0$ 且为整数（$i=1, 2, 3$）。

于是，得到例 7.2 的整数规划模型：

$$\max z=3x_1+7.5x_2+6x_3$$
$$\text{s.t.}\begin{cases}0.2x_1+0.4x_2+0.3x_3\leqslant 5\\0.3x_1+0.5x_2+0.4x_3\leqslant 8\\x_i\leqslant 8 \quad (i=1,2,3)\\x_i\geqslant 0\ \text{且为整数} \quad (i=1,2,3)\end{cases}$$

例 7.2 的电子表格模型如图 7—2 所示，参见“例 7.2.xlsx”。利用 Excel 求得的结果是：当卡车装载第 1 种货物 1 件、第 2 种货物 6 件和第 3 种货物 8 件时，可使携带货物的总价值最大，为 96 万元。

	A	B	C	D	E	F	G	H
1	例7.2							
2								
3			货物1	货物2	货物3			
4		单位价值	3	7.5	6			
5								
6						实际装载		最大承载
7		单位重量	0.2	0.4	0.3	5	<=	5
8		单位体积	0.3	0.5	0.4	6.5	<=	8
9								
10			货物1	货物2	货物3			总价值
11		装载数量	1	6	8			96
12			<=	<=	<=			
13		最多件数	8	8	8			

名称	单元格
单位价值	C4:E4
实际装载	F7:F8
装载数量	C11:E11
总价值	H11
最大承载	H7:H8
最多件数	C13:E13

	F
6	实际装载
7	=SUMPRODUCT(C7:E7,装载数量)
8	=SUMPRODUCT(C8:E8,装载数量)

	H
10	总价值
11	=SUMPRODUCT(单位价值,装载数量)

规划求解参数

设置目标：(T)　总价值

到：　◉ 最大值(M)　○ 最小值(N)　○ 目标值：(V)

通过更改可变单元格：(B)

装载数量

遵守约束：(U)

实际装载 <= 最大承载
装载数量 <= 最多件数
装载数量 = 整数

☑ 使无约束变量为非负数(K)

选择求解方法：(E)　单纯线性规划

图 7—2　例 7.2 的电子表格模型

7.2 生产经营问题

在生产和经营过程中，经常会遇到如何合理安排生产计划、采购计划以及库存计划和销售计划等问题，要求既要满足市场需要，又要尽量降低成本（费用）。因此，制订生产（或采购）策略，确定不同时期的生产量（或采购量）、销售量和库存量，在满足产品需求量的条件下，使得总收益最大或总成本（生产成本＋库存成本）最小，这就是生产经营问题，包括生产与存储问题、采购与销售问题以及餐巾供应问题等。

7.2.1 生产与存储问题

企业为了满足市场需要，每月生产一定数量的产品，将剩余的产品存入仓库，并按数量收取库存费用。要求确定一个逐月生产计划，使得企业既能满足市场需求，又能使生产与存储总费用最少。

例 7.3 某皮鞋公司根据去年的市场需求分析预测今年的需求：一季度 3 000 双、二季度 4 000 双、三季度 8 000 双、四季度 7 000 双。企业现在每个季度最多可以生产 6 000 双皮鞋。为了满足所有的预测需求，前两个季度必须有一定的库存才能满足后两个季度的需求。已知每双皮鞋的销售利润为 20 元，每个季度的库存成本为 8 元。请制订该公司今年每个季度的生产计划，以使公司的年利润最大。

解：

今年市场总需求量为 3 000＋4 000＋8 000＋7 000＝22 000（双），而该公司最多可生产 4×6 000＝24 000（双），所以皮鞋公司可以满足市场总需求。

（1）决策变量。

本问题是要制订该公司今年每个季度的生产计划，所以设公司四个季度生产的皮鞋数量分别为 x_1，x_2，x_3，x_4（双），四个季度皮鞋的期末库存量分别为 s_1，s_2，s_3，s_4（双）。可将这些决策变量及市场需求列于表 7—3 中。

表 7—3　　　　例 7.3 的决策变量及市场需求

	生产数量	市场需求	期末库存
一季度	x_1	3 000	s_1
二季度	x_2	4 000	s_2
三季度	x_3	8 000	s_3
四季度	x_4	7 000	s_4

（2）目标函数。

本问题的目标是公司的年利润最大，而

每个季度的利润＝该季度的销售利润－该季度的库存成本

所以有

$$\max z=20\times(3\,000+4\,000+8\,000+7\,000)-8(s_1+s_2+s_3+s_4)$$

(3) 约束条件。

①因为三、四季度的市场需求量较大，已经超过了企业的生产能力，所以一、二季度除了满足本季度的市场需求外，还要多生产一些作为库存，以满足三、四季度的需要。则有：

本季度期末库存＝上季度期末库存＋本季度生产－本季度市场需求

(即类似于动态规划的状态转移方程：$s_k=s_{k-1}+x_k-d_k$)

一季度：一季度没有期初库存，该季度的市场需求为3 000双，则有：

$$s_1=x_1-3\,000$$

二季度：二季度的期初库存为一季度的期末库存，市场需求为4 000双，则有：

$$s_2=s_1+x_2-4\,000$$

同理，三季度：$s_3=s_2+x_3-8\,000$

四季度：$s_4=s_3+x_4-7\,000$

②每季度的生产能力限制：$x_i\leqslant 6\,000$ $(i=1,2,3,4)$

③非负：x_i，$s_i\geqslant 0$ $(i=1,2,3,4)$

于是，得到例7.3的线性规划模型：

$$\max z=20\times(3\,000+4\,000+8\,000+7\,000)-8(s_1+s_2+s_3+s_4)$$

$$\text{s. t.}\begin{cases}s_1=x_1-3\,000\\ s_2=s_1+x_2-4\,000\\ s_3=s_2+x_3-8\,000\\ s_4=s_3+x_4-7\,000\\ 0\leqslant x_i\leqslant 6\,000\quad(i=1,2,3,4)\\ s_i\geqslant 0\quad(i=1,2,3,4)\end{cases}$$

例7.3的电子表格模型如图7—3所示，参见“例7.3.xlsx”。

	A	B	C	D	E	F	G	H	I	J
1	例7.3									
2										
3		单位利润	20							
4		单位库存成本	8							
5										
6			市场	生产		生产		实际		期末
7			需求	数量		能力		库存		库存
8		一季度	3000	4000	<=	6000		1000	=	1000
9		二季度	4000	6000	<=	6000		3000	=	3000
10		三季度	8000	6000	<=	6000		1000	=	1000
11		四季度	7000	6000	<=	6000		0	=	0
12										
13		销售总利润	440000							
14		库存总成本	40000							
15		总利润	400000							

图7—3 例7.3的电子表格模型

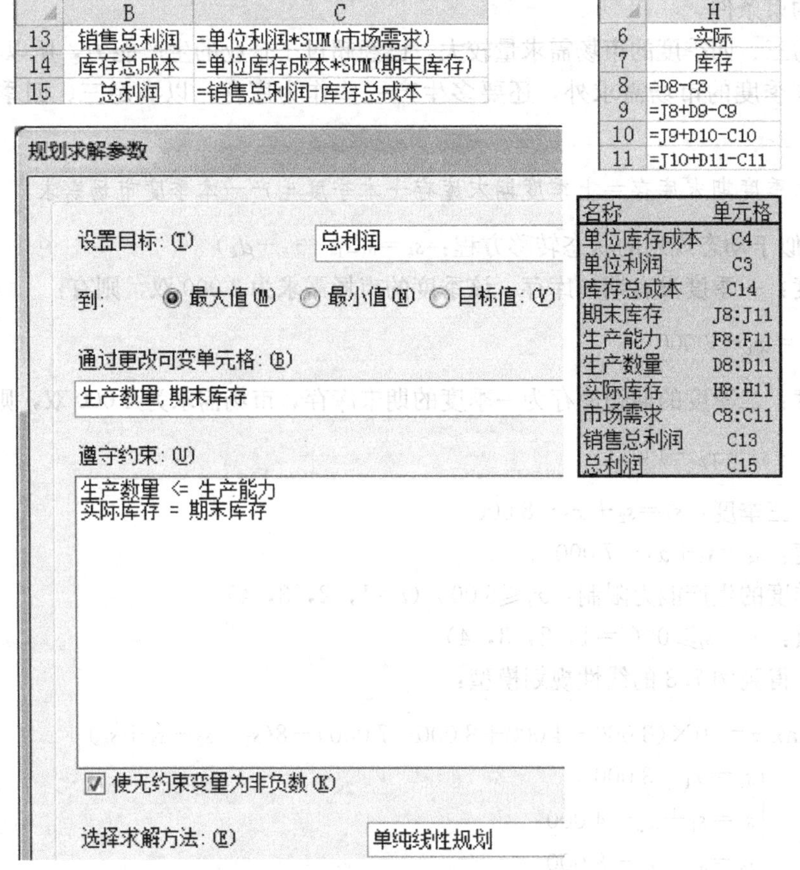

图 7—3 例 7.3 的电子表格模型（续）

利用 Excel 求得的结果是：当一季度生产 4 000 双皮鞋，二、三、四季度分别生产 6 000 双皮鞋时，该皮鞋公司既能满足市场需求，又能获得最大利润 40 万元。

例 7.4 某毛毯厂是一个小型的生产商，致力于生产家用和办公用的毛毯。四个季度的生产能力、市场需求、每平方米的生产成本以及库存成本如表 7—4 所示。毛毯厂需要确定在这四个季度里每季度生产多少毛毯，才能使总成本（生产成本和库存成本）最小。

表 7—4　　毛毯厂各季度生产、市场与库存的关系

季度	生产能力（平方米）	市场需求（平方米）	生产成本（元/平方米）	库存成本（元/平方米）
1	600	400	200	25
2	300	500	500	25
3	500	400	300	25
4	400	400	300	

解：

该问题每个季度的生产能力、市场需求、生产成本都有所不同。四个季度的市场总需求量为 400＋500＋400＋400＝1 700（平方米），而毛毯厂最多可生产毛毯 600＋300＋500＋

400=1 800（平方米），所以可以满足市场需求。

本问题可以用例 7.3 的方法来求解，即有：

本季度期末库存=上季度期末库存+本季度生产−本季度市场需求

这里介绍另外一种解法，即用第 5 章介绍过的“网络最优化问题”中的“最小费用流问题”的方法来求解。通过建立一个网络模型来描述该问题。首先根据四个季度建立四个生产节点和四个需求节点。每个生产节点由一个流出弧连接对应的需求节点。弧的流量表示该季度所生产的毛毯数量。相对于每个需求节点，一个流出弧表示该季度毛毯的期末库存，即供给下一个季度需求节点的毛毯数量。图 7—4 显示了这个网络模型。

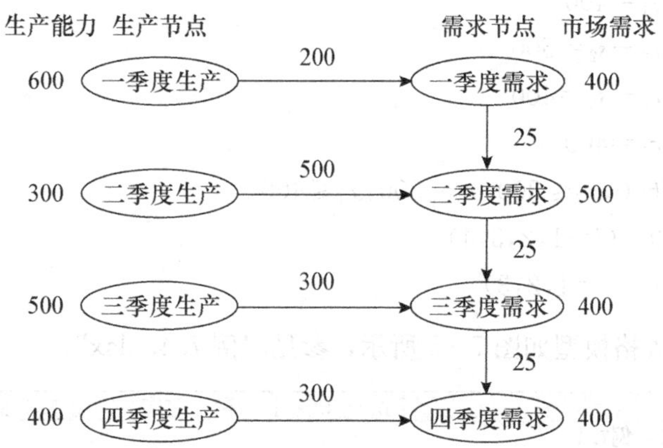

图 7—4 用“最小费用流问题”的方法求解例 7.4 的网络模型

（1）决策变量。

从成本的角度看，最后一个季度（四季度）是不应该有期末库存的，所以设四个季度生产的毛毯数量分别为 x_1，x_2，x_3，x_4，前三个季度毛毯的期末库存量分别为 s_1，s_2，s_3，可以在图 7—4 的网络模型中看到这些决策变量（从左到右的 4 条弧分别表示 x_1，x_2，x_3，x_4，从上到下的 3 条弧分别表示 s_1，s_2，s_3，共 7 条弧）。

（2）目标函数。

本问题的目标是总成本（生产成本和库存成本）最小，而生产成本为 $200x_1+500x_2+300x_3+300x_4$，库存成本为 $25(s_1+s_2+s_3)$，所以目标函数为：

$$\min z=(200x_1+500x_2+300x_3+300x_4)+25(s_1+s_2+s_3)$$

（3）约束条件。

①上一个季度的期末库存与本季度的生产应能够满足本季度的市场需求，即图 7—4 网络模型中的需求节点的净流量为市场需求（即类似于动态规划的状态转移方程 $s_k=s_{k-1}+x_k-d_k$ 的变形：$s_{k-1}+x_k-s_k=d_k$）。

一季度需求节点：一季度没有期初库存，生产数量为 x_1，市场需求为 400，则有：$x_1-s_1=400$

二季度需求节点：二季度的期初库存为一季度的期末库存 s_1，生产数量为 x_2，市场需求为 500，则有：$s_1+x_2-s_2=500$

同理，三季度需求节点：$s_2+x_3-s_3=400$

四季度需求节点：四季度有期初库存（三季度的期末库存 s_3），为了使总成本最小，应没有期末库存，则有：$s_3+x_4=400$

②每个季度生产的毛毯数量不超过生产能力：

$$x_1\leqslant 600,x_2\leqslant 300,x_3\leqslant 500,x_4\leqslant 400$$

③非负：$x_i\geqslant 0$（$i=1$，2，3，4），$s_i\geqslant 0$（$i=1$，2，3）

根据上述分析，得到例 7.4 的线性规划模型：

$$\min z=(200x_1+500x_2+300x_3+300x_4)+25(s_1+s_2+s_3)$$

$$\text{s. t.}\begin{cases}x_1-s_1=400\\ s_1+x_2-s_2=500\\ s_2+x_3-s_3=400\\ s_3+x_4=400\\ x_1\leqslant 600,x_2\leqslant 300,x_3\leqslant 500,x_4\leqslant 400\\ x_i\geqslant 0\quad(i=1,2,3,4)\\ s_i\geqslant 0\quad(i=1,2,3)\end{cases}$$

例 7.4 的电子表格模型如图 7—5 所示，参见“例 7.4.xlsx”。

	A	B	C	D	E	F	G	H	I	J	K
1	例7.4										
2											
3			生产		库存						
4			成本		成本						
5		一季度	200		25						
6		二季度	500		25						
7		三季度	300		25						
8		四季度	300								
9											
10			生产		生产		期末		实际		市场
11			数量		能力		库存		供应		需求
12		一季度	600	<=	600		200		400	=	400
13		二季度	300	<=	300		0		500	=	500
14		三季度	400	<=	500		0		400	=	400
15		四季度	400	<=	400				400	=	400
16											
17		生产总成本	510000								
18		库存总成本	5000								
19		总成本	515000								

	B	C
17	生产总成本	=SUMPRODUCT(生产成本,生产数量)
18	库存总成本	=SUMPRODUCT(库存成本,期末库存)
19	总成本	=生产总成本+库存总成本

	I
10	实际
11	供应
12	=C12-G12
13	=G12+C13-G13
14	=G13+C14-G14
15	=G14+C15

图 7—5　例 7.4 的电子表格模型

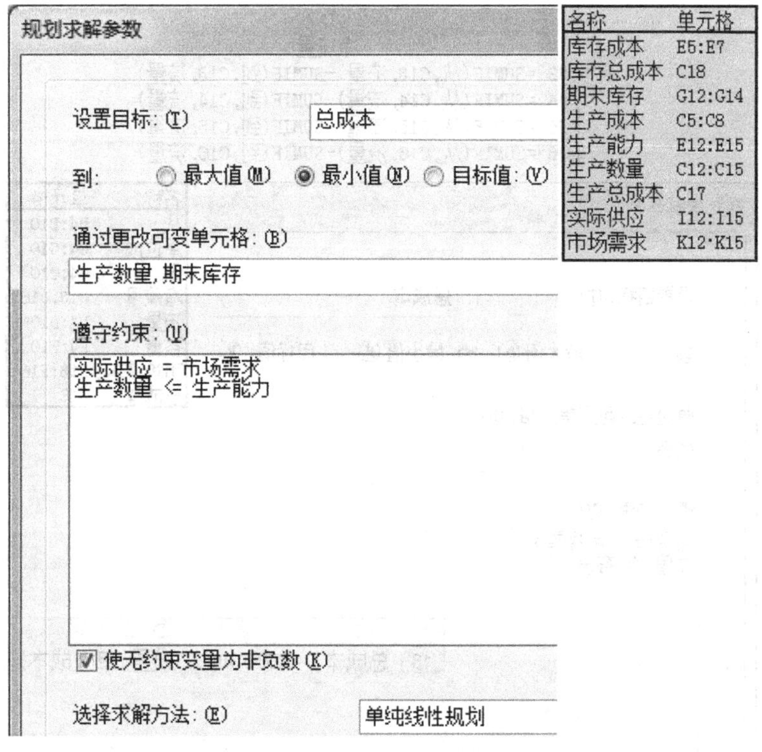

图 7—5　例 7.4 的电子表格模型（续）

利用 Excel 求得的结果是：一季度生产毛毯 600 平方米、库存 200 平方米，二、三、四季度分别生产毛毯 300、400 和 400 平方米且没有库存的情况下，总成本最小，为 51.5 万元（515 000 元）。其中：生产成本 51 万元（510 000 元）、库存成本 0.5 万元（5 000 元）。

例 7.4 的电子表格模型还可以如图 7—6 所示，参见“例 7.4（最小费用流问题）.xlsx”。

	A	B	C	D	E	F	G
1	例7.4（最小费用流问题）						
2							
3		从	到	流量		容量	单位成本
4		一季度生产	一季度需求	600	<=	600	200
5		二季度生产	二季度需求	300	<=	300	500
6		三季度生产	三季度需求	400	<=	500	300
7		四季度生产	四季度需求	400	<=	400	300
8		一季度需求	二季度需求	200	<=	9999	25
9		二季度需求	三季度需求	0	<=	9999	25
10		三季度需求	四季度需求	0	<=	9999	25
11							
12			需求节点	净流量		市场需求	
13			一季度需求	-400	=	-400	
14			二季度需求	-500	=	-500	
15			三季度需求	-400	=	-400	
16			四季度需求	-400	=	-400	
17							
18			总成本	515000			

图 7—6　例 7.4 的电子表格模型（最小费用流问题）

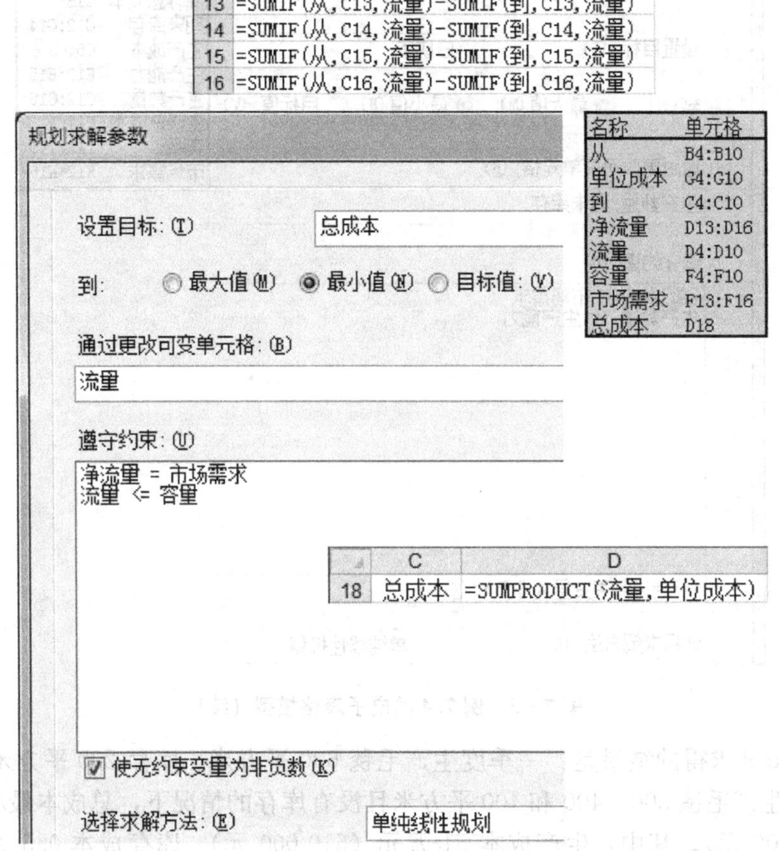

图 7—6 例 7.4 的电子表格模型（最小费用流问题）（续）

需要说明的是：为了在 Excel“规划求解参数”对话框中添加约束条件方便，这里将“期末库存”的容量取值为 9 999（相对极大值，比四个季度市场总需求 1 700 大的值），参见图 7—6 中的 F8：F10 区域。而 F4：F7 区域中的数字为“生产能力”。

例 7.5 某厂根据订货合同进行生产，已知今后四个季度对某产品的需求量如表 7—5 所示。如果某个季度生产，则需要生产准备费用 3 万元，每件产品的生产成本为 1 万元。由于生产能力的限制，每个季度最多不超过 6 件。每件产品存储一个季度的费用为 5 000 元，并且第一季度开始与第四季度结束时均没有产品库存。在上述条件下该厂应该如何安排各季度的生产与库存，可使总费用最少？

表 7—5　　某产品每个季度的需求量

季度	1	2	3	4
需求量	2	3	2	4

解：

根据题意，对于每个季度来说，如果该季度生产，则需要生产准备费用 3 万元；如果该季度不生产，则无需生产准备费用（费用为 0）。本问题是一个有固定成本（生产准备费用）的生产与存储问题。

（1）决策变量。

设四个季度生产的产品数量分别为 x_1，x_2，x_3，x_4，四个季度产品的期末库存量分别为 s_1，s_2，s_3，s_4。

引入隐性 0—1 变量：y_i 为 i 季度是否生产（$i=1$，2，3，4）（1 表示生产，0 表示不生产）。

可将这些决策变量及需求量列于表 7—6 中。

表 7—6　　例 7.5 的决策变量及需求量

	生产数量	是否生产	需求量	期末库存量
一季度	x_1	y_1	2	s_1
二季度	x_2	y_2	3	s_2
三季度	x_3	y_3	2	s_3
四季度	x_4	y_4	4	s_4

（2）目标函数。

本问题的目标是总费用最少。而总费用＝每季度生产准备费用＋生产成本＋库存费用，即：

$$\min z=3(y_1+y_2+y_3+y_4)+1(x_1+x_2+x_3+x_4)+0.5(s_1+s_2+s_3+s_4)$$

（3）约束条件。

①对于每个季度来说，生产、需求和库存三者之间满足：

本季度期末库存＝上季度期末库存＋本季度生产－本季度需求

（即类似于动态规划的状态转移方程：$s_k=s_{k-1}+x_k-d_k$）

一季度：第一季度开始没有产品库存，市场需求量为 2，则有：$s_1=x_1-2$

二季度：一季度有期末库存 s_1，则有：$s_2=s_1+x_2-3$

同理，三季度：$s_3=s_2+x_3-2$

四季度：$s_4=s_3+x_4-4$

②生产能力限制：因为每个季度如果生产，则需要 3 万元的生产准备费用，由于每件产品的生产成本是一样的，显然在尽可能少的季度开工生产可以节约不少费用。

产品的生产数量与是否生产的关系为：生产数量≤生产能力×是否生产。即：

$$x_i\leqslant 6y_i \quad (i=1,2,3,4)$$

③根据要求，第四季度结束时没有产品库存：$s_4=0$

④非负：x_i，$s_i\geqslant 0$（$i=1$，2，3，4）

⑤ 隐性 0—1 变量：$y_i=0$，1（$i=1$，2，3，4）

于是，得到例 7.5 的线性规划模型：

$$\min z=3(y_1+y_2+y_3+y_4)+1(x_1+x_2+x_3+x_4)+0.5(s_1+s_2+s_3+s_4)$$

$$
\text{s.t.}\begin{cases}
s_1=x_1-2\\
s_2=s_1+x_2-3\\
s_3=s_2+x_3-2\\
s_4=s_3+x_4-4\\
0\leqslant x_i\leqslant 6y_i\quad (i=1,2,3,4)\\
s_i\geqslant 0\quad (i=1,2,3,4)\\
s_4=0\\
y_i=0,1\quad (i=1,2,3,4)
\end{cases}
$$

例 7.5 的电子表格模型如图 7—7 所示，参见“例 7.5.xlsx”。

	A	B	C	D	E	F	G	H	I	J	K
1	例7.5										
2											
3		准备费用	3								
4		生产成本	1								
5		存储费用	0.5								
6		生产能力	6								
7											
8			生产		最大	是否	需求		实际		期末
9			数量		产量	生产	量		库存		库存
10		一季度	5	<=	6	1	2		3	=	3
11		二季度	0	<=	0	0	3		0	=	0
12		三季度	6	<=	6	1	2		4	=	4
13		四季度	0	<=	0	0	4		0	=	0
14											
15		总准备费用	6								
16		总生产成本	11								
17		总存储费用	3.5								
18		总费用	20.5								

	B	C
15	总准备费用	=准备费用*SUM(是否生产)
16	总生产成本	=生产成本*SUM(生产数量)
17	总存贮费用	=存贮费用*SUM(期末库存)
18	总费用	=总准备费用+总生产成本+总存贮费用

名称	单元格
存贮费用	C5
期末库存	K10:K13
生产成本	C4
生产能力	C6
生产数量	C10:C13
实际库存	I10:I13
是否生产	F10:F13
准备费用	C3
总存贮费用	C17
总费用	C18
总生产成本	C16
总准备费用	C15
最大产量	E10:E13

图 7—7 例 7.5 的电子表格模型

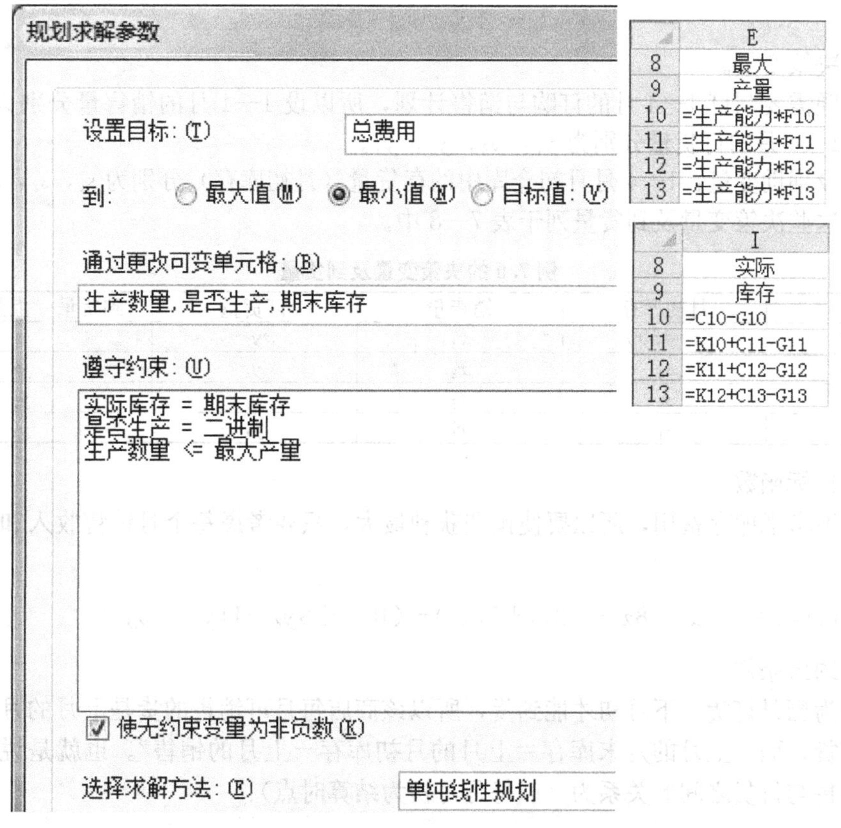

图 7—7 例 7.5 的电子表格模型（续）

利用 Excel 求解的结果是：当一、三季度生产，二、四季度不生产时，总费用最少。具体而言，一季度生产 5 件产品，期末库存 3 件；三季度生产 6 件产品，期末库存 4 件时，总费用最少，为 20.5 万元。其中：准备费用 6 万元、生产成本 11 万元、存储费用 3.5 万元。

7.2.2 采购与销售问题

例 7.6 某商店在未来的四个月里，准备利用它的一个仓库来专门经销某种商品，仓库最大容量能储存这种商品 1 000 单位。假定该商品每月只能卖仓库现有的货。当商店在某月订货时，下月初才能到货。该商品未来四个月预测的买卖价格如表 7—7 所示，假定商店在 1 月开始经销时，仓库储存有该商品 500 单位。试问若不计库存费用，该商店应如何制订 1—4 月的订购与销售计划，可使预期获利最大？

表 7—7 未来四个月商品的买卖价格

月份	订购单价	销售单价
1	10	12
2	9	8
3	11	13
4	15	17

解：

（1）决策变量。

本问题需要制订 1—4 月的订购与销售计划，所以设 1—4 月的销售量分别为 x_1，x_2，x_3，x_4，1—4 月的订货量分别为 y_1，y_2，y_3，y_4。

还需设辅助变量：1—4 月月初仓库中的存货量（月初库存）分别为 s_1，s_2，s_3，s_4。

可将这些决策变量及到货量列于表 7—8 中。

表 7—8　　例 7.6 的决策变量及到货量

	月初库存	销售量	订货量	到货量＝上月订货量
1 月	$s_1=500$	x_1	y_1	
2 月	s_2	x_2	y_2	y_1
3 月	s_3	x_3	y_3	y_2
4 月	s_4	x_4	y_4	y_3

（2）目标函数。

因为不考虑库存费用，所以要使预期获利最大，只要考虑每个月销售收入和订货成本即可：

$$\max z=(12x_1+8x_2+13x_3+17x_4)-(10y_1+9y_2+11y_3+15y_4)$$

（3）约束条件。

①因为当月订货，下月初才能到货，所以该商店每月可销售的货是上月的月末库存和上月的订货，而“上月的月末库存＝上月的月初库存－上月的销售”。也就是说，每月的库存、销售与订货之间的关系为（以每月月初为结算时点）：

本月的月初库存＝上月的月初库存－上月的销售＋上月的订货(本月到货)

（类似于动态规划的状态转移方程：$s_k=s_{k-1}-x_{k-1}+y_{k-1}$）

1 月：月初库存 $s_1=500$（已知），销售量为 x_1，订货量为 y_1，每月销售量不超过月初库存：$x_1\leqslant s_1$

2 月：月初库存 $s_2=s_1-x_1+y_1$，本月销售量和订货量分别为 x_2 和 y_2，每月销售量不超过月初库存：$x_2\leqslant s_2$

同理，3 月：$s_3=s_2-x_2+y_2$，$x_3\leqslant s_3$

4 月：$s_4=s_3-x_3+y_3$，$x_4\leqslant s_4$

②仓库的容量限制：月初库存不超过仓库的最大容量 1 000，则有：

$$s_i\leqslant 1\,000\quad (i=1,2,3,4)$$

③非负：x_i，y_i，$s_i\geqslant 0$（$i=1$，2，3，4）

于是，得到例 7.6 的线性规划模型：

$$\max z=(12x_1+8x_2+13x_3+17x_4)-(10y_1+9y_2+11y_3+15y_4)$$

$$\text{s. t.}\begin{cases} s_1=500, x_1\leqslant s_1 \\ s_2=s_1-x_1+y_1, x_2\leqslant s_2 \\ s_3=s_2-x_2+y_2, x_3\leqslant s_3 \\ s_4=s_3-x_3+y_3, x_4\leqslant s_4 \\ s_i\leqslant 1\,000\quad (i=1,2,3,4) \\ x_i, y_i, s_i\geqslant 0\quad (i=1,2,3,4) \end{cases}$$

例 7.6 的电子表格模型如图 7—8 所示，参见“例 7.6.xlsx”。

Excel 求解结果（最优策略）如表 7—9 所示。也就是说，2 月和 3 月的订货量都是 1 000；1 月销售量为 500，3 月和 4 月销售量都为 1 000，此时预期总收益最大，为 16 000。

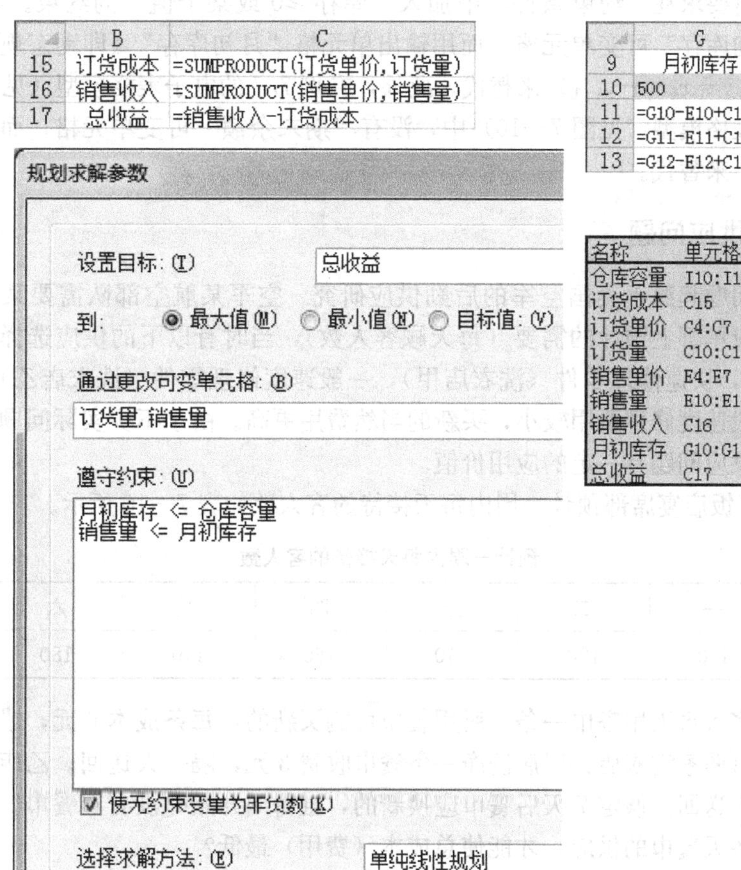

	A	B	C	D	E	F	G	H	I
1	例7.6								
2									
3			订货单价		销售单价				
4		1月	10		12				
5		2月	9		8				
6		3月	11		13				
7		4月	15		17				
8									
9			订货量		销售量		月初库存		仓库容量
10		1月	0		500	<=	500	<=	1000
11		2月	1000		0	<=	0	<=	1000
12		3月	1000		1000	<=	1000	<=	1000
13		4月	0		1000	<=	1000	<=	1000
14									
15		订货成本	20000						
16		销售收入	36000						
17		总收益	16000						

	B	C
15	订货成本	=SUMPRODUCT(订货单价,订货量)
16	销售收入	=SUMPRODUCT(销售单价,销售量)
17	总收益	=销售收入-订货成本

	G
9	月初库存
10	500
11	=G10-E10+C10
12	=G11-E11+C11
13	=G12-E12+C12

名称	单元格
仓库容量	I10:I13
订货成本	C15
订货单价	C4:C7
订货量	C10:C13
销售单价	E4:E7
销售量	E10:E13
销售收入	C16
月初库存	G10:G13
总收益	C17

图 7—8 例 7.6 的电子表格模型

表 7—9 未来四个月商品的订购和销售计划

	月初库存	销售量	订货量
1月	500	500	0
2月	0	0	1 000
3月	1 000	1 000	1 000
4月	1 000	1 000	0

因为本题不涉及市场需求和库存费用的情况，收益来源于货物的差价，对于一批货，本月订货下月初才能到货，下个月以至以后几个月才能卖出（销售），因此需要综合考虑每批货物的差价，在订购价格低的月份订货，在销售价格高的月份卖货，以此来保证四个月后的预期总收益最大。另外，4 月的订货量显然为零，因为只有订货成本而没有销售收入。

需要说明的是：在用 Excel 求解有库存（或剩余量）的问题时，辅助变量"库存 s_i"经常不用可变单元格（填充颜色为"黄色"）表示，而用输出单元格（公式，无填充颜色）来替代，但此时要求在"约束条件"中加入"库存≥0 或某个值"的约束。如在图 7—8 中，没有"月初库存"可变单元格，而用输出单元格"月初库存"（即动态规划的状态转移方程：$s_k=s_{k-1}-x_{k-1}+y_{k-1}$）来替代。此外，在例 7.7 的电子表格模型（见图 7—9）和例 7.8 的电子表格模型（见图 7—10）中，没有"期末余额"可变单元格，而用输出单元格"期末余额"来替代。

7.2.3 餐巾供应问题

餐巾供应问题起源于美国空军的后勤供应研究。空军某航空部队需要某种飞机零件（餐巾），以适应军事上预计的需要（每天顾客人数），当时有以下的供应选择：买新的零件（买新餐巾），快速修理零件（洗衣店甲），一般速度修理零件（洗衣店乙）。快速修理费用较大，一般速度修理费用较小，买新的当然费用更高。由于不少实际问题具有这类特点，所以餐巾供应问题有一定的应用价值。

例 7.7 某饭店宴席部预计一周内每天接待的客人数如表 7—10 所示。

表 7—10 预计一周内每天接待的客人数

星期	一	二	三	四	五	六	日
客人数	100	120	140	160	140	180	200

规定每位客人每天用餐巾一条。所用餐巾可购买新的，每条成本 6 元，或用已经洗净的餐巾。附近有两家洗衣店：甲店洗净一条餐巾收费 3 元，隔一天送回；乙店洗净一条收费 2 元，隔两天送回。假定 7 天后餐巾应换新的，且每周开始时没有旧餐巾。问饭店后勤部应如何安排各天餐巾的供应，才能使总成本（费用）最低?

解：

(1) 决策变量。

根据题意，设星期 i 购买的新餐巾数为 x_i 条，客人使用后送去洗衣店甲清洗的脏餐巾数为 y_i 条，送去洗衣店乙清洗的脏餐巾数为 z_i 条，未送去清洗的脏餐巾数（可以理解为脏餐巾的期末库存）为 s_i 条。由于甲店隔一天送回，所以星期六使用后的脏餐巾不再送去甲店清洗（因为若再经过一天，则下星期一才能送回）；同样，由于乙店隔两天送回，所以星期五使用后的脏餐巾也不再送去乙店清洗（因为若再经过两天，则下星期一才能送回）。可将这些决策变量及预计一周每天接待的客人数列于表7—11中。

表7—11　　例7.7的决策变量、客人数及送回的餐巾数

星期	新购的餐巾数	甲店送回的餐巾数	乙店送回的餐巾数	客人数	送去甲店的脏餐巾数	送去乙店的脏餐巾数	未送洗的脏餐巾数
一	x_1			100	y_1	z_1	s_1
二	x_2			120	y_2	z_2	s_2
三	x_3	y_1		140	y_3	z_3	s_3
四	x_4	y_2	z_1	160	y_4	z_4	s_4
五	x_5	y_3	z_2	140	y_5		s_5
六	x_6	y_4	z_3	180			s_6
日	x_7	y_5	z_4	200			s_7

（2）目标函数。

本问题的目标是一周餐巾的总成本（费用）最低。

而总费用＝新购餐巾的费用＋送去甲店清洗的费用＋送去乙店清洗的费用，即：

$$\min z = 6\sum_{i=1}^{7} x_i + 3\sum_{j=1}^{5} y_j + 2\sum_{k=1}^{4} z_k$$

（3）约束条件。

①满足每天餐巾的需要量：

$$\begin{matrix}\text{当日购买的}\\\text{新餐巾数}\end{matrix} + \begin{matrix}\text{甲店当日送回}\\\text{的洗净的餐巾数}\end{matrix} + \begin{matrix}\text{乙店当日送回}\\\text{的洗净的餐巾数}\end{matrix} = \begin{matrix}\text{当日所需}\\\text{的餐巾数}\end{matrix}$$

从而有（见表7—11中的第1～5列）：

星期一：$x_1=100$

星期二：$x_2=120$

星期三：$x_3+y_1=140$

星期四：$x_4+y_2+z_1=160$

星期五：$x_5+y_3+z_2=140$

星期六：$x_6+y_4+z_3=180$

星期日：$x_7+y_5+z_4=200$

②每天处理脏餐巾数：

$$\begin{matrix}\text{当日未送去清洗}\\\text{的脏餐巾数}\end{matrix} = \begin{matrix}\text{前一天未送去清洗}\\\text{的脏餐巾数}\end{matrix} + \begin{matrix}\text{当日用过的}\\\text{脏餐巾数}\end{matrix} - \begin{matrix}\text{当日送去甲店和}\\\text{乙店的脏餐巾数}\end{matrix}$$

（即类似于动态规划的状态转移方程：$s_k=s_{k-1}+d_k-y_k-z_k$）

于是有：

星期一：$s_1=100-y_1-z_1$

星期二：$s_2=s_1+120-y_2-z_2$

星期三：$s_3=s_2+140-y_3-z_3$

星期四：$s_4=s_3+160-y_4-z_4$

星期五：$s_5=s_4+140-y_5$

星期六：$s_6=s_5+180$

星期日：$s_7=s_6+200$

③非负：

$$x_i,y_j,z_k,s_i\geqslant 0\quad (i=1,2,\cdots,7;j=1,2,\cdots,5;k=1,2,3,4)$$

例 7.7 的电子表格模型如图 7—9 所示，参见“例 7.7.xlsx”。

根据 Excel 的求解结果，每天新购的餐巾数、每天客人使用后送去洗衣店清洗的脏餐巾数如表 7—12 所示，此时的总费用最少，为每周 3 940 元。

	A	B	C	D	E	F	G	H
1	**例7.7**							
2								
3			新购餐巾	甲店清洗	乙店清洗			
4		单位费用	6	3	2			
5								
6		星期	新购的餐巾数	甲店送回的餐巾数	乙店送回的餐巾数	可用的餐巾数		需要的餐巾数
7		1	100			100	=	100
8		2	120			120	=	120
9		3	140	0		140	=	140
10		4	20	40	100	160	=	160
11		5	0	60	80	140	=	140
12		6	0	100	80	180	=	180
13		7	0	140	60	200	=	200
14								
15		星期	当日用过的脏餐巾数	送去甲店的脏餐巾数	送去乙店的脏餐巾数	可送洗的脏餐巾数		未送洗的脏餐巾数
16		1	100	0	100	0	=	0
17		2	120	40	80	0	=	0
18		3	140	60	80	0	=	0
19		4	160	100	60	0	=	0
20		5	140	140		0	=	0
21		6	180			180	=	180
22		7	200			380	=	380
23								
24		餐巾数合计	380	340	320			
25								
26		总费用	3940					

图 7—9　例 7.7 的电子表格模型

名称	单元格
餐巾数合计	C24:E24
单位费用	C4:E4
可送洗的脏餐巾数	F16:F22
可用的餐巾数	F7:F13
送去甲店的脏餐巾数	D16:D20
送去乙店的脏餐巾数	E16:E19
未送洗的脏餐巾数	H16:H22
新购的餐巾数	C7:C13
需要的餐巾数	H7:H13
总费用	C26

	F
15	可送洗的脏餐巾数
16	=C16-D16-E16
17	=H16+C17-D17-E17
18	=H17+C18-D18-E18
19	=H18+C19-D19-E19
20	=H19+C20-D20
21	=H20+C21
22	=H21+C22

	D	E	F
6	甲店送回的餐巾数	乙店送回的餐巾数	可用的餐巾数
7			=C7
8			=C8
9	=D16		=C9+D9
10	=D17	=E16	=C10+D10+E10
11	=D18	=E17	=C11+D11+E11
12	=D19	=E18	=C12+D12+E12
13	=D20	=E19	=C13+D13+E13

	C
15	当日用过的脏餐巾数
16	=H7
17	=H8
18	=H9
19	=H10
20	=H11
21	=H12
22	=H13

	B	C
24	餐巾数合计	=SUM(新购的餐巾数)
25		
26	总费用	=SUMPRODUCT(单位费用,餐巾数合计)

	D	E
24	=SUM(送去甲店的脏餐巾数)	=SUM(送去乙店的脏餐巾数)

规划求解参数

设置目标：(T) 总费用

到： ○ 最大值(M) ◉ 最小值(N) ○ 目标值：(V) 0

通过更改可变单元格：(B)

新购的餐巾数,送去甲店的脏餐巾数,送去乙店的脏餐巾数,未送洗的脏餐巾数

遵守约束：(U)

可用的餐巾数 = 需要的餐巾数
可送洗的脏餐巾数 = 未送洗的脏餐巾数

☑ 使无约束变量为非负数(K)

选择求解方法：(E) 单纯线性规划

图 7—9　例 7.7 的电子表格模型（续）

表 7—12　　一周各天餐巾的供应情况

星期	新购的餐巾数	甲店送回的餐巾数	乙店送回的餐巾数	客人数	送去甲店的脏餐巾数	送去乙店的脏餐巾数	未送洗的脏餐巾数
一	100			100	0	100	0
二	120			120	40	80	0
三	140	0		140	60	80	0
四	20	40	100	160	100	60	0
五	0	60	80	140	140		0
六	0	100	80	180			180
日	0	140	60	200			380
合计	380	340	320	1 040			

一周新购的餐巾总数为 380 条、客人使用后送去洗衣店甲清洗的脏餐巾总数为 340 条，送去洗衣店乙清洗的脏餐巾总数为 320 条。

最后还有 380 条脏餐巾没有送去清洗，也就是一周新购的所有餐巾（380 条）都要另做处理，原因是“假定 7 天后餐巾应换新的，且每周开始时没有旧餐巾”。

7.3 资金管理问题

资金管理问题研究如何选择投资对象（例如，如何选择不同的贷款和债券），在满足某些要求的前提下使得利润最大或风险最小。因此，其决策变量是对各种可能的投资对象的投资组合，其目标函数通常是期望回报最大化或风险最小化，而约束条件则可包括总投资、公司政策、法律法规等约束。资金管理问题研究通常被运用在公司的财务计划或个人的理财计划方面。

7.3.1 贷款问题

例 7.8 某建筑公司为了盘活市场，打算向银行贷款以开展更多业务。现有两种不同的贷款方式：第一种是 10 年期的长期贷款，年利率 7%，只能在第 1 年年初贷款 1 次，以后每年还息（10 次），10 年后还本；第二种是 1 年期的短期贷款，年利率 10%，可在第 1～10年每年年初贷款，下一年还本付息。请问：如何贷款（贷款组合），才能使公司在 10 年内可以正常运转？目前公司只有 100 万元，每年的资金储备最少 50 万元，预测公司未来 10 年每年年初净现金流如表 7—13 所示。希望 10 年后（第 11 年年初）的资金余额最多。

表 7—13　　公司未来 10 年的净现金流

年	1	2	3	4	5	6	7	8	9	10
净现金流（万元）	−800	−200	−400	300	600	300	−400	700	−200	1 000

解：

（1）决策变量。

设 x 为第 1 年年初贷的 10 年期贷款额（万元）；y_1，y_2，…，y_{10}分别为第 1～10 年每年年初贷的 1 年期贷款额（万元）；辅助变量：s_1，s_2，…，s_{11}分别为第 1～11 年每年年初（处理完净现金流、贷款和还款后）的资金余额（万元）。可将这些决策变量、净现金流及还款等列于表 7—14 中。

表 7—14　　例 7.8 的决策变量、净现金流及还款

年	净现金流	长期贷款	短期贷款	长期贷款本息（还款）	短期贷款本息（还款）	资金余额
1	−800	x	y_1			s_1
2	−200		y_2	$7\%x$	$(1+10\%)y_1$	s_2
3	−400		y_3	$7\%x$	$(1+10\%)y_2$	s_3
4	300		y_4	$7\%x$	$(1+10\%)y_3$	s_4
5	600		y_5	$7\%x$	$(1+10\%)y_4$	s_5
6	300		y_6	$7\%x$	$(1+10\%)y_5$	s_6
7	−400		y_7	$7\%x$	$(1+10\%)y_6$	s_7
8	700		y_8	$7\%x$	$(1+10\%)y_7$	s_8
9	−200		y_9	$7\%x$	$(1+10\%)y_8$	s_9
10	1 000		y_{10}	$7\%x$	$(1+10\%)y_9$	s_{10}
11				$(1+7\%)x$	$(1+10\%)y_{10}$	s_{11}

（2）目标函数。

本问题的目标是 10 年后（第 11 年年初）的资金余额最多。即：

$$\max z=s_{11}$$

（3）约束条件。

①每年的资金余额＝上年的资金余额＋净现金流＋贷款（长期、短期）－还款（长期、短期的本金和利息）

（类似于动态规划的状态转移方程）

第 1 年年初：公司目前有 100 万元，支出 800 万元，可以长期贷款 x 和短期贷款 y_1，所以有：

$$s_1=100-800+x+y_1$$

第 2 年年初：支出 200 万元，可以短期贷款 y_2，但要偿还第 1 年长期贷款的利息 $7\%x$ 和短期贷款的本息 $(1+10\%)y_1$，则有：

$$s_2=s_1-200+y_2-7\%x-(1+10\%)y_1$$

同理可知：

第 3 年年初：$s_3=s_2-400+y_3-7\%x-(1+10\%)y_2$

第 4 年年初：$s_4=s_3+300+y_4-7\%x-(1+10\%)y_3$

第 5 年年初：$s_5=s_4+600+y_5-7\%x-(1+10\%)y_4$

第 6 年年初：$s_6=s_5+300+y_6-7\%x-(1+10\%)y_5$

第 7 年年初：$s_7=s_6-400+y_7-7\%x-(1+10\%)y_6$

第 8 年年初：$s_8=s_7+700+y_8-7\%x-(1+10\%)y_7$

第 9 年年初：$s_9=s_8-200+y_9-7\%x-(1+10\%)y_8$

第 10 年年初：$s_{10}=s_9+1\,000+y_{10}-7\%x-(1+10\%)y_9$

第 11 年年初（10 年后）：第 1 年年初的长期贷款到期，需要偿还本金，故有：

$$s_{11}=s_{10}-(1+7\%)x-(1+10\%)y_{10}$$

②每年的资金储备最少 50 万元：$s_i\geqslant 50$（$i=1$，2，…，11）

③贷款额非负：$x\geqslant 0$，$y_i\geqslant 0$（$i=1$，2，…，10）

于是，得到例 7.8 的线性规划模型：

$$\max z=s_{11}$$

$$\text{s.t.}\begin{cases}s_1=100-800+x+y_1\\ s_2=s_1-200+y_2-7\%x-(1+10\%)y_1\\ s_3=s_2-400+y_3-7\%x-(1+10\%)y_2\\ s_4=s_3+300+y_4-7\%x-(1+10\%)y_3\\ s_5=s_4+600+y_5-7\%x-(1+10\%)y_4\\ s_6=s_5+300+y_6-7\%x-(1+10\%)y_5\\ s_7=s_6-400+y_7-7\%x-(1+10\%)y_6\\ s_8=s_7+700+y_8-7\%x-(1+10\%)y_7\\ s_9=s_8-200+y_9-7\%x-(1+10\%)y_8\\ s_{10}=s_9+1000+y_{10}-7\%x-(1+10\%)y_9\\ s_{11}=s_{10}-(1+7\%)x-(1+10\%)y_{10}\\ s_i\geqslant 50\quad(i=1,2,\cdots,11)\\ x\geqslant 0,y_i\geqslant 0\quad(i=1,2,\cdots,10)\end{cases}$$

例 7.8 的电子表格模型如图 7—10 所示，参见“例 7.8.xlsx”。需要注意的是：还款额（长期贷款本金 F17、长期贷款利息 G8：G17、短期贷款本息 H8：H17）为负数，表示资金流出。

	A	B	C	D	E	F	G	H	I	J	K
1	例7.8										
2											
3			长期贷款年利率		7%			现有资金	100		
4			短期贷款年利率		10%						
5											
6		年	净现金流	长期贷款	短期贷款	长期贷款本金	长期贷款利息	短期贷款本息	资金余额		最少储备
7		1	-800	664.9	85.1				50.0	>=	50
8		2	-200		340.1		-46.5	-93.6	50.0	>=	50
9		3	-400		820.7		-46.5	-374.1	50.0	>=	50
10		4	300		649.3		-46.5	-902.7	50.0	>=	50
11		5	600		160.7		-46.5	-714.2	50.0	>=	50
12		6	300		0.0		-46.5	-176.8	126.6	>=	50
13		7	-400		369.9		-46.5	0.0	50.0	>=	50
14		8	700		0.0		-46.5	-406.9	296.5	>=	50
15		9	-200		0.0		-46.5	0.0	50.0	>=	50
16		10	1000		0.0		-46.5	0.0	1003.5	>=	50
17		11				-664.9	-46.5	0.0	292.0	>=	50

	G	H
6	长期贷款利息	短期贷款本息
7		
8	=-长期贷款年利率*长期贷款	=-(1+短期贷款年利率)*E7
9	=-长期贷款年利率*长期贷款	=-(1+短期贷款年利率)*E8
10	=-长期贷款年利率*长期贷款	=-(1+短期贷款年利率)*E9
11	=-长期贷款年利率*长期贷款	=-(1+短期贷款年利率)*E10
12	=-长期贷款年利率*长期贷款	=-(1+短期贷款年利率)*E11
13	=-长期贷款年利率*长期贷款	=-(1+短期贷款年利率)*E12
14	=-长期贷款年利率*长期贷款	=-(1+短期贷款年利率)*E13
15	=-长期贷款年利率*长期贷款	=-(1+短期贷款年利率)*E14
16	=-长期贷款年利率*长期贷款	=-(1+短期贷款年利率)*E15
17	=-长期贷款年利率*长期贷款	=-(1+短期贷款年利率)*E16

	I
6	资金余额
7	=现有资金+SUM(C7:H7)
8	=I7+SUM(C8:H8)
9	=I8+SUM(C9:H9)
10	=I9+SUM(C10:H10)
11	=I10+SUM(C11:H11)
12	=I11+SUM(C12:H12)
13	=I12+SUM(C13:H13)
14	=I13+SUM(C14:H14)
15	=I14+SUM(C15:H15)
16	=I15+SUM(C16:H16)
17	=I16+SUM(C17:H17)

	F
17	=-长期贷款

名称	单元格
短期贷款	E7:E16
短期贷款年利率	E4
十年后资金	I17
现有资金	I3
长期贷款	D7
长期贷款年利率	E3
资金余额	I7:I17
最少储备	K7:K17

图 7—10 例 7.8 的电子表格模型

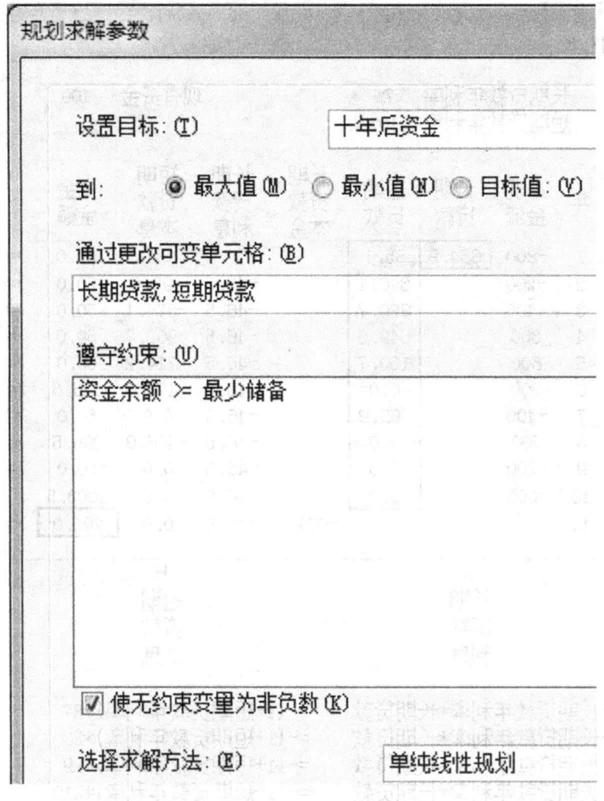

图 7—10 例 7.8 的电子表格模型（续）

利用 Excel 求得的结果是：第 1 年年初长期贷款 664.9 万元；第 1～5 年（前 5 年）年初的短期贷款分别为 85.1、340.1、820.7、649.3、160.7 万元，第 7 年年初再短期贷款 369.9 万元，这样即可保证公司每年的资金储备不低于 50 万元，又能使公司在 10 年后（第 11 年年初）资金最多，为 292 万元。其中，由于第 6、8、9、10 年的现金流为正或当年所需现金流较少，因此这几年不需要短期贷款。

7.3.2 购买债券问题

例 7.9 有个好爸爸，他打算为他正在读高三的儿子准备一笔教育基金，以保证儿子四年大学和三年硕士期间的学习费用。据估计，四年大学和三年硕士期间的学习和生活费用如表 7—15 所示。

表 7—15 **学习费用估计表**

年	1	2	3	4	5	6	7
费用（万元）	1.3	1.1	1.2	1.3	1.5	1.6	2

经多方调查，这位爸爸发现有三种债券值得购买（且只能在第一年年初购买）。这三种债券的面值均为 1 000 元，但由于它们的收益率不同，所以它们的购买价格不同。它们的购买价格、每年收益率与到期年限如表 7—16 所示。同时，爸爸也考虑在每年年初将现

金存入银行，在下一年年初再全部取出（即一年期的定期存款，年利率 2%）。爸爸希望能设计一个理财计划，使得在保证儿子 7 年学习费用的前提下，所需投入的教育基金最少。

表 7—16　　三种债券的有关数据

债券	购买价格（千元）	每年收益率	到期年限
1	1.05	5%	4
2	1	3%	5
3	1.15	7%	6

解：

（1）决策变量。

爸爸面临的决策包括：第 1 年投入的教育基金和购买债券的数量，以及前 6 年每年年初存入银行的资金。设第 1 年投入教育基金 x 千元；购买三种债券的数量分别为 y_1，y_2，y_3 份（每份面值 1 000 元）；每年年初存入银行的资金分别为 s_1，s_2，…，s_6 千元。

（2）目标函数。

保证儿子 7 年学习费用的前提下，投入的教育基金最少（注意 x 既是决策变量，又是目标函数），即：$\min z=x$。

（3）约束条件。

①7 年内满足各年的学习费用。

第 1 年：资金流入是投入的教育基金 x，资金流出是购买债券及存入银行的资金。因此，教育基金扣除购买三种债券和存入银行的资金后，剩余（留用）资金应能满足第 1 年 1.3 万元（13 千元）的学习费用，即：

$$x-1.05y_1-y_2-1.15y_3-s_1=13$$

对于这个约束，如果将存入银行的资金 s_1 和约束右端值 13（学习费用）的位置对调（交换），就可以这样理解：第 1 年投入的教育基金，扣除购买三种债券和儿子第 1 年 1.3 万元（13 千元）的学习费用后，剩余的资金 s_1 将存入银行（一年期）。同理，后 6 年也可以这样来理解。

第 2 年：第 1 年购买的三种债券分别有 5%、3%和 7%的收益率，此外还有一年期银行存款的本金和利息 $(1+2\%)s_1$；需要扣除当年存入银行的资金，留用（剩余）的资金应能满足第 2 年 1.1 万元的学习费用，即：

$$5\%y_1+3\%y_2+7\%y_3+(1+2\%)s_1-s_2=11$$

同理可得：

第 3 年：$5\%y_1+3\%y_2+7\%y_3+(1+2\%)s_2-s_3=12$

第 4 年：$5\%y_1+3\%y_2+7\%y_3+(1+2\%)s_3-s_4=13$

第 5 年：第 1 种 4 年期的债券到期，可以收回本金和利息 $(1+5\%)y_1$，则：

$$(1+5\%)y_1+3\%y_2+7\%y_3+(1+2\%)s_4-s_5=15$$

第 6 年：第 2 种 5 年期的债券到期，可以收回本金和利息 $(1+3\%)y_2$，则：

$$(1+3\%)y_2+7\%y_3+(1+2\%)s_5-s_6=16$$

第7年：第3种6年期的债券到期，可以收回本金和利息 $(1+7\%)y_3$，并且不再需要存入银行，则：

$$(1+7\%)y_3+(1+2\%)s_6=20$$

②由于债券的面值是1千元，购买的份数只能是整数：y_1，y_2，y_3 为整数。

③非负：x，y_1，y_2，y_3，s_1，s_2，s_3，s_4，s_5，$s_6\geqslant 0$

于是，得到例7.9的线性规划模型：

$$\min z=x$$

$$\text{s.t.}\begin{cases}x-1.05y_1-y_2-1.15y_3-s_1=13\\5\%y_1+3\%y_2+7\%y_3+(1+2\%)s_1-s_2=11\\5\%y_1+3\%y_2+7\%y_3+(1+2\%)s_2-s_3=12\\5\%y_1+3\%y_2+7\%y_3+(1+2\%)s_3-s_4=13\\(1+5\%)y_1+3\%y_2+7\%y_3+(1+2\%)s_4-s_5=15\\(1+3\%)y_2+7\%y_3+(1+2\%)s_5-s_6=16\\(1+7\%)y_3+(1+2\%)s_6=20\\x,s_i\geqslant 0\quad(i=1,2,\cdots,6)\\y_1,y_2,y_3\geqslant 0\text{ 且为整数}\end{cases}$$

例7.9的电子表格模型如图7—11所示，参见“例7.9.xlsx”。本题在用Excel求解时，大家会发现，目标单元格“教育基金”（C19）并不是一个公式，因为“教育基金”（C19）既是决策变量，又是目标函数。

	A	B	C	D	E	F	G	H	I
1	例7.9								
2									
3			购买价格	每年收益率	到期年限		银行利率		
4		债券1	1.05	5%	4		2.0%		
5		债券2	1	3%	5				
6		债券3	1.15	7%	6				
7									
8			债券1收益率	债券2收益率	债券3收益率	一年期银行存款	留用资金		学习费用
9		第1年	-1.05	-1	-1.15	27.6	13	=	13
10		第2年	5%	3%	7%	19.8	11	=	11
11		第3年	5%	3%	7%	10.7	12	=	12
12		第4年	5%	3%	7%	0.6	13	=	13
13		第5年	105%	3%	7%	14.2	15	=	15
14		第6年		103%	7%	0.7	16	=	16
15		第7年			107%		20	=	20
16									
17		债券数量	26	1	18				
18									
19		教育基金	89.6						

图7—11 例7.9的电子表格模型

	C	D	E
8	债券1 收益率	债券2 收益率	债券3 收益率
9	=-债券1购买价格	=-债券2购买价格	=-债券3购买价格
10	=债券1每年收益率	=债券2每年收益率	=债券3每年收益率
11	=债券1每年收益率	=债券2每年收益率	=债券3每年收益率
12	=债券1每年收益率	=债券2每年收益率	=债券3每年收益率
13	=1+债券1每年收益率	=债券2每年收益率	=债券3每年收益率
14		=1+债券2每年收益率	=债券3每年收益率
15			=1+债券3每年收益率

	G
8	留用 资金
9	=教育基金+SUMPRODUCT(C9:E9,债券数量)-F9
10	=(1+银行利率)*F9+SUMPRODUCT(C10:E10,债券数量)-F10
11	=(1+银行利率)*F10+SUMPRODUCT(C11:E11,债券数量)-F11
12	=(1+银行利率)*F11+SUMPRODUCT(C12:E12,债券数量)-F12
13	=(1+银行利率)*F12+SUMPRODUCT(C13:E13,债券数量)-F13
14	=(1+银行利率)*F13+SUMPRODUCT(C14:E14,债券数量)-F14
15	=(1+银行利率)*F14+SUMPRODUCT(C15:E15,债券数量)

规划求解参数

设置目标：(T) 教育基金

到: ◯ 最大值(M) ◉ 最小值(N) ◯ 目标值:(V)

通过更改可变单元格:(B)

教育基金,债券数量,一年期银行存款

遵守约束:(U)

债券数量 = 整数
留用资金 = 学习费用

☑ 使无约束变量为非负数(K)

选择求解方法:(E) 单纯线性规划

名称	单元格
教育基金	C19
留用资金	G9:G15
学习费用	I9:I15
一年期银行存款	F9:F14
银行利率	G4
债券1购买价格	C4
债券1每年收益率	D4
债券2购买价格	C5
债券2每年收益率	D5
债券3购买价格	C6
债券3每年收益率	D6
债券数量	C17:E17

图7—11 例7.9的电子表格模型（续）

根据Excel求解结果可知：爸爸在第1年需要准备8.96万元教育基金。利用这些教育基金来购买债券（26份债券1、1份债券2和18份债券3）及存入银行，通过本金和获取利息来保证儿子四年大学和三年硕士期间的学习费用共10万元（1.3＋1.1＋1.2＋1.3＋1.5＋1.6＋2）。

具体购买债券数和每年的银行存款如表7—17所示。这时，满足所有的约束条件，且投入的教育基金最少，为8.96万元。

表7—17 例7.9的最优理财计划

<table>
<tr><td rowspan="2">购买债券（份）
（每份面值1千元）</td><td colspan="2">债券1</td><td colspan="2">债券2</td><td colspan="2">债券3</td></tr>
<tr><td colspan="2">26</td><td colspan="2">1</td><td colspan="2">18</td></tr>
<tr><td rowspan="2">银行存款（千元）
（一年期）</td><td>第1年</td><td>第2年</td><td>第3年</td><td>第4年</td><td>第5年</td><td>第6年</td></tr>
<tr><td>27.6</td><td>19.8</td><td>10.7</td><td>0.6</td><td>14.2</td><td>0.7</td></tr>
</table>

也就是说，爸爸在第1年准备了8.96万元的教育基金，利用这些钱购买了26份债券1、1份债券2和18份债券3，并支付了儿子第1年的学习费用1.3万元，剩下的2.76万元存入银行。第2年，利用债券的收益和第1年存入银行的本息来支付儿子第2年的学习费用1.1万元，剩下的1.98万元存入银行。同理，第3、4、5、6、7年，也是利用债券的收益（如果到期，还有面值）和前一年存入银行的本息来支付儿子当年的学习费用，剩下的资金（分别为1.07万元、0.06万元、1.42万元、0.07万元）再存入银行。

7.3.3 连续投资问题

例7.10 某企业现有资金200万元，计划在今后五年内给A、B、C、D四个项目投资。根据有关情况分析得知如下信息：

项目A：第1～5年每年年初都可投资，当年年末就能收回本利（本金和利息）110%。

项目B：第1～4年每年年初都可投资，次年年末能收回本利125%，但是要求每年最大投资额不能超过30万元。

项目C：若投资则必须在第3年年初投资，到第5年年末能收回本利140%，但是规定最大投资额不能超过80万元。

项目D：若投资则必须在第2年年初投资，到第5年年末能收回本利155%，但是规定最大投资额不能超过100万元。

应如何确定这些项目每年的投资额，才能使得第5年年末拥有资金的本利总额最大？

解：

本问题是一个连续投资问题。

(1) 决策变量。

由于需要考虑每年年初对不同项目的投资额，为了便于理解，建立双下标决策变量。设x_{ij}为企业第i年年初给项目j的投资额（万元）。根据题意，可将决策变量（每年各项目的投资额）及收回的本利列于表7—18中。

表 7—18　　　例 7.10 连续投资问题的决策变量及收回的本利（单位：万元）

	各项目的投资额				可用的资金或各项目收回的本利			
	A	B	C	D	A	B	C	D
第 1 年年初	x_{1A}	x_{1B}			200			
第 2 年年初	x_{2A}	x_{2B}		x_{2D}	$110\%x_{1A}$			
第 3 年年初	x_{3A}	x_{3B}	x_{3C}		$110\%x_{2A}$	$125\%x_{1B}$		
第 4 年年初	x_{4A}	x_{4B}			$110\%x_{3A}$	$125\%x_{2B}$		
第 5 年年初	x_{5A}				$110\%x_{4A}$	$125\%x_{3B}$		
第 6 年年初					$110\%x_{5A}$	$125\%x_{4B}$	$140\%x_{3C}$	$155\%x_{2D}$

（2）约束条件。

①由于项目 A 每年年初都可以投资，并且当年年末就能收回本利，因此该企业每年应把资金都投出去，手中不应留有剩余的闲置资金，则有：

每年投资额＝可用资金

对照表 7—18，可知：

第 1 年年初：该企业年初有资金 200 万元，只有 A 和 B 两个项目可以投资，于是有：

$$x_{1A}+x_{1B}=200$$

第 2 年年初：项目 B 要次年年末才可收回本利，故第 2 年年初的资金只有第 1 年年初对项目 A 投资后，在年末收回的本利 $110\%x_{1A}$。而可以投资的项目有 A、B 和 D，于是有：

$$x_{2A}+x_{2B}+x_{2D}=110\%x_{1A}$$

第 3 年年初：年初的资金为项目 A 第 2 年投资和项目 B 第 1 年投资所收回的本利总和，而可以投资的项目有 A、B 和 C，于是有：

$$x_{3A}+x_{3B}+x_{3C}=110\%x_{2A}+125\%x_{1B}$$

第 4 年年初：年初的资金为 $110\%x_{3A}+125\%x_{2B}$，而投资项目有 A 和 B，于是有：

$$x_{4A}+x_{4B}=110\%x_{3A}+125\%x_{2B}$$

第 5 年年初：年初的资金为 $110\%x_{4A}+125\%x_{3B}$，而投资项目只有 A，于是有：

$$x_{5A}=110\%x_{4A}+125\%x_{3B}$$

②对 B、C、D 三个项目的投资限制：

项目 B 的投资限制：$x_{iB}\leqslant 30\quad (i=1,2,3,4)$

项目 C 的投资限制：$x_{3C}\leqslant 80$

项目 D 的投资限制：$x_{2D}\leqslant 100$

③非负：$x_{iA},\ x_{jB},\ x_{3C},\ x_{2D}\geqslant 0\quad (i=1,2,3,4,5;\ j=1,2,3,4)$

(3) 目标函数。

该问题要求在第 5 年年末企业这 200 万元用于四个项目投资的运作获得的本利最大，而第 5 年年末获得的本利有四项：

第 5 年年初对项目 A 投资后，在第 5 年年末收回的本利 $110\%x_{5A}$；

第 4 年年初对项目 B 投资后，在第 5 年年末收回的本利 $125\%x_{4B}$；

第 3 年年初对项目 C 投资后，在第 5 年年末收回的本利 $140\%x_{3C}$；

第 2 年年初对项目 D 投资后，在第 5 年年末收回的本利 $155\%x_{2D}$。

于是，目标函数为：

$$\max z=110\%x_{5A}+125\%x_{4B}+140\%x_{3C}+155\%x_{2D}$$

根据上述分析，得到例 7.10 的线性规划模型：

$$\max z=110\%x_{5A}+125\%x_{4B}+140\%x_{3C}+155\%x_{2D}$$

$$\text{s. t.}\begin{cases}x_{1A}+x_{1B}=200\\ x_{2A}+x_{2B}+x_{2D}=110\%x_{1A}\\ x_{3A}+x_{3B}+x_{3C}=110\%x_{2A}+125\%x_{1B}\\ x_{4A}+x_{4B}=110\%x_{3A}+125\%x_{2B}\\ x_{5A}=110\%x_{4A}+125\%x_{3B}\\ x_{iB}\leqslant 30 \quad (i=1,2,3,4)\\ x_{3C}\leqslant 80\\ x_{2D}\leqslant 100\\ x_{iA},x_{jB},x_{3C},x_{2D}\geqslant 0 \quad (i=1,2,3,4,5;\ \ j=1,2,3,4)\end{cases}$$

例 7.10 的电子表格模型如图 7—12 所示，参见"例 7.10. xlsx"。在 Excel 电子表格模型中，为了直观地了解每一年资金的投资与收益情况，以 H 列的"="（等号）为界，分别建立子表"各项目的投资额"（C8：F12 区域）和"各项目收回的本利"（J9：M13区域），这样每一年年初可用于投资的资金就与上一年年末可收回的本利对应起来了。

	A	B	C	D	E	F	G	H	I	J	K	L	M
1	例7.10												
2													
3			*A*	*B*	*C*	*D*							
4		收益率	10%	25%	40%	55%			现有资金	200			
5													
6			各项目的投资额				总投		可投	各项目收回的本利			
7			*A*	*B*	*C*	*D*	资额		资额	*A*	*B*	*C*	*D*
8		第 1 年	170	30			200	=	200				
9		第 2 年	57	30		100	187	=	187	187			
10		第 3 年	0	20.2	80		100.2	=	100.2	62.7	37.5		
11		第 4 年	7.5	30			37.5	=	37.5	0	37.5		
12		第 5 年	33.5				33.5	=	33.5	8.25	25.3		
13		第 6 年					本利总额		341.35	36.9	37.5	112	155
14		最大投资		30	80	100							

图 7—12　例 7.10 的电子表格模型

	I	J	K
6	可投		各项目收回的本利
7	资额	*A*	*B*
8	=现有资金		
9	=SUM(J9:M9)	=(1+项目*A*收益率)*C8	
10	=SUM(J10:M10)	=(1+项目*A*收益率)*C9	=(1+项目*B*收益率)*D8
11	=SUM(J11:M11)	=(1+项目*A*收益率)*C10	=(1+项目*B*收益率)*D9
12	=SUM(J12:M12)	=(1+项目*A*收益率)*C11	=(1+项目*B*收益率)*D10
13	=SUM(J13:M13)	=(1+项目*A*收益率)*C12	=(1+项目*B*收益率)*D11

	L	M
13	=(1+项目*C*收益率)*项目*C*投资额	=(1+项目*D*收益率)*项目*D*投资额

名称	单元格
可投资额	I8:I12
五年后本利总额	I13
现有资金	J4
项目A收益率	C4
项目A投资额	C8:C12
项目B收益率	D4
项目B投资额	D8:D11
项目B最大投资	D14
项目C收益率	E4
项目C投资额	E10
项目C最大投资	E14
项目D收益率	F4
项目D投资额	F9
项目D最大投资	F14
总投资额	G8:G12

	G
6	总投
7	资额
8	=SUM(C8:F8)
9	=SUM(C9:F9)
10	=SUM(C10:F10)
11	=SUM(C11:F11)
12	=SUM(C12:F12)

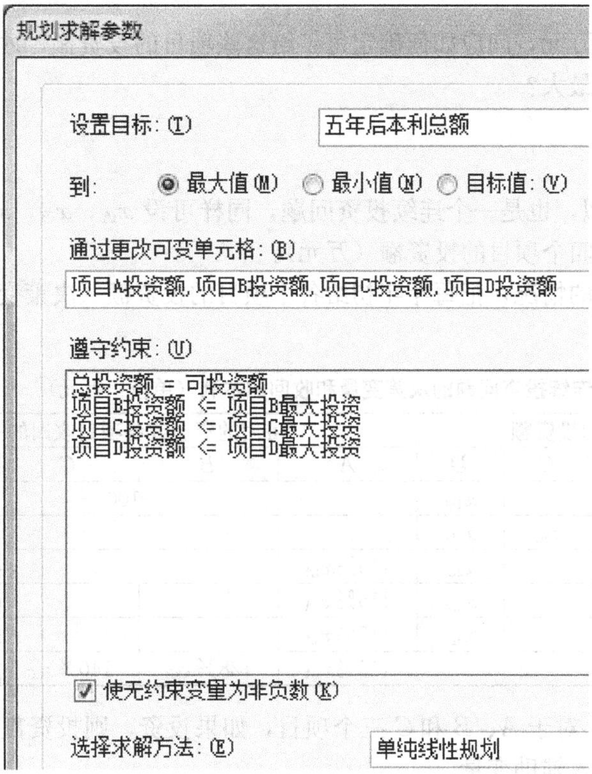

规划求解参数

设置目标：(T) 五年后本利总额

到： ◉ 最大值(M) ○ 最小值(N) ○ 目标值：(V)

通过更改可变单元格：(B)

项目A投资额,项目B投资额,项目C投资额,项目D投资额

遵守约束：(U)

总投资额 = 可投资额
项目B投资额 <= 项目B最大投资
项目C投资额 <= 项目C最大投资
项目D投资额 <= 项目D最大投资

☑ 使无约束变量为非负数(K)

选择求解方法：(E) 单纯线性规划

图7—12 例7.10的电子表格模型（续）

根据 Excel 求解结果可知，该企业每年给各项目的投资额如表 7—19 所示。这样的投资决策可以使第 5 年年末该企业的资金总额达到最大，为 341.35 万元。

表 7—19　　例 7.10 连续投资问题的求解结果（每年各项目的投资额）（单位：万元）

	项目 A	项目 B	项目 C	项目 D
第 1 年	170	30		
第 2 年	57	30		100
第 3 年	0	20.2	80	
第 4 年	7.5	30		
第 5 年	33.5			

例 7.11　某公司在今后五年内考虑给下列项目投资，已知条件如下：

项目 A：第 1～4 年每年年初都可以投资，并于次年年末收回本利 115%，但若第 1 年投资，则最低金额为 40 万元，第 2、3、4 年不限。

项目 B：第 3 年年初可以投资，到第 5 年年末能收回本利 128%，但如果投资，规定投资最低金额为 30 万元，最高金额为 50 万元。

项目 C：第 2 年年初可以投资，到第 5 年年末能收回本利 140%，但如果投资，规定其投资额为 20 万元、40 万元、60 万元或 80 万元。

项目 D：五年内每年年初均可购买公债，于当年年末归还，并加利息 8%，此项投资金额不限。

该公司现有资金 100 万元，问应如何确定每年给这些项目的投资额，才能使得第 5 年年末拥有的资金本利总额最大？

解：

（1）决策变量。

本问题与例 7.10 类似，也是一个连续投资问题，同样可设 x_{iA}，x_{iB}，x_{iC}，x_{iD} 表示第 i 年年初给 A、B、C、D 四个项目的投资额（万元）。

为了直观地了解每年的情况，把每年年初给各个项目的投资额（决策变量）和收回的本利列于表 7—20 中。

表 7—20　　例 7.11 连续投资问题的决策变量和收回的本利（单位：万元）

	各项目的投资额				可用的资金或各项目收回的本利			
	A	B	C	D	A	B	C	D
第 1 年	x_{1A}			x_{1D}	100			
第 2 年	x_{2A}		x_{2C}	x_{2D}				$108\%x_{1D}$
第 3 年	x_{3A}	x_{3B}		x_{3D}	$115\%x_{1A}$			$108\%x_{2D}$
第 4 年	x_{4A}			x_{4D}	$115\%x_{2A}$			$108\%x_{3D}$
第 5 年				x_{5D}	$115\%x_{3A}$			$108\%x_{4D}$
第 6 年					$115\%x_{4A}$	$128\%x_{3B}$	$140\%x_{2C}$	$108\%x_{5D}$

与例 7.10 不同的是，对于 A、B 和 C 三个项目，如果投资，则投资额有最低限制或某些规定，因此，还需引入辅助变量。

①0－1 变量：y_{1A} 表示项目 A 第 1 年年初是否投资（1 表示投资，0 表示不投资），y_{3B} 表示项目 B 第 3 年年初是否投资（1 表示投资，0 表示不投资）。

②设 y_{2C} 为非负整数变量，并定义：

$$y_{2C}=\begin{cases}0,\text{当第 2 年年初不投资项目 } C \text{ 时}\\1,\text{当第 2 年年初投资项目 } C\ 20 \text{ 万元时}\\2,\text{当第 2 年年初投资项目 } C\ 40 \text{ 万元时}\\3,\text{当第 2 年年初投资项目 } C\ 60 \text{ 万元时}\\4,\text{当第 2 年年初投资项目 } C\ 80 \text{ 万元时}\end{cases}$$

(2) 约束条件。

①由于项目 D 每年年初都可以投资，且投资金额不限，当年年末就可收回本利，所以公司每年应把所有资金都投出去，即投资额应等于手中拥有的资金。

也就是说，每年投资额＝可用资金（可对照表 7—20）。

第 1 年：该公司第 1 年年初拥有资金 100 万元，所以有

$$x_{1A}+x_{1D}=100$$

第 2 年：因第 1 年给项目 A 的投资要到第 2 年年末才能收回本利，所以该公司在第 2 年年初只有项目 D 在第 1 年年末收回的本利（1＋8%）x_{1D}，于是第 2 年年初的投资分配是

$$x_{2A}+x_{2C}+x_{2D}=108\%x_{1D}$$

第 3 年：第 3 年年初的资金是项目 A 第 1 年投资及项目 D 第 2 年投资所收回的本利总和 $115\%x_{1A}+108\%x_{2D}$，于是第 3 年资金分配为

$$x_{3A}+x_{3B}+x_{3D}=115\%x_{1A}+108\%x_{2D}$$

同理，第 4 年：$x_{4A}+x_{4D}=115\%x_{2A}+108\%x_{3D}$

第 5 年：$x_{5D}=115\%x_{3A}+108\%x_{4D}$

②对于 A、B、C 三个项目的投资限制。

对项目 A 第 1 年投资额的规定（M 为相对极大值）：

$$x_{1A}\geqslant 40y_{1A}$$
$$x_{1A}\leqslant My_{1A}$$

从上面的约束条件可知：

当 $y_{1A}=0$（第 1 年不给项目 A 投资）时，有：

$$x_{1A}\geqslant 0$$
$$x_{1A}\leqslant 0$$

即 $x_{1A}=0$。

当 $y_{1A}=1$（第 1 年给项目 A 投资）时，有：

$$x_{1A}\geqslant 40$$
$$x_{1A}\leqslant M$$

这里的 M 是一个相对极大值，此时只有 $x_{1A}\geqslant 40$ 起作用，也就是说，若第 1 年给项目 A 投资，则最低金额为 40 万元。

对项目 B 第 3 年投资额的规定，同样有：

$x_{3B} \geqslant 30 y_{3B}$

$x_{3B} \leqslant 50 y_{3B}$

从该约束条件也可以知道：当 $y_{3B}=0$ 时，有 $x_{3B}=0$；而当 $y_{3B}=1$ 时，有 $30 \leqslant x_{3B} \leqslant 50$。

对项目 C 第 2 年投资额的规定有：

$x_{2C}=20 y_{2C}$

$y_{2C} \leqslant 4$ 且为非负整数

（3）目标函数。

第 5 年年末拥有的资金本利总额最大，即：

$$\max z=115\% x_{4A}+128\% x_{3B}+140\% x_{2C}+108\% x_{5D}$$

于是，得到例 7.11 的线性规划模型：

$$\max z=115\% x_{4A}+128\% x_{3B}+140\% x_{2C}+108\% x_{5D}$$

$$\text{s. t.}\begin{cases} x_{1A}+x_{1D}=100 \\ x_{2A}+x_{2C}+x_{2D}=108\% x_{1D} \\ x_{3A}+x_{3B}+x_{3D}=115\% x_{1A}+108\% x_{2D} \\ x_{4A}+x_{4D}=115\% x_{2A}+108\% x_{3D} \\ x_{5D}=115\% x_{3A}+108\% x_{4D} \\ x_{1A} \geqslant 40 y_{1A}, x_{1A} \leqslant M y_{1A} \\ x_{3B} \geqslant 30 y_{3B}, x_{3B} \leqslant 50 y_{3B} \\ x_{2C}=20 y_{2C}, y_{2C} \leqslant 4 \text{ 且为非负整数} \\ x_{iA}, x_{3B}, x_{2C}, x_{jD} \geqslant 0 \quad (i=1,2,3,4; j=1,2,3,4,5) \\ y_{1A}, y_{3B}=0,1 \end{cases}$$

例 7.11 的电子表格模型如图 7—13 所示，参见“例 7.11. xlsx”。

	A	B	C	D	E	F	G	H	I	J	K	L	M
1	例7.11												
2													
3			*A*	*B*	*C*	*D*					现有资金	100	
4		收益率	15%	28%	40%	8%					相对极大值*M*	999	
5													
6				各项目的投资额			总投		可投		各项目收回的本利		
7			*A*	*B*	*C*	*D*	资额		资额	*A*	*B*	*C*	*D*
8		第1年	0			100	100	=	100				
9		第2年	0		80	28	108	=	108				108
10		第3年	0	30.24		0	30.24	=	30.24	0			30.24
11		第4年	0			0	0	=	0	0			0
12		第5年				0	0	=	0	0			0
13		第6年					本利总额		150.71	0	38.71	112	0
14		投资决策	0	1	4								
15													
16		最小投资	0	30									
17		最大投资	0	50									

图 7—13　例 7.11 的电子表格模型

	G
6	总投
7	资额
8	=SUM(C8:F8)
9	=SUM(C9:F9)
10	=SUM(C10:F10)
11	=SUM(C11:F11)
12	=SUM(C12:F12)

	I	J
6	可投	各项目收回的本利
7	资额	A
8	=现有资金	
9	=SUM(J9:M9)	
10	=SUM(J10:M10)	=(1+A收益率)*C8
11	=SUM(J11:M11)	=(1+A收益率)*C9
12	=SUM(J12:M12)	=(1+A收益率)*C10
13	=SUM(J13:M13)	=(1+A收益率)*C11

	K	L
13	=(1+B收益率)*B投资额	=(1+C收益率)*C投资额

	B	C	D
16	最小投资	=40*A第1年是否投资	=30*B是否投资
17	最大投资	=相对极大值M*A第1年是否投资	=50*B是否投资

名称	单元格
A第1年是否投资	C14
A第1年投资额	C8
A第1年最大投资	C17
A第1年最小投资	C16
A收益率	C4
A投资额	C8:C11
B是否投资	D14
B收益率	D4
B投资额	D10
B最大投资	D17
B最小投资	D16
C收益率	E4
C投资额	E9
C投资决策	E14
D收益率	F4
D投资额	F8:F12
可投资额	I8:I12
五年后本利总额	I13
现有资金	L3
相对极大值M	L4
总投资额	G8:G12

	E
7	C
8	
9	=20*C投资决策

	M
7	D
8	
9	=(1+D收益率)*F8
10	=(1+D收益率)*F9
11	=(1+D收益率)*F10
12	=(1+D收益率)*F11
13	=(1+D收益率)*F12

规划求解参数

设置目标：(T) 五年后本利总额

到：◉ 最大值(M) ○ 最小值(N) ○ 目标值：(V) 0

通过更改可变单元格：(B)

A投资额,B投资额,C投资额,A第一年是否投资,B是否投资,C投资决策

遵守约束：(U)

A第1年投资额 <= A第1年最大投资
A第1年投资额 >= A第1年最小投资
A第1年是否投资 = 二进制
B投资额 <= B最大投资
B投资额 >= B最小投资
B是否投资 = 二进制
C投资决策 <= 4
C投资决策 = 整数
总投资额 = 可投资额

☑ 使无约束变量为非负数(K)

选择求解方法：(E) 单纯线性规划

图7—13 例7.11的电子表格模型（续）

Excel求解结果如表7—21所示。这样的投资决策可使公司第5年年末拥有的资金本利总额最大，为150.71万元（精确为150.707 2万元）。

表7—21　　例7.11连续投资问题的求解结果（每年各项目的投资额）（单位：万元）

	项目A	项目B	项目C	项目D
第1年	0			100
第2年	0		80	28
第3年	0	30.24		0
第4年	0			0
第5年				0

7.4　资源分配问题

资源分配问题是将数量一定的若干种资源（例如原材料、资金、机器设备、劳动力等），合理地分配给若干使用者，使总收益最大。

7.4.1　资源的多元分配问题（投资分配问题）

现有数量为M（万元）的资金，计划分配给n个工厂，用于扩大再生产。假设：

x_i=分配给第i个工厂的资金(万元)

$g_i(x_i)$=第i个工厂得到x_i(万元)的资金后所获得的利润(万元)

问题是：如何确定各工厂的资金数，使总的利润达到最大。

需要说明的是：本书采用“整数规划”方法来描述和求解“资源的多元分配（投资分配问题）”。

例7.12　某公司拟将500万元资金投放下属的A、B、C三个企业，各企业获得资金后的收益（万元）如表7—22所示。求总收益最大的投资分配方案。

表7—22　　三个企业投放不同资金的收益

投资（万元）	100	200	300	400	500
企业A	200	200	300	300	300
企业B	0	100	200	400	700
企业C	100	200	300	400	500

解：

本问题与第6章的例6.8类似（不符合比例性要求的问题）。

（1）决策变量。

由于企业收益与投资的关系是非线性关系，这里投资金额的分配是以100万元作为单位，每个企业的投资最多只能取离散值 100，200，300，400，500 万元中的一个，所以用类似于指派问题的决策变量。

设 x_{ij} 表示是否向企业 i 投资 j 百万元（1 表示投资，0 表示不投资），如表 7—23 所示。

表 7—23　　三个企业投放不同资金的决策变量表

投资（百万元）	1	2	3	4	5
企业 A	x_{A1}	x_{A2}	x_{A3}	x_{A4}	x_{A5}
企业 B	x_{B1}	x_{B2}	x_{B3}	x_{B4}	x_{B5}
企业 C	x_{C1}	x_{C2}	x_{C3}	x_{C4}	x_{C5}

（2）目标函数。

本问题的目标是总收益最大，而给各企业投放的资金不同，所获得的收益也不同。

对于企业 A，收益为是否投资 j 百万元乘以相应的收益，即：

$$2x_{A1}+2x_{A2}+3x_{A3}+3x_{A4}+3x_{A5}\text{（百万元）}$$

同理，对于企业 B，收益为：$0x_{B1}+1x_{B2}+2x_{B3}+4x_{B4}+7x_{B5}$（百万元）

对于企业 C，收益为：$1x_{C1}+2x_{C2}+3x_{C3}+4x_{C4}+5x_{C5}$（百万元）

所以目标函数为：

$$\max z=(2x_{A1}+2x_{A2}+3x_{A3}+3x_{A4}+3x_{A5})+(0x_{B1}+1x_{B2}+2x_{B3}+4x_{B4}+7x_{B5})$$
$$+(1x_{C1}+2x_{C2}+3x_{C3}+4x_{C4}+5x_{C5})$$

（3）约束条件。

①每个企业投放的资金最多只能取离散值 1，2，3，4，5 百万元中的一个：

对于企业 A：$x_{A1}+x_{A2}+x_{A3}+x_{A4}+x_{A5}\leqslant 1$

对于企业 B：$x_{B1}+x_{B2}+x_{B3}+x_{B4}+x_{B5}\leqslant 1$

对于企业 C：$x_{C1}+x_{C2}+x_{C3}+x_{C4}+x_{C5}\leqslant 1$

②资金限制（投资总额为 5 百万元）：

$$(1x_{A1}+2x_{A2}+3x_{A3}+4x_{A4}+5x_{A5})$$
$$+(1x_{B1}+2x_{B2}+3x_{B3}+4x_{B4}+5x_{B5})$$
$$+(1x_{C1}+2x_{C2}+3x_{C3}+4x_{C4}+5x_{C5})\leqslant 5$$

③0—1 变量：$x_{ij}=0，1\quad(i=A，B，C；j=1，2，3，4，5)$

于是，得到例 7.12 的线性规划模型：

$$\max z=(2x_{A1}+2x_{A2}+3x_{A3}+3x_{A4}+3x_{A5})$$
$$+(0x_{B1}+1x_{B2}+2x_{B3}+4x_{B4}+7x_{B5})$$
$$+(1x_{C1}+2x_{C2}+3x_{C3}+4x_{C4}+5x_{C5})$$

$$
\text{s. t.}\begin{cases}x_{A1}+x_{A2}+x_{A3}+x_{A4}+x_{A5}\leqslant 1\\ x_{B1}+x_{B2}+x_{B3}+x_{B4}+x_{B5}\leqslant 1\\ x_{C1}+x_{C2}+x_{C3}+x_{C4}+x_{C5}\leqslant 1\\ (1x_{A1}+2x_{A2}+3x_{A3}+4x_{A4}+5x_{A5})\\ +(1x_{B1}+2x_{B2}+3x_{B3}+4x_{B4}+5x_{B5})\\ +(1x_{C1}+2x_{C2}+3x_{C3}+4x_{C4}+5x_{C5})\leqslant 5\\ x_{ij}=0,1\quad(i=A,B,C;j=1,2,3,4,5)\end{cases}
$$

例 7.12 的电子表格模型如图 7—14 所示，参见“例 7.12.xlsx”。为了查看方便，在最优解（是否投资）C11：E15 区域中，使用 Excel 的“条件格式”功能①，将“0”值单元格的字体颜色设置成“黄色”，与填充颜色（背景色）相同。

	A	B	C	D	E	F	G	H
1	例7.12							
2								
3		收益	企业A	企业B	企业C			
4		1	2	0	1			
5		2	2	1	2			
6		3	3	2	3			
7		4	3	4	4			
8		5	3	7	5			
9								
10		是否投资	企业A	企业B	企业C			
11		1						
12		2						
13		3						
14		4						
15		5		1				
16		投资次数	0	1	0			
17			<=	<=	<=			
18		最多投资一次	1	1	1			
19						总投资额		资金限制
20		投资额	0	5	0	5	<=	5
21								
22		总收益	7					

	B	C	D	E
16	投资次数	=SUM(C11:C15)	=SUM(D11:D15)	=SUM(E11:E15)

	B	C	D
20	投资额	=SUMPRODUCT(投资,C11:C15)	=SUMPRODUCT(投资,D11:D15)

	E	F
19		总投资额
20	=SUMPRODUCT(投资,E11:E15)	=SUM(C20:E20)

	B	C
22	总收益	=SUMPRODUCT(收益,是否投资)

图 7—14 例 7.12 的电子表格模型

① 设置（或清除）条件格式的操作参见第 4 章附录Ⅱ。

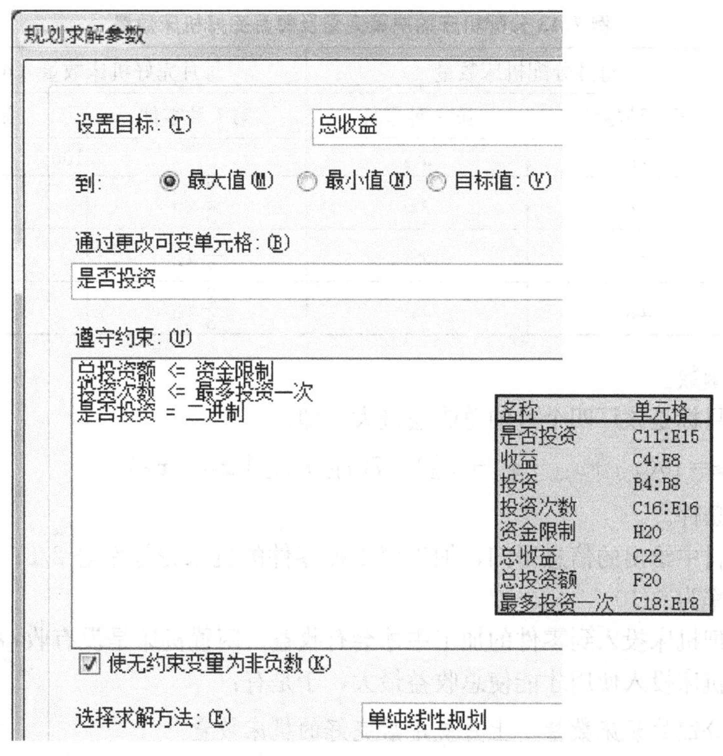

图 7—14 例 7.12 的电子表格模型（续）

Excel 求得的结果是：把 500 万元资金全部投放给企业 B 时，总收益最大，为 700 万元（7 百万元）。

7.4.2 资源的多段分配问题（多阶段生产安排问题）

资源的多段分配是有消耗的资源多阶段地在两种不同的生产活动中投放的问题。一般的提法是：假设拥有某种总量为 M 的资源，计划在 a、b 两个部门（或两种生产过程）中连续使用 n 个阶段，已知在两个部门中分别投入资源 x_a、x_b 后可分别获得阶段效益 $g(x_a)$ 和 $h(x_b)$，同时知道每生产一个阶段后，资源的完好率分别为 a 和 b（$0<a$，$b<1$），求 n 个阶段间总收益最大的资源分配计划。

例 7.13 某厂现有 100 台机床，能够加工两种零件，要安排未来四个月的任务，根据以往的经验，知道这些机床用来加工第 1 种零件，一个月后损坏率为 1/3。而在加工第 2 种零件时，一个月后损坏率为 1/10。又知道，每台机床加工第 1 种零件时一个月的收益为 10 万元，加工第 2 种零件时每个月的收益为 7 万元。现在要安排四个月的任务，试问：怎样分配机床，才能使总收益最大？

解：

（1）决策变量。

本问题要做的决策是分配机床，机床可加工两种零件，时间为四个月，所以设 x_{ij} 为第 i 月分配加工第 j 种零件的机床数量（$i=1$，2，3，4；$j=1$，2）。根据题意，可将决策变量（每月分配机床数量）及每月完好机床数量列于表 7—24 中。

表 7—24　　例 7.13 分配机床的决策变量及每月完好机床数量

	每月分配机床数量		每月完好机床数量（可用机床）	
	第 1 种零件	第 2 种零件	第 1 种零件	第 2 种零件
1 月	x_{11}	x_{12}	100	
2 月	x_{21}	x_{22}	$\frac{2}{3}x_{11}$	$\frac{9}{10}x_{12}$
3 月	x_{31}	x_{32}	$\frac{2}{3}x_{21}$	$\frac{9}{10}x_{22}$
4 月	x_{41}	x_{42}	$\frac{2}{3}x_{31}$	$\frac{9}{10}x_{32}$

（2）目标函数。

本问题的目标是该厂四个月的总收益最大，即：

$$\max z=10(x_{11}+x_{21}+x_{31}+x_{41})+7(x_{12}+x_{22}+x_{32}+x_{42})$$

（3）约束条件。

①根据题目中给出的信息得知，加工第 1 种零件的机床完好率是 2/3；加工第 2 种零件的机床完好率为 9/10。

因为只有把机床投入到零件的加工中才会有收益，闲置机床是没有收益的，所以每月都要把所有的机床投入使用才能使总收益最大，于是有：

当月分配的机床数量＝上月使用后完好的机床数量

对照表 7—24，可知：

第 1 个月：机床刚投入使用，没有折损，可以使用的机床有 100 台，所以有：

$$x_{11}+x_{12}=100$$

第 2 个月：第 1 个月加工生产第 1 种和第 2 种零件的机床折损后的总数为第 2 个月可以分配使用的机床数量，所以有：

$$x_{21}+x_{22}=\frac{2}{3}x_{11}+\frac{9}{10}x_{12}$$

同理，第 3 个月：$x_{31}+x_{32}=\frac{2}{3}x_{21}+\frac{9}{10}x_{22}$

第 4 个月：$x_{41}+x_{42}=\frac{2}{3}x_{31}+\frac{9}{10}x_{32}$

②机床数量非负：$x_{ij}\geqslant 0\quad(i=1,2,3,4;\ j=1,2)$

于是，得到例 7.13 的线性规划模型：

$$\max z=10(x_{11}+x_{21}+x_{31}+x_{41})+7(x_{12}+x_{22}+x_{32}+x_{42})$$

$$\text{s.t.}\begin{cases}x_{11}+x_{12}=100\\ x_{21}+x_{22}=\frac{2}{3}x_{11}+\frac{9}{10}x_{12}\\ x_{31}+x_{32}=\frac{2}{3}x_{21}+\frac{9}{10}x_{22}\\ x_{41}+x_{42}=\frac{2}{3}x_{31}+\frac{9}{10}x_{32}\\ x_{ij}\geqslant 0\quad(i=1,2,3,4;j=1,2)\end{cases}$$

例 7.13 的电子表格模型如图 7—15 所示，参见“例 7.13.xlsx”。

	A	B	C	D	E	F	G
1	例7.13						
2							
3			第 1 种零件	第 2 种零件			
4		完好率	2/3	9/10			
5		单位收益	10	7			
6							
7		机床数量	第 1 种零件	第 2 种零件	实际分配		可用机床
8		1月	0	100	100	=	100
9		2月	0	90	90	=	90
10		3月	81	0	81	=	81
11		4月	54	0	54	=	54
12		机床合计	135	190			
13							
14		总收益	2680				

	E	F	G
7	实际分配		可用机床
8	=SUM(C8:D8)	=	100
9	=SUM(C9:D9)	=	=SUMPRODUCT(完好率,C8:D8)
10	=SUM(C10:D10)	=	=SUMPRODUCT(完好率,C9:D9)
11	=SUM(C11:D11)	=	=SUMPRODUCT(完好率,C10:D10)

	B	C	D
12	机床合计	=SUM(C8:C11)	=SUM(D8:D11)

	B	C
14	总收益	=SUMPRODUCT(单位收益,机床合计)

名称	单元格
单位收益	C5:D5
机床合计	C12:D12
机床数量	C8:D11
可用机床	G8:G11
实际分配	E8:E11
完好率	C4:D4
总收益	C14

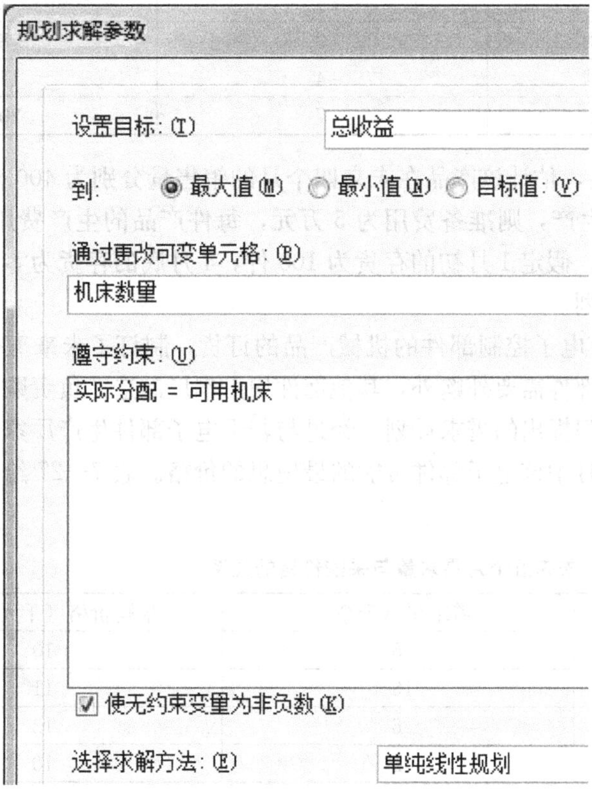

规划求解参数

设置目标：(T)　总收益

到：◉ 最大值(M)　○ 最小值(N)　○ 目标值：(V)

通过更改可变单元格：(B)

机床数量

遵守约束：(U)

实际分配 = 可用机床

☑ 使无约束变量为非负数(K)

选择求解方法：(E)　单纯线性规划

图 7—15　例 7.13 的电子表格模型

根据Excel的求解结果可知：当1月和2月将所有完好的机床用于加工第2种零件，3月和4月将所有完好的机床用于加工第1种零件时，该厂四个月的总收益最大，为2 680万元。

习题

7.1 有10吨集装箱最多只能装9吨货物，现有三种货物供装载，每种货物的单位重量及相应的单位价值如表7—25所示。问：应该如何装载货物，才能使总价值最大？

表7—25　　货物的单位重量与单位价值

货物编号	1	2	3
单位重量（吨）	2	3	4
单位价值（万元）	3	4	5

7.2 某咨询公司有10个工作日可以去处理四种类型的咨询项目，每种类型的咨询项目中待处理的客户数、处理每个客户所需工作日数以及所获得的利润如表7—26所示。显然，该公司在10天内不能处理完所有客户咨询项目，它可以自己挑选一些客户，其余的请其他咨询公司去做。该咨询公司应如何选择客户，可使得在这10个工作日中获利最大？

表7—26　　咨询公司的有关数据

咨询项目类型	待处理的客户数	处理每个客户所需工作日数	处理每个客户所获的利润
1	4	1	2
2	3	3	8
3	2	4	11
4	2	7	20

7.3 某厂生产一种产品，估计该产品在未来四个月的销售量分别为400件、500件、300件和200件。如果该月生产，则准备费用为5万元，每件产品的生产费用为100元，存储费用每件每月为100元。假定1月初的存货为100件，4月底的存货为零。试求该厂在这四个月内的最优生产计划。

7.4 某制造厂收到装有电子控制部件的机械产品的订货，制订了未来五个月的一个生产计划。除了其中的电子部件需要外购外，其他部件均由本厂制造。负责购买电子部件的采购人员必须满足生产部门提出的需求计划。经过与若干电子部件生产厂家的谈判，采购人员确定了计划阶段五个月中该电子部件可能的最理想的价格。表7—27给出了需求量和采购价格的有关数据。

表7—27　　未来五个月需求量与采购价格的关系

月份	需求量（千个）	采购价格（千元/千个）
1	5	10
2	10	11
3	6	13
4	9	10
5	4	12

该厂贮备这种电子部件的仓库容量最多是 12 000 个。无初始库存，五个月后，这种部件也不再需要。假设这种电子部件的订货每月初安排一次，而提供货物所需的时间很短(可以认为实际上是即时提货)，不允许退回订货。假设每 1 000 个电子部件到月底的库存费是 2 500 元，试问如何安排采购计划，才能够既满足生产需要，又能使采购费用和库存费用最少?

7.5 某贸易公司专门经营某商品的批发业务，公司有库容 5 000 单位的仓库。开始时，公司有库存 2 000 单位，并有资金 80 万元，估计第 1 季度该商品的价格如表 7—28 所示。

表 7—28　　第 1 季度商品的买卖价格

月份	进货单价（元）	出货单价（元）
1 月	350	370
2 月	320	340
3 月	370	340

公司每月只能批发（出售）库存的商品，且订购的商品下月初才能到货，并规定“货到付款”。公司希望本季度末的库存为 3 000 单位，问应采取什么样的买进卖出策略，可使公司三个月的总获利最大?

7.6 一个合资食品企业面临某种食品 1～4 月的生产计划问题。四个月的需求分别为：4 500 吨、3 000 吨、5 500 吨、4 000 吨。目前（1 月初）该企业有 100 个熟练工人，正常工作时每人每月可以完成 40 吨，每吨成本为 200 元。由于市场需求浮动较大，该企业可通过下列方法调节生产：

（1）利用加班增加生产，但加班生产产品每人每月不能超过 10 吨，加班时每吨成本为 300 元。

（2）利用库存来调节生产，库存费用为 60 元/吨·月，最大库存能力为 1 000 吨。

请为该企业建立一个线性规划模型，在满足需求的前提下，使四个月的总费用最少。假定该企业在 1 月初的库存为零，要求 4 月底的库存为 500 吨。

7.7 某厂计划期分为 8 个阶段，每个阶段所需的生产专用工具数如表 7—29 所示，到阶段末，凡在此阶段内使用过的工具都应送去修理后才能再使用。修理可以两种方式进行，一种称为慢修，费用便宜些（每修一个需 30 元），但时间长些（3 个阶段）；另一种称为快修，费用贵些（每修一个需 40 元），但时间短一些（1 个阶段）。新购一个这样的工具需 60 元。

工厂管理层希望能够知道，选择怎样的方案（每个阶段初新购工具数、每个阶段末送去快修和慢修的工具数），才能使计划期内工具的总费用最少？此时计划期内新购工具总数、送去快修和慢修的工具总数分别是多少?

表 7—29　　每个阶段所需的生产专用工具数

阶段	1	2	3	4	5	6	7	8
所需工具数	10	14	13	20	15	17	19	20

7.8 某投资者现有 30 万元可供为期四年的投资。现有下列五个投资项目可供选择：

项目 A：可在每年年初投资，每年每元投资可获利 0.2 元。

项目 B：可在第 1、3 年年初投资，每两年每元投资可获利润 0.5 元，两年后获利。

项目 C：可在第 1 年年初投资，三年后每元投资可获利 0.8 元。这项投资最多不超过 20 万元。

项目 D：可在第 2 年年初投资，两年后每元投资可获利 0.6 元。这项投资最多不超过 15 万元。

项目 E：可在第 1 年年初投资，四年后每元获利 1.7 元，这项投资最多不超过 20 万元。

投资者在四年内应如何投资，可使他在四年后所获利润达到最大？

7.9 张三有 6 万元储蓄，打算将这些钱用于投资，在今后的五年里购买四种债券。债券 A 和 B 在今后五年的每年年初都可以买到。债券 A 的每 1 元投资在两年后将收回本利 1.40 元（收益 0.40 元），并刚好来得及再投资；债券 B 的每 1 元投资在三年后将收回本利 1.70 元。债券 C 和 D 在今后的五年都只有一次购买机会，债券 C 在第 2 年年初的每 1 元投资在四年后将收回本利 1.90 元；而债券 D 在第 5 年年初购买，当年年末收回本利 1.30 元。张三希望能够知道，怎样的投资组合会使他在第 6 年年初（第 5 年年末）拥有的现金最多。

7.10 公司现有资金 8 千万元，可以投资 A、B、C 三个项目。每个项目的投资效益与投入该项目的资金有关。A、B、C 三个项目的投资效益（千万元）和投入资金（千万元）的关系如表 7—30 所示。求对三个项目的最优投资分配方案，以使公司投资的总效益最大。

表 7—30 **三个项目投入不同资金的效益**

投入资金	项目 A	项目 B	项目 C
2 千万元	8	9	10
4 千万元	15	20	28
6 千万元	30	35	35
8 千万元	38	40	43

7.11 某企业计划委派 10 个推销员到四个地区推销产品，每个地区委派 1～4 名推销员。各地区月收益与推销员人数的关系如表 7—31 所示。企业应如何委派四个地区的推销员人数，才能使月总收益最大？

表 7—31 **委派人数与各地区月收益的关系**

委派人数	地区 A	地区 B	地区 C	地区 D
1	40	50	60	70
2	70	120	200	240
3	180	230	230	260
4	240	240	270	300

7.12 某公司有500台完好的机器可以在高低两种不同的负荷下生产。在高负荷下生产，每台机器每年可获利50万元，机器损坏率为70%；在低负荷下生产，每台机器每年可获利30万元，机器损坏率为30%。估计五年后有新的机器出现，旧机器将全部被淘汰。要求制订一个五年计划，在每年开始时，合理安排两种不同负荷下生产的机器的数量，使五年总获利最多。

7.13 现有某种原料100吨，可用于两种方式的生产，原料用于生产后，除产生一定的收益外，还可以回收一部分。原料在第Ⅰ种生产方式下的收益是6万元/吨，原料回收率仅为0.1；原料在第Ⅱ种生产方式下的收益是5万元/吨，原料回收率为0.4。计划进行3个阶段的生产，问每个阶段应如何分别确定两种生产方式原料的投入量，才能使得总收益最大?

案例7.1 出国留学装行李方案

某人出国留学打点行李，现有三个行李箱，容积大小分别为1 000、1 500和2 000，根据需要列出需带物品清单，其中一些物品是必带物品，共有7件，其体积大小分别为400、300、150、250、450、760、190。尚有10件可带可不带的物品，如果不带将在目的地购买，通过网络查询可以得知其在目的地的价格（美元）。这些物品的体积及价格如表7—32所示，试给出一个合理的安排方案，把物品放在三个行李箱里。

表7—32 选带物品的体积及价格

物品	1	2	3	4	5	6	7	8	9	10
体积	200	350	500	430	320	120	700	420	250	100
价格	15	45	100	70	50	75	200	90	20	30

案例7.2 公司投资项目分析

某公司考虑在今后五年内投资兴办产业，以增强发展后劲，投资总额800万元，其中第1年350万元，第2年300万元，第3年150万元。投资项目有：

A_1：建立彩色印刷厂。第1、2年年初分别投入220万元，第3年年初可获利60万元，第4年起每年获利130万元。

A_2：投资离子镀膜基地。第1年投资70万元，第2年起每年获利24万元。

A_3：投资参股F企业。第2年投入180万元设备，第3年起每年可获利70万元。

A_4：投资D企业。每年年底可获利润为投资额的25%（收回本利125%），但第1年最高投资额为80万元，以后每年递增不超过15万元。

A_5：建立超细骨粉生产线。第3年投入220万元，第4年起每年可获利90万元。

A_6：投资某机电设备公司。年底收回本利120%，但如果投资，规定每年投资额不低于600万元。

A_7：投资某技术公司。年底收回本利115%。

投资期五年，需从上述七个项目中选择最优投资组合，使得第 5 年年末的本利总额最大。

案例 7.3 房地产开发公司投资项目分析

随着我国社会主义市场经济的深入发展以及房地产行业竞争的日益激烈，某房地产公司领导号召全体职工在搞好本职工作的基础上，努力学习市场经济的知识，加强风险意识，提高企业管理水平，并对未来的开发项目做出可行性研究，充分发挥决策的作用。因此，财务部门基于公司确立的这个方向，对今后三年可能投资的项目进行了一次优选，资料见表 7—33 和表 7—34。

表 7—33　　今后三年计划投资项目的投资情况表

项目	建筑面积（万平方米）	第 1 年年初投资（亿元）	第 2 年年初投资（亿元）	第 3 年年初投资（亿元）
A	25	10	3	4
B	20	9	3	3
C	40	6	3	2
D	20	5	3	4
E	65	6	4	3
合计	170	36	16	16

表 7—34　　今后三年计划投资项目的产出情况表

项目	第 1 年年末产出（亿元）	第 2 年年末产出（亿元）	第 3 年年末产出（亿元）
A	6	6	7
B	5	8	7
C	0	10	6
D	7	0	10
E	5	6	6
合计	23	30	36

该房地产公司在第 1 年年初有资金 25 亿元，并要求：

(1) 投资项目总开工面积不得低于 120 万平方米，并且要求全部在第 3 年年末竣工验收；

(2) 项目 E 必须上马；

(3) 各年年末项目总产出可以在下一年年初继续投入，以弥补资金的不足。

另外，如果公司有剩余的资金，可投资到另一个项目，每年能收回资金的本利 110%；如果公司欠缺资金，可用贷款方式补足，贷款年利率为 12%。问公司应如何运作，可使第 3 年年末的总产出最大？

第 8 章 非线性规划

本章内容要点

- 非线性规划的基本概念
- 二次规划的建模与应用
- 可分离规划的建模与应用

在前几章中，所涉及规划问题的目标函数和约束条件都是线性的。但在许多实际问题中，往往会遇到目标函数或约束条件是非线性的情况，这类规划问题就是非线性规划问题。本章将介绍非线性规划问题的基本概念，并就这类问题的某些简单情形进行介绍。

8.1 非线性规划的基本概念

在规划问题中，如果目标函数或约束条件中有一个是决策变量的非线性函数，则这类规划问题称为非线性规划问题。本章将介绍其中一类比较简单的情形，即目标函数是决策变量的非线性函数，而约束条件是线性的。

8.1.1 非线性规划的数学模型和电子表格模型

例 8.1 给定一根长度为 400 米的绳子，用来围成一块矩形的菜地，问长和宽各为多少米时菜地的面积最大?

解:

本问题是一个小学数学问题，现在把它当作一个规划问题来求解。

(1) 决策变量。

设矩形菜地的长为 x_1 米，宽为 x_2 米。

(2) 目标函数。

本问题的目标是使菜地的面积最大，即：$\max S=x_1x_2$

（3）约束条件。

①绳子长度（矩形菜地的周长）为 400 米：$2(x_1+x_2)=400$

②非负：x_1，$x_2\geqslant 0$

于是，得到例 8.1 的数学规划模型：

$$\max S=x_1x_2$$

$$\text{s.t.}\begin{cases}2(x_1+x_2)=400\\ x_1,x_2\geqslant 0\end{cases}$$

在例 8.1 中，目标函数（菜地面积 S）是决策变量（菜地的长 x_1 和宽 x_2）的非线性函数，所以该规划问题为非线性规划问题。

例 8.1 的电子表格模型如图 8—1 所示，参见“例 8.1.xlsx”。在使用 Excel 的“规划求解”命令求解非线性规划问题时，只需在“规划求解参数”对话框的“选择求解方法”下拉列表中，选择“非线性 GRG”即可。

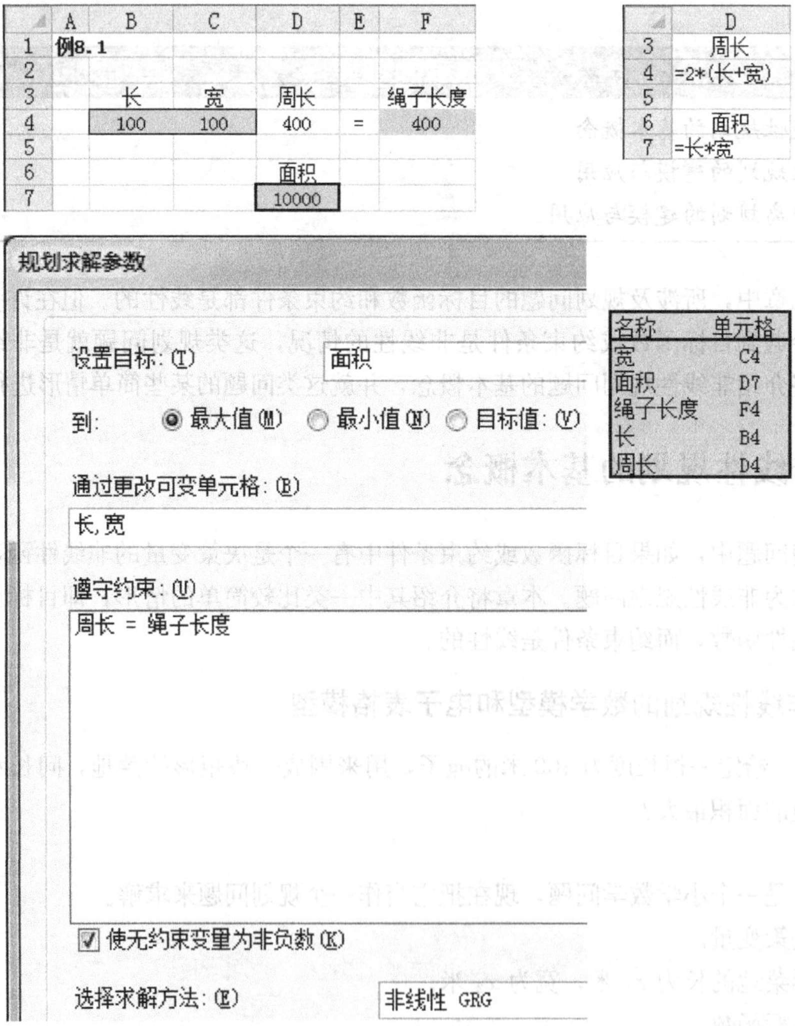

	A	B	C	D	E	F
1	例8.1					
2						
3		长	宽	周长		绳子长度
4		100	100	400	=	400
5						
6				面积		
7				10000		

	D
3	周长
4	=2*(长+宽)
5	
6	面积
7	=长*宽

名称	单元格
宽	C4
面积	D7
绳子长度	F4
长	B4
周长	D4

规划求解参数

设置目标：(T) 面积

到： ◉ 最大值(M) ○ 最小值(N) ○ 目标值：(V)

通过更改可变单元格：(B)

长,宽

遵守约束：(U)

周长 = 绳子长度

☑ 使无约束变量为非负数(K)

选择求解方法：(E) 非线性 GRG

图 8—1 例 8.1 的电子表格模型

Excel求解结果为：当菜地的长和宽均为100米时，菜地的面积最大，为1万（10 000）平方米。

8.1.2 非线性规划的求解方法

通过使用Excel规划求解或者其他软件包，求解线性规划问题是一件很容易的事情，每天都可以解决许多大型的问题。事实上，最先进的软件包现在已经成功地解决了许多非常大型的问题，而且，获得的解被证实是最优的。

尽管最近几年已经取得惊人的进步，但是求解非线性规划问题仍然不是一件轻松的事情。这通常比求解线性规划问题困难得多，而且，即使求得一个解，有时却不能保证其是最优的。

例 8.2 求解复杂的非线性规划问题。

$$\max\ y=0.5x^5-6x^4+24.5x^3-39x^2+20x$$

$$\text{s. t.}\begin{cases}x\leqslant 5\\x\geqslant 0\end{cases}$$

在这个例子中，只有一个决策变量，约束条件比较简单。然而，从图8—2中①可以看出利用Excel“规划求解”命令求解该问题的麻烦。在电子表格中建立该问题是非常简单明了的，x（C5）作为可变单元格，y（C8）作为目标单元格。当$x=0$作为初始值输入可变单元格时，图8—2最上面的电子表格显示规划求解的结果是：最优解$x=0.371$，最优值$y=3.19$。然而，当$x=3$作为初始值时，如图8—2中间的电子表格所示，规划求解结果是：最优解$x=3.126$，最优值$y=6.13$。在最下面的电子表格中尝试输入$x=4.7$作为初始值，此时的规划求解结果是：最优解$x=5$，最优值$y=0$。为什么会出现这种情况？

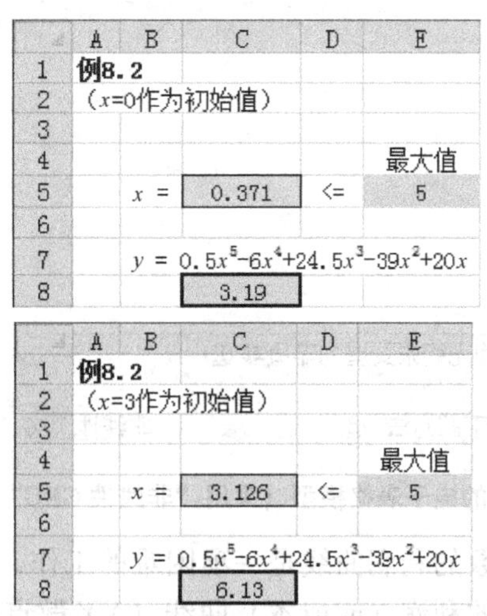

	A	B	C	D	E
1	例8.2				
2	（x=0作为初始值）				
3					
4					最大值
5		x =	0.371	<=	5
6					
7		y =	0.5x^5-6x^4+24.5x^3-39x^2+20x		
8			3.19		

	A	B	C	D	E
1	例8.2				
2	（x=3作为初始值）				
3					
4					最大值
5		x =	3.126	<=	5
6					
7		y =	0.5x^5-6x^4+24.5x^3-39x^2+20x		
8			6.13		

图8—2　例8.2的电子表格模型（采用“非线性GRG”求解方法）

① 一个复杂的非线性规划的例子（参见“例8.2.xlsx”），当输入三个不同的初始值时，采用“非线性GRG”求解方法的Excel规划求解给出了三个不同的（局部）最优解。

	A	B	C	D	E
1	**例8.2**				
2	（x=4.7作为初始值）				
3					
4					最大值
5		x =	5.000	<=	5
6					
7		$y = 0.5x^5-6x^4+24.5x^3-39x^2+20x$			
8			0.00		

	B	C
7	$y = 0.5x^5-6x^4+24.5x^3-39x^2+20x$	
8		=0.5*x^5-6*x^4+24.5*x^3-39*x^2+20*x

名称	单元格
x	C5
y	C8
最大值	E5

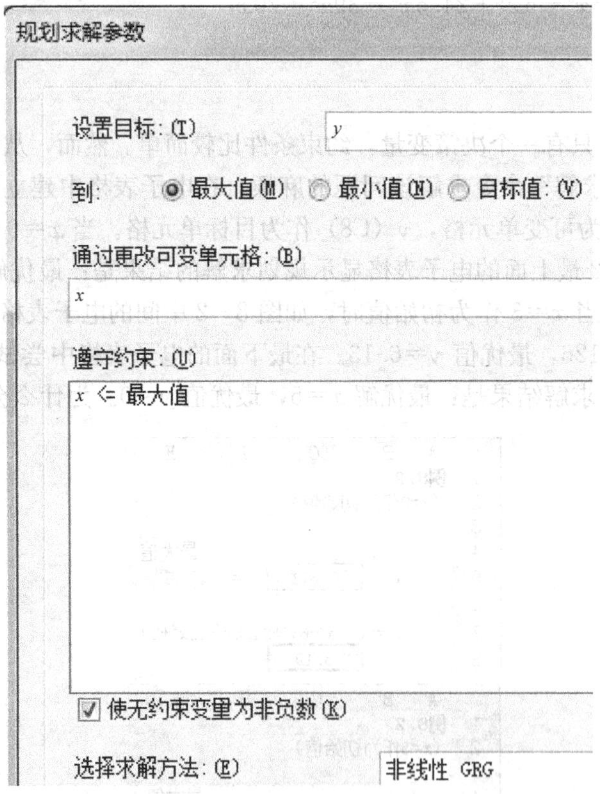

图 8—2 例 8.2 的电子表格模型（采用“非线性 GRG”求解方法）（续）

画出这么复杂的目标函数的利润曲线是一项困难的工作，但是如果能在 Excel 规划求解之前画出非线性规划问题的利润（或成本）曲线（XY 散点图），将有助于问题的求解，也有助于解释 Excel 规划求解出现的问题。例 8.2 的利润曲线（XY 散点图）如图 8—3 所示。

从 $x=0$ 开始，利润曲线确实在 $x=0.371$ 处到达顶点，就如同图 8—2 最上面电子表格所求出的解一样。然而从 $x=3$ 开始，利润曲线在 $x=3.126$ 处又到达一个顶点，这也是中间那个电子表格求出的解。当使用最下面电子表格的初始值 $x=4.7$ 时，利润曲线在到

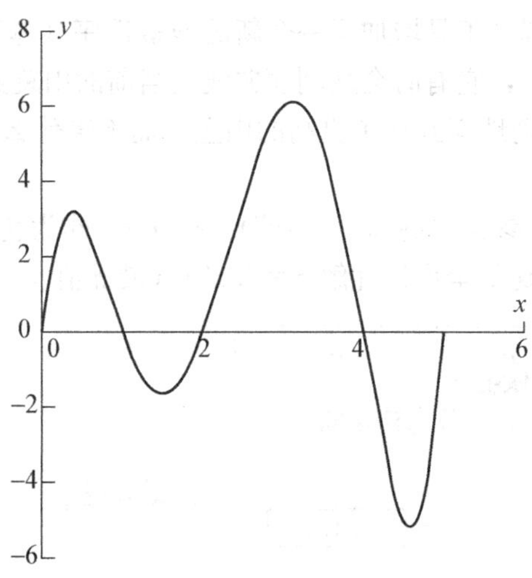

图 8—3 例 8.2 非线性规划问题的利润曲线（*XY* 散点图）

达约束条件 $x \leqslant 5$ 规定的边界之前一直在向上，因此在这段曲线中 $x=5$ 是顶点。这三个顶点被称为局部极大值（或局部最优值），因为每一个顶点在该点的可行域内是曲线的最大值。但是，只有这些局部极大值中最大的那一个才可以作为全局最大值，也就是整个曲线上最高的一点，因此，图 8—2 中间的电子表格成功地找到了最优解 $x=3.126$（最优值 $y=6.13$）。

Excel“规划求解”用于求解非线性问题的“非线性 GRG”算法可以看作是一个爬山的过程。它从输入可变单元格的初始值出发开始爬山，直到到达顶点（或者由于到达了约束条件规定的边界而停止进一步爬山）。整个过程在到达顶点（或边界）时终止，并且报告结果。它没有办法测试在利润曲线的其他部分是否还有更高的山。也就是说，当要求最大化时，采用“非线性 GRG”求解方法的 Excel“规划求解”只能到达局部极大值，然后停止。这个局部极大值可能是全局最大值，也可能不是。

当目标被要求是最小化而不是最大化时，该算法就转变方向，往下走，直到到达谷底（或被边界所阻止）。同样的，它没有办法测试在成本曲线的其他部分是否还有更低的谷底。

正是由于局部最优解的存在，使得非线性规划问题的求解要比线性规划问题的求解复杂得多。当求得一个最优解时，常常无法确定该解是否是全局最优解。

但在某些情况下（如 8.2 节将要介绍的边际收益递减的二次规划问题），可以确保所求得的解就是全局最优解。据此，边际收益递减的二次规划问题被称为简单型的非线性规划问题，是因为其利润曲线（要求最大化时）只有一个山坡，该山坡（或边界）顶点的局部极大值也是全局最大值，于是采用“非线性 GRG”求解方法的 Excel“规划求解”得到的解必然是最优的。同样的，边际收益递减的成本曲线最小化时，也只有一个凹谷，所以谷底（或边界）的局部极小值就是全局最小值。

图 8—2 指出，处理复杂的有几个局部极大值的非线性规划问题，有一个方法就是重复应用 Excel 规划求解（采用“非线性 GRG”求解方法），用不同的初始值进行测试，然后从这些局部最优解中挑选出最优的一个。虽然这个方法仍然不能保证找到全局最优解，但它毕竟提供了一个很好的机会去找到一个相当好的解。因此，对一些相对较小的问题而言，这是一个合理的方法。

Excel 2010“规划求解”工具增加了一个新的搜索程序（算法），称之为 Evolutionary Solver（“演化”求解方法），它有时会从利润曲线上当前的山跳到另一个更有希望的山上，因此这种算法可能最终自动地就到达了更高的山上，而不管什么样的初始值被输入可变单元格。

比如，在图 8—4 中（参见“例 8.2. xlsx”），把 $x=0$ 作为初始值，采用“演化”求解方法的规划求解成功地找到了全局最优解 $x=0.371$（最优值 $y=6.13$）。

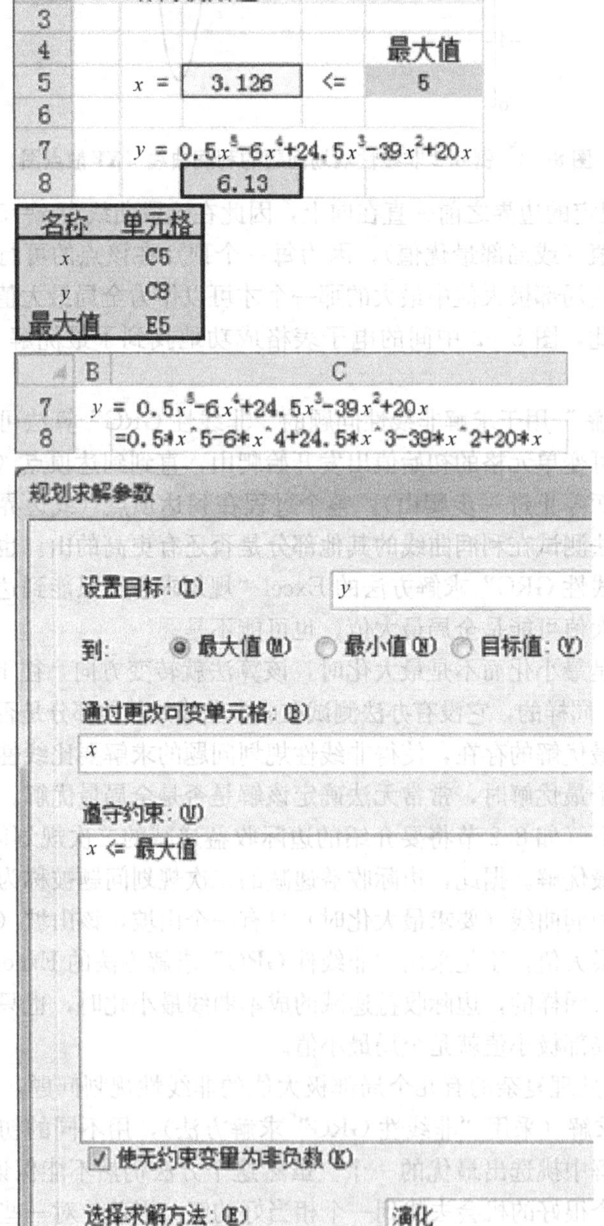

图 8—4 例 8.2 的电子表格模型（采用“演化”求解方法）

Evolutionary Solver 的基本原理是根据遗传学、进化论和适者生存原理建立的，因此，这种类型的算法通常称为遗传算法（genetic algorithm）。

必须指出，采用“演化”求解方法的规划求解不是万能的。首先，它比采用“非线性 GRG”求解方法的规划求解需要使用更长的时间才能找到最终解①。选择了某些限制选项之后，搜寻更优解的过程可能持续几个小时甚至几天。其次，Evolutionary Solver 对于有许多约束条件的模型的效果不是很好，例如，对于第 1～7 章中所介绍的许多模型，采用“单纯线性规划”求解方法的规划求解能够即刻求解这些模型，但 Evolutionary Solver 不能很好地完成任务。再次，Evolutionary Solver 是一个随机过程，在同一个模型再次运行 Evolutionary Solver，可能会产生一个不同的最终解。Evolutionary Solver 更像一个聪明的搜索引擎，尝试不同的随机解。

虽然 Evolutionary Solver 也有其局限性，但可以尝试解决许多非线性规划问题。

8.2 二次规划

若某非线性规划的目标函数是决策变量的二次函数，而且是边际收益递减，约束条件又都是线性的，那么就称这种规划为二次规划。

在实际常见的管理决策问题中，决策变量总是受到某些现实条件的限制，使其在有限域内变动。比如，产品产量就要受原材料供给、生产能力（包括机器设备、人员等）的约束。因此有“决策变量在有限域内变动的边际收益递减的二次规划存在最优解，且此最优解与初值无关，即局部最优解就是全局最优解”。

实际上，二次规划是非线性规划中比较简单的一种，只要问题不是很复杂，Excel“规划求解”工具就能求解。

8.2.1 非线性的营销成本问题

在营销过程中，营销成本往往是非线性的，而且随着销量的增加，单位营销成本也在增加，也就是说，单位利润随着销量的增加而减少（边际收益递减）。

例 8.3 考虑非线性营销成本的例 1.1。

在例 1.1 中，增加考虑新产品（门和窗）的营销成本。原来估计每扇门的营销成本是 75 元、每扇窗的营销成本是 200 元。因此，当时估计的门和窗的单位利润分别是 300 元和 500 元。也就是说，如果不考虑营销成本，每扇门的毛利润是 375 元，每扇窗的毛利润是 700 元。

由于门和窗的营销成本随着销量的增加而呈现非线性增长，设 x_1 为门的每周产量，x_2 为窗的每周产量，而门每周的营销成本为 $25x_1^2$，窗每周的营销成本为 $60x_2^2$。

解：

新的模型考虑了非线性的营销成本，所以在原来模型的基础上，需要修改目标函数。

① 在“规划求解结果”对话框中，在右边“报告”列表框中选择“运算结果报告”选项，单击“确定”按钮。这时，生成一个名为“运算结果报告”的新工作表。在该“运算结果报告”工作表中，可以看到规划求解的引擎（“单纯线性规划”、“非线性 GRG”或“演化”）和求解时间。

（1）决策变量。

设 x_1 为门的每周产量，x_2 为窗的每周产量。

（2）目标函数。

①门的每周销售毛利润为 $375x_1$，每周营销成本为 $25x_1^2$，因此，门的每周净利润为 $375x_1-25x_1^2$；

②窗的每周销售毛利润为 $700x_2$，每周营销成本为 $60x_2^2$，因此，窗的每周净利润为 $700x_2-60x_2^2$。

本问题的目标是两种新产品的总利润最大，即：

$$\max z=375x_1-25x_1^2+700x_2-60x_2^2$$

（3）约束条件。

还是原有的三个车间每周可用工时限制和非负约束。

$$\text{s.t.}\begin{cases}x_1\leqslant 4 & \text{（车间 1）}\\ 2x_2\leqslant 12 & \text{（车间 2）}\\ 3x_1+2x_2\leqslant 18 & \text{（车间 3）}\\ x_1,x_2\geqslant 0 & \text{（非负）}\end{cases}$$

于是，得到例 8.3 的二次规划模型：

$$\max z=375x_1-25x_1^2+700x_2-60x_2^2$$

$$\text{s.t.}\begin{cases}x_1\leqslant 4\\ 2x_2\leqslant 12\\ 3x_1+2x_2\leqslant 18\\ x_1,x_2\geqslant 0\end{cases}$$

例 8.3 的电子表格模型如图 8—5 所示，参见“例 8.3.xlsx”。

	A	B	C	D	E	F	G	H
1	例8.3							
2								
3			门	窗				
4		单位毛利润	375	700				
5								
6			每个产品所需工时		实际使用		可用工时	
7		车间 1	1	0	2.95	<=	4	
8		车间 2	0	2	9.14	<=	12	
9		车间 3	3	2	18	<=	18	
10								
11			门	窗				
12		每周产量	2.95	4.57			销售毛利润	4306.64
13								
14		营销成本	218.02	1253.27			总营销成本	1471.29
15								
16							总利润	2835.35

图 8—5 例 8.3 的电子表格模型

名称	单元格
窗的每周产量	D12
单位毛利润	C4:D4
可用工时	G7:G9
每周产量	C12:D12
门的每周产量	C12
实际使用	E7:E9
销售毛利润	H12
营销成本	C14:D14
总利润	H16
总营销成本	H14

	E
6	实际使用
7	=SUMPRODUCT(C7:D7,每周产量)
8	=SUMPRODUCT(C8:D8,每周产量)
9	=SUMPRODUCT(C9:D9,每周产量)

	B	C	D
14	营销成本	=25*门的每周产量^2	=60*窗的每周产量^2

	G	H
12	销售毛利润	=SUMPRODUCT(单位毛利润,每周产量)
13		
14	总营销成本	=SUM(营销成本)
15		
16	总利润	=销售毛利润-总营销成本

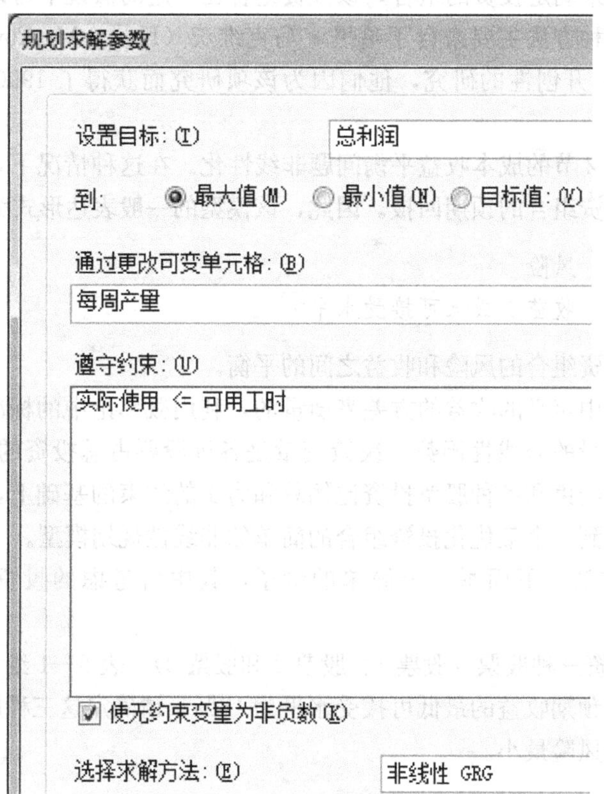

图 8—5　例 8.3 的电子表格模型（续）

Excel 求解结果为：当门的每周产量为 2.95 扇，窗的每周产量为 4.57 扇时，总利润最大，为每周 2 835.35 元。

将图 8—5 中的模型与 1.3 节的图 1—19 中例 1.1 的模型相比较，可发现两者之间有四个显著的差别：

第一，“单位利润”被不包含营销成本的“单位毛利润”所取代。

第二，在计算目标“总利润”时将营销成本考虑在内，故电子表格增加了四个输出单元格：销售毛利润（H12）、营销成本（C14：D14）和总营销成本（H14）。

第三，在1.3节的图1—19中，总利润（C12）的公式使用了SUMPRODUCT函数，该函数是线性规划的主要特征。而在图8—5中，由于目标函数是非线性的，所以需要用别的方法来计算。

第四，在“规划求解参数”对话框中，图1—19在“选择求解方法”中选择了“单纯线性规划”，而由于图8—5的模型是非线性的，故在“选择求解方法”中选择“非线性GRG”。

8.2.2 运用非线性规划优化有价证券投资组合

管理大量证券投资组合的职业经理，现在都习惯于用部分基于非线性规划的计算机模型来指导他们的工作。因为投资者不仅关心预期收益，还关注着投资带来的相应风险，所以非线性规划经常用来确定投资的组合，该投资组合在一定的假设下可以获得收益和风险之间的最优平衡。这种方法主要来自于哈里·马克维茨（Harry Markowitz）和威廉·夏普（William Sharpe）开创性的研究，他们因为该项研究而获得了1990年的诺贝尔经济学奖。

这种方法是将3.2节的成本收益平衡问题非线性化。在这种情况下，成本是与投资有关的风险，收益是投资组合的预期回报。因此，该模型的一般表达形式为：

最小化　　风险

约束条件　　收益≥最低可接受水平

这个模型关注投资组合的风险和收益之间的平衡。

风险是以概率论中定义的收益的方差来衡量的，利用概率论中的标准公式，目标函数就可以表示为决策变量的非线性函数（决策变量是各种股票占总投资的比例），其边际收益是递减的。在非负约束和各种股票投资比例总和为1的约束的基础上，再加上对预期收益的约束，这样就得到一个最优化投资组合的简单的非线性规划模型。

为了说明这一方法，下面举一个简单的例子，其中所考虑的投资组合仅包含三种股票。

例8.4　现要投资三种股票（股票1、股票2和股票3）。表8—1给出了三种股票的相关数据。如果投资者预期收益的最低可接受水平为18%，请确定这三种股票的最优投资比例，以使投资组合的风险最小。

表8—1　　三种股票的相关数据

股票	预期收益	风险（标准差）	投资组合	交叉风险（协方差）
1	21%	25%	1与2	0.040
2	30%	45%	1与3	−0.005
3	8%	5%	2与3	−0.010

解：

设 x_i 为股票 i 占总投资的比例（$i=1, 2, 3$）。

这个模型的一个约束条件为，这些比例相加必须等于 1：

$$x_1+x_2+x_3=1$$

表 8—1 的第 2 列给出了每种股票的预期收益，因此整个投资组合的总预期收益为：

$$\text{总预期收益}=21\%x_1+30\%x_2+8\%x_3$$

投资者当前选择的最低可接受水平为：

$$\text{最低预期收益}=18\%$$

也就是说，投资收益不低于 18%的约束为：

$$21\%x_1+30\%x_2+8\%x_3\geqslant 18\%$$

因为股票 1 和股票 2 的预期收益都超过 18%，所以只要这两种股票在投资组合中占据足够大的比例，就能达到最低可接受水平。

但是股票 1 和股票 2 的风险要远远高于股票 3，而且表 8—1 中所显示的预期收益并不是肯定能获得的，因此股票 1 和股票 2 的不确定性要比股票 3 高得多。每种股票都有一个潜在的有关收益的概率分布。分布的标准差（方差的平方根）即为风险。

但是，由于表 8—1 的第 3 列只给出了孤立考虑每种股票时的单独风险（独立风险），所以不能从该列获得投资组合的风险。

各种股票是同向变动（同时上升或同时下降，增加风险），还是反向变动（减少风险），也将影响投资组合的风险。在表 8—1 中的最右列，股票 1 和股票 2 的交叉风险为正，说明这两种股票是同向变动的；而另外两组股票的交叉风险为负，说明当股票 1、股票 2 下降时，股票 3 上升，反之亦然。

在概率论的术语中，两种股票中每一个的交叉风险是它们收益的协方差（如表 8—1 中最右列给出的），所以两种股票的总交叉风险是这个协方差的两倍。

表 8—1 中的数据主要是从前些年的股票收益中取了几个样本，接着计算了这些样本的平均值、标准差和协方差。当股票的前景与前几年的不一致时，至少要对一种股票预期收益的相应估计做出调整。

运用概率论公式，根据单独（独立）方差和协方差计算投资组合的总方差，整个投资组合的风险（总方差）为：

$$\begin{aligned}\min z=&(0.25x_1)^2+(0.45x_2)^2+(0.05x_3)^2\\&+2(0.04)x_1x_2+2(-0.005)x_1x_3+2(-0.01)x_2x_3\end{aligned}$$

于是，得到例 8.4 的非线性规划模型：

$$\begin{aligned}\min z=&(0.25x_1)^2+(0.45x_2)^2+(0.05x_3)^2\\&+2(0.04)x_1x_2+2(-0.005)x_1x_3+2(-0.01)x_2x_3\end{aligned}$$

$$\text{s.t.}\begin{cases}x_1+x_2+x_3=1\\21\%x_1+30\%x_2+8\%x_3\geqslant 18\%\\x_1,x_2,x_3\geqslant 0\end{cases}$$

很幸运，这个模型的目标函数是边际收益递减的（该目标函数边际收益递减并不是显而易见的，但是整个投资组合收益的方差所计算的风险对任何投资组合都是边际收益递减的，因此证明了目标函数是边际收益递减的）。而且，由于目标函数是二次的，约束条件又都是线性的，因此是一个比较简单的非线性规划（二次规划）。

例 8.4 的电子表格模型如图 8—6 所示，参见“例 8.4.xlsx”。由于目标函数“总风险（方差）”的公式是非线性的，也比较复杂，因此，在 Excel 建模求解时，希望找到一种不容易出错且简便的办法。

第一，根据概率论公式，先构造协方差矩阵（C9：E11），其中：

(1) 对角线上的数据（C9、D10、E11）是三种股票的独立风险（方差），是表 8—1 中第 3 列数据（标准差）的平方；

(2) 对角线右上角的数据（D9、E9、E10）是两种股票的协方差，是表 8—1 中最右列数据；

(3) 由于两种股票的总交叉风险是两种股票协方差的两倍，因此，采用公式（=）将对角线右上角的数据（D9、E9、E10），沿着对角线对称，复制到对角线左下角（C10、C11、D11）。

第二，利用与数组（矩阵）有关的 MMULT 函数和 SUMPRODUCT 函数来实现（C18）：

总风险(方差)＝SUMPRODUCT(MMULT(投资比例,协方差矩阵),投资比例)

需要注意的是：在输入此公式时，要先在“投资比例（C14：E14）”中输入一组试验解（比如都输入“0”），这样才能正常显示公式的计算结果。

	A	B	C	D	E	F	G	H
1	例8.4							
2								
3			股票1	股票2	股票3			
4		预期收益	21%	30%	8%			
5								
6		风险（标准差）	25%	45%	5%			
7								
8		协方差矩阵	股票1	股票2	股票3			
9		股票1	0.0625	0.040	-0.005			
10		股票2	0.040	0.203	-0.010			
11		股票3	-0.005	-0.010	0.0025			
12								
13			股票1	股票2	股票3	合计		
14		投资比例	40.2%	21.7%	38.1%	1	=	1
15								
16		总预期收益	18%	>=	18%	最低预期收益		
17								
18		总风险（方差）	0.0238					
19								
20		总风险（标准差）	15.4%					

图 8—6 例 8.4 的电子表格模型

名称	单元格
合计	F14
投资比例	C14:E14
协方差矩阵	C9:E11
预期收益	C4:E4
总风险	C18
总预期收益	C16
最低预期收益	E16

	B	C	D	E
8	协方差矩阵	股票1	股票2	股票3
9	股票1	=C6^2	0.04	-0.005
10	股票2	=D9	=D6^2	-0.01
11	股票3	=E9	=E10	=E6^2

	B	C
16	总预期收益	=SUMPRODUCT(预期收益,投资比例)
17		
18	总风险（方差）	=SUMPRODUCT(MMULT(投资比例,协方差矩阵),投资比例)
19		
20	总风险（标准差）	=SQRT(总风险)

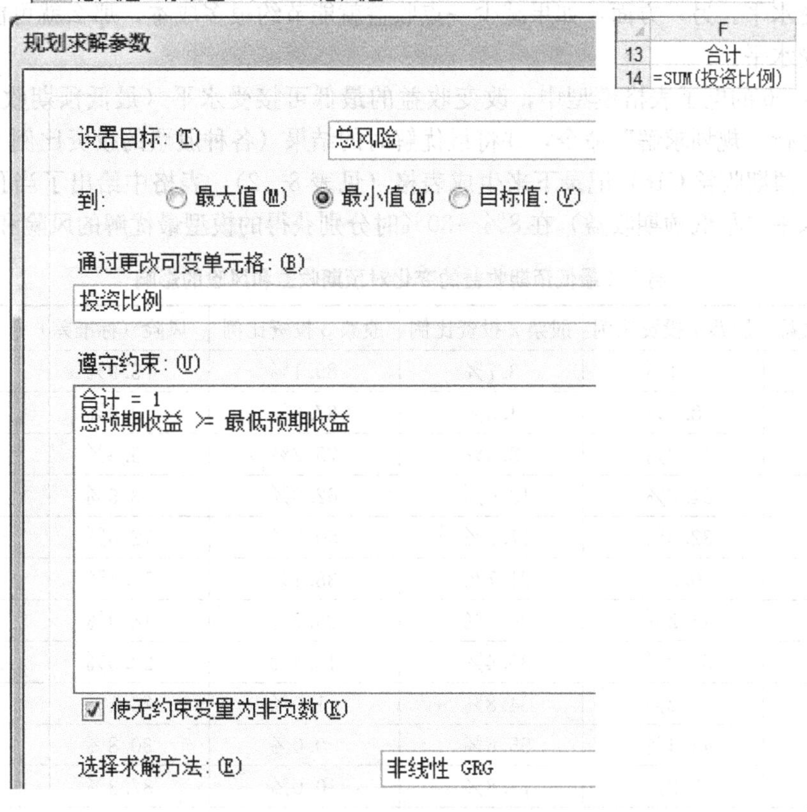

图 8—6 例 8.4 的电子表格模型（续）

Excel 求解结果为：当投资者预期收益的最低可接受水平为 18%时，三种股票的投资比例依次为 40.2%、21.7%和 38.1%。尽管股票 3 的预期收益较低，但是可以抵消股票 1 和股票 2 的高风险，因而在投资组合中包含大量股票 3 是值得的。“总预期收益”（C16）指出这个投资组合仍然可以获得 18%的预期收益，与最低可接受水平相同。目标单元格“总风险（方差）”（C18）给出了投资组合的风险（即整个投资组合收益的方差）为 0.023 8。为了有助于说明这个数值，“总风险（标准差）”（C20）计算了投资组合收益的标准差：$\sqrt{0.0238}=0.154=15.4\%$。标准差小于收益，这个结果是令人高兴的，因为这说明投资组合最终获得的收益不大可能为负。尽管股票风险（标准差）（C6：E6）给出了股票 1 和股票 2 收益的标准差比较大，但由于股票 3 的标准差很小，而且股票 1、股票 3

的协方差（E9）和股票 2、股票 3 的协方差（E10）为负值，所以投资组合的风险（标准差）（C20）能够那么小。

这个问题涉及寻找成本（风险）和收益之间的最佳平衡，所以是成本收益平衡问题的一个例子。除了目标函数的公式之外，它与 3.2 节中介绍的成本收益平衡问题类似。正如第 2 章中所介绍的，对这种问题的分析很少会在为最初版本模型找到一个最优解后就结束。模型中规定的有关收益的最低可接受水平（最低预期收益）是一个测试性的政策决策。在获得相应的成本（风险）之后，需要进行进一步的分析来找到成本（风险）和收益之间的最佳平衡。这个分析包括改变收益的最低可接受水平（最低预期收益），然后观察对成本（风险）的影响。如果增加相对较少的成本就能获得更多的收益，那么就可以增加最低可接受水平。另一方面，如果减少一点收益就能节约很多成本，那么就可能需要降低最低可接受水平。

在图 8—6 的电子表格模型中，改变收益的最低可接受水平（最低预期收益，E16），然后重新运行“规划求解”命令，并将最优解时的结果（各种股票的投资比例 C14：E14、风险 C20、预期收益 C16）记录下来生成表格（见表 8—2），表格中给出了当预期收益最低可接受水平（最低预期收益）在 8%～30%时分别获得的模型最优解的风险和预期收益。

表 8—2　　例 8.4 最低预期收益的变化对预期收益和风险的影响

最低预期收益	股票 1 投资比例	股票 2 投资比例	股票 3 投资比例	风险（标准差）	预期收益
8%	7.1%	3.7%	89.1%	3.9%	9.7%
10%	8.1%	4.3%	87.6%	3.9%	10.0%
12%	16.2%	8.6%	75.2%	5.6%	12.0%
14%	24.2%	13.0%	62.8%	8.6%	14.0%
16%	32.2%	17.3%	50.5%	12.0%	16.0%
18%	40.2%	21.7%	38.1%	15.4%	18.0%
20%	48.2%	26.1%	25.7%	18.9%	20.0%
22%	56.2%	30.4%	13.4%	22.5%	22.0%
24%	64.2%	34.8%	1.0%	26.1%	24.0%
26%	44.4%	55.6%	0.0%	30.8%	26.0%
28%	22.2%	77.8%	0.0%	37.3%	28.0%
30%	0.0%	100.0%	0.0%	45.0%	30.0%

按照金融领域的说法，表 8—2 中最右两列的两组数值被称为效率界限上的点。根据这两列数据，可以做出效率界限的曲线（带平滑线和数据标记的 *XY* 散点图），如图 8—7 所示。

从表 8—2 中的数据和图 8—7 的曲线中可以看出：

（1）当预期收益增加时，风险也随之增加，当预期收益为 22%时，风险（22.5%）就超过了预期收益，而且风险越来越大。

（2）当预期收益增加时，在选择股票的投资比例时，也从收益最小、风险也最小的“股票 3”转向了收益最大、风险也最大的“股票 2”；而收益和风险居中的“股票 1”，在收益和风险居中时，投资比例最大。

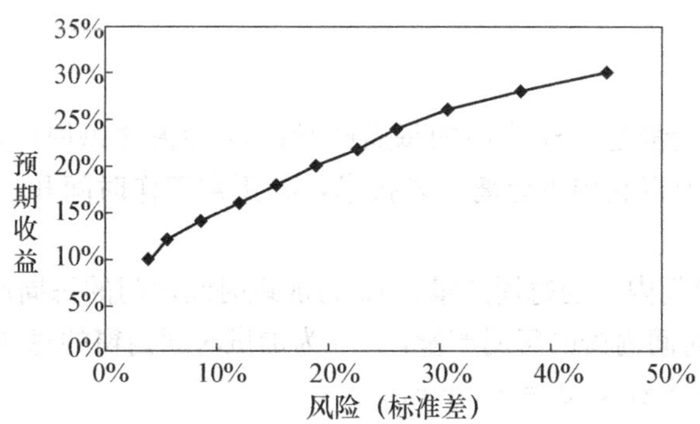

图 8—7　例 8.4 的风险与预期收益的效率界限曲线

投资者需要根据表 8—2 中的数据和图 8—7 中的曲线来决定哪一个投资组合在预期收益和风险之间提供了最佳平衡。

8.3　可分离规划

当利润（或成本）曲线是分段直线时，“可分离规划”技术可将非线性规划问题转化为相应的线性规划问题。这有助于非常有效地求解问题，并且可以对转化后的线性规划问题进行灵敏度分析。

“可分离规划”技术为利润（或成本）曲线上的每一段直线引入新的决策变量，以代替原来单一的决策变量。也就是为利润（或成本）曲线的每个线段给出一个分离的决策变量。

8.3.1　边际收益递减的可分离规划

例 8.5　需要加班的例 1.1。

公司接到了一个特别的订单，要求在接下来的四个月里在车间 1 和车间 2 生产手工艺品。为了完成这一订单就必须从原产品的生产中调出一部分工人，因此，为了能够最大限度利用每个车间的机器和设备的生产能力，剩下的工人就必须加班。

表 8—3 给出了车间 1 和车间 2 每周在正常工作时间和加班时间生产门和窗的最大数量及单位利润。车间 3 不需要加班，约束条件也不需要改变。第 4 列是第 2 列和第 3 列的数据之和，表示车间 1 最初的约束（$x_1\leqslant 4$）和车间 2 最初的约束（$2x_2\leqslant 12$，所以 $x_2\leqslant 6$）。最后两列表示的是基于原始营销成本估计（不是例 8.3 经过调整的营销成本）的正常工作时间和加班时间生产的产品的单位利润。

表 8—3　需要加班的相关数据

产品	每周最大产量			单位利润	
	正常生产	加班生产	总计	正常生产	加班生产
门	3	1	4	300	200
窗	3	3	6	500	100
$3x_1+2x_2\leqslant 18$					

解：

(1) 决策变量。

例 1.1 中的决策变量是：x_1 为门的每周产量；x_2 为窗的每周产量。由于加班生产的产品单位利润减少，所以利用可分离规划技术，将正常工作时间和加班时间的产量分开，引入新的决策变量：

x_{1R}为正常工作时间内门的每周产量，x_{1O}为加班时间内门的每周产量。

x_{2R} 为正常工作时间内窗的每周产量，x_{2O} 为加班时间内窗的每周产量。

并且有：$x_1=x_{1R}+x_{1O}$，$x_2=x_{2R}+x_{2O}$。

(2) 目标函数。

本问题的目标是两种新产品的总利润最大。由于正常工作时间和加班时间生产产品的单位利润不同，所以在目标函数中用的是新引入的决策变量：

$$\max z=300x_{1R}+200x_{1O}+500x_{2R}+100x_{2O}$$

(3) 约束条件。

①原有的例 1.1 的三个车间每周可用工时限制还是有效的，只不过用 $(x_{1R}+x_{1O})$ 代替 x_1，用 $(x_{2R}+x_{2O})$ 代替 x_2。

$$\text{s. t.}\begin{cases}x_{1R}+x_{1O}\leqslant 4 & (\text{车间 }1)\\ 2(x_{2R}+x_{2O})\leqslant 12 & (\text{车间 }2)\\ 3(x_{1R}+x_{1O})+2(x_{2R}+x_{2O})\leqslant 18 & (\text{车间 }3)\end{cases}$$

②正常工作时间和加班时间的每周最大产量约束：

$$x_{1R}\leqslant 3,x_{1O}\leqslant 1,x_{2R}\leqslant 3,x_{2O}\leqslant 3$$

③非负：x_{1R}，x_{1O}，x_{2R}，$x_{2O}\geqslant 0$

于是，得到例 8.5 的线性规划模型：

$$\max z=300x_{1R}+200x_{1O}+500x_{2R}+100x_{2O}$$

$$\text{s. t.}\begin{cases}x_{1R}+x_{1O}\leqslant 4\\ 2(x_{2R}+x_{2O})\leqslant 12\\ 3(x_{1R}+x_{1O})+2(x_{2R}+x_{2O})\leqslant 18\\ x_{1R}\leqslant 3,x_{1O}\leqslant 1,x_{2R}\leqslant 3,x_{2O}\leqslant 3\\ x_{1R},x_{1O},x_{2R},x_{2O}\geqslant 0\end{cases}$$

例 8.5 的电子表格模型如图 8—8 所示，参见“例 8.5.xlsx”。

Excel 求解结果为：每周生产 4 扇门（正常工作时间生产 3 扇，加班时间生产 1 扇）；每周生产 3 扇窗（都是正常工作时间生产，加班时间不生产），此时每周可获得的利润最大，为 2 600 元。

如图 8—8 所示，可变单元格“每周产量”包含了四个决策变量。新的约束条件“每周产量<=每周最大产量”；新的输出单元格“总产量”是每种产品在正常工作时间和加班时间的产量总和。故“实际使用= SUMPRODUCT（每个产品所需工时，总产量）”。在其他方面该模型基本上与例 1.1 的线性规划模型一致。需要注意的是：在“规划求解参

	A	B	C	D	E	F	G
1	例8.5						
2							
3		单位利润	门	窗			
4		正常生产	300	500			
5		加班生产	200	100			
6							
7			每个产品所需工时		实际使用		可用工时
8		车间 1	1	0	4	<=	4
9		车间 2	0	2	6	<=	12
10		车间 3	3	2	18	<=	18
11							
12			每周产量			每周最大产量	
13			门	窗		门	窗
14		正常生产	3	3	<=	3	3
15		加班生产	1	0	<=	1	3
16		总产量	4	3			
17							
18		总利润	2600				

名称	单元格
单位利润	C4:D5
可用工时	G8:G10
每周产量	C14:D15
每周最大产量	F14:G15
实际使用	E8:E10
总产量	C16:D16
总利润	C18

	E
7	实际使用
8	=SUMPRODUCT(C8:D8,总产量)
9	=SUMPRODUCT(C9:D9,总产量)
10	=SUMPRODUCT(C10:D10,总产量)

	B	C	D
16	总产量	=SUM(C14:C15)	=SUM(D14:D15)

	B	C
18	总利润	=SUMPRODUCT(单位利润,每周产量)

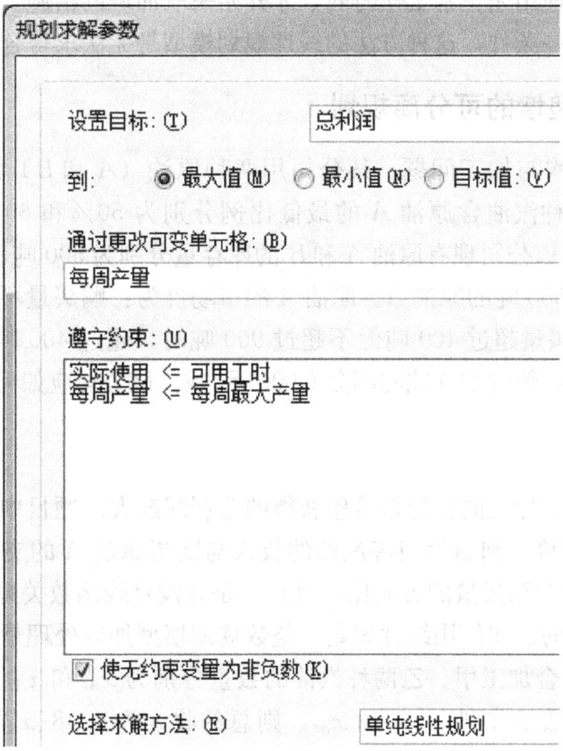

规划求解参数

设置目标：(T) 总利润

到：◉ 最大值(M) ○ 最小值(N) ○ 目标值：(V)

通过更改可变单元格：(B)

每周产量

遵守约束：(U)

实际使用 <= 可用工时

每周产量 <= 每周最大产量

☑ 使无约束变量为非负数(K)

选择求解方法：(E) 单纯线性规划

图 8—8 例 8.5 的电子表格模型

数”对话框的“选择求解方法”中选中了“单纯线性规划”，因为该方法建立的新模型是线性规划模型。可分离规划技术具有将原始模型重新建模以适应线性规划的能力，从而使得可分离规划技术成为一种很有价值的技术。

由于有“总产量”等于“每种产品在正常工作时间内和加班时间内的产量总和”，也就是说，有：$x_1=x_{1R}+x_{1O}$，$x_2=x_{2R}+x_{2O}$，所以例 8.5 的数学模型也可以写为：

$$\max z=300x_{1R}+200x_{1O}+500x_{2R}+100x_{2O}$$

$$\text{s. t.}\begin{cases}x_1=x_{1R}+x_{1O}\\x_2=x_{2R}+x_{2O}\\x_1\leqslant 4\\2x_2\leqslant 12\\3x_1+2x_2\leqslant 18\\x_{1R}\leqslant 3,x_{1O}\leqslant 1,x_{2R}\leqslant 3,x_{2O}\leqslant 3\\x_1,x_2,x_{1R},x_{1O},x_{2R},x_{2O}\geqslant 0\end{cases}$$

在这个模型的建模过程中，还有很重要的一点没有明确考虑到：依据管理层的原则，在正常工作时间没有完全利用之前，不能进行加班。而该模型中没有体现这一限制的约束条件。因此，在模型中，当 $x_{1R}<3$ 时，$x_{1O}>0$，以及当 $x_{2R}<3$ 时，$x_{2O}>0$，都是可行的。值得庆幸的是，这样的解在模型中虽然是可行的，但绝对不是最优的。因为每种产品加班的单位利润小于正常工作的单位利润（边际收益递减），因此，为了使总利润最大化，最优解肯定会先自动地用完正常工作时间，才开始采取加班的措施。问题的关键是边际收益递减。如果缺少这一条件，这种方法的线性规划模型是无法求得合理的最优解的。

8.3.2 边际收益递增的可分离规划

例 8.6 原油采购与加工问题。某公司用两种原油（A 和 B）混合加工成两种汽油（甲和乙），甲、乙两种汽油含原油 A 的最低比例分别为 50%和 60%，每吨售价分别为 4 800 元和 5 600 元。该公司现有原油 A 和 B 的库存量分别为 500 吨和 1 000 吨。还可以从市场上买到不超过 1 500 吨的原油 A。原油 A 的市场价为：购买量不超过 400 吨时的单价为 10 000 元/吨；购买量超过 400 吨但不超过 900 吨时，超过 400 吨的部分 8 000 元/吨；购买量超过 900 吨时，超过 900 吨的部分 6 000 元/吨。该公司应如何安排原油的采购和加工？

解：

安排原油的采购、加工的目标是希望获得的总利润最大。题目中给出的是两种汽油的售价和原油 A 的采购价。利润为销售汽油的收入与购买原油 A 的支出之差。这里的难点在于原油 A 的采购价与购买量的关系比较复杂，是分段直线函数关系，而且是边际收益递增（边际成本递减）的。如何用线性规划、整数规划模型加以处理是关键所在。

设原油 A 用于混合加工甲、乙两种汽油的数量分别为 x_{A1} 和 x_{A2}，原油 B 用于混合加工甲、乙两种汽油的数量分别为 x_{B1} 和 x_{B2}，则总的收入为 $0.48(x_{A1}+x_{B1})+0.56(x_{A2}+x_{B2})$ 万元。

设原油 A 的购买量为 x 吨，一个自然的想法是将原油 A 的采购量 x 分解为三个分量，即用 x_1，x_2，x_3 分别表示以价格 1 万元/吨、0.8 万元/吨、0.6 万元/吨采购的原油 A 的吨数，则采购的总支出为 $1x_1+0.8x_2+0.6x_3$ 万元，且 $x=x_1+x_2+x_3$。

于是目标函数（总利润最大）为：

$$\max z=0.48(x_{A1}+x_{B1})+0.56(x_{A2}+x_{B2})-(1x_1+0.8x_2+0.6x_3)$$

应该注意到，只有当以 1 万元/吨的价格购买 $x_1=400$ 吨时，才能以 0.8 万元/吨的价格购买 $x_2(x_2>0)$；同理，只有当以 0.8 万元/吨的价格购买 $x_2=500$ 吨时，才能以 0.6 万元/吨的价格购买 $x_3(x_3>0)$。由于利润是边际收益递增的（原油 A 的采购价格越来越便宜），因此，需要引入 0—1 变量，令 $y_1=1$，$y_2=1$，$y_3=1$ 分别表示以 1 万元/吨、0.8 万元/吨、0.6 万元/吨的价格采购原油 A。

首先，原油 A 的采购量 x_1，x_2，x_3 与是否采购 y_1，y_2，y_3 之间的关系有：

$$x_i\leqslant My_i \quad (i=1,2,3)$$

$$x_1\leqslant 400,x_2\leqslant 900-400,x_3\leqslant 1\,500-900$$

合并可得：$x_1\leqslant 400y_1$，$x_2\leqslant 500y_2$，$x_3\leqslant 600y_3$

其次，只有当以 1 万元/吨的价格购买 $x_1=400$ 吨时，才能以 0.8 万元/吨的价格购买 x_2（$x_2>0$），这个条件表示为（第 6 章介绍的最少产量问题）：$x_1\geqslant 400y_2$；同理，只有当以 0.8 万元/吨的价格购买 $x_2=500$ 吨时，才能以 0.6 万元/吨的价格购买 $x_3(x_3>0)$，于是有：$x_2\geqslant 500y_3$。

合并以上这些约束，可以确定（限制）原油 A 的采购量 x_1，x_2，x_3 与是否采购 y_1，y_2，y_3 之间的关系：

$$\begin{cases}400y_2\leqslant x_1\leqslant 400y_1\\500y_3\leqslant x_2\leqslant 500y_2\\x_3\leqslant 600y_3\\x_1,x_2,x_3\geqslant 0\\y_1,y_2,y_3=0,1\end{cases}$$

下面具体分析这些约束之间的关系：

（1）当 $y_1=0$ 时，从 $400y_2\leqslant x_1\leqslant 400y_1$ 中可知：$x_1\leqslant 400y_1=400\times 0=0$（即 $x_1\leqslant 0$），又由于 $x_1\geqslant 0$（非负），所以有 $x_1=0$；而 $400y_2\leqslant x_1=0$，所以有 $400y_2=0$（即 $y_2=0$）。再从 $500y_3\leqslant x_2\leqslant 500y_2$ 中可知：$x_2\leqslant 500y_2=500\times 0=0$（即 $x_2\leqslant 0$），又由于 $x_2\geqslant 0$（非负），所以有 $x_2=0$；而 $500y_3\leqslant x_2=0$，所以有 $500y_3=0$（即 $y_3=0$）。也就是说，当 $y_1=0$ 时，y_2 和 y_3 也必定都等于 0；当 $y_2=0$ 时，y_3 也必定等于 0。

（2）当 $y_1=1$ 时，从 $400y_2\leqslant x_1\leqslant 400y_1$ 中可知：y_2 可以等于 0 也可以等于 1。此时，如果 $y_2=0$，则有 $0\leqslant x_1\leqslant 400$；如果 $y_2=1$，则有 $x_1=400$。也就是说，如果要以 0.8 万元/吨的价格购买原油 $A(y_2=1)$，则先要以 1 万元/吨的价格购买 $x_1=400$ 吨。换句话说，只有当以 1 万元/吨的价格购买 $x_1=400$ 吨时，才能以 0.8 万元/吨的价格购买 x_2（$y_2=1$）。

(3) 同理，当 $y_2=1$ 时，从 $500y_3 \leqslant x_2 \leqslant 500y_2$ 中可知：y_3 可以等于 0 也可以等于 1。此时，如果 $y_3=0$，则有 $0 \leqslant x_2 \leqslant 500$；如果 $y_3=1$，有 $x_2=500$。也就是说，如果要以 0.6 万元/吨的价格购买原油 A（$y_3=1$），则先要以 0.8 万元/吨的价格购买 $x_2=500$ 吨。换句话说，只有当以 0.8 万元/吨的价格购买 $x_2=500$ 吨时，才能以 0.6 万元/吨的价格购买 x_3（$y_3=1$）。

其他约束条件包括混合加工两种汽油用的原油 A 和原油 B 库存量的限制、原油 A 购买量的限制以及两种汽油含原油 A 的比例限制，它们表示为：

$$
\begin{cases}
x=x_1+x_2+x_3 \\
x \leqslant 1\,500 \\
x_{A1}+x_{A2} \leqslant 500+x \\
x_{B1}+x_{B2} \leqslant 1\,000 \\
x_{A1} \geqslant 50\%(x_{A1}+x_{B1}) \\
x_{A2} \geqslant 60\%(x_{A2}+x_{B2}) \\
x_{A1}, x_{A2}, x_{B1}, x_{B2}, x \geqslant 0
\end{cases}
$$

于是，得到例 8.6 的混合 0－1 规划模型：

$$
\max z=0.48(x_{A1}+x_{B1})+0.56(x_{A2}+x_{B2})-(1x_1+0.8x_2+0.6x_3)
$$

$$
\text{s. t.}\begin{cases}
x=x_1+x_2+x_3 \\
x \leqslant 1\,500 \\
x_{A1}+x_{A2} \leqslant 500+x \\
x_{B1}+x_{B2} \leqslant 1\,000 \\
x_{A1} \geqslant 50\%(x_{A1}+x_{B1}) \\
x_{A2} \geqslant 60\%(x_{A2}+x_{B2}) \\
400y_2 \leqslant x_1 \leqslant 400y_1 \\
500y_3 \leqslant x_2 \leqslant 500y_2 \\
x_3 \leqslant 600y_3 \\
x_{A1}, x_{A2}, x_{B1}, x_{B2} \geqslant 0 \\
x, x_1, x_2, x_3 \geqslant 0 \\
y_1, y_2, y_3=0,1
\end{cases}
$$

例 8.6 的电子表格模型如图 8—9 所示，参见“例 8.6.xlsx”。

Excel 求解结果为：购买 1 000 吨原油 A，与库存的 500 吨原油 A 和 1 000 吨原油 B 一起，共混合加工 2 500 吨汽油乙，利润为 540 万元。

	A	B	C	D	E	F	G	H
1	例8.6							
2								
3			汽油甲	汽油乙				
4		单位售价	0.48	0.56				
5								
6		原油混合量	汽油甲	汽油乙	实际使用		可用量	库存量
7		原油A	0	1500	1500	<=	1500	500
8		原油B	0	1000	1000	<=	1000	1000
9		汽油总量	0	2500				
10								
11			规格要求		混合比例			
12		甲，原油A	0	>=	0	50%	汽油甲	
13		乙，原油A	1500	>=	1500	60%	汽油乙	
14								
15		原油A	最大购买量	购买单价	是否采购			
16		0～400	400	1	1			
17		401～900	500	0.8	1			
18		901～1500	600	0.6	1			
19								
20		原油A	最少量		购买量		最大量	
21		0～400	400	<=	400	<=	400	
22		401～900	500	<=	500	<=	500	
23		901～1500	0	<=	100	<=	600	
24								
25		总收入	1400					
26		总支出	860					
27		总利润	540					

名称	单元格
单位售价	C4:D4
购买单价	D16:D18
购买量	E21:E23
规格要求	C12:C13
混合比例	E12:E13
可用量	G7:G8
汽油甲总量	C9
汽油乙总量	D9
汽油总量	C9:D9
实际使用	E7:E8
是否采购	E16:E18
原油混合量	C7:D8
总利润	C27
总收入	C25
总支出	C26
最大量	G21:G23
最少量	C21:C23

	E	F	G
6	实际使用		可用量
7	=SUM(C7:D7)	<=	=H7+SUM(购买量)
8	=SUM(C8:D8)	<=	=H8

	B	C	D
9	汽油总量	=SUM(C7:C8)	=SUM(D7:D8)

	C	D	E
11	规格要求		混合比例
12	=C7	>=	=汽油甲总量*F12
13	=D7	>=	=汽油乙总量*F13

	B	C
25	总收入	=SUMPRODUCT(单位售价,汽油总量)
26	总支出	=SUMPRODUCT(购买单价,购买量)
27	总利润	=总收入-总支出

	C
20	最少量
21	=C16*E17
22	=C17*E18

	G
20	最大量
21	=C16*E16
22	=C17*E17
23	=C18*E18

图 8—9 例 8.6 的电子表格模型

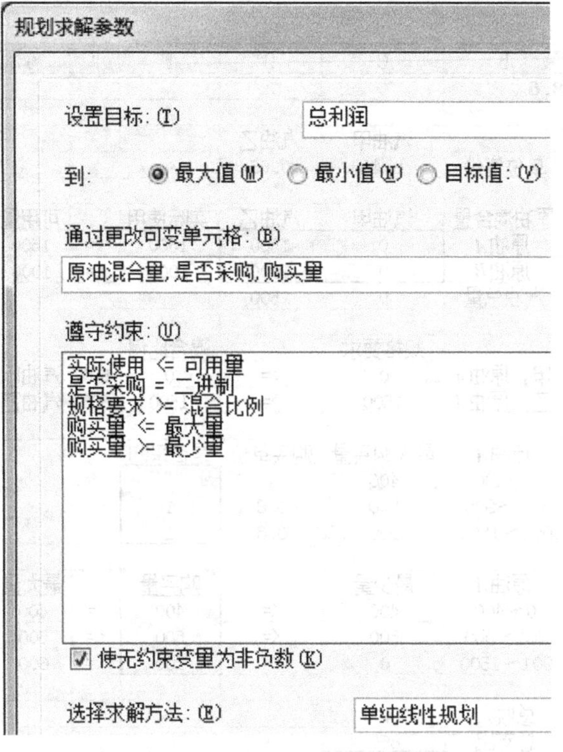

图 8—9　例 8.6 的电子表格模型（续）

习题

8.1　重新考虑 8.2 节中的例 8.4，现在找到了第 4 种股票（股票 4），可以很好地平衡预期收益和风险。其预期收益为 17%，风险为 18%。它与股票 1、股票 2、股票 3 的交叉风险（协方差）分别为－0.015，－0.025，0.003。在最低可接受预期收益为 18%时，请确定这四种股票的最优投资比例，以使投资组合的总风险最小。

8.2　某股民现有 50 000 元要用于投资，打算购买两种股票。股票 1 是具有发展潜力且风险较小的蓝筹股。相比而言，股票 2 投机性要高得多，该股票具有很大的发展潜力，同时风险很高。股民希望他的投资可以使他获得可观的收益，并计划三年之后将股票卖出。

在研究了这两个上市公司的过往业绩以及当前前景之后，他做出了以下估计：如果现在将全部 50 000 元投资股票 1，三年后出售该股票获得的收益预期为 12 500 元，标准差为 5 000 元。如果现在将全部 50 000 元投资股票 2，三年后出售该股票获得的收益预期为 20 000 元，标准差为 30 000 元。两种股票在市场上的表现十分独立，因此，这两种股票根据历史数据计算的结果是两种股票收益的协方差为 0。

(1) 在投资者预期收益的最低可接受水平为 17 000 元时，请确定这两种股票的最优投资金额，以使投资组合的总风险最小。

(2) 预期收益的最低可接受水平分别为 13 000 元、15 000 元、17 000 元和 19 000 元时，求这四种情况的解。

8.3 某股民决定对几家公司的股票进行投资，根据对这几家公司的了解，估计了这几家公司的股票明年的行情，如表 8—4 所示。

表 8—4 **公司股票明年行情估计**

公司 1	公司 2	公司 3	公司 4	公司 5	公司 6
从现在的每股 60 元上涨到 72 元	在现在每股 127 元的基础上上涨 42%	一年内上涨一倍，从现在的每股 4 元涨到 8 元	从现在的每股 50 元上涨到 75 元	在现在每股 150 元的基础上上涨 46%	从现在的每股 20 元上涨到 26 元

该股民从网上搜索到了这几家公司的股票的投资风险，这六种股票收益方差和协方差的数据如表 8—5 和表 8—6 所示。

表 8—5 **公司股票的收益方差**

公司	1	2	3	4	5	6
方差	0.032	0.1	0.333	0.125	0.065	0.08

表 8—6 **公司股票的收益协方差**

协方差	公司 2	公司 3	公司 4	公司 5	公司 6
公司 1	0.005	0.03	−0.031	−0.027	0.01
公司 2		0.085	−0.07	−0.05	0.02
公司 3			−0.11	−0.02	0.042
公司 4				0.05	−0.06
公司 5					−0.02

试问：

(1) 开始时，假设忽视所有投资的风险。在这种情况下，最优的投资组合该如何（六种股票的投资比例各是多少）？该投资组合的总风险是多少？

(2) 假设不能在一种股票上投入超过总额 40%的资金，在不考虑风险并加入这一限制条件时，最优的投资组合如何？该投资组合的总风险又是多少？

(3) 将投资风险考虑在内，建立一个二次规划模型，使总风险最小，同时确保预期收益不低于所选择的最低可接受水平。

①希望能够获得至少 35%的预期收益，同时又要使投资风险最小，这种情况下，最优的投资组合该如何？

②要获得至少 25%的预期收益，最小风险是多少？至少 40%的预期收益，情况又会如何？

8.4 某公司生产两种高档玩具。除了春节前后销量会大幅增加外，一年中其他时间销量大致平均。因为这两种玩具的生产要求大量的工艺和经验，所以公司一直都维持着稳定的员工人数，只在 12 月份（春节前）加班以增加产量。已知 12 月份（春节前）的生产能力和产品的单位利润如表 8—7 所示。

表 8—7 公司 12 月份的生产能力和产品的单位利润

	生产能力（个）		单位利润（元）	
	正常生产	加班生产	正常生产	加班生产
高档玩具 1	3 000	2 000	150	50
高档玩具 2	5 000	3 000	100	75

除了员工人数不足外，还有两个因素限制着 12 月份的生产。一是公司的供电商在 12 月份最多只能提供 10 000 单位的电力。而每加工一单位的玩具 1 和玩具 2 都需要消耗一个单位的电力。第二个约束是配件的供应商在 12 月份只能提供 15 000 单位的产品，而每加工一单位的玩具 1 需要两个单位的配件，每加工一单位的玩具 2 需要一个单位的该种配件。

公司需要决定 12 月份生产多少数量的高档玩具，才能实现总利润最大化。

8.5 某厂生产 A、B、C 三种产品，单位产品所需资源为：

产品 A：需要 1 小时的技术准备、10 小时的加工和 3 公斤的材料；

产品 B：需要 2 小时的技术准备、4 小时的加工和 2 公斤的材料；

产品 C：需要 1 小时的技术准备、5 小时的加工和 1 公斤的材料。

可利用的技术准备总时间为 100 小时、加工总时间为 700 小时、材料总量为 400 公斤。考虑到销售时对销售量的优惠，利润定额确定如表 8—8 所示。

试确定可使利润最大化的产品生产计划。

表 8—8 三种产品的单位利润

产品 A		产品 B		产品 C	
销售量（件）	单位利润（元）	销售量（件）	单位利润（元）	销售量（件）	单位利润（元）
0～40	1 000	0～50	600	0～100	500
40～100	900	50～100	400	100 以上	400
100～150	800	100 以上	300		
150 以上	700				

案例 8.1 羽绒服生产销售

某品牌生产厂家生产四种款式的羽绒服，每件羽绒服所需要的材料、售价、人工及机器成本如表 8—9 所示。

表 8—9 羽绒服所需要的材料、售价、人工及机器成本

羽绒服	需要的材料	售价（元）	人工及机器成本（元）
款式 1	1#面料 1.0 米，1#羽绒 0.5 斤	400	100
款式 2	1#面料 1.2 米，1#羽绒 0.7 斤	500	120
款式 3	2#面料 1.1 米，2#羽绒 0.4 斤	600	130
款式 4	2#面料 1.3 米，2#羽绒 0.6 斤	700	140

已知材料的单价和供应量如表 8—10 所示。

表 8—10 材料的单价和供应量

材料	单价（元）	供应量
1＃面料	40	1 万米
2＃面料	50	1.1 万米
1＃羽绒	200	6 千斤
2＃羽绒	300	5 千斤

预计四种款式的羽绒服冬季需求量各为 3 000 件；如果材料有剩余，可以继续生产，并且在其他季节 7.5 折销售，问：应该生产四种款式的羽绒服各多少件，才能使总利润最大（多余的材料可以退给材料供应商，并得到全额退款）？

第 9 章

目标规划

本章内容要点

- 目标规划的基本概念和数学模型
- 优先目标规划的建模与求解
- 加权目标规划的建模与求解

线性规划的特征是在满足一组约束的条件下，优化一个单一目标（如总利润最大或总成本最小）。而在现实生活中最优只是相对的，或者说没有绝对意义下的最优，只有相对意义下的满意。

1978 年诺贝尔经济学奖获得者西蒙（H. A. Simon，美国卡内基梅隆大学）教授提出“满意行为模型要比最大化行为模型丰富得多”，否定了企业的决策者是“经济人”的概念和“最大化”的行为准则，提出了“管理人”的概念和“令人满意”的行为准则，对现代企业管理的决策科学进行了开创性的研究。

前几章中所涉及的决策方法均为单目标决策方法，最优方案则是使得某一个目标函数达到最优的那个方案。然而在实际问题中，所要决策的问题往往具有多个目标，这就是说，人们希望所选择的方案不仅要能满足某一个目标，而且要尽可能同时满足若干个预定目标。这就是多目标决策问题。例如，当某市政府做出一项重大决策时，其目标常常涉及城市发展、市民就业、环境保护等多个目标；当一位大学毕业生选择工作时，其目标可能包括较高的工资、较多的机会、未来提升的可能性、良好的工作环境，等等。

企业管理中经常碰到多目标决策问题。企业拟订生产计划时，不仅要考虑总产值，而且要考虑利润、产品质量和设备利用率等。有些目标之间往往互相矛盾，例如，企业利润可能同环境保护目标相矛盾。如何统筹兼顾多种目标、选择合理方案，是十分复杂的问题。应用目标规划可能较好地解决这类问题。目标规划的应用范围很广，包括生产计划、投资计划、市场战略、人事管理、环境保护、土地利用等。

9.1 目标规划的基本概念和数学模型

美国学者查恩斯（A. Charnes）和库伯（W. W. Cooper）于1961年提出了一种多目标规划的处理方法，该方法首先确定各个目标希望达到的预定值，并按重要程度对这些目标排序，然后运用线性规划方法求出一个使得离各目标预定值的总偏差最小的方案。这种在多个目标中进行权衡折中、最终找到一个尽可能同时接近多个预定目标值的方案的数学方法称为目标规划。在目标规划中，如果每个目标都是决策变量的线性函数，则称该目标规划为线性目标规划（linear goal programming，LGP）。本章只介绍线性目标规划（简称目标规划）。

线性目标规划在求解的算法上可以看作一般线性规划的延伸，但其建模的思路与一般线性规划有很大不同。主要表现在以下两个方面：

（1）线性规划是在满足所有约束条件的情况下求出最优解。也就是说，其最优解必定在可行域内；而线性目标规划则可以在互相有冲突的约束条件下（即可行域之外）寻找满意解。

（2）线性规划对所有的约束条件都同等看待，而线性目标规划则可以根据实际情况区分约束条件的轻重缓急。

线性目标规划由于具备了以上特点，所以它具有统筹兼顾地处理多个目标的能力。

在多目标决策问题中，如果不可能同时满足所有的目标，那么就需要在多个目标之间进行权衡。因此，首先要判断这些目标的重要程度的次序，即确定各个目标的优先级。一般地说，并不是所有的预定目标值都能同时实现，这种实际（实现）值与预定目标值之间的差距称为偏差。若实际值比预定目标值小，则称其差距为负偏差；若实际值超出预定目标值，则称其差距为正偏差。

应用线性目标规划模型处理有优先级的多目标决策问题时，与一般线性规划模型相比，有以下主要区别：

（1）模型的决策变量除了问题所要求的决策变量外，还要将各目标的偏差（包括正偏差和负偏差）作为决策变量，以确定各实际值与各预定目标值的最佳差距。

（2）根据偏差的定义，目标规划模型应增加目标约束条件：

实际值－正偏差＋负偏差＝预定目标值

9.1.1 引例

对于第1章的例1.1，我们已经很熟悉了，它是一个求使得总利润最大的单一目标线性规划问题。设每周生产门和窗两种新产品的数量分别为 x_1 扇和 x_2 扇，其线性规划模型为：

$$\max z=300x_1+500x_2$$

$$\text{s.t.}\begin{cases}x_1\leqslant 4\\2x_2\leqslant 12\\3x_1+2x_2\leqslant 18\\x_1,x_2\geqslant 0\end{cases}$$

求得最优解为：$x_1^*=2$，$x_2^*=6$，最优值为：$z^*=3\ 600$。即最优方案为：每周生产 2 扇门和 6 扇窗，此时总利润最大，为每周 3 600 元。

现在工厂领导要考虑市场等一系列其他因素，提出如下三个目标：

(1) 根据市场信息，窗的销量有下降的趋势，故希望窗的产量不超过门的 2 倍；

(2) 由于车间 3 另有新的生产任务，因此希望车间 3 节省 4 个工时用于新的生产任务；

(3) 应尽可能达到并超过计划的每周总利润 3 000 元。

例 9.1 在工厂三个车间工时不能超计划使用的前提下，考虑上述三个目标，应如何安排生产，才能使这些目标依次实现？

为了建立目标规划数学模型，仍设每周生产门和窗两种新产品的数量分别为 x_1 扇和 x_2 扇，由于车间工时的限制，显然有如下的资源约束（绝对约束）：

$$\begin{cases} x_1\leqslant 4 & (9\text{—}1)\\ 2x_2\leqslant 12 & (9\text{—}2)\\ 3x_1+2x_2\leqslant 18 & (9\text{—}3)\end{cases}$$

设 d_1^+ 表示窗的产量多于门产量 2 倍的数量，d_1^- 表示窗的产量少于门产量 2 倍的数量。分别称它们为产量比较的正偏差变量和负偏差变量。从而，对于目标 1 的约束（希望 $x_2\leqslant 2x_1$，即希望 $x_2-2x_1\leqslant 0$），有（目标约束 1）：

$$x_2-2x_1-d_1^++d_1^-=0 \qquad (9\text{—}4)$$

同样设 d_2^+ 和 d_2^- 分别表示安排生产时，车间 3 使用工时多于 14 小时和少于 14 小时的正偏差变量和负偏差变量，则对于目标 2 的约束（希望 $3x_1+2x_2=14$），有（目标约束 2）：

$$3x_1+2x_2-d_2^++d_2^-=14 \qquad (9\text{—}5)$$

又设 d_3^+ 和 d_3^- 分别表示安排生产时，总利润多于计划利润 3 000 元和少于计划利润 3 000 元的正偏差变量和负偏差变量，则对于目标 3 的约束（希望 $300x_1+500x_2\geqslant 3\ 000$），有（目标约束 3）：

$$300x_1+500x_2-d_3^++d_3^-=3\ 000 \qquad (9\text{—}6)$$

假设例 9.1 三个目标的优先顺序为目标 1、目标 2 和目标 3，则例 9.1 优先目标规划的目标函数依次为：

$$\min z_1=d_1^+$$
$$\min z_2=d_2^++d_2^-$$
$$\min z_3=d_3^-$$

9.1.2 目标规划的基本概念和数学模型

目标规划的基本思想是化多目标为单一目标，下面引入与建立目标规划数学模型有关的概念。

1. 决策变量和偏差变量

决策变量又称控制变量，用 x_j 表示。

在目标规划中，引入正偏差变量和负偏差变量，分别用 d_i^+ 和 d_i^- 表示。正偏差变量 d_i^+ 表示实际值超过预定目标值的部分（超出量）；负偏差变量 d_i^- 表示实际值未达到预定目标值的部分（不足量）。

因为实际值不可能既超过预定目标值，同时又未达到预定目标值，所以一定有 $d_i^+ \times d_i^- = 0$，即正偏差变量 d_i^+ 和负偏差变量 d_i^- 两者中至少有一个为零。事实上，当 $d_i^+ > 0$ 时，说明实际值超过预定目标值（实际值比预定目标值大），此时有 $d_i^- = 0$；同样当 $d_i^- > 0$，也有 $d_i^+ = 0$。目标规划一般有多个预定目标值，每个预定目标值都有一对偏差变量 d_i^+ 和 d_i^-。

2. 绝对约束和目标约束

目标规划的约束条件有两类：绝对约束和目标约束。

（1）绝对约束是指必须严格满足的等式约束或不等式约束，它们是硬约束。如例 9.1 优先目标规划数学模型中的约束条件是式（9—1）、式（9—2）和式（9—3）。

（2）目标约束是目标规划特有的，它把预定目标值作为约束右端的常数项（约束右端值），并在这些约束中加入正、负偏差变量。由于允许发生偏差，因此目标约束是软约束，具有一定的弹性。如例 9.1 优先目标规划数学模型中的约束条件是式（9—4）、式(9—5)和式（9—6）。目标约束不会不满足，但可能偏差过大。

目标规划中的子目标可以实现，此时偏差为零；也可以不实现，此时正偏差或负偏差为正。所有的“目标”均可利用以下公式转换为“目标约束”：

$$f_i(X) - d_i^+ + d_i^- = g_i$$

（实际值－正偏差＋负偏差＝预定目标值）

对于目标约束 $f_i(X) - d_i^+ + d_i^- = g_i$，有：

①当 $f_i(X) > g_i$（实际值比预定目标值大）时，有 $d_i^+ > 0$（正偏差为正）；

②当 $f_i(X) < g_i$（实际值比预定目标值小）时，有 $d_i^- > 0$（负偏差为正）；

③当 $f_i(X) = g_i$（实际值等于预定目标值）时，有 d_i^+，$d_i^- = 0$（正、负偏差均为零）。

3. 优先因子（优先级）与权系数

在目标规划中，各目标有主次或轻重缓急的不同，因此，必须确定它们的优先级。要求对首要目标（即优先级最高的目标，第一目标）赋予优先因子（优先级）P_1，对次级目标（第二目标）赋予优先因子（优先级）P_2，…，并规定 $P_1 \gg P_2 \gg \cdots$，表示 P_1 比 P_2 有更高的优先权，即首先尽可能满足 P_1 级目标（第一目标）的要求，这时不考虑次级目标；在 P_1 级目标（第一目标）的满足状态不变的前提下，尽可能满足 P_2 级目标（第二目标）的要求；依此类推。

若要区别具有相同优先因子的两个目标的差别，可分别赋予它们不同的权系数（罚数权重）ω_{lk}，这些都由决策者按具体情况而定。

4. 目标规划的目标函数

目标规划的目标函数是由各目标约束的正、负偏差变量和赋予的相应的优先因子及权系数组成的。当每一目标值确定后，决策者的愿望是尽可能缩小与目标值的偏差，因此目标规划的目标函数中仅仅包含偏差变量，并始终是寻求最小值（总是最小化）。

对于目标约束 $f_i(X)-d_i^+ +d_i^- =g_i$，相应的目标函数的基本形式有三种：

(1) 要求（希望）实际值恰好达到（=）预定目标值，即正、负偏差都要尽可能地小（超出量和不足量都越少越好），则目标函数为

$$\min z_i=d_i^+ +d_i^-$$

(2) 要求（希望）实际值不超过（≤）预定目标值，即正偏差要尽可能地小（超出量越少越好，但允许实际值达不到预定目标值），则目标函数为

$$\min z_i=d_i^+$$

(3) 要求（希望）实际值超过（≥）预定目标值，即负偏差要尽可能地小（不足量越少越好，但超出量不限），则目标函数为

$$\min z_i=d_i^-$$

对于实际问题中出现的不同表述形式，目标规划的一般处理方法如表 9—1 所示。

表 9—1　目标规划中偏差的性质

实际问题中的表述	目标函数中的体现	可能的计算结果	现实目的
希望恰好实现目标	$d_i^+ +d_i^-$	偏差均为零，或有一个不为零的正数	努力使两种偏差中的任意一个最小
希望超过预定目标	d_i^-	d_i^- 可为正数或零	努力使不足量最少
希望不超过预定目标	d_i^+	d_i^+ 可为正数或零	努力使超出量最少

对于例 9.1，按决策者所要求的，分别赋予三个目标优先因子 P_1，P_2，P_3，则例 9.1 的目标规划数学模型为：

$$\min z=P_1d_1^+ +P_2(d_2^+ +d_2^-)+P_3d_3^-$$

$$\text{s.t.}\begin{cases}x_1\leqslant 4\\2x_2\leqslant 12\\3x_1+2x_2\leqslant 18\\x_2-2x_1-d_1^+ +d_1^- =0\\3x_1+2x_2-d_2^+ +d_2^- =14\\300x_1+500x_2-d_3^+ +d_3^- =3\,000\\x_1,x_2\geqslant 0\\d_i^+,d_i^-\geqslant 0\quad(i=1,2,3)\end{cases}$$

目标规划的一般数学模型为（式中 ω_{lk}^+，ω_{lk}^- 为权系数）：

$$\min z = \sum_{l=1}^{L} P_l \sum_{k=1}^{K} (\omega_{lk}^{+} d_k^{+} + \omega_{lk}^{-} d_k^{-})$$

$$\text{s. t.} \begin{cases} \sum_{j=1}^{n} a_{ij} x_j \leqslant (=, \geqslant) b_i & (i = 1, 2, \cdots, m) \\ \sum_{j=1}^{n} c_{kj} x_j - d_k^{+} + d_k^{-} = g_k & (k = 1, 2, \cdots, K) \\ x_j \geqslant 0 & (j = 1, 2, \cdots, n) \\ d_k^{+}, d_k^{-} \geqslant 0 & (k = 1, 2, \cdots, K) \end{cases}$$

建立目标规划的数学模型时，需要确定目标值、优先等级、权系数等，它都具有一定的主观性和模糊性，可以用专家评定法给以量化。

本章介绍两个简单的目标规划：

(1) 优先目标规划：依次考虑各目标的目标规划；

(2) 加权目标规划：考虑权系数（罚数权重）的目标规划。

9.2 优先目标规划

在例 9.1 中，开始时三个目标是不分先后的，然而权责不同的管理者往往看重不同的目标：销售科长看重目标 1，第 3 车间主任看重目标 2，经理看重目标 3。在多目标决策问题中，决策者往往根据自己对目标的重视程度，赋予每个目标一定的优先级，从而对所有目标进行排序（$P_1 \gg P_2 \gg \cdots \gg P_K$）。优先目标规划就是按照目标的先后顺序，逐一满足优先级较高的目标，最终得到一个满意解。假如所有目标都得到满足，满意解就是最优解。

9.2.1 优先目标规划的数学模型和电子表格模型

优先目标规划的求解是经过多次规划求解实现的。也就是说，目标规划的求解分以下几步进行：

第一步是将第一目标（即优先级最高的目标）的偏差最小化作为目标函数，求出第一个最优解。这表明，首先尽可能满足第一目标的要求。

第二步是再增加一个如下的约束条件：

第一目标的偏差＝第一步已求出的最优偏差

然后将第二目标偏差最小化作为目标函数，求出第二个最优解。这表明，在第一目标的满足状态不变的前提下，尽可能满足第二目标的要求。

第三步是再增加一个如下的约束条件：

第二目标的偏差＝第二步已求出的最优偏差

然后将第三目标偏差最小化作为目标函数，求出第三个最优解。这表明，在第一目标和第二目标的满足状态不变的前提下，尽可能满足第三目标的要求。

如此进行下去，直到以最后一个目标的偏差最小化作为目标函数进行优化求解为止。这时所得到的最优解就是问题的满意解。

可见优先目标规划是按目标的优先级进行权衡的，最终在多个目标下，甚至在多个相互矛盾的目标下，寻找满意解。同时，优先目标规划的求解过程是经过多次规划求解实现的。

由于优先目标规划是经过多次规划求解来寻找满意解的，所以其计算工作量较大。幸运的是，Excel 为优先目标规划的求解提供了极大的方便。下面以例 9.1 的求解为例，说明优先目标规划的 Excel 解法。

对于例 9.1，假设三个目标优先级依次为目标 1（P_1）、目标 2（P_2）、目标 3（P_3）。由于有三个目标要依次考虑，所以求解要分三步进行：

第一步：首先尽可能实现 P_1 级目标，这时不考虑次级目标，也就是进行第一次规划求解——寻找尽可能满足目标 1 的最优解。

(1) 在 Excel 中建立以优先级 1 的目标（目标 1）的偏差最小化为目标函数的电子表格模型，如图 9—1 所示，参见“例 9.1 优先级 1. xlsx”。

建立优先目标规划的电子表格模型时，要将绝对约束（硬约束）和目标约束（软约束）分开。在目标约束中，“实际值”是指引入偏差变量之前，三个目标的实际（实现）值，而“平衡值”是指引入偏差变量之后，三个目标的最终值，等于三个目标预定的目标值。

例 9.1 优先级 1 的目标函数为：$\min z_1 = d_1^+$。

	A	B	C	D	E	F	G
1	例9.1 优先目标规划（优先级1）						
2							
3			单位产品所需工时		实际使用		可用工时
4		车间 1	1	0	2.31	<=	4
5		车间 2	0	2	9.23	<=	12
6		车间 3	3	2	16.15	<=	18
7							
8			单位产品的贡献			目标	
9			门	窗	实际值		目标值
10		目标1：产量比较	-2	1	0	<=	0
11		目标2：车间3工时	3	2	16.15	=	14
12		目标3：每周总利润	300	500	3000	>=	3000
13							
14			门	窗			
15		每周产量	2.31	4.62			

	H	I	J	K	L	M	N
8		偏差变量			目标约束		
9		正偏差	负偏差		平衡值		目标值
10		0	0		0	=	0
11		2.15	0		14	=	14
12		0	0		3000	=	3000
13							
14		优先级1	0				
15		优先级2	2.15				
16		优先级3	0				

名称	单元格
可用工时	G4:G6
每周产量	C15:D15
目标值	G10:G12
偏差变量	I10:J12
平衡值	L10:L12
实际使用	E4:E6
优先级1	J14
优先级2	J15
优先级3	J16

	E
9	实际值
10	=SUMPRODUCT(C10:D10,每周产量)
11	=SUMPRODUCT(C11:D11,每周产量)
12	=SUMPRODUCT(C12:D12,每周产量)

	I	J
14	优先级1	=I10
15	优先级2	=I11+J11
16	优先级3	=J12

图 9—1 例 9.1 优先级 1 的电子表格模型

	E
3	实际使用
4	=SUMPRODUCT(C4:D4,每周产量)
5	=SUMPRODUCT(C5:D5,每周产量)
6	=SUMPRODUCT(C6:D6,每周产量)

	L	M	N
9	平衡值		目标值
10	=E10-I10+J10	=	=G10
11	=E11-I11+J11	=	=G11
12	=E12-I12+J12	=	=G12

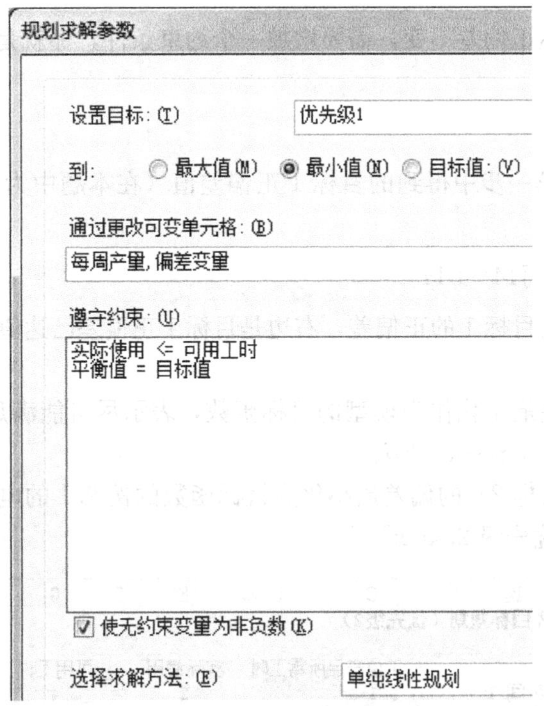

图9—1 例9.1优先级1的电子表格模型（续）

（2）利用Excel的“规划求解”命令求解“尽可能满足目标1的最优解”，这时可不考虑次级目标。需要说明的是：在Excel的“规划求解参数”对话框中，为了方便，通过“软约束”考虑了次级目标，由于没有其他限制，所以实际上跟“不考虑次级目标”的求解结果相同。

例9.1优先级1的线性规划数学模型为：

$$\min z_1 = d_1^+$$

$$\text{s.t.}\begin{cases} x_1 \leqslant 4 \\ 2x_2 \leqslant 12 \\ 3x_1 + 2x_2 \leqslant 18 \\ x_2 - 2x_1 - d_1^+ + d_1^- = 0 \\ 3x_1 + 2x_2 - d_2^+ + d_2^- = 14 \\ 300x_1 + 500x_2 - d_3^+ + d_3^- = 3\,000 \\ x_1, x_2 \geqslant 0 \\ d_1^+, d_1^-, d_2^+, d_2^-, d_3^+, d_3^- \geqslant 0 \end{cases}$$

第一次规划求解求得的最优解可使目标1的正偏差为零（$z_1=0$），这表明，满足了优先级1目标（也就是最优先要满足的目标）的要求，即目标1（第一目标）可以实现。

第二步：在保证已求得的 P_1 级目标正偏差不变的前提下考虑 P_2 级目标。也就是进行第二次规划求解——在保证已求得的目标 1 正偏差不变的前提下，寻找尽可能满足优先级 2 目标（目标 2）的最优解。为此，在第一步规划模型的基础上，作如下改变：

①增加一个约束条件。

为保证优先级 1 的目标正偏差不变，需要增加一个约束条件，那就是第一步得到的目标 1 正偏差不变，即：

$$d_1^+=0$$

在 L14 单元格中输入第一步中得到的目标 1 正偏差值（在本题中为 0），则增加的约束条件如下：

优先级 1=0　或　J14=L14

上述约束条件的左边是目标 1 的正偏差，右边是目标 1 正偏差已达值。

②目标函数。

将优先级 2 的目标偏差最小化作为模型的目标函数，表示尽可能满足目标 2 的要求。优先级 2 的目标函数为：$\min z_2=d_2^+ + d_2^-$。

以优先级 2 的目标（目标 2）的偏差最小化为目标函数的例 9.1 的电子表格模型如图 9—2 所示，参见“例 9.1 优先级 2.xlsx”。

	A	B	C	D	E	F	G
1	例9.1 优先目标规划（优先级2）						
2							
3			单位产品所需工时		实际使用		可用工时
4		车间 1	1	0	2	<=	4
5		车间 2	0	2	8	<=	12
6		车间 3	3	2	14	<=	18
7							
8			单位产品的贡献			目标	
9			门	窗	实际值		目标值
10		目标1：产量比较	-2	1	0	<=	0
11		目标2：车间3工时	3	2	14	=	14
12		目标3：每周总利润	300	500	2600	>=	3000
13							
14			门	窗			
15		每周产量	2	4			

	H	I	J	K	L	M	N
8		偏差变量			目标约束		
9		正偏差	负偏差		平衡值		目标值
10		0	0		0	=	0
11		0	0		14	=	14
12		0	400		3000	=	3000
13							
14		优先级1	0	=	0		
15		优先级2	0				
16		优先级3	400				

名称	单元格
可用工时	G4:G6
每周产量	C15:D15
目标值	G10:G12
偏差变量	I10:J12
平衡值	L10:L12
实际使用	E4:E6
优先级1	J14
优先级2	J15
优先级3	J16

	E
3	实际使用
4	=SUMPRODUCT(C4:D4,每周产量)
5	=SUMPRODUCT(C5:D5,每周产量)
6	=SUMPRODUCT(C6:D6,每周产量)

	I	J
14	优先级1	=I10
15	优先级2	=I11+J11
16	优先级3	=J12

图 9—2　例 9.1 优先级 2 的电子表格模型

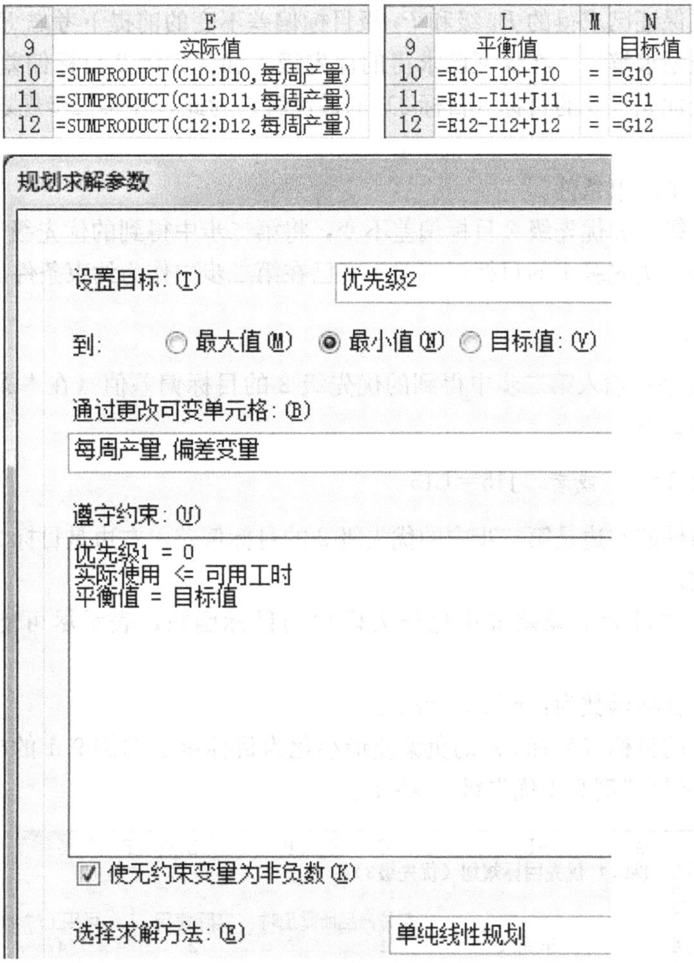

	E
9	实际值
10	=SUMPRODUCT(C10:D10,每周产量)
11	=SUMPRODUCT(C11:D11,每周产量)
12	=SUMPRODUCT(C12:D12,每周产量)

	L	M	N
9	平衡值		目标值
10	=E10-I10+J10	=	=G10
11	=E11-I11+J11	=	=G11
12	=E12-I12+J12	=	=G12

规划求解参数

设置目标：(T)　优先级2

到：　○最大值(M)　◉最小值(N)　○目标值：(V)

通过更改可变单元格：(B)

每周产量,偏差变量

遵守约束：(U)

优先级1 = 0
实际使用 <= 可用工时
平衡值 = 目标值

☑ 使无约束变量为非负数(K)

选择求解方法：(E)　单纯线性规划

图 9—2　例 9.1 优先级 2 的电子表格模型（续）

第二次规划求解求得的最优解可使目标 2 的偏差为 0（$z_2=0$）。这表明，满足了目标 2（优先级 2 的目标）的要求。也就是在目标 1（第一目标）实现的基础上，目标 2（第二目标）也实现了。

例 9.1 优先级 2 的线性规划模型为（修改了目标函数，增加了一个约束条件）：

$$\min z_2 = d_2^+ + d_2^-$$

$$\text{s. t.}\begin{cases} x_1 \leqslant 4 \\ 2x_2 \leqslant 12 \\ 3x_1 + 2x_2 \leqslant 18 \\ x_2 - 2x_1 - d_1^+ + d_1^- = 0 \\ 3x_1 + 2x_2 - d_2^+ + d_2^- = 14 \\ 300x_1 + 500x_2 - d_3^+ + d_3^- = 3\,000 \\ d_1^+ = 0 \\ x_1, x_2 \geqslant 0 \\ d_1^+, d_1^-, d_2^+, d_2^-, d_3^+, d_3^- \geqslant 0 \end{cases}$$

第三步：在保证已求得的 P_1 级和 P_2 级目标偏差不变的前提下考虑 P_3 级目标。也就是进行第三次规划求解——在保证已求得的优先级 1 和优先级 2 目标偏差不变的前提下，寻找尽可能满足优先级 3 的目标（目标 3）的最优解。为此，在第二步规划模型的基础上，作如下改变。

①再增加一个约束条件。

为保证优先级 1 和优先级 2 目标偏差不变，将第二步中得到的优先级 2 的目标偏差不变作为约束条件（优先级 1 的目标正偏差不变已在第二步中作为约束条件加入），即：

$$d_2^+ + d_2^- = 0$$

在 L15 单元格中输入第二步中得到的优先级 2 的目标偏差值（在本题中为 0），则再增加的约束条件如下：

优先级 2＝0　或者　J15＝L15

上述约束条件的左边是第二步中的优先级 2 的目标偏差，右边是目标 2 偏差已达值。

②目标函数。

将优先级 3 的目标负偏差最小化作为模型的目标函数，表示尽可能满足目标 3 的要求。

优先级 3 的目标函数为：$\min z_3 = d_3^-$。

以优先级 3 的目标（目标 3）的负偏差最小化为目标函数的例 9.1 的电子表格模型如图 9—3 所示，参见“例 9.1 优先级 3. xlsx”。

	A	B	C	D	E	F	G
1	**例9.1 优先目标规划（优先级3）**						
2							
3			单位产品所需工时		实际使用		可用工时
4		车间 1	1	0	2	<=	4
5		车间 2	0	2	8	<=	12
6		车间 3	3	2	14	<=	18
7							
8			单位产品的贡献			目标	
9			门	窗	实际值		目标值
10		目标1：产量比较	-2	1	0	<=	0
11		目标2：车间3工时	3	2	14	=	14
12		目标3：每周总利润	300	500	2600	>=	3000
13							
14			门	窗			
15		每周产量	2	4			

	H	I	J	K	L	M	N
8		偏差变量			目标约束		
9		正偏差	负偏差		平衡值		目标值
10		0	0		0	=	0
11		0	0		14	=	14
12		0	400		3000	=	3000
13							
14							
15		优先级1	0	=	0		
16		优先级2	0	=	0		
17		优先级3	400				

名称	单元格
可用工时	G4:G6
每周产量	C15:D15
目标值	G10:G12
偏差变量	I10:J12
平衡值	L10:L12
实际使用	E4:E6
优先级1	J15
优先级2	J16
优先级3	J17

图 9—3　例 9.1 优先级 3 的电子表格模型

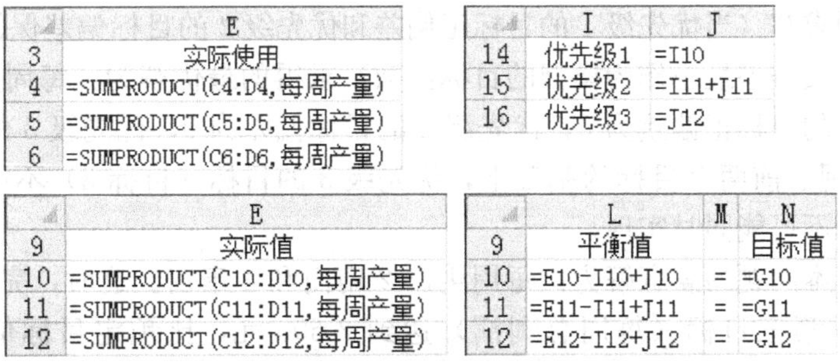

	E
3	实际使用
4	=SUMPRODUCT(C4:D4,每周产量)
5	=SUMPRODUCT(C5:D5,每周产量)
6	=SUMPRODUCT(C6:D6,每周产量)

	I	J
14	优先级1	=I10
15	优先级2	=I11+J11
16	优先级3	=J12

	E
9	实际值
10	=SUMPRODUCT(C10:D10,每周产量)
11	=SUMPRODUCT(C11:D11,每周产量)
12	=SUMPRODUCT(C12:D12,每周产量)

	L	M	N
9	平衡值		目标值
10	=E10-I10+J10	=	=G10
11	=E11-I11+J11	=	=G11
12	=E12-I12+J12	=	=G12

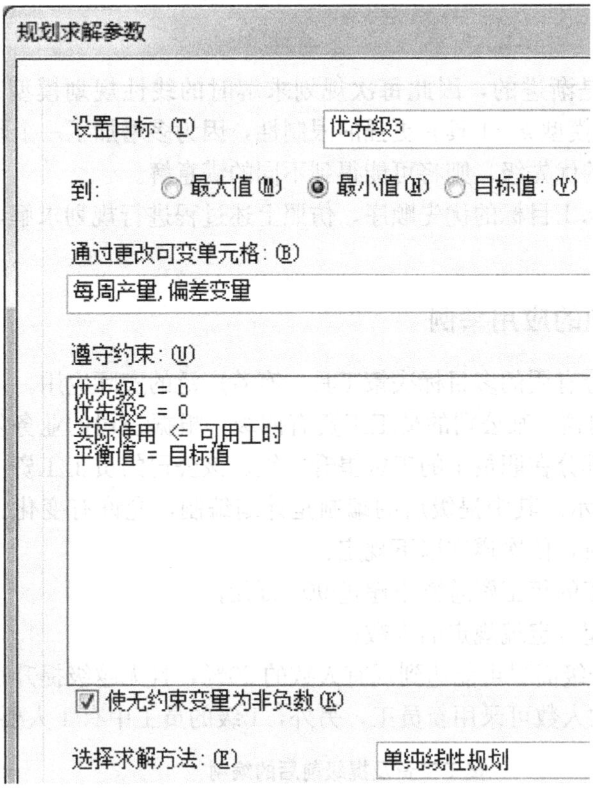

规划求解参数

设置目标:(T) 优先级3

到: ○ 最大值(M) ◉ 最小值(N) ○ 目标值:(V)

通过更改可变单元格:(B)

每周产量,偏差变量

遵守约束:(U)

优先级1 = 0
优先级2 = 0
实际使用 <= 可用工时
平衡值 = 目标值

☑ 使无约束变量为非负数(K)

选择求解方法:(E) 单纯线性规划

图 9—3 例 9.1 优先级 3 的电子表格模型(续)

例 9.1 优先级 3 的线性规划模型为(修改了目标函数,再增加一个约束条件):

$$\min z_3 = d_3^-$$

$$\text{s. t.}\begin{cases} x_1 \leqslant 4 \\ 2x_2 \leqslant 12 \\ 3x_1 + 2x_2 \leqslant 18 \\ x_2 - 2x_1 - d_1^+ + d_1^- = 0 \\ 3x_1 + 2x_2 - d_2^+ + d_2^- = 14 \\ 300x_1 + 500x_2 - d_3^+ + d_3^- = 3\,000 \\ d_1^+ = 0 \\ d_2^+ + d_2^- = 0 \\ x_1, x_2 \geqslant 0 \\ d_1^+, d_1^-, d_2^+, d_2^-, d_3^+, d_3^- \geqslant 0 \end{cases}$$

第三次规划求解（当优先级 1 的目标正偏差和优先级 2 的目标偏差保持不变，同时将优先级 3 的目标负偏差最小作为模型的目标函数）求得的最优解为：每周生产 2 扇门和 4 扇窗；优先级 1 的目标正偏差为 0，优先级 2 的目标偏差为 0，优先级 3 的目标负偏差为 400。可见在实现了前两个目标的基础上，优先级 3 的目标（目标 3）不能实现。也就是说，这三个目标不可能同时实现。

综上所述，本问题的满意解为：每周生产 2 扇门和 4 扇窗。这时，完全实现了第一、第二预定目标；第三目标（每周总利润）达到 2 600 元，比预定目标值 3 000 元尚差 400 元。

需要说明的是：

(1) 优先目标规划是渐进的，因此每次规划求解时的线性规划模型都不同。模型 k（即第 k 步规划模型）比模型 $k-1$ 具有更强的限制性，因为多增加了一个硬约束。

(2) 如果改变目标的优先级，则将可能得到不同的满意解。

请读者自己改变例 9.1 目标的优先顺序，仿照上述过程进行规划求解，看满意解是否发生改变。

9.2.2 优先目标规划的应用举例

目标规划是一种十分有用的多目标决策工具，有着广泛的实际应用。

例 9.2 提级加薪问题。某公司的员工工资有四级，根据公司的业务发展需要，准备招收部分新员工，并将部分在职员工的工资提升一级。该公司的员工工资（年薪）及提级前后的编制如表 9—2 所示。其中提级后的编制是计划编制，允许有变化。公司领导在考虑员工的升级调资方案时，依次遵守以下规定：

(1) 提级后在职员工的年工资总额不超过 900 万元；

(2) 每级的人数不超过定编规定的人数；

(3) 2、3、4 级的升级面尽可能达到现有人数的 20%，且无越级提升；

(4) 4 级不足编制的人数可录用新员工，另外，1 级的员工中有 1 人要退休。

表 9—2 员工工资及提级前后的编制

	级别 1	级别 2	级别 3	级别 4
工资（万元/年）	12	10	8	6
现有人数	10	20	40	30
编制人数	10	22	52	30

解：

设 x_1，x_2，x_3，x_4 分别表示提升到 1，2，3 级和录用到 4 级的新员工人数（整数），则提级后每级的员工人数为：

1 级员工人数：$10-1+x_1$；

2 级员工人数：$20-x_1+x_2$；

3 级员工人数：$40-x_2+x_3$；

4 级员工人数：$30-x_3+x_4$。

对各目标确定的优先因子为：

P_1：提级后在职员工的年工资总额不超过 900 万元；

P_2：每级的人数不超过定编规定的人数；

P_3：2、3、4级的升级面尽可能达到现有人数的20%；

三个目标约束分别为：

(1) 提级后在职员工的年工资总额不超过900万元：

$$12(10-1+x_1)+10(20-x_1+x_2)+8(40-x_2+x_3)$$
$$+6(30-x_3+x_4)-d_1^++d_1^-=900$$

(2) 每级的人数不超过定编规定的人数：

对1级有：$10-1+x_1-d_2^++d_2^-=10$

对2级有：$20-x_1+x_2-d_3^++d_3^-=22$

对3级有：$40-x_2+x_3-d_4^++d_4^-=52$

对4级有：$30-x_3+x_4-d_5^++d_5^-=30$

(3) 2、3、4级的升级面尽可能达到现有人数的20%：

对2级有：$x_1-d_6^++d_6^-=20\times 20\%$

对3级有：$x_2-d_7^++d_7^-=40\times 20\%$

对4级有：$x_3-d_8^++d_8^-=30\times 20\%$

目标函数：$\min z=P_1d_1^++P_2(d_2^++d_3^++d_4^++d_5^+)+P_3(d_6^-+d_7^-+d_8^-)$

对于例9.2，由于有三个目标要依次考虑，所以求解要分多步进行：

第一步：首先尽可能实现P_1级目标，这时不考虑次级目标。也就是进行第一次规划求解——寻找尽可能满足目标1的最优解。

以优先级1的目标（目标1）的正偏差最小化为目标函数的例9.2的电子表格模型如图9—4所示，参见"例9.2优先级1.xlsx"。

例9.2优先级1的目标函数为：$\min z_1=d_1^+$。

	A	B	C	D	E	F
1	例9.2 优先目标规划（优先级1）					
2						
3			级别1	级别2	级别3	级别4
4		每人工资	12	10	8	6
5		现有人数	10	20	40	30
6		编制人数	10	22	52	30
7						
8		一级退休人数	1			
9						
10			级别1	级别2	级别3	级别4
11		提级人数	1	1	11	11
12		提级后人数	10	20	50	30
13						
14					目标	
15				实现值		目标值
16		目标1：年工资总额		900	<=	900
17		目标2：每级定编人数	级别1	10	<=	10
18			级别2	20	<=	22
19			级别3	50	<=	52
20			级别4	30	<=	30
21		目标3：2、3、4级提级人数	级别2	1	>=	4
22			级别3	1	>=	8
23			级别4	11	>=	6

图9—4 例9.2优先级1的电子表格模型

	G	H	I	J	K	L	M
14		偏差变量			目标约束		
15		正偏差	负偏差		平衡值		目标值
16		0	0		900	=	900
17		0	0		10	=	10
18		0	2		22	=	22
19		0	2		52	=	52
20		0	0		30	=	30
21		0	3		4	=	4
22		0	7		8	=	8
23		5	0		6	=	6
24							
25		优先级1	0				
26		优先级2	0				
27		优先级3	10				

名称	单元格
每人工资	C4:F4
目标值	F16:F23
偏差变量	H16:I23
平衡值	K16:K23
提级后人数	C12:F12
提级人数	C11:F11
优先级1	I25
优先级2	I26
优先级3	I27

	H	I
25	优先级1	=H16
26	优先级2	=SUM(H17:H20)
27	优先级3	=SUM(I21:I23)

	K	L	M
14	目标约束		
15	平衡值		目标值
16	=D16-H16+I16	=	=F16
17	=D17-H17+I17	=	=F17
18	=D18-H18+I18	=	=F18
19	=D19-H19+I19	=	=F19
20	=D20-H20+I20	=	=F20
21	=D21-H21+I21	=	=F21
22	=D22-H22+I22	=	=F22
23	=D23-H23+I23	=	=F23

	B	C	D	E	F
12	提级后人数	=C5-C8+C11	=D5-C11+D11	=E5-D11+E11	=F5-E11+F11

	D	E	F
14	目标		
15	实现值		目标值
16	=SUMPRODUCT(每人工资,提级后人数)	<=	900
17	=C12	<=	=C6
18	=D12	<=	=D6
19	=E12	<=	=E6
20	=F12	<=	=F6
21	=C11	>=	=D5*20%
22	=D11	>=	=E5*20%
23	=E11	>=	=F5*20%

图 9—4　例 9.2 优先级 1 的电子表格模型（续）

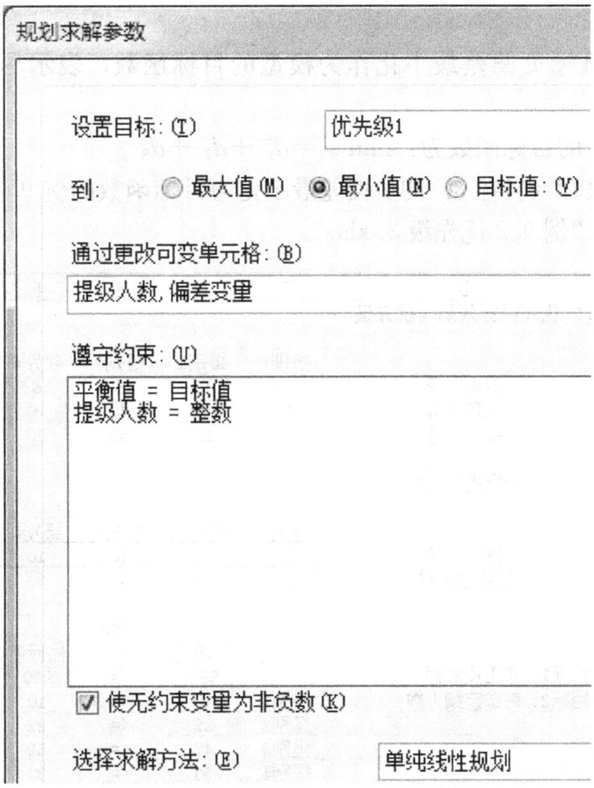

规划求解参数

设置目标: (T) 优先级1

到: ◯ 最大值 (M) ◉ 最小值 (N) ◯ 目标值: (V)

通过更改可变单元格: (B)

提级人数, 偏差变量

遵守约束: (U)

平衡值 = 目标值
提级人数 = 整数

☑ 使无约束变量为非负数 (K)

选择求解方法: (E) 单纯线性规划

图 9—4 例 9.2 优先级 1 的电子表格模型（续）

第一次规划求解求得的最优解可使目标 1 的正偏差为零（$z_1=0$），这表明，满足了优先级 1 的目标（也就是最优先要满足的目标）的要求，即目标 1（第一目标）可以实现。

仔细观察求解结果可发现，此时，目标 2（第二目标）也实现了（I26 单元格中的结果为 0），优先级 2 的目标函数为：$\min z_2=d_2^+ +d_3^+ +d_4^+ +d_5^+$。

第二步：在保证已求得的 P_1 级和 P_2 级目标偏差不变的前提下考虑 P_3 级目标。也就是进行第二次规划求解——在保证已求得的优先级 1 和优先级 2 目标偏差不变的前提下，寻找尽可能满足优先级 3 的目标（目标 3）的最优解。为此，在第一步规划模型的基础上，作如下改变。

①增加两个约束条件。

为保证优先级 1 和优先级 2 目标偏差不变，将第一步中得到的优先级 1 和优先级 2 的目标偏差不变作为约束条件，即：

$$d_1^+ =0 \text{ 和 } d_2^+ +d_3^+ +d_4^+ +d_5^+ =0$$

在 K25 和 K26 两个单元格中输入第一步中得到的优先级 1 和优先级 2 的目标偏差值（在本例中为 0），则增加的两个约束条件如下：

优先级 1=0　或　I25=K25
优先级 2=0　或　I26=K26

②目标函数。

将优先级 3 的目标负偏差最小化作为模型的目标函数，表示尽可能满足目标 3 的要求。

例 9.2 优先级 3 的目标函数为：$\min z_3 = d_6^- + d_7^- + d_8^-$ 。

以优先级 3 的目标（目标 3）的负偏差最小化为目标函数的例 9.2 的电子表格模型如图 9—5 所示，参见“例 9.2 优先级 3. xlsx”。

	A	B	C	D	E	F
1	例9.2 优先目标规划（优先级3）					
2						
3			级别1	级别2	级别3	级别4
4		每人工资	12	10	8	6
5		现有人数	10	20	40	30
6		编制人数	10	22	52	30
7						
8		一级退休人数	1			
9						
10			级别1	级别2	级别3	级别4
11		提级人数	1	3	10	10
12		提级后人数	10	22	47	30
13						
14					目标	
15				实现值		目标值
16		目标1：年工资总额		896	<=	900
17		目标2：每级定编人数	级别1	10	<=	10
18			级别2	22	<=	22
19			级别3	47	<=	52
20			级别4	30	<=	30
21		目标3：2、3、4级提级人数	级别2	1	>=	4
22			级别3	3	>=	8
23			级别4	10	>=	6

	G	H	I	J	K	L	M
14		偏差变量			目标约束		
15		正偏差	负偏差		平衡值		目标值
16		0	4		900	=	900
17		0	0		10	=	10
18		0	0		22	=	22
19		0	5		52	=	52
20		0	0		30	=	30
21		0	3		4	=	4
22		0	5		8	=	8
23		4	0		6	=	6
24							
25		优先级1	0	=	0		
26		优先级2	0	=	0		
27		优先级3	8				

名称	单元格
每人工资	C4:F4
目标值	F16:F23
偏差变量	H16:I23
平衡值	K16:K23
提级后人数	C12:F12
提级人数	C11:F11
优先级1	I25
优先级2	I26
优先级3	I27

	H	I
25	优先级1	=H16
26	优先级2	=SUM(H17:H20)
27	优先级3	=SUM(I21:I23)

图 9—5　例 9.2 优先级 3 的电子表格模型

	K	L	M
14	目标约束		
15	平衡值		目标值
16	=D16-H16+I16	=	=F16
17	=D17-H17+I17	=	=F17
18	=D18-H18+I18	=	=F18
19	=D19-H19+I19	=	=F19
20	=D20-H20+I20	=	=F20
21	=D21-H21+I21	=	=F21
22	=D22-H22+I22	=	=F22
23	=D23-H23+I23	=	=F23

	B	C	D	E	F
12	提级后人数	=C5-C8+C11	=D5-C11+D11	=E5-D11+E11	=F5-E11+F11

	D	E	F
14	目标		
15	实现值		目标值
16	=SUMPRODUCT(每人工资,提级后人数)	<=	900
17	=C12	<=	=C6
18	=D12	<=	=D6
19	=E12	<=	=E6
20	=F12	<=	=F6
21	=C11	>=	=D5*20%
22	=D11	>=	=E5*20%
23	=E11	>=	=F5*20%

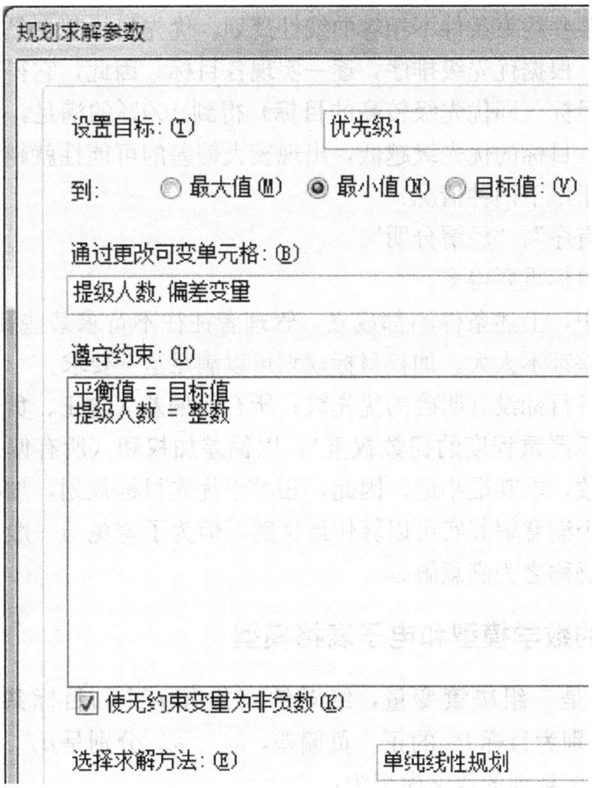

规划求解参数

设置目标：(T)　优先级1

到：　○ 最大值(M)　◉ 最小值(N)　○ 目标值：(V)

通过更改可变单元格：(B)

提级人数,偏差变量

遵守约束：(U)

平衡值 = 目标值
提级人数 = 整数

☑ 使无约束变量为非负数(K)

选择求解方法：(E)　单纯线性规划

图 9—5　例 9.2 优先级 3 的电子表格模型（续）

第二次规划求解（优先级 1 的目标正偏差和优先级 2 的目标正偏差保持不变，同时将优先级 3 的目标负偏差最小作为模型的目标函数）求得的最优解为：提升到 1、2、3 级和录用到 4 级的新员工人数分别为 1 人、3 人、10 人和 10 人；优先级 1 的目标正偏差为 0，优先级 2 的目标正偏差也为 0，优先级 3 的目标负偏差为 8。可见在实现了前两个目标的基础上，优先级 3 的目标（目标 3）不能实现。也就是说，这三个目标不可能同时实现。

综上所述，例 9.2 的求解结果为：

（1）提升到 1、2、3 级和录用到 4 级的新员工人数分别为 1 人、3 人、10 人和 10 人。

（2）提级后在职员工的年工资总额为 896 万元，不超过预定目标 900 万元。

（3）提级后各级在职员工人数不超过定编规定的人数，提级后各级在职员工人数分别为 10 人、22 人、47 人和 30 人。

前两个目标（目标 1 和目标 2）实现了。

（4）目标 3（ 2、3、4 级的升级面尽可能达到现有人数的 20%）没有完全实现。

从 2 级提升到 1 级的人数没有达到 2 级现有人数的 20%（20×20%=4 人），只提了 1 人；还有从 3 级提升到 2 级的人数也没有达到 3 级现有人数的 20%（40×20%=8 人），只提了 3 人；但从 4 级提升到 3 级的人数有 10 人，超过 4 级现有人数的 20%（30×20%=6人）。

9.3 加权目标规划

目标规划其实是允许某些约束条件不相容的线性规划。优先目标规划是从这些不相容的约束条件（即目标）中，根据优先级排序，逐一实现各目标。因此，它得到的满意解是局部的，往往可以使主要目标（即优先级较高的目标）得到 100%的满足，在次要目标上却出现较大偏差。事实上，目标的优先级越低，出现较大偏差的可能性就越大。基于这一特点，优先目标规划适用于以下两种情况：

（1）多个目标“森严有序”、“泾渭分明”。

（2）主要目标比次要目标重要得多。

但在大多数现实问题中，上述条件不都成立。管理者往往不苛求某些目标完全实现，但要求所有目标的实际偏差都不太大。加权目标规划可以满足这一要求。

在加权目标规划中，各目标没有明确的优先级；所有的偏差（含正、负偏差）都有相应的偏离系数（偏离各目标严重程度的罚数权重）；以偏差加权和（所有偏差与其罚数权重乘积的总和）为目标函数，求其最小值。因此，相对于优先目标规划，加权目标规划得到的满意解是全局的。这个满意解其实可以算作最优解，但为了避免与一般线性规划的最优解发生概念上的混淆，仍称之为满意解。

9.3.1 加权目标规划的数学模型和电子表格模型

假设 x_1，x_2，…，x_n 是一组决策变量，绝对约束共有 p 个，目标共有 q 个（P_1，P_2，…，P_q），d_k^+、d_k^- 分别为目标 P_k 的正、负偏差，ω_k^+、ω_k^- 分别是 d_k^+、d_k^- 的罚数权重（偏离系数），则加权目标规划的数学模型为：

$$\min z = \sum_{k=1}^{q}(\omega_k^+ d_k^+ + \omega_k^- d_k^-)$$

$$\text{s. t.}\begin{cases}\sum_{j=1}^{n} a_{ij}x_j \leqslant (=, \geqslant) b_i & (i = 1,2,\cdots,p)\\ \sum_{j=1}^{n} c_{kj}x_j - d_k^+ + d_k^- = g_k & (k = 1,2,\cdots,q)\\ x_j \geqslant 0 & (j = 1,2,\cdots,n)\\ d_k^+, d_k^- \geqslant 0 & (k = 1,2,\cdots,q)\end{cases}$$

此模型由 4 部分构成：

（1）目标函数：$\min z = \sum_{k=1}^{q}(\omega_k^+ d_k^+ + \omega_k^- d_k^-)$

（2）绝对约束：$\sum_{j=1}^{n} a_{ij}x_j \leqslant (=, \geqslant) b_i \quad (i = 1,2,\cdots,p)$

（3）目标约束：$\sum_{j=1}^{n} c_{kj}x_j - d_k^+ + d_k^- = g_k \quad (k = 1,2,\cdots,q)$

（4）非负约束：$x_j, d_k^+, d_k^- \geqslant 0 \quad (j = 1,2,\cdots,n;\quad k = 1,2,\cdots,q)$

这个模型比优先目标规划的模型简单些，求解也简单，只需一次规划求解即可。然而，在实际问题中，合理而准确地设定罚数权重（偏离系数），是一项复杂而艰巨的工作。

例 9.3 某公司准备投产三种新产品，现在的重点是确定三种新产品的生产计划，但最好能完成管理层的三个目标。

目标 1：获得较高利润，希望总利润不低于 125 万元。据估算，产品 1、产品 2、产品 3 的单位利润分别为 12 元、9 元、15 元。

目标 2：保持现有的 40 名工人。据推算，每生产 1 万件产品 1、产品 2 和产品 3，分别需要 5 名、3 名和 4 名工人。

目标 3：投资资金限制，希望总投资额不超过 55 万元。据测算，生产 1 件产品 1、产品 2 和产品 3，分别需要投入 5 元、7 元和 8 元。

但是，公司管理层意识到要同时实现三个目标是不太现实的，因此，他们对三个目标的相对重要性做出了评价。三个目标都很重要，但是在重要程度上还是有些细小的差别，其重要性顺序为：目标 1、目标 2 的前半部分（避免工人下岗）、目标 3、目标 2 的后半部分（避免增加工人）。另外，他们为每一目标都分配了表示偏离目标严重程度的罚数权重，如表 9—3 所示。

表 9—3　　偏离目标的罚数权重

目标	因素	偏离目标的罚数权重（偏离系数）
1	总利润	5（低于目标的每 1 万元）
2	工人	4（低于目标的每 1 个人）
		2（超过目标的每 1 个人）
3	投资资金	3（超过目标的每 1 万元）

试制订满意的投产计划。

解：

本问题是一个典型的加权目标规划问题。统一单位后，各产品对各目标的单位贡献（即决策变量在目标约束中的系数）如表 9—4 所示。

表 9—4　　各产品对各目标的单位贡献

因素	产品的单位贡献（每万件）			目标
	产品 1	产品 2	产品 3	
目标 1：总利润（万元）	12	9	15	$\geqslant 125$
目标 2：工人（人）	5	3	4	$=40$
目标 3：投资资金（万元）	5	7	8	$\leqslant 55$

由此可以建立例 9.3 的加权目标规划数学模型。

（1）决策变量。

数学模型是忽视具体单位的。但由于罚数权重是有单位的，为了在目标函数中统一单位，所以在设决策变量时要注意单位。

设 x_1，x_2，x_3 为产品 1，2，3 的产量（万件）。偏差变量 d_k^+，d_k^- 为偏离目标 k 的正、负偏差（$k=1$，2，3）。

（2）目标函数。

根据表 9—3 给出的罚数权重（偏离系数），例 9.3 的目标函数为偏差加权和（总偏差）最小。即：

$$\min z=5d_1^-+4d_2^-+2d_2^++3d_3^+$$

（3）约束条件。

本问题只有目标约束和非负约束。

①目标约束（写法与优先目标规划一样，见表 9—4）：

目标 1（总利润）：$12x_1+9x_2+15x_3-d_1^++d_1^-=125$

目标 2（工人）：$5x_1+3x_2+4x_3-d_2^++d_2^-=40$

目标 3（投资资金）：$5x_1+7x_2+8x_3-d_3^++d_3^-=55$

②非负约束：

产量非负：$x_j\geqslant 0$（$j=1$，2，3）

偏差非负：d_k^+，$d_k^-\geqslant 0$（$k=1$，2，3）

于是，得到例 9.3 的加权目标规划数学模型：

$$\min z=5d_1^-+4d_2^-+2d_2^++3d_3^+$$

$$\text{s.t.}\begin{cases}12x_1+9x_2+15x_3-d_1^++d_1^-=125\\5x_1+3x_2+4x_3-d_2^++d_2^-=40\\5x_1+7x_2+8x_3-d_3^++d_3^-=55\\x_j\geqslant 0\quad(j=1,2,3)\\d_k^+,d_k^-\geqslant 0\quad(k=1,2,3)\end{cases}$$

例 9.3 加权目标规划的电子表格模型如图 9—6 所示，参见“例 9.3 加权目标规划.xlsx”。

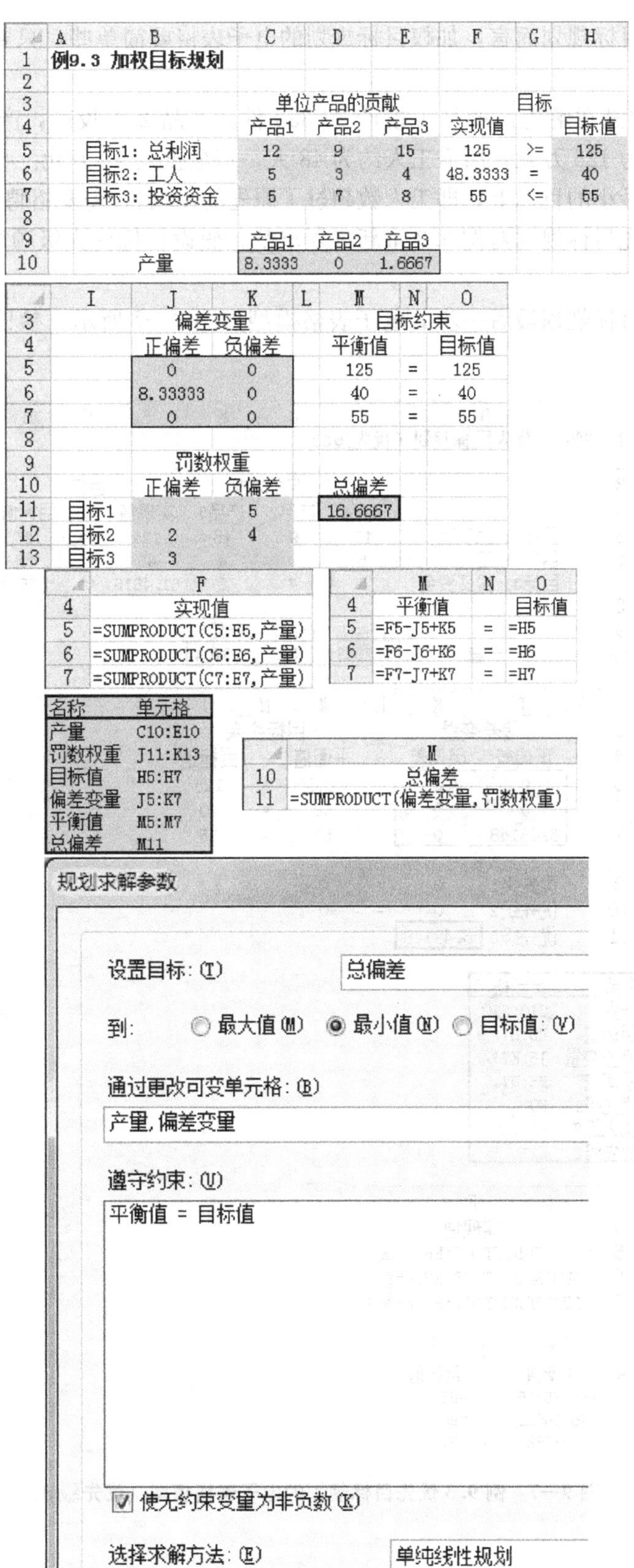

	A	B	C	D	E	F	G	H
1	例9.3 加权目标规划							
2								
3				单位产品的贡献			目标	
4			产品1	产品2	产品3	实现值		目标值
5		目标1：总利润	12	9	15	125	>=	125
6		目标2：工人	5	3	4	48.3333	=	40
7		目标3：投资资金	5	7	8	55	<=	55
8								
9			产品1	产品2	产品3			
10		产量	8.3333	0	1.6667			

	I	J	K	L	M	N	O
3		偏差变量			目标约束		
4		正偏差	负偏差		平衡值		目标值
5		0	0		125	=	125
6		8.33333	0		40	=	40
7		0	0		55	=	55
8							
9		罚数权重					
10		正偏差	负偏差		总偏差		
11	目标1		5		16.6667		
12	目标2	2	4				
13	目标3	3					

	F
4	实现值
5	=SUMPRODUCT(C5:E5,产量)
6	=SUMPRODUCT(C6:E6,产量)
7	=SUMPRODUCT(C7:E7,产量)

	M	N	O
4	平衡值		目标值
5	=F5-J5+K5	=	=H5
6	=F6-J6+K6	=	=H6
7	=F7-J7+K7	=	=H7

名称	单元格
产量	C10:E10
罚数权重	J11:K13
目标值	H5:H7
偏差变量	J5:K7
平衡值	M5:M7
总偏差	M11

	M
10	总偏差
11	=SUMPRODUCT(偏差变量,罚数权重)

图 9—6　例 9.3 加权目标规划的电子表格模型

相对于优先目标规划而言，加权目标规划的电子表格要简单些，只要规划求解一次就够了。

Excel 求得的满意解为：产品 1 投产 83 333 件，产品 2 不投产，产品 3 投产 16 667 件，此时总利润为 125 万元，所需工人约为 48 人，资金投入 55 万元。与管理层目标的唯一偏离是在权重最小的目标上，即工人数超过了原先的 40 名，需要招聘 8 名工人。

可以利用优先目标规划对例 9.3 重新规划求解，假设目标优先级顺序为目标 1、目标 2、目标 3。

例 9.3 优先目标规划最后一步的电子表格模型如图 9—7 所示，参见“例 9.3 优先级 3. xlsx”。

	A	B	C	D	E	F	G	H
1	例9.3 优先目标规划（优先级3）							
2								
3			单位产品的贡献				目标	
4			产品1	产品2	产品3	实现值		目标值
5		目标1：总利润	12	9	15	125	>=	125
6		目标2：工人	5	3	4	40	=	40
7		目标3：投资资金	5	7	8	61.4815	<=	55
8								
9			产品1	产品2	产品3			
10		产量	3.7037	0	5.3704			

	I	J	K	L	M	N	O
3		偏差变量			目标约束		
4		正偏差	负偏差		平衡值		目标值
5		0	0		125	=	125
6		0	0		40	=	40
7		6.48148	0		55	=	55
8							
9		优先级1	0	=	0		
10		优先级2	0	=	0		
11		优先级3	6.48148				

名称	单元格
产量	C10:E10
目标值	H5:H7
偏差变量	J5:K7
平衡值	M5:M7
优先级1	K9
优先级2	K10
优先级3	K11

	F
4	实现值
5	=SUMPRODUCT(C5:E5,产量)
6	=SUMPRODUCT(C6:E6,产量)
7	=SUMPRODUCT(C7:E7,产量)

	M	N	O
4	平衡值		目标值
5	=F5-J5+K5	=	=H5
6	=F6-J6+K6	=	=H6
7	=F7-J7+K7	=	=H7

图 9—7　例 9.3 优先目标规划的电子表格模型（优先级 3）

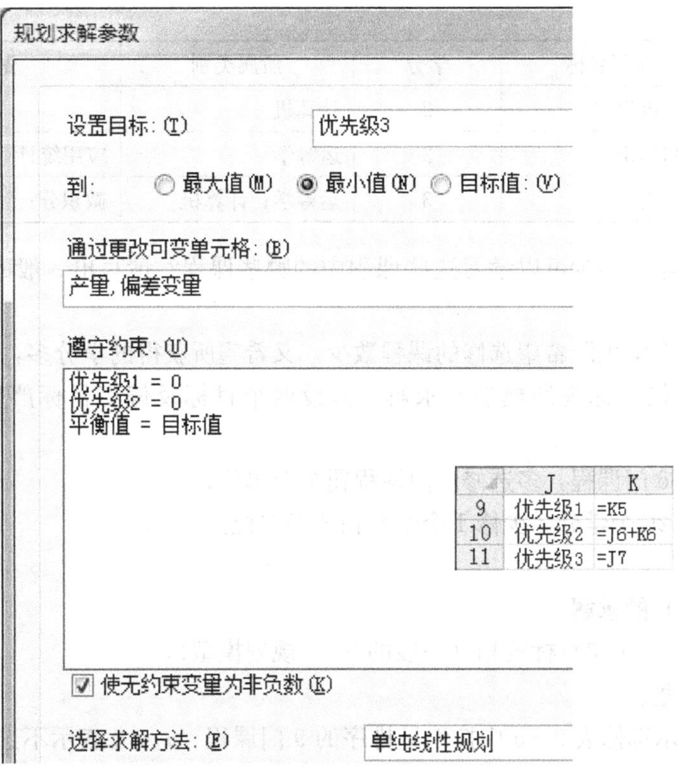

图 9—7 例 9.3 优先目标规划的电子表格模型（优先级 3）（续）

Excel 求得的满意解为：产品 1 投产 37 037 件，产品 2 不投产，产品 3 投产 53 704 件。此时总利润为 125 万元，所需工人 40 人，资金投入约 61.48 万元，超出目标 6.48 万元。也就是说，该投产计划满足了 P_1 和 P_2 两个优先级目标，但在投资资金（P_3）方面未能满足目标要求。

9.3.2 加权目标规划的应用举例

例 9.4 某大学规定，运筹学专业的学生毕业时必须至少学习过 2 门数学类课程、3 门运筹学类课程和 2 门计算机类课程。这些课程的编号、名称、学分、所属类别和先修课要求如表 9—5 所示。

表 9—5 **课程情况**

编号	课程名称	学分	所属类别	先修课要求
1	微积分	5	数学	
2	线性代数	4	数学	
3	最优化方法	4	数学；运筹学	微积分；线性代数
4	数据结构	3	数学；计算机	计算机编程
5	应用统计	4	数学；运筹学	微积分；线性代数
6	计算机模拟	3	运筹学；计算机	计算机编程

续前表

编号	课程名称	学分	所属类别	先修课要求
7	计算机编程	2	计算机	
8	预测理论	2	运筹学	应用统计
9	数学实验	3	运筹学；计算机	微积分；线性代数

（1）毕业时学生最少可以学习这些课程中的哪些课程？请写出一般的 0—1 规划模型并求解。

（2）如果某个学生既希望选修的课程数少，又希望所获得的学分多，他可以选修哪些课程？请写出加权目标规划模型并求解。假设两个目标及偏离目标严重性的罚数权重如下：

①最多选修 6 门课程，多选修 1 门课程罚 7 个单位；

②最少获得 26 个学分，少修 1 个学分罚 3 个单位。

解：

1. 问题（1）的求解

问题（1）是一个单目标规划（一般的 0—1 规划模型）。

（1）决策变量。

用 $x_i=1$ 表示选修表 9—5 中按编号排序的 9 门课程（$x_i=0$ 表示不选，$i=1$，2，…，9）。

（2）目标函数。

问题（1）的目标是选修的课程总数最少，即：

$$\min z=\sum_{i=1}^{9} x_i$$

（3）约束条件。

①每人至少要学习 2 门数学类课程、3 门运筹学类课程和 2 门计算机类课程。根据表 9—5 中对每门课程所属类别的划分，这一约束可以表示为：

数学类：$x_1+x_2+x_3+x_4+x_5\geqslant 2$

运筹学类：$x_3+x_5+x_6+x_8+x_9\geqslant 3$

计算机类：$x_4+x_6+x_7+x_9\geqslant 2$

②某些课程有先修课的要求（相依关系，见表 9—5）。

“最优化方法”的先修课是“微积分”和“线性代数”：$x_3\leqslant x_1$，$x_3\leqslant x_2$

“数据结构”的先修课是“计算机编程”：$x_4\leqslant x_7$

“应用统计”的先修课是“微积分”和“线性代数”：$x_5\leqslant x_1$，$x_5\leqslant x_2$

“计算机模拟”的先修课是“计算机编程”：$x_6\leqslant x_7$

“预测理论”的先修课是“应用统计”：$x_8\leqslant x_5$

“数学实验”的先修课是“微积分”和“线性代数”：$x_9\leqslant x_1$，$x_9\leqslant x_2$

③0—1 变量：$x_i=0$，1　（$i=1$，2，…，9）。

综上所述，例 9.4 问题（1）的 0—1 规划模型为：

$$\min z = \sum_{i=1}^{9} x_i$$

$$\text{s. t.} \begin{cases} x_1+x_2+x_3+x_4+x_5 \geqslant 2 \\ x_3+x_5+x_6+x_8+x_9 \geqslant 3 \\ x_4+x_6+x_7+x_9 \geqslant 2 \\ x_3 \leqslant x_1, x_3 \leqslant x_2 \\ x_4 \leqslant x_7 \\ x_5 \leqslant x_1, x_5 \leqslant x_2 \\ x_6 \leqslant x_7 \\ x_8 \leqslant x_5 \\ x_9 \leqslant x_1, x_9 \leqslant x_2 \\ x_i = 0,1 \quad (i=1,2,\cdots,9) \end{cases}$$

例 9.4 问题（1）的电子表格模型如图 9—8 所示，参见“例 9.4（1）.xlsx”。

	A	B	C	D	E	F	G	H
1	例9.4（1）单目标规划（0-1规划）							
2								
3		编号	课程名称	数学类	运筹学类	计算机类	是否选修	学分
4		1	微积分	1			1	5
5		2	线性代数	1			1	4
6		3	最优化方法	1	1		0	4
7		4	数据结构	1		1	0	3
8		5	应用统计	1	1		1	4
9		6	计算机模拟		1	1	1	3
10		7	计算机编程			1	1	2
11		8	预测理论		1		1	2
12		9	数学实验		1	1	0	3
13								
14			实际各类课程数	3	3	2		
15				>=	>=	>=		
16			各类课程数要求	2	3	2		
17								
18				课程		先修课		
19			最优化方法	0	<=	1	微积分	
20				0	<=	1	线性代数	
21			数据结构	0	<=	1	计算机编程	
22			应用统计	1	<=	1	微积分	
23				1	<=	1	线性代数	
24			计算机模拟	1	<=	1	计算机编程	
25			预测理论	1	<=	1	应用统计	
26			数学实验	0	<=	1	微积分	
27				0	<=	1	线性代数	
28								
29			选修课程总数	6				
30			选修课程总学分	20				

	C	D
14	实际各类课程数	=SUMPRODUCT(D4:D12,是否选修)

	E	F
14	=SUMPRODUCT(E4:E12,是否选修)	=SUMPRODUCT(F4:F12,是否选修)

图 9—8　例 9.4（1）的电子表格模型

	C	D	E	F	G
18		课程		先修课	
19	最优化方法	=G6	<=	=G4	微积分
20		=G6	<=	=G5	线性代数
21	数据结构	=G7	<=	=G10	计算机编程
22	应用统计	=G8	<=	=G4	微积分
23		=G8	<=	=G5	线性代数
24	计算机模拟	=G9	<=	=G10	计算机编程
25	预测理论	=G11	<=	=G8	应用统计
26	数学实验	=G12	<=	=G4	微积分
27		=G12	<=	=G5	线性代数

	C	D
29	选修课程总数	=SUM(是否选修)
30	选修课程总学分	=SUMPRODUCT(学分,是否选修)

名称	单元格
各类课程数要求	D16:F16
课程	D19:D27
实际各类课程数	D14:F14
是否选修	G4:G12
先修课	F19:F27
选修课程总数	D29
学分	H4:H12

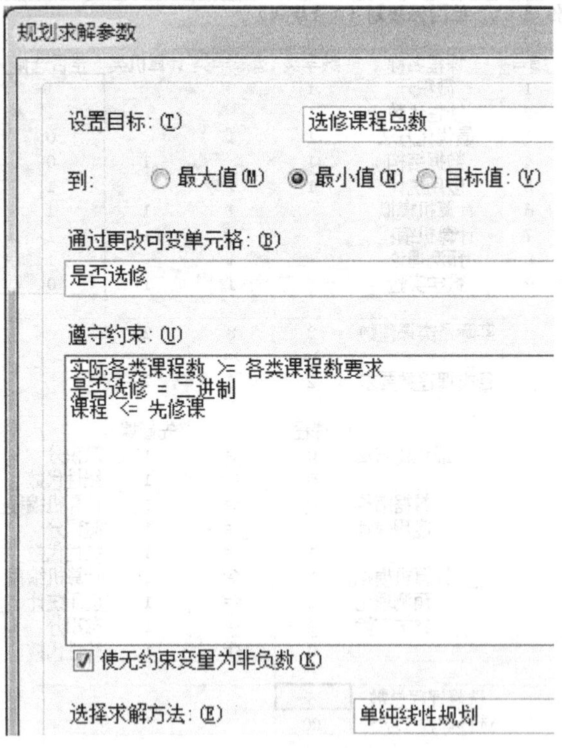

图 9—8 例 9.4（1）的电子表格模型（续）

Excel 求得的最优解为：$x_1=x_2=x_5=x_6=x_7=x_8=1$，其他变量为 0。对照表 9—5 的课程编号，它们是微积分、线性代数、应用统计、计算机模拟、计算机编程和预测理论，共 6 门课程，总学分为 20（总学分的公式为：$5x_1+4x_2+4x_3+3x_4+4x_5+3x_6+2x_7+2x_8+3x_9$）。

需要说明的是：这个最优解并不是唯一的，还可以找到其他最优解。如 $x_1=x_2=x_3=x_6=x_7=x_9=1$（微积分、线性代数、最优化方法、计算机模拟、计算机编程和数学实验），共6门课程，总学分为21；又如 $x_1=x_2=x_3-x_5=x_7=x_9=1$（微积分、线性代数、最优化方法、应用统计、计算机编程和数学实验），共6门课程，总学分为22；再如 $x_1=x_2=x_3=x_5=x_6=x_7=1$（微积分、线性代数、最优化方法、应用统计、计算机模拟和计算机编程），共6门课程，总学分为22。

2. 问题（2）的求解

问题（2）是一个多目标规划。

（1）决策变量。

用 $x_i=1$ 表示选修表9—5中按编号排序的9门课程（$x_i=0$ 表示不选，$i=1,2,\cdots,9$）；d_k^+，d_k^- 为偏差变量（$k=1,2$）。

（2）约束条件。

除了问题（1）的绝对约束外，还需增加两个目标约束。学生既希望选修的课程数最少（6门课程），又希望所获得的学分尽可能多（26学分），则两个目标约束为：

$$\begin{cases} x_1+x_2+x_3+x_4+x_5+x_6+x_7+x_8+x_9-d_1^++d_1^-=6 \\ 5x_1+4x_2+4x_3+3x_4+4x_5+3x_6+2x_7+2x_8+3x_9-d_2^++d_2^-=26 \end{cases}$$

（3）目标函数。

根据题目给出的罚数权重（偏离系数），例9.4的目标函数为偏差加权和（总偏差）最小。即：

$$\min z=7d_1^++3d_2^-$$

综上所述，例9.4问题（2）的加权目标规划模型为：

$$\min z=7d_1^++3d_2^-$$

$$\text{s.t.}\begin{cases} x_1+x_2+x_3+x_4+x_5\geqslant 2 \\ x_3+x_5+x_6+x_8+x_9\geqslant 3 \\ x_4+x_6+x_7+x_9\geqslant 2 \\ x_3\leqslant x_1,x_3\leqslant x_2 \\ x_4\leqslant x_7 \\ x_5\leqslant x_1,x_5\leqslant x_2 \\ x_6\leqslant x_7 \\ x_8\leqslant x_5 \\ x_9\leqslant x_1,x_9\leqslant x_2 \\ x_1+x_2+x_3+x_4+x_5+x_6+x_7+x_8+x_9-d_1^++d_1^-=6 \\ 5x_1+4x_2+4x_3+3x_4+4x_5+3x_6+2x_7+2x_8+3x_9-d_2^++d_2^-=26 \\ x_i=0,1 \quad (i=1,2,\cdots,9) \\ d_k^+,d_k^-\geqslant 0 \quad (k=1,2) \end{cases}$$

例9.4问题（2）的电子表格模型如图9—9所示，参见“例9.4（2）.xlsx”。

	A	B	C	D	E	F	G	H
1	例9.4（2）多目标规划（加权目标规划）							
2								
3		编号	课程名称	数学类	运筹学类	计算机类	是否选修	学分
4		1	微积分	1			1	5
5		2	线性代数	1			1	4
6		3	最优化方法	1	1		1	4
7		4	数据结构	1		1	1	3
8		5	应用统计	1	1		1	4
9		6	计算机模拟		1	1	0	3
10		7	计算机编程			1	1	2
11		8	预测理论		1		0	2
12		9	数学实验		1	1	1	3
13								
14			实际各类课程数	5	3	3		
15				>=	>=	>=		
16			各类课程数要求	2	3	2		
17								
18				课程		先修课		
19			最优化方法	1	<=	1	微积分	
20				1	<=	1	线性代数	
21			数据结构	1	<=	1	计算机编程	
22			应用统计	1	<=	1	微积分	
23				1	<=	1	线性代数	
24			计算机模拟	0	<=	1	计算机编程	
25			预测理论	0	<=	1	应用统计	
26			数学实验	1	<=	1	微积分	
27				1	<=	1	线性代数	

	J	K	L	M	N	O	P	Q	R	S	T
18		目标				偏差变量			目标约束		
19		实际值		目标值		正偏差	负偏差		平衡值		目标值
20	目标1：课程总数	7	<=	6		1	0		6	=	6
21	目标2：总学分	25	>=	26		0	1		26	=	26
22											
23						罚数权重					
24						正偏差	负偏差		总偏差		
25		目标1：课程总数				7			10		
26		目标2：总学分					3				

	K
19	实际值
20	=SUM(是否选修)
21	=SUMPRODUCT(学分,是否选修)

名称	单元格
罚数权重	O25:P26
各类课程数要求	D16:F16
课程	D19:D27
目标值	M20:M21
偏差变量	O20:P21
平衡值	R20:R21
实际各类课程数	D14:F14
是否选修	G4:G12
先修课	F19:F27
学分	H4:H12
总偏差	R25

	R	S	T
19	平衡值		目标值
20	=K20-O20+P20	=	=M20
21	=K21-O21+P21	=	=M21

	R
24	总偏差
25	=SUMPRODUCT(罚数权重,偏差变量)

	C	D
14	实际各类课程数	=SUMPRODUCT(D4:D12,是否选修)

	E	F
14	=SUMPRODUCT(E4:E12,是否选修)	=SUMPRODUCT(F4:F12,是否选修)

图 9—9 例 9.4（2）的电子表格模型

	C	D	E	F	G
18		课程		先修课	
19	最优化方法	=G6	<=	=G4	微积分
20		=G6	<=	=G5	线性代数
21	数据结构	=G7	<=	=G10	计算机编程
22	应用统计	=G8	<=	=G4	微积分
23		=G8	<=	=G5	线性代数
24	计算机模拟	=G9	<=	=G10	计算机编程
25	预测理论	=G11	<=	=G8	应用统计
26	数学实验	=G12	<=	=G4	微积分
27		=G12	<=	=G5	线性代数

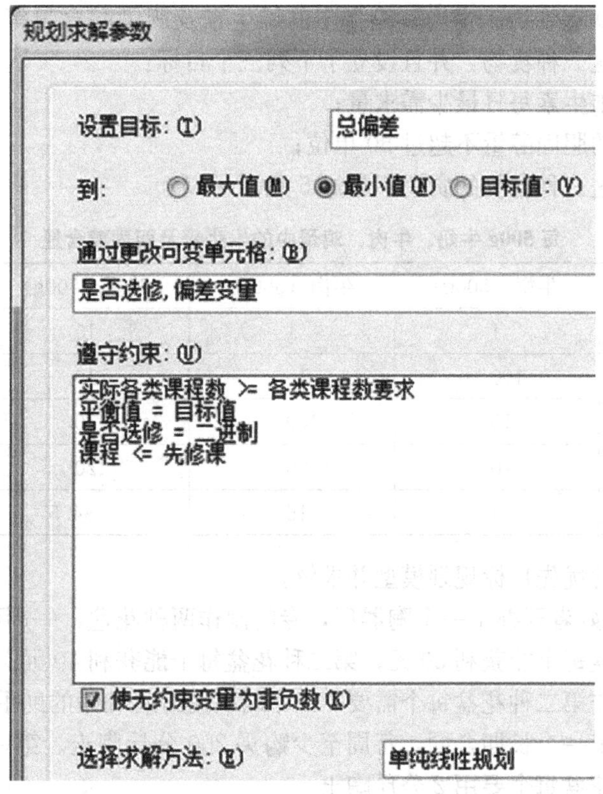

图 9—9　例 9.4（2）的电子表格模型（续）

Excel 求得的满意解为：$x_1=x_2=x_3=x_4=x_5=x_7=x_9=1$，即选修微积分、线性代数、最优化方法、数据结构、应用统计、计算机编程和数学实验等 7 门课程（不选修计算机模拟和预测理论这 2 门课），总学分为 25。与目标 1（最多选修 6 门课程）和目标 2（最少获得 26 个学分）都有偏离（都偏离一个单位），也就是说，在目标 1 和目标 2 上，都未能满足目标要求。

习题

9.1　某市准备在下一年度的预算中拨出一笔款项用于购置救护车，每辆救护车的价格是 20 万元。所购置的救护车将用于该市所辖的两个郊区县 A 和 B，分别分配 x_A 辆和 x_B 辆。已知 A 县救护站从接到求救电话到出动救护车的相应时间为（$40-3x_A$）分钟，B

县救护站的相应时间为（$50-4x_B$）分钟。该市政府确定了如下三个优先级的目标：

P_1（优先级 1）：救护车的购置费用不超过 400 万元；

P_2（优先级 2）：A 县响应时间不超过 5 分钟；

P_3（优先级 3）：B 县响应时间不超过 5 分钟。

要求：

（1）建立优先目标规划模型并求解；

（2）若对目标的优先级做出如下调整：P_2 变 P_1，P_3 变 P_2，P_1 变 P_3；重新建模并求解。

9.2 已知每 500g 牛奶、牛肉、鸡蛋中的维生素及胆固醇含量等有关数据如表 9—6 所示，如果只考虑这三种食物，并且设立了下列三个目标：

（1）满足三种维生素每日最少需求量；

（2）每日摄入的胆固醇量不超过 50 单位；

（3）每日购买这三种食物的费用不超过 5 元。

表 9—6　　每 500g 牛奶、牛肉、鸡蛋中的维生素及胆固醇含量

	牛奶（500g）	牛肉（500g）	鸡蛋（500g）	每日最少需求量
维生素 A（mg）	1	1	10	1.8
维生素 C（mg）	100	10	10	53
维生素 D（mg）	10	100	10	26
胆固醇（单位）	70	50	120	
价格（元）	4	16	4.5	

请建立该问题的优先目标规划模型并求解。

9.3 某陶器爱好者开办了一个陶器厂，专门制作两种花盆，一周可以卖出 70 个这样的花盆。第一种花盆每个能获利 30 元，第二种花盆每个能获利 40 元。制作第一种花盆每个需要 1 小时，制作第二种花盆每个需要 1.5 小时。爱好者和她的助手每人每周可工作 40 小时。她们已经签了一个长期合同，每周至少购买 200 公斤陶土。第一种花盆每个要用 3 公斤陶土，第二种花盆每个要用 2 公斤陶土。

该陶器爱好者确定了如下四个优先级的目标：

P_1（优先级 1）：每周至少获利 2 300 元；

P_2（优先级 2）：爱好者和她的助手每周最多工作 80 小时；

P_3（优先级 3）：每周制作 70 个花盆以供出售；

P_4（优先级 4）：每周至少使用 200 公斤陶土。

请建立该问题的优先目标规划模型并求解。

案例 9.1　森林公园规划

某国家森林公园有 30 000 公顷林地，可用于散步、其他休闲活动、鹿群栖息以及木材砍伐。每公顷林地每年可供 150 人散步、300 人做其他休闲活动、1 只鹿栖息或砍伐出 1 500 立方米木材。为散步者维护 1 公顷林地一年的费用为 100 元，为其他休闲活动维护 1

公顷林地一年的费用为400元，为鹿群维护1公顷林地一年的费用为50元。每1公顷林地砍伐出的木材收入为2 000元，该木材收入必须能够补偿维护林地的费用。

林地监护人的目标有多个，按照优先次序排列如下：

（1）散步者人数至少达到200万人；

（2）其他休闲活动的人数至少达到500万人；

（3）满足3 000只鹿的生活；

（4）砍伐出的木材不超过600万立方米。

请建立该问题的优先目标规划模型并求解。

参考文献

[1] [美] 弗雷德里克·S·希利尔，马克·S·希利尔，杰拉尔德·S·利伯曼著，任建标译. 数据、模型与决策：运用电子表格建模与案例研究. 北京：中国财政经济出版社，2001

[2] [美] 弗雷德里克·S·希利尔，马克·S·希利尔著，任建标译. 数据、模型与决策：运用电子表格建模与案例研究（第2版）. 北京：中国财政经济出版社，2004

[3] Frederick S. Hillier，Mark S. Hillier. *Introduction to Management Science*：*A Modeling and Case Studies Approach with Spreadsheets*（Second Edition). McGraw-Hill Companies，Inc.，2003

[4] 丁以中，Jennifer S. Shang 主编. 管理科学：运用 Spreadsheet 建模和求解. 北京：清华大学出版社，2003

[5] 吴祈宗主编. 运筹学. 北京：机械工业出版社，2002

[6] 韩伯棠编著. 管理运筹学. 北京：高等教育出版社，2000

[7] 韩伯棠编著. 管理运筹学. 第2版. 北京：高等教育出版社，2005

[8] 王桂强编著. 运筹学上机指南与案例导航：用 Excel 工具. 上海：格致出版社，上海人民出版社，2010

[9] 薛声家，左小德编著. 管理运筹学. 第二版. 广州：暨南大学出版社，2004

[10] 姜启源，谢金星，叶俊编. 数学模型. 第三版. 北京：高等教育出版社，2003

[11] 熊伟编著. 运筹学. 北京：机械工业出版社，2005

[12] 杨超主编. 运筹学. 北京：科学出版社，2004

[13] 胡运权主编. 运筹学教程. 第二版. 北京：清华大学出版社，2003

[14] 周华任主编. 运筹学解题指导. 北京：清华大学出版社，2006

[15] 程理民，吴江，张玉林编著. 运筹学模型与方法教程. 北京：清华大学出版社，2000

[16] 刘满凤等编著. 运筹学模型与方法教程例题分析与题解. 北京：清华大学出版社，2001

[17]《运筹学》教材编写组编. 运筹学. 第三版. 北京：清华大学出版社，2005

[18] [美] 迪米特里斯·伯特西马斯等著，李新中译. 数据、模型与决策：管理科学

基础．北京：中信出版社，2004

［19］胡运权等编著．运筹学基础及应用．北京：高等教育出版社，2004

［20］魏权龄等编著．运筹学通论（修订本）．北京：中国人民大学出版社，2001

［21］［加］唐纳德·沃特斯著，张志强等译．管理科学实务教程（第二版）．北京：华夏出版社，2000

［22］徐渝，贾涛编著．运筹学（上册）．北京：清华大学出版社，2005

［23］胡运权主编．运筹学习题集（修订版）．北京：清华大学出版社，1995

［24］胡运权主编．运筹学习题集．第三版．北京：清华大学出版社，2002

［25］［美］戴维·R·安德森等著，于森等译．数据、模型与决策．第10版．北京：机械工业出版社，2003

［26］［美］理查德·A·布鲁迪著．组合数学（英文版，第4版）．北京：机械工业出版社，2005

［27］胡富昌编著．线性规划（修订本）．北京：中国人民大学出版社，1990

［28］王兴德著．现代管理决策的计算机方法．北京：中国财政经济出版社，1999

［29］管梅谷．中国投递员问题综述．数学研究与评论，1984，4（1）

［30］白国仲．C指派问题．系统工程理论与实践，2003，23（3）

［31］白国仲．C运输问题．数学的实践与认识，2004，34（7）

［32］王斌．Excel的“规划求解”在经济数学模型中的应用．黔西南民族师范高等专科学校学报，2005（4）

［33］叶向，宗骁．用Excel实现配送系统设计．中国信息经济学会2005年学术年会论文集，2005

［34］Xiang Ye，Xiao Zong．“Two Modelling Approaches Using Spreadsheets for the Transportation Assignment Problem.” *International Journal Information and Operations Management Education*，2006.4，Vol. 1，No. 3

［35］叶向，宗骁．Excel在运输问题及其变体中的应用．中国信息经济学会2006年学术年会论文集，2006

［36］叶向．指派问题在项目选择中的应用．计算机工程与应用（增刊），2005

［37］吴祈宗主编．运筹学．第2版．北京：机械工业出版社，2006

［38］吴祈宗主编．运筹学学习指导及习题集．北京：机械工业出版社，2006

［39］Excel Home编著．Excel应用大全．北京：人民邮电出版社，2008

［40］Excel Home编著．Excel 2010应用大全．北京：人民邮电出版社，2012

［41］刘满凤编著．数据、模型与决策案例集：基于Excel的求解与应用．北京：清华大学出版社，2010

［42］魏权龄，胡显佑编著．运筹学基础教程．第三版．北京：中国人民大学出版社，2012

［43］陈国良主编，王志强等编著．计算思维导论．北京：高等教育出版社，2012

图书在版编目（CIP）数据

实用运筹学——运用 Excel 2010 建模和求解/叶向编著. —2 版. —北京：中国人民大学出版社，2013.4
用计算机软件学数学系列教材
ISBN 978-7-300-17285-9

Ⅰ.①实… Ⅱ.①叶… Ⅲ.①运筹学-教材 Ⅳ.①O22

中国版本图书馆 CIP 数据核字（2013）第 067723 号

用计算机软件学数学系列教材
实用运筹学——运用 Excel 2010 建模和求解（第二版）
叶向　编著
Shiyong Yunchouxue

出版发行	中国人民大学出版社		
社　　址	北京中关村大街 31 号	**邮政编码**	100080
电　　话	010－62511242（总编室）		010－62511770（质管部）
	010－82501766（邮购部）		010－62514148（门市部）
	010－62515195（发行公司）		010－62515275（盗版举报）
网　　址	http://www.crup.com.cn		
经　　销	新华书店		
印　　刷	天津鑫丰华印务有限公司	**版　　次**	2007 年 9 月第 1 版
规　　格	185 mm×260 mm　16 开本		2013 年 5 月第 2 版
印　　张	21.75 插页 1	**印　　次**	2023 年 11 月第 12 次印刷
字　　数	510 000	**定　　价**	46.00 元